Marcel Boldorf

Governance in der Planwirtschaft

Jahrbuch für Wirtschaftsgeschichte

Im Auftrag der Herausgeber des Jahrbuchs
für Wirtschaftsgeschichte
herausgegeben von Reinhard Spree

Beiheft 18

Marcel Boldorf

Governance in der Planwirtschaft

Industrielle Führungskräfte in der Stahl- und der Textilbranche der SBZ/DDR (1945–1958)

DE GRUYTER
OLDENBOURG

ISBN 978-3-11-035512-3
e-ISBN (PDF) 978-3-11-035519-2
e-ISBN (EPUB) 978-3-11-039757-4

Library of Congress Cataloging-in-Publication Data
A CIP catalog record for this book has been applied for at the Library of Congress.

Bibliografische Information der Deutschen Nationalbibliothek
Die Deutsche Nationalbibliothek verzeichnet diese Publikation in der Deutschen Nationalbibliografie; detaillierte bibliografische Daten sind im Internet über http://dnb.dnb.de abrufbar.

Umschlagabbildung: Festakt zum 10. Jahrestag der Schaffung volkseigener Betriebe am 30.6.1956 im Stahl- und Walzwerk Riesa. Bundesarchiv, 183-39473-0001.
Satz: Dr. Rainer Ostermann, München
Druck und Bindung: CPI books GmbH, Leck
♾ Gedruckt auf säurefreiem Papier
Printed in Germany

MIX
Papier aus verantwortungsvollen Quellen
FSC
www.fsc.org
FSC® C083411

www.degruyter.com

Für Carla und Merle

Inhalt

I Einführung

1 Annäherung an das Thema

Das Ausgangsinteresse des Forschungsprojekts, das diesem Buch zugrunde lag,[1] war eine umfassende Darstellung der politischen Säuberung im Bereich der Wirtschaft der SBZ/DDR. Zwei zuvor in der Forschung stets isoliert behandelte Themenfelder sollten zusammengeführt werden: die Entnazifizierung und die Kaderauswahl im Rahmen der Errichtung einer zentralen Planwirtschaft. Schnell wurde deutlich, dass die Entnazifizierung zwar eine gewisse Bedeutung für den Führungskräfteaustausch größerer Unternehmen hatte, aber andere Faktoren wie die Westmigration in der SBZ eine ebenso große Rolle spielten. Insbesondere verhinderte die Entnazifizierung keineswegs das Nachrücken alter Kräfte aus der zweiten Reihe an die Betriebsspitze. Erst das Stalinisierungsjahr 1948 markierte einen neuerlichen tiefen personellen Umbruch in den betrieblichen Führungsetagen. Die genauere Untersuchung eröffnete zudem, dass die neu ausgewählten Führungskräfte je nach Position, die sie einnahmen, einem Bündel von Faktoren zu genügen hatten. Die alleinige Feststellung der Parteizugehörigkeit, d.h. der meist vorliegende Ausweis als SED-Mitglied, erwies sich für das Verständnis der Personenauswahl als unzureichend.

Wie im Folgenden zu zeigen, ist eine genaue Analyse der politischen Kräfteverhältnisse innerhalb und außerhalb der Betriebe notwendig, um die Gründe für die Besetzung von Führungsstellen zu erfassen. Weitere Rechercheschritte bezogen sich auf die Erwartungen, die Staats- und Parteiinstanzen mit der Einsetzung von Führungskräften verbanden. Da die Verbindung zur ökonomischen Entwicklung stärker in den Vordergrund trat, wandelte sich das Erkenntnisinteresse in Richtung auf das Handeln der Führungskräfte. Als erste wesentliche Teilergebnisse in Bezug auf die Ausgangsfrage nach der politische Auslese formuliert waren,[2] rückte die Problematik der Governance vollends in den Mittelpunkt, d.h. wie vermochten die Führungskräfte ihre Leitungsfunktionen auszufüllen? Was machte ihre Persönlichkeit aus? Wie veränderte sich der ordnungspolitische Rahmen für ihre Entscheidungsfindung bzw. ihre Entscheidungsfreiheit?

Wenn in dieser Untersuchung der Begriff Governance gewählt wird und keine Übersetzung, liegt das nicht allein am Missklang deutscher Worte wie „Betriebsführung". Der englische Fachausdruck öffnet auch den Blick auf eine sozial- und wirtschaftswissenschaftliche Theorieebene, die freilich an dieser Stelle nicht zu erörtern

1 DFG-Projekt „Politische Säuberung unter den wirtschaftlichen Führungskräften der SBZ/DDR (1945–1958)" an der Ruhr-Universität Bochum (2007–2013), Leiter: Prof. Dr. Dieter Ziegler.

2 Boldorf, Marcel: Brüche oder Kontinuitäten? Von der Entnazifizierung zur Stalinisierung in der SBZ/DDR (1945–1952), in: Historische Zeitschrift 288 (2009), S. 287–323. Ders.: Austausch der wirtschaftlichen Führungskräfte in der SBZ/DDR nach dem Zweiten Weltkrieg, in: Jahrbuch für Wirtschaftsgeschichte 2010/2, S. 47–70.

ist.[3] Governance wird im Folgenden für betriebliche Leitungsaufgaben benutzt, die sich vorrangig auf die ökonomisch relevanten, d.h. die unternehmergleichen Funktionen der Führungskräfte beziehen. Ein Spezifikum der Nachkriegsperiode bestand darin, dass viele dieser Funktionen den Betrieben durch obrigkeitliche Maßnahmen der Wirtschaftslenkung und den allmählichen Übergang zum System der staatlichen Planung entzogen wurden. Den Rahmen für die Leitung und Überwachung von Betrieben steckten nun die Instanzen der Länder- und Staatsregierung sowie der Staatspartei SED ab.

Die vorliegende Studie verspricht sich einen wesentlichen Erkenntniszugewinn durch den gewählten unternehmenshistorischen Ansatz. Allgemein gesprochen gestalten Unternehmen wesentliche Bereiche der Gesellschaft: Als Basiseinheiten des Wirtschaftssystems befördern nicht nur den ökonomischen und technischen Wandel, sondern bieten Arbeitsplätze für einen großen Teil der Bevölkerung, sind arbeitsteilige Organisationen mit sozialen Hierarchien und Schauplätze materieller Verteilungskonflikte. Nicht zuletzt haben sie auch politischen Einfluss und prägen geografische und gesellschaftliche Räume sowie kulturelle Wahrnehmungsmuster.[4] All diese Aspekte trafen in mitunter abgewandelter Form auf die SBZ/DDR zu, weil dort der betriebliche Einfluss auf das soziale Leben besonders ausgeprägt war.

Die Unternehmensgeschichte konnte mit ihren vielfältigen Fragestellungen in der DDR-Forschung noch nicht recht Fuß fassen.[5] Auf der einen Seite konzentrierten sich wirtschaftshistorische Darstellungen häufig auf die Schilderung von Makroprozessen, Staatshandeln und Staatspolitik, oder auf ökonomische Wirkungszusammenhänge, die aus dem Wirtschaftssystem abgeleitet wurden. Es fehlte der Blick auf das Agieren der Wirtschaftssubjekte, hier der industriellen Führungskräfte und Manager bzw. anderer leitender Kräfte in den Betrieben. Auf der anderen Seite standen, wenn die Betriebe als Betrachtungsebene gewählt wurden, auch nach 1990 – in Fortführung der DDR-Forschung – meist die Belegschaften und nicht die leitenden Kader

---

3 Benz, Arthur u.a. (Hrsg.): Handbuch Governance. Theoretische Grundlagen und empirische Anwendungsfelder, Wiesbaden 2007. Williamson, Oliver E.: The Economics of Governance, in: American Economic Review 95 (2005), S. 1–18, basierend auf der Debatte um die Bildung von Unternehmen: Coase, Ronald H.: The Nature of the Firm, in: Economia 4 (1937), S. 386–405. Vgl. in der deutschsprachigen Wirtschaftsgeschichte z. B.: Bähr, Johannes: „Corporate governance" im Dritten Reich: Leitungs- und Kontrollstrukturen deutscher Großunternehmen während der nationalsozialistischen Diktatur, in: Abelshauser, Werner u.a. (Hrsg.): Wirtschaftsordnung, Staat und Unternehmen. Neue Forschungen zur Wirtschaftsgeschichte des Nationalsozialismus (Festschrift für Dietmar Petzina zum 65. Geburtstag), Essen 2003, S. 61–80.

4 Berghoff, Hartmut: Wozu Unternehmensgeschichte? Erkenntnisinteressen, Forschungsansätze und Perspektiven des Faches, in: Zeitschrift für Unternehmensgeschichte 49 (2004), S. 133–148. Zusammenfassend: Ahrens, Ralf: „Unternehmensgeschichte" auf Docupedia-Zeitgeschichte (http://docupedia.de/zg/Unternehmensgeschichte)

5 Vgl. Damm, Veit/Schulz, Ulrike/Steinberg, Sven/Wölfel, Sylvia: Ostdeutsche Unternehmen im Transformationsprozess 1935 bis 1995. Ein neues Forschungsbild der modernen Unternehmensgeschichte, in: Zeitschrift für Unternehmensgeschichte 56 (2011), S. 187–205.

im Mittelpunkt des Erkenntnisinteresses. Die vorliegende Studie setzt sich daher von einer Betriebsgeschichte ab, deren Blickrichtung auf dem Agieren der Arbeiterklasse, ihrer Organisationen und der Staatspartei SED als Hauptinstanz lag, mit der betriebsrelevante Auseinandersetzungen geführt wurden.

Zur Erfassung der Governance betrieblicher Führungskräfte soll die Vorüberlegung angestellt werden, welche ihrer Entscheidungen die größte Relevanz besaßen. Um eine Taxonomie zu entwickeln, lohnt ein Blick in ältere betriebswirtschaftliche Werke. Erich Gutenberg identifizierte 1962 beispielsweise einen „Katalog echter Führungsentscheidungen“:[6] 1. Festlegung der Unternehmungspolitik auf weite Sicht, 2. Koordinierung der großen betrieblichen Teilbereiche, 3. Beseitigung von Störungen im laufenden Betriebsprozess, 4. geschäftliche Maßnahmen von außergewöhnlicher betrieblicher Bedeutsamkeit und 5. Besetzung der Führungsstellen im Unternehmen. Auch Konrad Mellerowicz differenzierte 1963 nach fundamentalen betriebspolitischen Entscheidungen als Teilgebieten der Unternehmenspolitik: Betriebsgründung, Fusion, Erweiterung, Sanierung, Liquidation.[7] Die Transformationsrichtung in der SBZ/DDR ist offenkundig: Diese in der Marktwirtschaft von Unternehmern und den leitenden Managern getroffenen Entscheidungen gingen immer mehr in die Hände der planenden Behörden über. Für die Phase der Transition wird man aber noch nach der Unternehmens- bzw. Betriebspolitik des Absatzes, der Produktion, des Einkaufs, der Lagerhaltung, des Personals und der Finanzen fragen können.[8] In der entwickelten Planwirtschaft, so die vorherrschende Lehrmeinung, wurden dann alle wesentlichen Entscheidungskompetenzen von der Wirtschafts- und Planbürokratie wahrgenommen: die Gründung, Schließung und Erweiterung von Betrieben, das Produktionsprofil und dessen Änderung, die Allokation der Ressourcen, die Aufteilung zwischen Verbrauch und Investition, die Investitionsverteilung, die Einführung technischer Entwicklungen, die außenwirtschaftlichen betrieblichen Kontakte, die Preisgestaltung und die betriebliche Finanzierung.[9] Ein Leitgedanke der folgenden Darstellung wird sein, auf welche Art sich der Übergang der Verfügungsrechte auf die Behörden vollzog und sich der Aktionsradius der Betriebsleitungen damit veränderte. Dieser Prozess erfolgte schrittweise, aber häufig ungleichzeitig, wie die Fallbeispiele aus den untersuchten Branchen Stahl und Textil zeigen.

Prinzipiell ist die angewandte Forschungsmethode historisch und nicht wirtschaftswissenschaftlich angelegt, d.h. statistische Analysen sind nachrangig. Stattdessen rühren methodische Anregungen aus der „dichten Beschreibung“, die als kulturwissenschaftliche Methode von Clifford Geertz geprägt wurde.[10] Die hermeneuti-

---

6 Gutenberg, Erich: Unternehmensführung. Organisation und Entscheidung, Wiesbaden 1962, S. 61.

7 Mellerowicz, Konrad: Unternehmenspolitik, Bd. 1, 2. Aufl., Freiburg/Breisgau 1963, S. 89.

8 Ebd., S. 91.

9 Steiner, André: Von Plan zu Plan. Eine Wirtschaftsgeschichte der DDR, München 2004, S. 32.

10 Geertz, Clifford: Dichte Beschreibung. Beiträge zum Verstehen kultureller Systeme, Frankfurt/Main 1983.

sche Deutung des Agierens der Führungskräfte gehört zu den besonderen Anliegen der vorliegenden Studie. Jedoch zieht sie dabei immer wieder Verbindungslinien zur ökonomischen Theoriebildung, etwa dem Principal-Agent-Ansatz oder dem Wandel der Verfügungsrechte. Möglicherweise werden dadurch die vermeintlichen Gräben zwischen der Wirtschafts- und Kulturgeschichte zugeschüttet. Die präsentierten exemplarischen Fälle analysieren die Funktionsweise der betrieblichen Governance aus der Akteursperspektive. Darüber hinaus wird über die Kultur der betrieblichen Leitung und die Strategien der Konfliktführung geschrieben. Eine Vollständigkeit wird bei dieser Vorgehensweise nicht angestrebt, doch fügen sich die Beispielanalysen zu einer Gesamtgeschichte zusammen. Trotz der gewählten unternehmenshistorischen Perspektive darf aber keine umfassende Geschichte der ausgewählten Betriebe erwartet werden. Vieles muss lückenhaft bleiben, anderes wird dagegen intensiv, weil exemplarisch, geschildert. Reflektierende Abschnitte ordnen die Bausteine der Fallstudien – zuweilen unter Berücksichtigung divergierender Entwicklungen in anderen Betrieben – kontextuell ein.

Das Sample: die ausgewählten Betriebe und die Quellen

Die folgenden Anmerkungen dienen einer knappen Kontextualisierung, um die Quellen- und Archivarbeit zu erläutern. Den Schwerpunkt des Buches bildet die Analyse der Stahlwerke Riesa und Hennigsdorf sowie der Maxhütte. Andere Werke, z.B. Gröditz oder das Edelstahlwerk Freital-Döhlen, werden am Rande in die Betrachtung einbezogen. Außerdem wurden wichtige Industriebetriebe wie das erst nach der DDR-Gründung wiederaufgebaute Stahlwerk Brandenburg oder die in der ersten Hälfte der fünfziger Jahre errichteten Eisenhüttenkomplexe Ost (Stalinstadt bzw. Eisenhüttenstadt) und West (Calbe) im ausgewählten Sample nicht berücksichtigt. Ihr Aufbau erfolgte spät, während die betrachteten Werke sowohl hinsichtlich der Produktion als auch in der zeitgenössischen Wahrnehmung den Kern der ersten Wiederaufbauphase des Stahlsektors bildeten.

Für die unmittelbare Nachkriegszeit im Jahr 1945 dominiert die lokale Überlieferung in Stadtarchiven.[11] Da alle betrachteten Werke zum Flick-Konzern gehörten, leisteten dessen Unternehmensbestände, die bis Ende 1945 reichen, gute Dienste.[12] Auf Grund der guten Dokumentationslage wird hier punktuell das Werk Freital-Döhlen einbezogen. Für die Jahre 1946/47 steigt die Aktendichte, sodass die Staatsarchive der ostdeutschen Bundesländer wertvolle Quellen liefern.[13] In ihren Beständen sind nicht

11 Riesa im Stadtmuseum; Hennigsdorf im Stadtarchiv (setzt 1946 ein); für Maxhütte Unterwellenborn: Werksarchiv im ThStA Rudolstadt.

12 Bundesarchiv (BArch) Bestand R 8122; National Archives and Records Administration (NARA), Washington D.C.

13 Thüringisches Hauptstaatsarchiv (ThHStA) Weimar, Brandenburgisches Landeshauptarchiv (BLHA) Potsdam, Sächsisches Hauptstaatsarchiv (SächsHStA) Dresden.

allein die Akten der Wirtschaftsministerien von Belang, sondern auch die beginnende Leitungs- und Verwaltungstätigkeit der SED-Landesorganisationen. Als ergänzende Quelle halten die Staatsarchive auch die Bestände der SED-Grundorganisationen in den betreffenden Stahlwerken bereit.[14] Eine dichte Überlieferung auf allen Ebenen setzte ab 1948 ein. Nun gewann auch die Zentralverwaltung für Schwerindustrie in Berlin, die im Februar 1948 zu einer Hauptverwaltung (HV) der Deutschen Wirtschaftskommission (DWK) wurde, an Bedeutung. Zu den wichtigen Beständen der SED-Überlieferung zählen auch die Nachlässe ihrer führenden Politiker, allen voran Walter Ulbricht, der sich schon ab 1945 stark mit Wirtschaftsfragen beschäftigte.[15] Die Mehrzahl der aufgezählten Archivbestände bildete auch den Kern für die Darstellung der fünfziger Jahre, wobei die Zahl der strategischen Entscheidungen abnahm. Dies spiegelte sich zum Teil in der Dichte, stärker aber noch in der Substanz der Überlieferung wider.

Ein neues Terrain – zumindest für wirtschaftshistorische Zwecke – betritt die vorliegende Studie mit der Hinzuziehung von Akten der staatlichen und parteilichen Kontrollorgane. Die zentralen Wirtschaftsinstanzen erkannten im Laufe der Zeit, dass eine Vielzahl der im Planungsprozess nach oben weitergegebenen Informationen verfälscht waren. Da die Basis für eine effiziente wirtschaftliche Lenkung verloren zu gehen drohte, setzte die SED spezielle Kommissionen ein. Die Zentrale Kommission für staatliche Kontrolle (ZKSK) war seit Mai 1948 das erste nach sowjetischem Vorbild gegründete Organ, das sich unter Aufsicht der DWK auf den Wirtschaftsbereich konzentrierte.[16] Nach der Staatsgründung erhielt sie den Rang eines Ministeriums und setzte die Kontrollen im Staats- und Wirtschaftsapparat fort. Die Akten lieferten personenbezogene Erkenntnisse sowie Informationen zur staatlichen Einflussnahme auf das betriebliche Geschehen. Besondere Funde waren bei Führungskräften beschlagnahmte Materialien, z.B. der beim ersten Treuhänder des Hennigsdorfer Hüttenwerks Robert Wolgast 1950 sichergestellte Aktenordner, den dieser bei der Vernichtung der Flick-Akten zu sich nach Hause genommen hatte.[17]

Im Zuge der Umwandlung der SED zu einer „Partei neuen Typs“, d.h. ihrer Stalinisierung, beschloss der Parteivorstand im September 1948, eine Zentrale Parteikontrollkommission (ZPKK) zu schaffen. Diese überprüfte alle Bereiche und Ebenen des Partei-, Staats- und Wirtschaftsapparates und arbeitete eng mit der ZKSK und der Volkspolizei, später mit dem Ministerium für Staatssicherheit (MfS) zusammen. Auch hier überwogen personenbezogene Kontrollaufgaben, z.B. bei Untersuchungen in den volkseigenen Industriebetrieben.[18] In diese Aktengruppen reihen sich die

14 BLHA, Rep. 532; SHStA, Nr. 12235, 015 (SED-Betriebsgruppen).

15 BArch, DG 2, Ministerium für Schwerindustrie. BArch, DY 30 u. NL 4182 (Nachlass Ulbricht).

16 BArch, DC 1, Bestand Zentrale Kommission für staatliche Kontrolle (ZKSK).

17 BArch, DC 1/1894. Beauftragter für Staatliche Kontrolle Osthavelland in der Kreisverwaltung Nauen betr. Hausdurchsuchung bei dem ehemaligen Treuhänder Robert Wolgast, 16.2.1950.

18 Vgl. Kap. IV, 1. Aktenbasis zur Überprüfungen der Stahlwerke 1950/51: BArch, DY 30/IV 2/4/204 bis 207.

Bestände des im Februar 1950 gegründeten Ministeriums für Staatssicherheit ein.[19] Sie haben wie die Akten der anderen Kontrollorgane die Eigenart, dass sie Personendaten liefern, die weit in die Vergangenheit zurückreichen und somit für die biografische Konstruktion wertvoll sind, wenn auch die nötige Quellenkritik zu beachten ist.

Insbesondere in der Frühphase beschränkte sich die Arbeit der ZKSK nicht allein auf die Verfolgung von Wirtschaftsvergehen, sondern sie übte massive Eingriffe in die Rechtsprechung aus. Beispielhaft dafür stand der Prozess gegen die Textilindustriellen aus Glauchau-Meerane im Sommer 1948.[20] Die Verantwortungsbereiche der Kontroll- und Überwachungsorgane überlagerten sich, doch vor allem die ZKSK leistete eine stärker ökonomisch ausgerichtete Arbeit. Ab Mitte der fünfziger Jahre entwickelte sie durch Kontrollbeauftragte sogar eine dauerhafte Präsenz in den volkswirtschaftlichen Schwerpunktbereichen, z.B. in den Stahl- und Walzwerken.[21] Insbesondere in dieser Zeit liegt der Wert der Akten aus dem staatlichen und parteilichen Kontrollsystem darin, dass sie den Dissens zwischen den beteiligten Akteuren deutlich machen, der in der behördlichen Überlieferung kaum mehr enthalten ist. Trotz ihrer manchmal zweifelhaften wirtschaftlichen Interpretationen leisteten diese Akten wertvolle Dienste für die Governance-Analyse der beiden hier erforschten Branchen.

Aus der Vielzahl der ostdeutschen Textilbetriebe wurden zwei Leipziger Kammgarnspinnereien ausgewählt, die im Größenmaßstab den untersuchten Stahlwerken zumindest nahe kamen. Wie die Stahlwerke zeichneten sich die beiden Betriebe durch eine besondere Verbindung aus, die sich in ihrem Fall durch die räumliche Nähe und durch ein vergleichbares Produktionsprofil begründete. Zudem wusste die archivalische Erschließung im Staatsarchiv Leipzig zu überzeugen.[22] Die Geschichte beider Textilfabriken ist für den gesamten Betrachtungszeitraum von 1945 bis 1958 – anders als bei den Stahlwerken – hervorragend dokumentiert, was die Hinzuziehung einer Vielzahl anderer Überlieferungen entbehrlich machte. Dies erlaubte eine Einschränkung ergänzender Recherchen auf die Bestände der ZKSK sowie des Ministeriums bzw. der HV für Leichtindustrie.[23] Das reiche Material aus den betrieblichen Abteilungen und Leitungsgremien ermöglicht eine vielfältige Analyse der Governancefunktionen ihrer Führungskräfte.

Der vorliegende Band ist entlang eines Vier-Phasen-Modells strukturiert, dem auch die Einteilung nach Großkapiteln folgt. Dieser Gliederung liegt die Annahme zugrunde, dass sich in der SBZ/DDR zwischen 1945 und der Mitte der 1950er Jahre verschiedene Produktionsregime überlagerten. Mit diesem Begriff ist nicht allein der

19 Archiv der Behörde für die Unterlagen des Staatssicherheitsdienstes der ehemaligen Deutschen Demokratischen Republik (BStU).

20 Vgl. Kap. IV, 1.

21 BArch, DC 1/556 u. 1771.

22 Sächsisches Staatsarchiv (SächsStA) Leipzig, Bestände Nr. 20941, Sächsische Wollgarnfabrik Tittel & Krüger/VEB Leipziger Wollgarnfabrik; Nr. 20925, Stöhr & Co. AG; Nr. 20943, VEB Mitteldeutsche Kammgarnspinnerei, ehem. Stöhr AG.

23 BArch, DG 3, Bestand Ministerium für Leichtindustrie.

ordnungspolitische Rahmen gemeint, sondern zugleich sein Niederschlag auf die Organisation der betrieblichen Wirtschaft.

Die erste identifizierbare, kurze Phase reichte von der deutschen Kapitulation bis zur Sequestrierung, die im Oktober 1945 eine Vielzahl von Industriebetrieben betraf. Beherrscht wurde sie durch das Demontageregime, in dem ganze betriebliche Anlagen in die Sowjetunion abtransportiert wurden. Zwar waren nicht alle untersuchten Betriebe davon betroffen, doch traten die Begleiterscheinungen, v.a. die Entlassungen von Arbeitskräften und Führungspersonal, überall in unterschiedlicher Stärke auf. Gleichzeitig wurden die Eigentums- und Verfügungsrechte der Unternehmer auf vielfältige Weise beschnitten.

Mit der Sequestrierung der Großbetriebe des Industriesektors begann die zweite Phase. Sie stellte sich als Übergangsperiode dar, in der die Mehrzahl der betrachteten Betriebe von Treuhändern geleitet wurde. Eines ihrer markanten Kennzeichen war, dass das Reparationsregime zu den bisweilen andauernden Demontagen hinzutrat. Diese ordnungspolitische Setzung bestimmte über das betriebliche Produktionsprofil, das den sowjetischen Forderungen zu folgen hatte, und zugleich über eine teilweise langfristig wirkende Veränderung der Produktpalette. Die Übergangsperiode endete im April 1948 mit der endgültigen Umwandlung der sequestrierten in volkseigene Betriebe.

Die dritte Phase war vom Eintritt in das Planungsregime mit seinem verstärkten Hang zur Kontrolle und Überwachung geprägt. Unter Zuhilfenahme geheimpolizeilicher Methoden wurde die Verstaatlichung auf den Textilsektor ausgeweitet. Auf betrieblicher Ebene drang die SED vor allem im Stahlsektor in die betriebliche Governance ein. Man kann erkennen, wie sich die Partei die Leitung der volkseigenen Betriebe aneignete, wofür der Ausbau der SED-Betriebsparteiorganisationen den Grundstein legte. Diese Phase zog sich bis zum Beginn des ersten Fünfjahrplans hin.

Nach einem letzten, aber weniger ausgeprägten Bruch der Jahre 1950/51 lässt sich die vierte Phase der entwickelten Planwirtschaft ansetzen. Hier wurden neue Modi der Platzierung von Führungskräften im Zuge einer Straffung der Kaderpolitik entwickelt. Wirtschaftlich betrachtet lässt sich die Phase als Vollendung des Autarkieregimes betrachten, das seine Ursprünge allerdings wesentlich früher hatte. Die Autarkiestrategie engte ihrerseits die betrieblichen Handlungsspielräume z.B. hinsichtlich der Gestaltung der Produktion ein. Innerbetrieblich wurden weitere Kontrollinstanzen geschaffen, die die inzwischen vollends etablierte Staats- und Parteiherrschaft der SED vor Ort vertraten.

In der Hauptsache widmet sich die Darstellung folgenden Fragekomplexen:

- Wie wurden die ausgewählten Betriebe adäquat geleitet und überwacht? Im Fokus stehen die Werte, Regeln und Grundsätze der betrieblichen Governance.
- Wie unterschieden sich die Phasen, in denen eine bestimmte Form der Betriebsführung gefordert war? Lässt eine solche Charakterisierung Rückschlüsse auf das Agieren der Führungskräfte und ihren Wechsel zu?

- Welches Persönlichkeitsprofil war für die jeweilige Leitungsfunktion am besten geeignet? Waren die Führungskräfte reine Technokraten? Welcher Typus erwies sich als geeigneter Lenker in einer Zentralverwaltungswirtschaft?
- Wie wurden Governance-Entscheidungen getroffen? Auf welche Bereiche bezogen sich die verbliebenen Handlungsspielräume? Wie veränderte sich der ökonomische Kern betrieblicher Governance, die unternehmerische Funktion?
- Gab es in den DDR-Betrieben tatsächlich flache Hierarchien, die auf eine innerbetriebliche „Demokratie" deuteten?

2 Wirtschaftliche Ausgangslage

2.1 Strukturmerkmale der Stahl- und Textilindustrie nach 1945

Als führende Kriegsindustrie war die Eisen- und Stahlbranche der SBZ/DDR ein machtpolitisch sensibler Faktor, den die sowjetische Besatzungsmacht zu kontrollieren suchte. Das äußerte sich unmittelbar nach Kriegsende in der Errichtung von Werkkommandanturen in der Mehrzahl der vorhandenen Stahlwerke. Die daraufhin eingeleiteten Demontagen hatten eine wirtschaftlich einschneidende Wirkung: Für einige Zeit glaubte die Besatzungsmacht, mit den abtransportierten Gütern die sowjetische Industrie schneller wieder aufbauen zu können. Als die Demontagen stoppten, erlangte der Stahlsektor bald wieder eine herausragende Bedeutung, die zunächst auf der Reparationsnachfrage beruhte. Schließlich begründete sich seine wichtige Position durch seine Bedeutung für das zeitgenössische Industrialisierungs- und Autarkiekonzept, das sich im gesamten RGW durchsetzte.[24]

Die wirtschaftshistorische Forschung neigt dazu, die Bedeutung der 1945 auf dem Gebiet der SBZ existierenden Stahlwerke geringzuschätzen.[25] Dieses Urteil rührt vor allem aus dem Vergleich mit dem westlichen Besatzungsgebiet, wo das Ruhrgebiet als Herz des deutschen Montansektors in der britischen Zone eine Ausnahmestellung einnahm. Tatsächlich lässt sich als Ausgangsbedingung festhalten, dass die SBZ traditionell lediglich 40 Prozent des Roheisen- und -stahlbedarfs ihrer eigenen weiterverarbeitenden Industrie zu produzieren vermochte.[26] Die Einschätzung des Industriezweiges als unbedeutend war eng mit der zeitgenössisch vorherrschenden Vorstellung verknüpft, dass die Schwerindustrie eine überragende Stellung als Basis der Volkswirtschaft innehabe. Schon in der frühen SED-Wirtschaftspolitik wurde dem Ausbau der Stahlwerke höchste Priorität beigemessen, und schließlich avancierte dieses Ziel zur Schwerpunktaufgabe der ersten Fünfjahr-Planperiode ab 1950. Daraus resultierte das groß angelegte, auf Autarkie ausgerichtete Ausbauprogramm

---

24 Wienert, Helmut: Die Stahlindustrie in der DDR, Berlin 1992, S. 31.
25 Steiner, Von Plan zu Plan, S. 20.
26 Eckart, Karl: Die Eisen- und Stahlindustrie in beiden deutschen Staaten, Stuttgart 1988, S. 27.

der „Schwarzmetallurgie“ mit Neubauten in Eisenhüttenstadt und Calbe. Diese wirtschaftliche Strategie wurde hartnäckig verfolgt, obwohl es der SBZ/DDR fast vollständig an den notwendigen Rohstoffen Erz und Steinkohle fehlte.

Im Kontrast dazu stand die Entwicklung der Textilindustrie. Schon unter dem Nationalsozialismus wurde der Industriezweig im staatlichen Bewirtschaftungssystem benachteiligt und zur Verarbeitung von Ersatzstoffen, insbesondere der synthetisch produzierten Zellwolle, gedrängt.[27] Die systematische Vernachlässigung setzte sich in der Nachkriegszeit fort, sodass viele der Restriktionen, die vor 1945 eingeführt wurden, ihre Gültigkeit behielten. Im Kontrast zum Stahlsektor räumte die werdende Planwirtschaft der Textilindustrie einen ungleich geringeren Stellenwert ein. Somit gehörte die Textilindustrie wie andere Zweige der so genannten Leichtindustrie zu den „großen Verlierer[n]“[28] des Strukturwandels der 1950er Jahre.

Die Textilbetriebe konzentrierten sich auf fünf Gebiete im Süden der DDR: Thüringen, Vogtland (Westsachsen), Nordwest-Sachsen, Lausitz (Ostsachsen) und den Raum Cottbus Forst. Im Vergleich zur Bundesrepublik hatte die Textilindustrie ein relativ großes Gewicht: Nach dem Stand von 1937 beschäftigte sie in der nachmaligen DDR 342.500 Personen gegenüber 483.500 auf dem Gebiet der späteren Bundesrepublik.[29] Einzelne Zweige wie die Gardinen- und Strumpfindustrie waren fast ausschließlich in dem sowjetisch besetzten Teil Deutschlands anzutreffen. Viele Betriebe der Branche wurden verstaatlicht und 1948 zu Vereinigungen Volkseigener Betriebe (VVB) zusammengefasst.[30] Trotz ihres erheblichen Binnenmarktpotenzials wurde die Textilindustrie im Zuge des wirtschaftlichen Aufbaus systematisch vernachlässigt. Das DDR-Plansystem förderte die Mehrzahl der Betriebe unzureichend, sodass der Sektor unter einer wesentlich ungünstigeren Zuteilungslage im Vergleich zu den Schwerpunktbereichen litt.[31] Innerhalb des Industriesektors sank der Produktionsanteil der Leichtindustrie in den fünfziger Jahren ständig.[32] Entsprechend gering waren daher auch die direkte Einflussnahme der sowjetischen Besatzungsmacht und die Demontageverluste der Nachkriegszeit.[33]

27 Höschle, Gerd: Die deutsche Textilindustrie zwischen 1933 und 1939. Staatsinterventionismus und ökonomische Rationalität, Stuttgart 2004.

28 Ciesla, Burkhard: „All das bremst uns, kann uns aber nicht aufhalten“. Wohlstandsversprechungen und Wirtschaftswachstum: Grundprobleme der SED-Wirtschaftspolitik in den fünfziger Jahren, in: Hoffmann, Dierk/Schwartz, Michael/Wentker, Hermann (Hrsg.): Die DDR vor dem Mauerbau. Politik und Gesellschaft in der DDR der fünfziger Jahre, München 2003, S. 160.

29 Heimann, Christian: Systembedingte Ursachen des Niedergangs der DDR-Wirtschaft. Das Beispiel der Textil- und Bekleidungsindustrie 1945–1989, Frankfurt/Main 1997, S. 103.

30 Mühlfriedel, Wolfgang/Wießner, Klaus, Geschichte der Industrie der DDR, Berlin (Ost) 1989, S. 57.

31 Steiner, Plan zu Plan, S. 261.

32 Steiner, André: Wirtschaftliche Lenkungsverfahren in der Industrie der DDR Mitte der fünfziger Jahre. Resultate und Alternativen, in: Buchheim, Christoph (Hrsg.): Wirtschaftliche Folgelasten des Krieges in der SBZ/DDR, Baden-Baden 1995, S. 283.

33 Vgl. Karlsch, Rainer: Allein bezahlt? Die Reparationsleistungen der SBZ/DDR 1945–1953, Berlin 1993, S. 90. Reparationen, in: Bundesministerium für innerdeutsche Beziehungen (Hrsg.): DDR-Handbuch, Köln 1975, S. 726.

Der Blick auf die Frühphase der SBZ/DDR erschöpft sich häufig in der lapidaren Feststellung, dass es noch eine bedeutende „Privatwirtschaft“ gegeben habe.[34] Formaljuristisch ist dem nicht zu widersprechen, doch stellt sich die Frage, wie weit die Handlungsspielräume dieser Privatbetriebe noch reichten.[35] Diese Studie richtet den Blick weder auf den Einzelhandel oder das Kleingewerbe noch auf kleine und mittlere Unternehmen, die zweifelsohne im Textilsektor der vorherrschende Betriebstypus waren. Um die Vergleichbarkeit mit den untersuchten Stahlwerken zu gewährleisten, wurden zwei Großunternehmen mit über 1.000 Beschäftigten ausgewählt: die Kammgarnspinnereien Tittel & Krüger sowie die Stöhr AG in Leipzig. Beide Unternehmen waren zunächst zum Privatsektor zu rechnen, bis sie 1948 bzw. 1952 in volkseigene Betriebe (VEB) umgewandelt wurden.

2.2 Stellenwert der ausgewählten Betriebe

Die ausgewählten Betriebe beider Branchen vereinigten ganz unterschiedliche Merkmale, die historisch begründet waren. Außer der Maxhütte Unterwellenborn, die als „Mutter der Metallurgie“ oder „Lebensspender der DDR-Stahlindustrie“ bezeichnet wurde,[36] verfügte keines der SBZ-Werke über eine eigene Roheisenproduktion. Die Standortwahl der Eisen- und Stahlwerke beruhte auf der Verfügbarkeit von Schrott. Hinsichtlich der Zulieferung anderer Inputs hingen alle Werke stark vom Westen Deutschlands ab, insbesondere vom Ruhrgebiet. Der Absatz hatte dagegen einen ausgeprägten regionalen Akzent. Hennigsdorf war auf Berlin konzentriert und die ehemaligen Mittelstahl-Werke auf die in Sachsen dominierenden Industriezweige wie den Maschinenbau. Infolge dessen wiesen sie eine weitergehende Spezialisierung auf, z.B. Hennigsdorf in der Feinblechherstellung, Riesa im Eisenkonstruktions- und Rohrbau oder Freital-Döhlen in der Stabstahlproduktion.[37]

Die Verbindung zwischen den Werken war seit ihrer Entstehung lose und verstärkte sich erst in der Zwischenkriegszeit durch die Aufkäufe und Beteiligungen des Flick-Konzerns, der über verschiedene Gesellschaften Mehrheitseigner in den Aktiengesellschaften war.[38] Riesa gehörte wie Gröditz und das Lauchhammerwerk zur Säch-

34 „Privatbetriebe“ erzeugten 1949 noch 31 Prozent der SBZ-Industrieproduktion, vgl. Judt, Matthias: Einleitung, in: Ders. (Hrsg.): DDR-Geschichte in Dokumenten. Beschlüsse, Berichte, interne Materialien und Alltagszeugnisse, 2. Aufl., Berlin 1998, S. 90.

35 Vgl. zu „zentralen Problemfeldern der Privatwirtschaft“: Hefele, Peter: Die Verlagerung von Industrie- und Dienstleistungsunternehmen aus der SBZ/DDR nach Westdeutschland. Unter besonderer Berücksichtigung Bayerns (1945–1961), Stuttgart 1998, S. 35–53.

36 Gerdesius, Günter: Die Maxhütte Unterwellenborn 1945 bis 1950. Vom schweren Anfang zum VEB Maxhütte, Teil 3, Berlin 2004, S. 106.

37 Vgl. auch die Schwerpunkte im Jahr 1938, Wienert, Stahlindustrie in der DDR, S. 30.

38 Zur Geschichte des Flick-Konzerns im 20. Jahrhundert vgl. die ausführlichen Studien: Frei, Norbert/Ahrens, Ralf/Osterloh, Jörg/Schanetzky, Tim: Flick. Der Konzern. Die Familie. Die Macht, Mün-

sischen Mittelstahl AG. Außerdem hatte das Edelstahlwerk Döhlen zwei Standorte in Pirna und Freital. Die Friedrich Flick-AG mit Sitz in Berlin-Charlottenburg betrieb die brandenburgischen Werke Hennigsdorf und Brandenburg (Havel). Die Maxhütte im thüringischen Unterwellenborn gehörte als Zweigwerk zum Stammbetrieb im oberpfälzischen Sulzbach-Rosenberg. Eine Intensivierung der Kontakte zwischen den einzelnen Werken lässt sich z.B. während der „Eisennot" des Jahres 1936 belegen, als die Mittelstahlwerke aus Unterwellenborn Roheisen bezogen, weil die Schrottzufuhr mangelhaft war.[39] Derartige Transaktionen nahmen nach 1945 zu, als sich die Werke in der SBZ strukturell annäherten und ihre Kontakte im Rahmen des Bewirtschaftungs- und dann des Plansystems intensivierten. Schließlich wurden alle hier untersuchten Stahlwerke von Juli 1948 bis Dezember 1950 unter dem Dach der Vereinigung volkseigener Betriebe (VVB) VESTA – Produktion und Verarbeitung von Roheisen, Stahl- und Walzwerkserzeugnissen Leipzig – organisatorisch zusammengefasst.

Das Argument der strukturellen Nähe galt auch für die im 19. Jahrhundert gegründeten Leipziger Kammgarnspinnereien. Tittel & Krüger begannen 1866 als Seiden-, Garn- und Tapisseriewarenhandlung. Nach Umwandlung in die Sächsische Wollgarnfabrik AG baute man Ende der 1870er Jahre eine eigene Maschinenspinnerei auf. Ebenso wie bei der Stöhr AG, die 1880 in unmittelbarer Nachbarschaft gegründet wurde, wuchs die Produktion über die Phase der Hochindustrialisierung stetig. Durch Aktienaufkäufe wurde die Bremer Nordwolle zum gewichtigen Anteilseigner bei Tittel & Krüger. Nach dem verhängnisvollen Bankrott dieses Konzerns schloss sich die Sächsische Wollgarnfabrik, vormals Tittel & Krüger, mit der Sternwoll-Spinnerei (Hamburg-Bahrenfeld) unter dem 1945 noch gültigen Namen „Wollgarnfabrik Tittel und Krüger und Sternwollspinnerei AG Bremen" zusammen. Der satzungsmäßige Sitz der AG war Bremen, doch wurden die Geschäfte von Leipzig aus geführt. Die Hauptaktionäre waren die Dresdner und Bremer Bank, deren Vertreter im gemeinsamen Aufsichtsrat federführend waren.[40]

Die Stöhr AG dehnte sich im Kaiserreich international aus, vor allem 1889 durch die Errichtung der Botany Worsted Mills in Passaic, New Jersey (USA). Daneben erfolgten Direktinvestitionen in Österreich-Ungarn sowie die Gründung einer eigenen Wollkämmerei in Leipzig. Mit Anteilsumschichtungen und Neuerwerb von Aktien in der Zwischenkriegszeit setzte sich die internationale Expansion der Stöhr AG fort. Schließlich hielt man 1944 im Inland Beteiligungen von drei Vierteln des Aktienbesitzes der Solbig Söhne AG in Chemnitz, der Elberfelder Textilwerke AG (Etag)

---

chen 2009. Priemel, Kim: Eine Konzerngeschichte vom Kaiserreich bis zur Bundesrepublik, 2. Aufl., Göttingen 2008. Bähr, Johannes/Drecoll, Axel/Gotto, Bernhard/Priemel, Kim/Wixforth, Harald: Der Flick-Konzern im Dritten Reich, München 2008.

39 Priemel, Konzerngeschichte, S. 371.

40 Vgl. SächsStA Leipzig, Findbuch zum Bestand Nr. 20941 (VEB Leipziger Wollgarnfabrik). Wenn im Folgenden „Tittel & Krüger" als Firmenbezeichnung benutzt wird, weist dies darauf hin, dass der Leipziger Standort der Aktiengesellschaft gemeint ist, deren Aufsichtsrat bis Mai 1948 tagte.

und der Ohligser Leinen- und Baumwollweberei AG in Solingen. Hinzu kamen die teilweise seit längerer Zeit ausgebauten Auslandsbeteiligungen (jeweils mindestens 50-prozentiger Aktienbesitz) an der Konkordia Spinnerei in Politz (Nordböhmen), der Vaterländischen Kammgarnspinnerei und Weberei in Budapest sowie der Corona Kammgarnspinnerei im rumänischen Weidenbach (Ghimbav). Die lange Tradition der internationalen Ausrichtung unterschied die Stöhr AG von Tittel & Krüger.[41]

Manche der vormals günstigen Standortfaktoren veränderten sich nach der Errichtung der Besatzungszonen. Da die Spinnereien in einem nicht unerheblichen Maße auf den überregionalen Absatz ausgerichtet waren, litten sie unter der Fragmentierung des deutschen Wirtschaftsgebietes und den Schwierigkeiten zur Teilnahme am internationalen Handel. Auch büßte die Leipziger Messe ihr internationales Gewicht ein, das für die Anbahnung überregionaler Geschäfte wichtig war. Wie im Einzelnen zu zeigen, änderten beide Betriebe ihre Ausrichtung vom internationalen Export auf einen binnenorientierten Absatz.

Das Leipziger Stammwerk der Stöhr AG wurde 1945 auf Grund des Befehls 124 der Sowjetischen Militäradministration in Deutschland (SMAD) sequestriert, aber nicht auf die Liste der Betriebe gesetzt, die durch den sächsischen Volksentscheid vom Juni 1946 zu enteignen waren. Die Enteignung erfolgte erst im April 1948, und mit Wirkung vom 1. Juli desselben Jahres wurde der Betrieb als VEB Mitteldeutsche Kammgarnspinnerei Leipzig mit den Werken I (Plagwitz) und II (Markkleeberg) geführt.

2.3 Ordnungspolitische Weichenstellungen und Regulierung der Wirtschaft

Das Bewirtschaftungsystem der SBZ war stärker als in den Westzonen von der Interessen der Besatzungsmacht geprägt.[42] Sowjetische Stellen übernahmen die Zuteilung von Gütern und behielten sich die Genehmigung der ab 1946 quartalsweise erlassenen deutschen Verbrauchs- und Produktionspläne vor. Die Planungen, die in den Wirtschaftsressorts der Länder bald nach Kriegsende einsetzten, hatten nur geringe Auswirkungen auf die Wirtschaftsablaufpolitik. Die deutschen Vorstöße zur Stärkung der „Selbstverwaltungsorgane der Wirtschaft“[43] waren meist nicht erfolgreich, weil die Vorgaben der Besatzungsmacht, d.h. die implementierten Demontagen und Reparationen, für die entscheidende Prägung des Produktionsregimes sorgten. In der SBZ war das Bewirtschaftungssystem besonders unflexibel, weil die Behörden jedem Lie-

41 Vgl. SächsStA Leipzig, Findbuch zum Bestand Nr. 20925, Kammgarnspinnerei Stöhr & Co. AG, Leipzig.

42 Zank, Wolfgang: Wirtschaftsplanung und Bewirtschaftung in der Sowjetischen Besatzungszone – Besonderheiten und Parallelen im Vergleich zum westlichen Besatzungsgebiet, 1945–1949, in: Vierteljahrschrift für Sozial- und Wirtschaftsgeschichte (VSWG) 71 (1984), S. 489f.

43 Halder, Winfrid: „Modell für Deutschland“. Wirtschaftspolitik in Sachsen 1945–1948, Paderborn 2001, S. 271.

feranten einen bestimmten Empfänger zuwiesen.[44] Eine zentrale Rolle im Genehmigungsverfahren spielten die nach 1945 erheblich umgestalteten Industrie- und Handelskammern. Ihre wesentliche Aufgabe bestand auf lokaler Ebene in der Prüfung und Billigung wirtschaftlicher Transaktionen, doch unterlagen die Entscheidungen stets der Genehmigungspflicht der örtlichen sowjetischen Kommandantur. Für eine wirkungsvolle Ordnungspolitik fehlte es außerdem an der Erfassung statistischer Werte, um eine Grundlage für wirtschaftspolitische Entscheidungen zu haben.[45]

Militärische Kommandos oder Befehle der sowjetischen Wirtschaftsverwaltung blieben in der Wirtschaftsordnung des Jahres 1946 der wesentliche Koordinationsmechanismus für wirtschaftliche Transaktionen. Deutsche Stellen beschränkten sich mehr oder weniger darauf, hierfür eine Zuarbeit zu leisten. Die Bewirtschaftungspraxis der direkte Zuteilungen konnte immer wieder durch sowjetische ad hoc-Entscheidungen oder konkurrierende Produktionsbefehle gestört werden. Führende SBZ-Wirtschaftspolitiker wie Fritz Selbmann schätzten die Situation als Summe „völlig wirre[r] Maßnahmen" ein, in die keine Ordnung zu bringen sei.[46] Diese Sichtweise, die viele Planungsbefürworter auf deutscher Seite teilten, galt insbesondere für Wirtschaftssektoren, die wie die hier zu untersuchende Textil- und die Stahlindustrie eng mit dem Reparationsregime verbunden waren.

Jedoch gab es eine wirtschaftliche Realität unterhalb dieser globalen Sicht auf die Dinge, nämlich die betriebliche Perspektive. Bezüglich des Handelns der Betriebe hält die Literatur bislang fest, dass diese eine Art Abwehrhaltung an den Tag legten, indem sie Kapazitäten verschleierten sowie Rohstoffe und Materialien horteten.[47] Auch diese Zustandsbeschreibung entspringt dem Blickwinkel von oben, d.h. sie beschreibt das betriebliche Problem unter der Prämisse, dass eine ordnungspolitische Lenkung der Wirtschaft notwendig war. Allerdings orientierte sich das betriebliche Wirtschaften traditionell nicht an übergeordneten Ansinnen und stellte sich den Praktiken des Zuteilungssystems mitunter entgegen: Die vielfältigen Motivlagen hierfür werden in diesem Buch durchleuchtet.

Im Ergebnis bleibt festzuhalten, dass die Wirtschaftsplanung bis Ende 1946 rudimentär blieb und sich dadurch für die betriebliche Governance wesentliche Gestaltungsspielräume eröffneten. Die Inflexibilität des Bewirtschaftungssystems und die Existenz von Handlungsspielräumen auf betrieblicher Ebene bildeten nicht unbedingt einen Gegensatz: Wie zu zeigen, mussten die Betriebe allerlei Findigkeit aufweisen, um sowohl die Zulieferung von Inputs als auch den Absatz ihrer Produkte zu ihren Gunsten zu gestalten. In manchen Fällen konnten sie – in Pfadabhängigkeit von ihrem früheren Produktionsprofil – eigene Strategien verfolgen.

44 Zank, Wirtschaftsplanung, S. 490.

45 Steiner, Plan zu Plan, S. 46.

46 Vgl. Schreiben Selbmann an Leuschner, 16.8.1946, zitiert in: Steiner, Plan zu Plan, S. 46 u. Halder, Modell, S. 270.

47 Steiner, Plan zu Plan, S. 46.

Im Bestreben, Input-Faktoren möglichst in ausreichender Menge zu erhalten, hingen die Betriebe einerseits von der Prioritätensetzung bei der Bewirtschaftung und andererseits von der Verfügbarkeit von Rohstoffen, Materialien, Halbfertigwaren und Arbeitskräften ab. Aus der Perspektive des Juli 1946 stellte sich die Situation in den beiden hier interessierenden Sektoren wie folgt dar: Als Basisrohstoff fehlte es vor allem an Kohle. Dies betraf zuallererst die Eisen- und Stahlindustrie, deren Rohstoffversorgung als „unverändert ernst" eingestuft wurde.[48] Im Besonderen hing der Sektor von Lieferungen aus den Westzonen ab, die nicht in gewünschter Menge eintrafen. Die Textilindustrie war ebenfalls auf Kohle angewiesen, wenn auch nicht in den gleichen Mengen wie der Montansektor. Allerdings genossen die Textilbetriebe im Zuteilungssystem in der Regel keine Priorität. Für die Kernbereiche ihrer Produktion fehlten ihnen wie in der Kriegswirtschaft vor allem die importierten Rohstoffe. Hier wusste der sächsische Wirtschaftsminister Selbmann aber im Juli 1946 zu berichten, dass sich die Lage „völlig umgekehrt" habe, weil die Sowjetunion zur Lieferung von Rohwolle bereit sei.[49] Aus betrieblicher Perspektive war interessant, nach welchen Kriterien die vorhandenen Rohstoffe zur Verteilung gelangten.

Der wichtigste Textilrohstoff der Nachkriegszeit war die synthetisch hergestellte Zellwolle, die im Zuge des NS-Autarkieprogramms die vorher marktüblichen Naturfasern immer mehr verdrängt hatte. Ab Mitte der dreißiger Jahre wurden auf staatliche Initiative, aber mit privaten Anlagekapital regionale Zellwollfabriken gegründet, von denen sich drei auf dem Gebiet der späteren SBZ befanden: die Sächsische Zellwolle in Plauen (1935), die Thüringische Zellwolle Schwarza (1935) und die Kurmärkische Zellwolle und Zellulose AG in Wittenberge (1937). Zu Lasten der traditionellen Produzenten IG Farben und Vereinigte Glanzstoff-Fabriken AG steigerten alle deutschen Regionalwerke den Anteil an der deutschen Gesamtproduktion von 16 Prozent (1936) auf 60 Prozent (1940) und 70 Prozent (1943).[50] Die quasi-staatlichen Unternehmen, zu denen das 1936 wiederbelebte Spinnstoffwerk im sächsischen Glauchau hinzukam, behaupteten in der Nachkriegszeit ihre marktbeherrschende Stellung. Als Lieferanten der beiden Leipziger Wollspinnereien kamen vor allem der IG-Farben-Standort Wolfen sowie das Zellstoffwerk Schwarza in Betracht, obgleich z.B. die Stöhr AG 1935 bei der Sächsischen Zellwolle Plauen eine geringe Aktienbeteiligung erworben hatte.

Zur Erläuterung der Ausgangsvoraussetzungen gehört auch der Blick auf den Zusammenhang zwischen Enteignung und Zuteilung von Inputs. Als einschneidender Eingriff in die Eigentumsrechte wirkte der SMAD-Befehl Nr. 124 vom 30. Oktober 1945, der fast alle größeren Industriebetriebe der SBZ unter Sequester stellte. Diese Entscheidung über die Beschlagnahme blieb zunächst ohne Einfluss auf die Zuteilung von Roh-

48 Fritz Selbmann auf Wirtschaftskonferenz der SED (23. Juli 1946), vgl. Halder, Modell, S. 268.

49 Ebd.

50 Scherner, Jonas: Die Logik der Industriepolitik im Dritten Reich. Die Investitionen in die Autarkie- und Rüstungsindustrie und ihre staatliche Förderung, Stuttgart 2008, S. 164f. Höschle, Textilindustrie, S. 101.

stoffen und Materialien. Die Privatbetriebe wurden kaum diskriminiert, jedoch lässt sich eine Bevorzugung der Betriebe feststellen, die für die Besatzungsmacht arbeiteten oder Reparationsaufträge erfüllten.[51] Auch der Übergang des größeren Teils der sequestrierten Betriebe in Landeseigentum als Folge des sächsischen Volksentscheids vom Juni 1946 hatte kaum direkte Auswirkungen auf die Bewirtschaftung oder die planerischen Abläufe im Hintergrund.[52] Bei den deutschen Politikern, z.B. dem sächsischen Wirtschaftsminister Fritz Selbmann, nährte die Überführung der Industriebetriebe in Landeseigentum aber die Hoffnung, dass die Verstaatlichung den Weg zu einer umfassenderen wirtschaftlichen Planung ebne. Erste Erfolge beim Versuch, ihren Einfluss auf die Wirtschaftsplanung zu steigern, erzielen die deutschen Verwaltungen erst im Frühjahr 1947, wie am Beispiel der Betrachtungen zur sächsischen Spinnindustrie zu zeigen.[53]

Erste negative Erfahrungen mit der Unsicherheit westlicher Stahllieferungen machte die SBZ schon mit dem kurzzeitigen Embargo des März 1946. Im Januar 1947 schloss man mit der bizonalen Verwaltung das Mindener Abkommen, das Kontingente gegenseitig zu liefernder Handelsvolumen festlegte.[54] Schwerindustrielle Halbfertigwaren hatten darin ein großes Gewicht: Aus der Bizone waren pro Quartal mindestens 75.000 Tonnen (t) Eisen und Stahl zu liefern, wobei sich die Menge mit der Ausweitung der westdeutschen Produktion steigern sollte. Zum Vergleich: Die Quartalsproduktion der Maxhütte Unterwellenborn, d.h. des einzigen Roheisenproduzenten der SBZ, lag 1946 bei knapp 40.000 t.[55] Es war schwierig, eine Einigung über den Preis zu erzielen, weil die SBZ-Seite auf die Beibehaltung der Stopppreise der Kriegszeit drängte. Allerdings erfüllten die westlichen Zonen die zugesagten Liefermengen bei weitem nicht. Im März 1947 gab es ein 14-tätiges Moratorium, in dem sie ganz ausgesetzt wurden, sodass im ersten Quartal nur knapp 40 Prozent der vertraglich vereinbarten Menge die Ostzone erreichte. Im Juli 1947 kündigte das bizonale Verwaltungsamt für Wirtschaft weitere Kürzungen an, weil man einen erhöhten Eigenverbrauch reklamierte. Die östliche Seite befand sich in starker Abhängigkeit vom Westen. Ausdruck dessen war das erste Berliner Abkommen vom November 1947, mit dem die Eisen- und Stahllieferungen auf dem niedrigen Stand des Jahres 1947 festgeschrieben wurden.

Schon im Januar 1947 konnte die SED-Spitze von Stalin eine prinzipielle Zusage zum Wiederaufbau der SBZ-Stahlindustrie erreichen.[56] Die von der sowjetischen Führung für eine Weile gehegte Hoffnung auf die Nutzung der Ressourcen des Ruhrgebiets zerbarst auch endgültig: Die im Potsdamer Abkommen festgeschriebene Teilung

51 Zank, Wirtschaftsplanung, S. 490.

52 Halder, Modell, S. 265.

53 Vgl. Kap. II, 4.

54 Heyl, Friedrich von: Der innerdeutsche Handel mit Eisen und Stahl 1945–1972. Deutsch-deutsche Beziehungen im Kalten Krieg, Köln u.a. 1997, S. 47–49.

55 ThStA Rudolstadt, Maxhütte Unterwellenborn, B 61. Anlage zum Brief Franz' an von Babo, 14.6. 1946; Kinne, Helmut: Geschichte der Stahlindustrie der Deutschen Demokratischen Republik, Düsseldorf 2002, S. 166, s. auch Tabelle im Kap. II, 2.3.

56 Karlsch, Allein bezahlt, S. 78.

des Reparationsgebietes wurde nun endgültig vollzogen. Dadurch war die Möglichkeit eines Zugriffs auf die westdeutsche Industrie vollends illusorisch geworden. Im Zuge der Veränderung des Kurses gegenüber der SBZ-Stahlindustrie ließ die SMAD mehr Wirtschaftsplanung zu, orientierte sich auf ein Autarkieprogramm und erarbeitete Wiederaufbaubefehle für die Stahlwerke Hennigsdorf und Riesa. Damit ging das Produktionsregime endgültig von der Demontage- zur Reparationspolitik über.

Obgleich die Deutsche Zentralverwaltung der Industrie (DZVI) seit 1945 existierte, waren die Wirtschaftsministerien der Länder für gut zwei Jahre die entscheidenden Akteure im Bewirtschaftungssystem. Aufgrund der starken Fragmentierung der Wirtschaft bildeten die Länderökonomien den Bezugsrahmen für das Zuweisungssystem.[57] In der Literatur wurde dieses auf das eigene Land bezogene ökonomische Denken als „Länderegoismus" bezeichnet.[58] Die Tendenz der Landesverwaltungen zur wirtschaftlichen Selbstverwaltung und zur Wahrung der eigenen Interessen lässt sich als Resultat der Fixierung auf das Reparationsregime interpretieren. Jede Landesregierung war für die Erfüllung der Reparationsauflagen gegenüber der jeweiligen Landes-SMA verantwortlich. Gleichzeitig drängte die SMAD die SMA in den Ländern, auf die Einhaltung der Vorgaben in ihrem Wirkungsbereich zu pochen. Wegen des hohen Stellenwertes der Reparationsproduktion in der Gesamtwirtschaft ging das skizzierte System zu Lasten einer planerischen Gesamtstrategie für die SBZ. Im Ergebnis ergab sich ein Länderpartikularismus, der sich durchaus als rationales Verhalten der Akteure erklären lässt.[59] Ein stärkerer Zentralismus trat erst ein, als Kompetenzen der Deutschen Wirtschaftskommission (DWK), d.h. dem Zusammenschluss der wirtschaftsrelevanten Zentralverwaltungen, gestärkt wurden. Auf die DWK-Reform im Februar 1948 folgten Weichenstellungen wie der Halbjahresplan 1948, die endgültige Verstaatlichung der sequestrierten Betriebe und die Installation eines Kontrollapparates in der Wirtschaft.

Die DWK-Reform wurde von der folgenreichen wirtschaftspolitischen Entscheidung der neuen HV Metallurgie begleitet, die zonale Schwerindustrie forciert auszubauen.[60] Man entschloss sich, die Walzstahlproduktion zu erhöhen, um die Abhängigkeit von Importen zu beseitigen. Dies implizierte eine maximale Erweiterung der eigenen Roheisenproduktion und die Erschließung von Quellen für die Schrottversorgung. Gleichzeitig bemühten sich die zentralen Stellen verstärkt um die Förderung der Eisenerzversorgung und die Einbeziehung alternativer Eisenrohstoffe.

---

57 Mielke, Henning: Die Auflösung der Länder in der SBZ/DDR. Von der deutschen Selbstverwaltung zum sozialistisch-zentralistischen Einheitsstaat nach sowjetischem Modell 1945–1952, Stuttgart 1995, S. 46.

58 Holzwarth, Klaus, Die Anfänge der zentralen Wirtschaftsplanung in der SBZ, in: Buchheim, Christoph (Hrsg.): Wirtschaftliche Folgelasten des Krieges in der SBZ/DDR, Baden-Baden 1995, S. 247–253.

59 Steiner, André: Zwischen Länderpartikularismus und Zentralismus. Zur Wirtschaftslenkung in der SBZ bis zur Bildung der Deutschen Wirtschaftskommission im Juni 1947, in: Aus Politik und Zeitgeschichte 49/50 (1993), S. 32–39.

60 Unger, Stefan: Eisen und Stahl für den Sozialismus. Modernisierungs- und Innovationsstrategien der Schwarzmetallurgie in der DDR von 1949 bis 1971, Berlin 2000, S. 177.

2.4 Betriebliche Performance

2.4.1 Stahlwerke

Im Hinblick auf die wirtschaftliche Analyse der betrieblichen Entwicklung werden die Indikatoren Produktion und Beschäftigung in den drei für diese Studie wichtigsten Stahlwerken Riesa, Hennigsdorf sowie der Maxhütte untersucht.

Produktion

Beim betrieblichen Vergleich ist das zeitversetzte Anlaufen der Stahlwerke zu beachten: In der Maxhütte, die der führende Roheisenerzeuger in der SBZ-Phase war, erfolgte der erste Hochofenabstich im Februar 1946, und kurz darauf setzte die Stahlproduktion ein. Riesa nahm die Stahlherstellung knapp ein Jahr später am 5. Februar 1947 auf, während sie in Hennigsdorf erst im März 1948 wieder einsetzte. Die beiden letztgenannten Werke produzierten kein eigenes Roheisen. Die folgende vergleichende Tabelle 1 setzt die durchschnittlichen monatlichen Rohstahlproduktionsmengen der einzelnen Werke von den dreißiger bis zu den fünfziger Jahren in Beziehung.

Tab. 1: Entwicklung der SM-Rohstahlproduktion auf dem Gebiet der SBZ/DDR (1928–1955) [t/Monat]

	Maxhütte	Riesa	Hennigsdorf	SBZ/DDR
1928/29	.		5.342	–
1933/34	.	16.588	.	–
1938/39	.	31.860	.	–
1943	17.476	.	20.000	–
1944	.	27.062	.	–
1946	2.948	–	–	8.083
1947	10.833	317	.	20.000
1948	.	2.056	3.270	.
1949	.	14.282	8.516	50.250
1950	.	25.833	12.422	83.250
1951	23.233 (I/51)	29.333	15.154	129.333
1952	24.011	46.583	16.914	157.167
1955	.	60.500	20.000	209.000

Quellen: Fink, S. 288; Unger, S. 422; Gerdesius, Teil 3, S. 68; Eckart, S. 49; ThStA Rudolstadt, Maxhütte Unterwellenborn, B 53.

Die Erfassung monatlicher Durchschnittswerte für das erste Nachkriegsjahrzehnt wurde gewählt, weil Jahresproduktionswerte oftmals fehlen bzw. nur unvollständige Teilangaben vorliegen. Detailliertere Statistiken werden an späterer Stelle vorgelegt, sofern sie für die Argumentation im Einzelnen erforderlich sind.[61] Die Übersicht zeigt, dass die Werke in den fünfziger Jahren die Produktionsmengen der Kriegszeit wieder erreichten, die – wie im Fall Hennigsdorfs im Vergleich mit 1928/29 zu sehen – über denen der Vorkriegszeit lagen. Im Allgemeinen galt in der DDR als erstes Ziel, das Vorkriegsniveau der Produktion wieder zu erreichen.

Das Beispiel Riesa stand stellvertretend für die erheblichen Ausbauanstrengungen seit 1948, und die dortige Stahlwerksproduktion übertraf 1955 den Wert der Kriegszeit schon deutlich. Gleichzeitig schritt der Ausbau der DDR-Stahlindustrie an anderen Orten voran, vor allem in den Hüttenkomplexen Calbe und Eisenhüttenstadt. Trotzdem führt Tabelle 1 die große Bedeutung der im Folgenden intensiv erforschten Werke in der ersten Hälfte des Fünfjahrplanes vor Augen: Die drei Standorte Riesa, Hennigsdorf und Maxhütte erzeugten 1951 zusammen mehr als die Hälfte der durchschnittlichen DDR-Monatsproduktion an Rohstahl, 1952 erhöhte sich ihr Anteil sogar auf 71 Prozent. Dieser Sprung ist vor allem dadurch zu erklären, dass die Riesaer Produktionssteigerung rund 62 Prozent der DDR-Gesamtsteigerung ausmachte. Riesa war bis zur Mitte der fünfziger Jahre der führende Rohstahlproduzent, dem der Standort Eisenhüttenstadt erst danach den Rang ablief.

Für die Maxhütte, d.h. den Betrieb, der anfangs die Eigenproduktion in der SBZ fast allein verkörperte, war der Indikator der Roheisenproduktion entscheidend, weil das Werk viel Eisen verkaufte und nicht selbst zu Stahl verarbeitete. Der erste Hochofen wurde am 4. Februar 1946 angeblasen, und bis Mitte April 1946 waren drei Hochöfen in Betrieb.[62]

Tab. 2: Roheisenproduktion der Maxhütte Unterwellenborn (1943–1955)

	Monatliche Durchschnittsproduktion	Index (1943 = 100)
1943	21.610 t	100
1946	11.191 t	52
1947	13.333 t	62
1948 (Jan.–Mai)	14.584 t	67
1949	20.833 t	96
1951	27.865 t	129
1955	31.604 t	146

Quellen: ThStA Rudolstadt, Maxhütte Unterwellenborn, B 61. Schreiben Franz an von Babo, 14.6.1946, Nr. 2273. Grafische Übersicht [1951]; Kinne, S. 166; ThHStA Weimar, LAW, Nr. 391. Technologisches Referat (Sobczak): Die industrielle Wirtschaft Thüringens und ihre technisch-wissenschaftlichen Probleme, 2.1.1948; ThHStA Weimar, LAW, Nr. 451, Monatsberichte März/Mai 1948, 2.4./10.6.1948; 1949: Eckart, S. 49 (Wert für SBZ); 1951: Die Produktion teilte sich zu 68 % auf Thomas-Roheisen und zu 32 % auf sog. Sonder-Roheisen auf. 1955: Mühlfriedel/Wießner, Geschichte der Industrie der DDR, S. 219: Angabe von 25 % umgerechnet nach Unger, Tab. 34, S. 422.

61 Vgl. z.B. die Einzelstatisitik für die Maxhütte in Kap. II, 2.3.

62 ThHStA Weimar, LAW, Nr. 452, Bericht des Betriebsratsvorsitzenden Becker, 4.6.1946.

Nach dem Anblasen des ersten Hochofens lief die Produktion langsam an: Im Februar 1946 betrug sie 2.703 t, im März 4.887 t, steigerte sich aber im Jahresmittel trotz der geringen Anfangsleistung noch auf 11.191 t. Jedoch hielten die Schwierigkeiten an, insbesondere als die Kokszufuhr infolge von Problemen im Warenverkehr mit der Bizone seit Frühjahr 1947 stark zurückging. Die Eingänge an Ruhrkoks auf der Maxhütte betrugen im März 1947 z.B. nur 200 t. Daher verbrauchte der Betrieb von den gehorteten Koksbeständen 11.000 t, sodass er am 1. April 1947 nur noch 24.000 t auf Lager hatte.[63] Ein Spiegelbild der schwierigen Koksbelieferung war nämlich die Hortung dieses Rohstoffs: Im Mai 1946 wurde bekannt, dass auf den Haldeplätzen der Maxhütte 120.000 t Koks lagerten, was für das Werk auch eine starke finanzielle Belastung darstellte.[64] Zudem drohte der Zugriff auf die gehorteten Bestände von anderer Seite: Im Januar 1947 erwog das thüringische Landesamt für Wirtschaft die Verteilung von 48.000 t der Maxhütten-Lagerbestände an Krankenhäuser.[65] Nachdem die gehorteten Mengen binnen eines Jahres beinahe aufgebraucht wurden, schlugen sich die Versorgungsengpässe unmittelbar auf die Produktion nieder. Im September 1947 verzeichnete man z.B. einen erneuten Tiefstand mit einer Monatsproduktion von nur 9.100 t Roheisen. Erst 1949 konnte die monatliche Durchschnittsproduktion von 1943 fast wieder erreicht werden.

Der Koksengpass lieferte einen ersten Hinweis auf die finanzielle Situation des Betriebs, die im November 1946 zum Gegenstand einer Detailanalyse wurde. Die Ausarbeitung der Werksabteilung Metallurgie diente der Maxhütte zur Begründung eines Subventionsantrags an die thüringische Landesregierung. Sie stellte auf den Zeitraum seit Juli 1946 rückblickend fest, dass der finanzielle monatliche Verlust bei der Roheisenerzeugung zwischen 56 und 72 Prozent des Produktionswertes schwankte.[66] Dafür waren zwei Gründe ausschlaggebend: (a) die vergleichsweise niedrige Produktion, (b) die anhaltend hohen Fixkosten, die sogar noch gestiegen waren. Der erste Aspekt war den mannigfaltigen Engpässen der Nachkriegszeit zuzuschreiben, die aus der allmählichen Wiederingangsetzung der Produktionsanlagen und besonders der beschriebenen Rohstoffknappheit resultierten. Den zweiten Aspekt, die finanzielle Problemlage, verdeutlicht Tabelle 3 (S. 30).

Die gestiegenen Produktionskosten bezogen sich 1946 vor allem auf Thomas-Roheisen, dessen Produktion gegenüber der Endphase des Krieges um knapp 40 Prozent zurückgegangen war. Die Möllerkosten, d.h. der Preis für die Gewinnung des Eisens im Hochofenprozess, waren im Vergleich zu den Verarbeitungskosten und den Mate-

63 ThHStA Weimar, LAW, Nr. 452. Aktennotiz Schönemann, Thüringisches Landesamt für Wirtschaft, April 1947.

64 ThHStA Weimar, LAW, Nr. 362. Industriebesprechung von Vertretern der DZVI, des thüringischen Landeswirtschaftsamtes und der Werkleitung der Maxhütte, 4.5.1946.

65 ThHStA Weimar, LAW, Nr. 452. Schönemann (Landesamt für Wirtschaft) an Appell und Frommhold, 15.1.1947.

66 ThStA Rudolstadt, Maxhütte Unterwellenborn, B 53. Wirtschaftsbericht Abt. Metallurgie der Maxhütte [Nov. 1946].

Tab. 3: Kosten der Thomaseisen-Produktion der Maxhütte (1943 und 1946 im Vergleich)

	November 1946	Monatsdurchschnitt 1943/44
Produktionsmenge		
Thomas-Roheisen	11.744 t	19.163 t
Selbstkosten		
Gesamtkosten [RM/t]	111,09	61,10
– Möllerkosten	39,74	31,68
– Verarbeitungskosten	30,06	10,64
– Koks	43,21	20,28

Quelle: ThStA Rudolstadt, Maxhütte Unterwellenborn, B 53. Wirtschaftsbericht der Abt. Metallurgie der Maxhütte [Nov. 1946]. 1943/44 wurden außerdem 2.304 t Spiegeleisen produziert, die nach dem Krieg durch die Produktion von Gießereiroheisen (Nov. 1946 = 2.694 t) ersetzt wurden.

rialbeschaffungskosten (v.a. Kokseinkauf) nicht so stark gewachsen. Den größten Anstieg verzeichneten die Verarbeitungskosten, die sich sich unter anderem aus den Energie- und die Lohnkosten zusammensetzten. Der Kostenbestandteil Energie war von 1,47 auf 5,28 RM/t gestiegen, der Lohnkostenanteil von 3,45 auf 10,11 RM/t. Außerdem zeigt die Tabelle, dass sich der Preis für den meist aus den Westzonen bezogenen Koks mehr als verdoppelt hatte.

Als häufig anzutreffendes Krisenphänomen kann gelten, dass die niedrigere Produktion bei anhaltend hohen Fixkosten für eine Verteuerung des produzierten Investitionsgutes sorgt.[67] Ungleich der Situation in der Wirtschaftskrise der frühen 1930er Jahre war nicht der Auftragsrückgang an der Verteuerung schuld, sondern die durch die Zeitumstände angestiegenen Kosten. Während der Anstieg des Handelspreises für Koks und Energie mit Hinweis auf die Knappheit durch Engpässe im Transport und im Produktionsbereich sowie tarifäre Hemmnisse erklärbar war, stach noch der Anstieg der Personalkosten heraus, die sich fast verdreifacht hatten. Dass ihr Anteil an den Selbstkosten stieg, war ein allgemeines Krisenphänomen, weil die Betriebe den Kernbestand ihres spezialisierten und qualifizierten Personals halten mussten, obwohl die Produktion sank. Trotz des Versuchs der Lohnkürzungen und Entlassungen ging dann die Arbeitsproduktivität infolge der sinkenden Auslastung der Kapazitäten zurück. Dieser allgemeine Befund traf auf die SBZ zu, aber der Rückgang der Arbeitsproduktivität hatte noch andere Ursachen, z.B. die Aufblähung der Belegschaft bei niedrigem Qualifikationsstand. Zusammenfassend ist festzustellen, dass die Roheisenerzeugung der Maxhütte nach dem Krieg zu einem teuren Subventionsgeschäft wurde. Dieser Umstand schlug sich auf die Governance der Hütte in erheblichem Maße nieder.

Die Ungunstlage für die Eisen- und Stahlproduktion hielt 1947 an, wobei das thüringische Wirtschaftsministerium, das die Maxhütte nach Rückgabe durch die

67 Vgl. James, Harold: Krupp. Deutsche Legende und globales Unternehmen, München 2011, S. 179.

Sowjets im März des Jahres als landeseigenen Betrieb übernommen hatte, die Ursachen nun klarer erkannte. Die betrieblichen Mitteilungen an das Ministerium lieferten auch eine umfassendere Sicht auf die Entwicklung der Selbstkosten. Um den Subventionsbedarf zu begründen, gab man folgende Punkte an:[68] 1.) Die Koks-Anlieferung erfolgte unregelmäßig von verschiedenen Zechen. Dadurch gab es häufige Störungen im Hochofenbetrieb, hinzu kamen hohe Transportkosten sowie ein hoher spezifischer Koksverbrauch. 2.) Wichtige Hilfsstoffe wie Kokillen, Walzen, Elektroden konnten aus den Westzonen nur zu hohen Preisen in geringer Qualität beschafft werden. Allgemein traten Schwierigkeiten bei der Beschaffung von Roh-, Hilfs- und Betriebsstoffen auf. 3.) In die Rubrik der kostenerhöhenden Transportprobleme fielen auch die unregelmäßige Waggongestellung sowie die Belastungen durch Standgeld, die eine Folge der doppelten Verladekosten waren: Die Fertigerzeugung musste zunächst auf Lager gelegt und dann erneut verladen werden. 4.) Der Einsatz berufsfremder und ungeschulter Arbeitskräfte in großem Umfang führte zu „beachtliche[n] Minderleistungen" in allen Betriebsabteilungen. Er bedeutete einen hohen Verschleiß an Rohmaterialien, und durch unsachgemäße Bedienung der Maschinen traten Betriebsstörungen auf. 5.) Die Löhne seien seit 1944 um 35 Prozent erhöht worden, weil sie im Verhältnis zu Nachbarindustrien zu niedrig angesetzt seien. 6.) Die Verwaltungskosten erhöhten sich, weil angesichts der fehlenden Qualifikation mehr Angestellte eingestellt werden mussten. 7.) Die nachholenden Instandsetzungsarbeiten, die im Krieg vernachlässigt wurden, bedeuteten erhebliche Mehraufwendungen. Im Großen und Ganzen trafen diese Punkte die betriebliche Realität, wenn auch die beschriebenen Effekte der Bürokratisierung anders interpretiert werden können. Unter diesen Prämissen, die in vergleichbarer Weise für alle untersuchten Werke galten, sind die folgenden Anmerkungen zur Entwicklung der Belegschaften zu lesen.

Arbeitskräfte

Die Arbeitskräftestatistik der drei wichtigsten Hütten- bzw. Stahl- und Walzwerke der SBZ lässt sich in unterschiedlicher Weise interpretieren.

Zur inneren Konsistenz der Statistik sind zunächst einige wesentliche betriebliche Veränderungen anzumerken. Bei der Maxhütte ist zu berücksichtigen, dass ihr Presswerk sowohl in der SAG-Phase als auch in der Zeit als landeseigener Betrieb bis 30. Juni 1948 unter eigener Regie geführt wurde.[69] Erst mit der Umwandlung in einen VEB und die Einbeziehung in die VVB VESTA gliederte man den früheren Betriebsteil (mit seinen rund Tausend Beschäftigten) ab 1. Juli 1948 an die Maxhütte zurück.

---

68 ThHStA Weimar, LAW, Nr. 451. Schreiben der Maxhütte Unterwellenborn, gez. Hensel, an das Ministerium für Wirtschaft, Arbeit und Verkehr Weimar (über HV landeseigener Betriebe Thüringen), 20.11.1947.

69 Die Maxhütte war vom 1. August 1946 bis 28. Februar 1947 eine SAG und vom 1. März 1947 bis 30. Juni 1948 landeseigener Betrieb.

Tab. 4: Beschäftigte in den Stahlwerken Maxhütte, Riesa und Hennigsdorf (1939–1952)

	Maxhütte	Riesa	Hennigsdorf
1939	1.700	4.232 (08/39)	2.000
1945	.	1.600	473
1946	3.896	2.896	.
1947	3.826	3.151 (11/47)	2.049
1948	6.185	3.654 (10/48)	3.450
1949	6.812	5.909	.
1950	7.917		.
1951	7.507		5.474
1952	.	7.052 (04/52)	.

Quellen: Fink, S. 292 u. 407; Städtisches Museum Riesa (SMR), Stahl- und Walzwerk (SWW) Riesa, K 21; ThStA Rudolstadt, Maxhütte Unterwellenborn, B 13; BLHA, Rep. 333, Nr. 477. BArch, DC 1/1894.
Anmerkung: Der Stand bezieht sich, wenn nicht anders präzisiert, auf das Jahresende.

Zudem trat bei der Bestimmung der Beschäftigtenzahlen die Schwierigkeit auf, ob man die sechs Außenbetriebe, z.B. die betriebseigenen Kohlegruben, das Zementwerk Unterwellenborn (Juli 1948 bis Dezember 1951), das Sägewerk Breitenbach (Juni 1948 bis Dezember 1951) sowie die Ziegelei Graba/Saalfeld (Januar 1948 bis März 1950) hinzurechnete.[70] Besonders fielen die 1.100 Grubenarbeiter ins Gewicht, sodass die Maxhütte Ende 1950 je nach Zählart insgesamt 6.600 oder 7.700 Beschäftigte hatte.[71] Für die anderen Werke erfasst die obige Tabelle ebenfalls den Gesamtbeschäftigtenstand des Betriebs jeweils zum Jahresende.

Auf die Problemlagen bei Rekrutierung und Einsatz der Arbeitskräfte wies der Werkleiter der Maxhütte Friedrich Franz bereits frühzeitig hin.[72] Noch bevor sich die Belegschaftsstärke bis Jahresende auf fast 4.000 erhöhte, bemerkte er im Mai 1946 zu einer gegenüber dem Vorkriegsstand um 500 Mann angestiegenen Zahl an Arbeitskräften: Von den 2.210 Arbeitern und Angestellten im Betrieb ließen sich nur 700 als Gelernte und 1.500 als Ungelernte einstufen. Nach Abschluss der Demontage hoffte er auf die vermehrte Zuteilung qualifizierter Arbeitskräfte. Momentan müsse mehr als die Hälfte der Arbeitskräfte für die Hüttenarbeit als ungeeignet angesehen werden, dafür spreche auch eine hohe Zahl an Unfällen. Unter den Zugewiesenen befand sich ein hoher Prozentsatz zwangsweise vermittelter ehemaliger NSDAP-Mitglieder. Die ad-hoc Rekrutierung von Arbeitskräften hielt an und führte, je nach personellem Engpass, auch zur werksinternen Rotation: Beispielsweise übernahm das Hoch-

70 Vgl. Gerdesius, Maxhütte, S. 91.

71 BArch, DY 30/IV 2/4/205. Bericht der ZPKK, 11.11.1950.

72 ThHStA Weimar, LAW, Nr. 362. Angaben des technischen Direktors Franz auf einer Industriebesprechung mit Vertretern der DZVI, des thüringischen Landesamts für Wirtschaft und der Werkleitung der Maxhütte, 4.5.1946.

ofenwerk der Maxhütte, in dem ein starker Arbeitskräftemangel herrschte, Fachkräfte aus dem eigenen Stahlwerk, um seinen Aufgaben als Basiseinheit gerecht zu werden.[73] Obgleich die Stahlwerke zu Schwerpunktbetrieben erklärt wurden, hatten sie mit dem Mangel an verfügbaren adäquat ausgebildeten Arbeitskräften zu kämpfen.

2.4.2 Textilbetriebe

Die Leipziger Kammgarnspinnereien Tittel & Krüger und Stöhr AG gehörten zu den größeren ihrer Branche, waren aber keineswegs die einzigen ihrer Art in Sachsen.[74] Obwohl sie 1948 beim zonenweiten Zusammenschluss zur VVB Wolle und Seide Meerane nur zwei von 44 Spinnereien waren,[75] nahmen sie als Großbetriebe über 1.000 Beschäftigten eine besondere Stellung ein. Dennoch waren sie hinsichtlich der Betriebsgröße nicht mit den Stahlwerken vergleichbar.

Produktionsstatistik

Durch die Wirkungen der Kriegswirtschaft wurde die Textilproduktion der Leipziger Kammgarnspinnereien nachhaltig beeinträchtigt, was vor allem für die Stöhr AG galt. Deren Werk Markkleeberg wurde im Dezember 1939 den Junkers Werken zur Nutzung übereignet, um in den Produktionshallen Flugzeugbehälter zu reparieren.[76] Andere Betriebsteile der Stöhr AG wurden auf Granatendreherei und die Fertigung elektrischer Anker umgestellt. Für Tittel & Krüger galt die Umstellung auf die Kriegswirtschaft in eingeschränkterem Maße. Von der Zerstörung von Werksanlagen war die Stöhr AG ebenfalls mehr als Tittel & Krüger betroffen. Während Stöhr 70 Prozent Zerstörung durch Luftangriffe verzeichnete, erlitt die benachbarte Wollgarnfabrik nur geringfügige Schäden am Verwaltungsgebäude. Nach Mai 1945 kamen Verluste durch sowjetische Demontagen hinzu, wenn auch nicht in bedeutender Höhe. Nach eigenen Angaben gingen die Kapazitäten beider Betriebe über den Zweiten Weltkrieg um 66 bzw. 70 Prozent zurück, wie in Tabelle 5 (S. 34) zu sehen.

Einem zügigen Wiederaufbau der Kapazitäten standen die Probleme der Nachkriegszeit entgegen, die von Rohstoff- und Ersatzteilmangel bis zu Transportschwierigkeiten reichten. Wenn die Produktionsauflagen für das erste Quartal 1946 für die

---

73 ThHStA Weimar, LAW, Nr. 452. HV landeseigener Betriebe, Technisch-wissenschaftlicher Bericht über die Maxhütte für Juni–Juli 1947, 7.8.1947.

74 SächsStA Leipzig, Nr. 20943/340. Sitzung der Kamm-, Streich- und Grobgarnspinner in der sächsischen Landesverwaltung Dresden, 7.6.1946. Andere größere Woll- und Kammgarnspinnereien gab es z.B. in Coßmannsdorf, Meerane, Zwickau, Schedewitz und Reichenbach (Vogtland).

75 Heimann, S. 111.

76 SächsStA Leipzig, Nr. 20943/278. Aktennotiz Koch über den Besuch einer sowjetischen Delegation, 10.9.1945; SächsStA Leipzig, Nr. 20943/977. Aktennotiz, Kammgarnspinnerei Stöhr, 2.5.1945.

Tab. 5: Kapazitäten und Planungssoll der Leipziger Kammgarnspinnereien (1946–1948) [kg/Monat]

		Tittel & Krüger	Stöhr AG
Kapazität	Vorkriegsangabe	133000	180000
	Nachkriegsangabe	40000	60000
Produktionssoll	1946 (I. Quartal)	.	40000
(Monatsschnitt)	1947	95000	100000
	1948 (Okt.)	95000	.

Quellen: SächsStA Leipzig, Nr. 20941/243 u. 473; Nr. 20943/378, 872 u. 977.

Stöhr AG unterhalb der 1945 festgestellten Kapazität blieben, hing dies vor allem mit der ungünstigen Rohstoffversorgung zusammen, die im Laufe dieser Studie im Detail analysiert wird. 1947 sahen die Sollplanungen Produktionsleistungen vor, die bei Tittel & Krüger gut 71 Prozent, bei der Stöhr AG knapp 56 Prozent der Vorkriegskapazität erreichten. Hinsichtlich der Steigerung der Produktion ist vor allem auf die verbesserte Kapazitätsauslastung zu verweisen, etwa durch die Umstellung auf den Drei-Schichten-Betrieb. Da gewisse Lieferengpässe anhielten, stagnierte das gesetzte Produktionssoll z.B. bei Tittel & Krüger bis zum Ende des Jahres 1948.

Arbeitsproduktivität, Lohnpolitik und Kreditbedarf

Aus dem Gesagten lässt sich eine Schätzung über die Entwicklung der Arbeitsproduktivität ableiten. Im Vergleich zur Vorkriegslage ging die Produktion zurück, was auf dem Rückgang der Kapazitäten und ihrer nachfolgenden mangelnden Ausnutzung beruhte. Gleichzeitig stieg die Beschäftigung, wie in der unten stehenden Tabelle 6 am Beispiel der Stöhr AG zu sehen (Beschäftigtenstand vor dem Krieg: 2.044, Dezember 1946: 2.490). Dies lässt auf einen starken Rückgang der Arbeitsproduktivität bei anhaltend hohen Fixkosten schließen. Der Zustand war mit dem oben bereits für die Stahlindustrie am Beispiel der Maxhütte konstatierten Missverhältnis vergleichbar.

Zwei finanzielle Problemkomplexe, die sich daran anschlossen, sollen hier nur kurz beleuchtet werden, weil sie an mehreren Stellen in die Darstellung einfließen werden. Erstens war die Spinnerei traditionell ein Niedriglohnbereich, was bereits 1946 beklagt wurde: Im September diesen Jahres gab der Vorstand von Tittel & Krüger zu bedenken, dass Fachkräfte in andere sächsische Industriezweige wie die chemischen Industrie, die Metallbranche oder das grafische Gewerbe abwanderten, weil der Tariflohn zu niedrig lag.[77] Angesichts konkurrierender Stundenlöhne von 65 bis

77 SächsStA Leipzig, Nr. 20941/329. Tittel & Krüger an Industrie- und Handelskammer (IHK) Leipzig über Lohnverhältnisse in der Textilindustrie, 10.9.1946.

70 Pfennig habe – abweichend vom Tarif – der Spinnerinnenlohn bereits von 45 auf 50 Pfennig angehoben werden müssen. Obwohl der SMAD-Befehl Nr. 253/1946 („Gleicher Lohn für gleiche Arbeit") zumindest einen Ansatzpunkt für eine Angleichung des Arbeiterinnenlohns an den Spinnerlohn für Männer bot, sträubten sich die Textilfabriken, die Lohnerhöhung umzusetzen. Obgleich kleinere Angleichungen erfolgten, verblieben die Kammgarnspinnereien in der SBZ an unteren Ende der Lohnskala. Ein Situationsbericht des Jahres 1951 wies darauf hin, dass die Produktion wegen „Leutemangels" stark abgenommen habe.[78] Beklagt wurde vor allem ein Fehlbestand an Facharbeiterinnen, z.B. Finisseurarbeiterinnen in der Vor- und Ringspinnerei, denn selbst gelernte Fachkräfte kündigten und orientierten sich in andere Berufe.

Zweitens stellte sich das Lohnproblem aus der Sicht der Betriebsleitungen der Spinnfabriken auf eine andere Weise dar. Angesichts der gesunkenen Arbeitsproduktivität und der Festschreibung der Preise auf dem Niveau von 1944 wirkte sich eine Erhöhung des Lohnniveaus höchst negativ auf die Gestehungskosten aus. Diese waren erst durch den Kapazitätsrückgang, dann durch die mangelhafte Auslastung der vorhandenen Kapazitäten ohnehin schon gestiegen. Die Belastung durch zusätzliche Lohnkosten schlug sich umgehend in einem erhöhten Kredit- bzw. Subventionsbedarf nieder. Im Folgenden ist zu betrachten, wie die Werkleitungen, insbesondere als die Kammgarnspinnereien noch zur Privatwirtschaft zählten, mit diesem Dilemma umgingen.

Arbeitskräftestruktur

Schließlich kann noch ein Blick auf eine detaillierte Beschäftigtenstatistik geworfen werden. Wie die folgende Tabelle 6 zeigt, lässt sich als Effekt der Umstellung auf die Kriegswirtschaft ein erheblicher Rückgang der Arbeitskräfte verzeichnen, wie der Niedrigstand bei Tittel & Krüger im Jahr 1944 zeigt. Die härteren kriegswirtschaftlichen Maßnahmen gegen die Stöhr AG erklären den relativ noch stärkeren Rückgang der Belegschaft. Im Laufe der beiden ersten Nachkriegsjahre gewannen die Kammgarnspinnereien trotz des relativ niedrigen Lohnniveaus eine Vielzahl neuer Arbeitskräfte. Das war dadurch möglich, dass die Arbeitsämter den Spinnereien Arbeitsuchende zuwiesen und dies offenbar sogar gegen den Willen der Vermittelten geschah, was wiederum die oben konstatierte mangelnde Qualifikation zu erklären vermag.[79]

In der Gruppe der kaufmännischen Angestellten war der männliche und weibliche Beschäftigtenanteil ungefähr gleich, doch ist zu berücksichtigen, dass dieser Bereich nachhaltig an Prestige verlor und zudem sämtliche Arbeitskräfte in Büro und Verkauf

---

78 SächsStA Leipzig, Nr. 20941/027. Treuhänder Tittel & Krüger an VVB Kammgarnspinnereien Gera, 21.6.1951.

79 SächsStA Leipzig, Nr. 20941/329. Tittel & Krüger an IHK Leipzig über Lohnverhältnisse in der Textilindustrie, 10.9.1946.

Tab. 6: Beschäftigtenzahlen der Leipziger Kammgarnspinnereien (1944–1950)

	Tittel & Krüger Gesamtzahl	m/w	Ang./Arb.	Stöhr AG Gesamtzahl	m/w	Ang./Arb.
Vorkriegsstand	k. A.			2044	740/1304	
1944	826					
1945	940 (Jan.)		144/796	575 (Jun.)	154/421	
	909 (Mai)	195/714	137/772			
	719 (Aug.)		194/525			
	834 (Dez.)					
1946	865 (Apr.)			2490 (Dez.)		92/2398
	1047 (Jul.)		116/931			
	k. A. (Okt.)		k. A./1312			
1947	.			2350 (Nov.)	792/1558	196/2154
1948	1585 (Mai)	211/1199		2454 (Feb.)	834 / 1620	203/2251
	1732 (Okt.)	226/1325				
1949	1630 (Nov.)		178/1452	.		
1950	.			2426 (Aug.)		
				1463 (Aug.)*	484/979*	168/1295*

Quellen: SächsStA Leipzig Nr. 20941/042, 123, 243, 329, 473, 481, 483. Nr. 20943/105, 340, 872, 977. Die Betriebsstatistik weist für 1950 (*) den Plagwitzer Betrieb gesondert aus. Zur Wahrung der Konsistenz der Tabelle wurden die Belegschaftszahlen des Zweigwerks Markkleeberg und der Kämmerei addiert.

Tab. 7: Geschlechtsspezifische Aufstellung der Beschäftigten der Mitteldeutschen Kammgarnspinnerei, Werk Plagwitz (August 1950)

	Gesamt	männlich	weiblich
Betriebliche Leitung	3	3	–
Angestellte			
Kaufmännischer Bereich und Verwaltung	73	35	38
Technischer Bereich	92	82	10
Arbeiter			
Facharbeiter	172	141	31
Angelernte	727	29	698
Hilfsarbeiter	308	169	139
Lehrlinge / Umschüler	88	25	63
Summe	1463	484	979

Quelle: SächsStA Leipzig, Nr. 20943/105. Ministerium für Planung, Statistisches Zentralamt. Volks-, Berufs- und Betriebszählung in der Mika, Werk Plagwitz, 31.8.1950.

hinzugezählt wurden. Anders lag die Gewichtung im technischen Bereich, zu dem auch das künstlerische und wissenschaftliche Betriebs- und Aufsichtspersonal gehörte. Den Kern durften aber die Ingenieure, Chemiker, Techniker, Zeichner und Werkmeister gebildet haben. Unter ihnen war eine klare männliche Dominanz festzustellen. Die drei Positionen auf der Ebene der Werkleitung waren in dem volkseigenen Betrieb ausschließlich mit männlichen Fachkräften besetzt. Auf weitere Implikationen dieser statistischen Ausgangsbefunde ist in dieser Studie einzugehen.

II Nachkriegsumbruch (April bis Oktober 1945)

Mit ökonomischer Perspektive ist die Phase unmittelbar nach der deutschen Kapitulation noch kaum untersucht. In der Literatur dominiert die Charakterisierung als „Chaos“, und das wirtschaftshistorische Hauptinteresse bezieht sich auf die früh formulierten sowjetischen Forderungen nach Demontagen und Reparationen. Im Folgenden sollen die Leitfragen untersucht werden, wer über die Macht in der Wirtschaft verfügte, welche unternehmerischen Handlungsfelder sich nachweisen lassen und ob die verbliebenen Handlungsspielräume eingeschränkt wurden. Für die Westzonen geht die Forschung davon aus, dass innerhalb der deutschen Wirtschaftselite bis zum Ende des Zweiten Weltkriegs eine hohe Kontinuität herrschte und sich diese auch auf die Transformationsphase der Nachkriegszeit erstreckte.[1] Diese These soll für die SBZ/DDR überprüft werden.

1 Deutsche Industrieelite zwischen Kapitulation und Kontinuität

1.1 Integrierte Funktionseliten im NS-Staat

Nach der nationalsozialistischen Machtübernahme arrangierte sich die Mehrzahl der Unternehmer mit den neuen Machtverhältnissen, sei es aus innerer Überzeugung, sei es aus Pflichtgefühl gegenüber ihrem Unternehmen. Im Zuge der vaterländischen Begeisterung nach Kriegsbeginn steigerte sich die Loyalität gegenüber der diktatorischen Herrschaft sogar noch. Im Gegenzug sicherte das NS-Regime nicht nur die privaten Eigentumsrechte, sondern die kriegswirtschaftlichen Verhandlungen zwischen Unternehmen und Staat verliefen häufig zu Gunsten rationaler Erwägungen der Unternehmer und ihrer langfristigen Wünsche.[2] Unter diesem Blickwinkel stellte sich der Nationalsozialismus nicht als „diktatorisches Elitenprojekt“ dar, sondern als ein angepasstes System, das sich „sich binnen weniger Jahre tief in alle gesellschaftlichen Funktionsbereiche“[3] hineinfraß.

Es ist schwer, allgemeingültige Aussagen über das Verhältnis leitender Manager und Unternehmer zum NS-Regime zu treffen. Meist wird davon ausgegangen, dass

---

1 Joly, Hervé: Kontinuität und Diskontinuität der industriellen Elite nach 1945, in: Ziegler, Dieter (Hrsg.): Großbürger und Unternehmer. Die deutsche Wirtschaftselite im 20. Jahrhundert, Göttingen 2000, S. 60f.

2 Buchheim, Christoph: Unternehmen in Deutschland und NS-Regime 1933–1945. Versuch einer Synthese, in: Historische Zeitschrift 282 (2006), S. 351–390. Ders./Scherner, Jonas: The Role of Private Property in the Nazi Economy: The Case of Industry, in: Journal of Economic History 66 (2006), S. 390–416.

3 Ahrens, Ralf: Von der „Säuberung“ zum Generalpardon: Die Entnazifizierung der westdeutschen Wirtschaft, in: Jahrbuch für Wirtschaftsgeschichte 2010/2, S. 25.

im einleitend beschriebenen Sinne ein enges Beziehungsverhältnis zum Staat und seinen Institutionen bestand. Dadurch ist aber die Frage ihrer ideologischen Überzeugung noch nicht geklärt. Zum Beispiel schien der Titel des Wehrwirtschaftsführers auf eine besondere Affinität zum Regime zu deuten. Doch handelte es sich wirklich um einen Ehrentitel für Unternehmer mit „besonderer weltanschaulicher Zuverlässigkeit, aber auch herausragender industriewirtschaftlicher Bedeutung“?[4] Paul Erker zweifelt daran, indem er darauf hinweist, dass die Verleihung des Ehrentitels keinen zwingenden Rückschluss auf überzeugte Wirtschaftstäter erlaube. In vielen Fällen sei die Ernennung zufällig erfolgt, unter Umständen sogar gegen den Willen der ausgewählten Unternehmer.

Auch die so genannte Speersche Wende in der Kriegswirtschaft, die als solche zu Recht in Frage zu stellen ist,[5] änderte nichts an der generellen Zurückhaltung seitens des NS-Staates gegenüber personellen Änderungen in den Führungsstrukturen der deutschen Unternehmen. Solche Maßnahmen hätten sich vermutlich im Hinblick auf die rüstungswirtschaftlichen Ziele als kontraproduktiv erwiesen.[6] In den meisten Fällen herrschte bei den Großindustriellen eine pragmatische Haltung vor, weil sie ihre Gewinninteressen sowie gewisse Handlungsspielräume bewahren konnten, zugleich aber der staatlich auferlegten Rüstungs- und Kriegswirtschaftspolitik bereitwillig folgten.

Dennoch überstand die industrielle Machtelite das Dritte Reich keineswegs unbelastet. Davon zeugten die alliierten Hauptkriegsverbrecherprozesse in Nürnberg, in denen nicht nur gegen hervorstechende NSDAP- und Militärführer, sondern in den drei großen Industriellenprozessen auch gegen 41 Unternehmer und Manager der Chemie- und Schwerindustrie Anklage erhoben wurde. Die dort beschuldigten zwölf Vertreter des Krupp-Konzerns und 23 IG-Farben-Manager residierten bis auf wenige Ausnahmen, etwa den Leiter der Leunawerke Heinrich Bütefisch, in den Westzonen. Jedoch konnte die sowjetische Zone der Nachkriegszeit als das Kernland des Flick-Konzerns gelten, denn dort lagen die uns interessierenden Stahlwerke in Sachsen, Brandenburg und Thüringen. In den Nürnberger Prozessen waren neben dem Konzernchef Friedrich Flick fünf weitere Spitzenmanager angeklagt: Konrad Kaletsch, Otto Steinbrinck. Odilo Burkart, Bernhard Weiß und Hermann Terberger.

Die Leitungsebene des Flick-Konzerns wurde im Laufe des Jahres 1945 verhaftet, meist in den Westzonen, wohin man sich aus taktischen Gründen zurückgezogen hatte. Friedrich Flick hatte sich nach Bayern abgesetzt und wurde dort im Juni 1945 inhaftiert. Sein Generalbevollmächtigter Konrad Kaletsch versuchte von der Char-

4 Erker, Paul: Einleitung: Industrie-Eliten im 20. Jahrhundert, in: Ders./Pierenkemper, Toni (Hrsg.): Deutsche Unternehmer zwischen Kriegswirtschaft und Wiederaufbau. Studien zur Erfahrungsbildung von Industrie-Eliten, München 1999, S. 5.

5 Scherner, Jonas/Streb, Jochen: Das Ende eines Mythos? Albert Speer und das so genannte Rüstungswunder, in: Vierteljahrschrift für Sozial- und Wirtschaftsgeschichte 93 (2006), S. 172–196.

6 Erker, Einleitung, S. 6.

lottenburger Konzernzentrale aus, die Fäden hinsichtlich der SBZ-Stahlwerke in der Hand zu behalten. Mit Odilo Burkart war ein wichtiger Flick-Manager zunächst im sächsischen Riesa verblieben und nahm dort maßgeblichen Einfluss auf die frühe Nachkriegsentwicklung. Beide wichtigen Manager übernahmen somit bis Ende 1945 Koordinationsaufgaben in Bezug auf die verschiedenen Teile des Flick-Konzerns in der SBZ, d.h. vor allem die uns interessierenden Stahlwerke. Erst im Dezember 1945 wurde Kaletsch von der amerikanischen Besatzungsmacht verhaftet. Im selben Monat setzten die Sowjets auch Burkart in Haft, entließen ihn aber bald wieder. Eine spätere Verhaftung erfolgte durch die Amerikaner und führte wie bei den anderen Flick-Managern zur Überstellung vor das internationale Nürnberger Tribunal. Die Haftzeiten, die dort wegen Verbrechen gegen die Menschlichkeit verhängt wurden, waren kurz. 1947 erfolgten Freisprüche für Kaletsch, Burkart und Terberger, während Steinbrinck in der Haft verstarb. Friedrich Flick blieb am längsten in Haft, er wurde am 25. Februar 1950 entlassen.[7]

Die zweite hier zu untersuchende Branche, der Textilsektor, war vergleichsweise in geringerem Maße in die Kriegswirtschaft einbezogen. Dennoch gab es Personen mit Bezügen zum Nachkriegsgebiet der SBZ, die im NS-Apparat mit einer großen Machtfülle ausgestattet waren, Hierzu zählte der Textilunternehmer Hans Kehrl, der Teilhaber der Cottbuser Tuchfabrik Rudolph Kehrl war. Nach der NS-Machtübernahme weitete er seine wirtschaftlichen Funktionen stark aus, indem er in den Aufsichtsrat von 19 Aktiengesellschaften, vor allem der Schwer- und Textilindustrie, gelangte. Als Protagonist der staatlichen Chemiefaserpolitik war er z.B. in allen Aufsichtsräten der seit 1935 gegründeten regionalen Zellwollwerke vertreten.[8] Mit dem Titel eines SS-Wirtschaftsführers dekoriert, nahm er in der Kriegswirtschaft höchste Funktionen im Bereich der Kriegsplanung ein. Als Generalreferent für Sonderaufgaben im Reichswirtschaftsministerium erarbeitete er einen Plan zur Reorganisation der europäischen Textilindustrie. Ferner war er Vorsitzender des Verwaltungsrates der Ostfaser AG, die mit 300 Betrieben und ca. 30.000 Beschäftigten zeitweilig als größter Textilkonzern Europas anzusehen war. In Wirklichkeit handelte es sich jedoch um eine Gesellschaft zur wirtschaftlichen Ausbeutung und Penetration der Textilindustrie Osteuropas.[9] Bei Kriegsende hielt sich Kehrl zunächst unbehelligt in der Lüneburger Heide auf und begab sich dann unter die Obhut der amerikanischen Streitkräfte. Bei seiner Vorladung als Zeuge nach Nürnberg geriet er schließlich selbst unter Verdacht. Wegen seiner herausgehobenen Stellung in der Kriegswirtschaft wurde er im Wilhelmstraßen-Prozess zu 15 Jahren Haft verurteilt, doch bereits im Januar 1951

7 Frei et al., Flick, S. 453–462.

8 Vgl. Scherner, Logik der Industriepolitik, S. 172. Zur Aufsichtsratstätigkeit Kehrls vgl. Handbuch der deutschen Textil- und Bekleidungs-Aktiengesellschaften, Leipzig 1940.

9 Wixforth, Harald: Die Dresdner Bank im Dritten Reich, Bd. 3: Expansion der Dresdner Bank in Europa, München 2006, S. 633–636.

nach Verbüßung eines Bruchteils seiner Haftstrafe wieder auf freien Fuß gesetzt.[10] Kehrls Vita war für den durchschnittlichen Textilunternehmer der späteren SBZ aber nicht exemplarisch, zumal er sich bereits in den 1930er Jahren aus seiner Heimatregion entfernt hatte.

Flick und Kehrl stehen beispielhaft für die Wirtschaftselite des Deutschen Reiches bis 1945, wie sie sich auch aus der Perspektive der SBZ/DDR darstellte. Sie waren namentlich auf einer Liste von 72 „ökonomischen Kriegsverbrechern" erwähnt, die man in der SBZ aus ideologischen Gründen als Hauptfeinde betrachtete.[11] Diese oberste Industrieelite steht in diesem Buch allerdings nicht im Fokus. Im Folgenden geht es weniger um die nationale Wirtschaftselite,[12] d.h. die Unternehmer und Vorstandsvorsitzenden inklusive der hohen Wirtschaftsbürokratie, sondern um die darunter liegende Ebene der Führungskräfte in den Unternehmen bzw. Betrieben. Diese Funktionselite setzte sich unter traditionellen Vorzeichen aus Vorstands- und Aufsichtsratsmitgliedern, Geschäftsführern, Betriebsdirektoren und selbstständigen Unternehmensleitern zusammen. Im Transformationsregime der SBZ/DDR wurden diese Positionen teilweise anders benannt, doch umfassten sie ebenfalls die oberste betriebliche Leitungsebene, von den Werkleitern bis zu den Betriebsdirektoren. Letztere wurden in der SBZ zunächst als technische bzw. ökonomische Leiter, dann aber wieder als technische bzw. kaufmännische Direktoren bezeichnet.

1.2 Verfolgungspraktiken und Unternehmerfluchten

Die skizzierten spektakulären Fälle der Kriegsverbrecher durften in keiner Besatzungszone mit Gnade oder Nicht-Verfolgung rechnen. Für die darunter rangierende Führungsebene stellt sich die Frage, ob sie auf sowjetisch besetztem Gebiet mit einer besonders harten Verfolgungspraxis rechnen musste. Aus ideologischen Gründen hätte man dies erwarten können, denn Stalins Annahmen zum Faschismus basierten auf der Vorstellung der Interessenidentität von Faschisten und Großkapital und interpretierten den Faschismus als höchste Krisenstufe des staatsmonopolistischen Kapitalismus.[13] Als die Rote Armee im Winter 1944/45 auf deutsches Gebiet vorrückte, begann sie noch während des Krieges mit der Verfolgung „feindlicher Elemente".

---

10 Müller, Rolf-Dieter: Der Manager der Kriegswirtschaft. Hans Kehrl: Ein Unternehmer in der Politik des Dritten Reichs, Essen 1999, S. 158–164.

11 BArch DO 3/314, fol. 854ff. Zu einer ähnlichen Einschätzung kommt Priemel, Kim: Finis Imperii. Wie sich ein Konzern auflöst. Informationsströme und Verfügungsrechte im Flick-Konzern 1945/46, in: Vierteljahrschrift für Sozial- und Wirtschaftsgeschichte 95 (2008), S. 2.

12 Vgl. zum Begriff: Berghahn, Volker: Elitenforschung und Unternehmensgeschichte – Rückblick und Ausblick, in: Ders./Unger, Stefan/Ziegler, Dieter (Hrsg.): Die deutsche Wirtschaftselite im 20. Jahrhundert. Kontinuität und Mentalität, Essen 2003, S. 19f.

13 Vgl. z.B.: Kuczynski, Jürgen: Geschichte der Arbeiter unter dem Kapitalismus Teil 1, Bd. 2, Berlin (Ost) 1953, S. 55; Bd. 6, Berlin 1964, S. 17ff.

Die Inhaftierungen folgten einer militärischen Logik und betrafen Funktionsträger der NSDAP, aber auch vermeintliche Spione, Terroristen und subversive Kräfte. Wirtschaftliche Führungskräfte zählten durchaus zu den Zielgruppen dieser „Säuberungen“, sofern sie für die deutsche Kriegsführung eine gewisse Bedeutung hatten.[14] Nach der deutschen Kapitulation setzten sich die flächendeckenden Verhaftungen fort und dehnten sich nun auch auf vermeintliche politische Gegner aus. Bis 1946 entsandte die sowjetische Regierung rund 2.600 Geheimpolizisten in die SBZ, die „feindliche Kräfte“ aufspürten und ohne Prozess in Speziallager einwiesen. Jedoch kann – anders als z.B. bei der Kulakenverfolgung in der Sowjetunion der 1930er Jahre – kein ausgemachter Wille festgestellt werden, pauschal gegen „Klassenfeinde“ vorzugehen. Der grundlegende Verfolgungsbefehl für die Besatzungszeit, den das sowjetische Volkskommissariat des Inneren ausgab, schloss die Leiter größerer Wirtschaftsinstitutionen sogar explizit aus dem Kreis der Verdächtigen aus.[15] Demnach kann nicht ausgeschlossen werden, dass Unternehmer oder industrielle Führungskräfte in sowjetischen Lagern interniert wurden, doch erlaubt das nicht den Rückschluss auf eine systematische Verfolgung dieses Personenkreises.

Obgleich man dank Aktenstudien um das Fehlen eines systematischen Verfolgungswillens weiß, fürchteten die Miterlebenden einen Rachefeldzug der sowjetischen Besatzer. Mit dem Vorrücken der sowjetischen Truppen setzte ein Exodus wirtschaftlicher Führungskräfte aus den deutschen Ostgebieten ein. In der SBZ erfolgte der größte Teil der spontanen Westwanderungen im Kapitulationsjahr 1945. Die nächste starke Auswanderungswelle von Managern und Unternehmern folgte erst wieder 1947 bis 1951.[16] Bei Kriegsende basierte die Mehrzahl der Abwanderungs- oder Fluchtentscheidungen auf individuellen Erwägungen der wirtschaftlichen Führungskräfte. Offensichtlich waren vier Faktoren für sie ausschlaggebend: (a) die diffuse Furcht vor sowjetischer Verfolgung, rührend aus einer Angst vor dem Bolschewismus, die sicherlich noch von der NS-Propaganda genährt war, (b) die konkretere Angst vor der Inhaftierung oder Internierung wegen Mittäterschaft in der NS-Zeit, (c) die Annahme, dass im Westen die Fortführung der beruflichen oder unternehmerischen Existenz ungleich leichter fallen dürfte als im sowjetischen Besatzungsgebiet, (d) die Zuversicht, dass die Westflucht den Rückzug auf ein sicheres Terrain ermöglichte, von dem aus man versuchen konnte, auf die Geschäfte des Unternehmens oder seiner Filialen Einfluss zu nehmen.[17]

---

14 Possekel, Ralf: Einleitung: Sowjetische Lagerpolitik in Deutschland, in: Mironenko, Sergej V. (Hrsg.), Sowjetische Speziallager in Deutschland 1945–1950. Teil 2: Sowjetische Dokumente zur Lagerpolitik, Berlin 1998, S. 42.

15 Befehl Nr. 315 des sowjetischen Volkskommissariats für Inneres vom 18.4.1945, in: Mironenko, Sowjetische Speziallager, Teil 2, S. 178f.

16 Hefele, Verlagerung von Industrie- und Dienstleistungsunternehmen, S. 86–88.

17 Boldorf, Austausch der wirtschaftlichen Führungskräfte, S. 50.

Genau wie die Führungsebene des Flick-Konzerns versuchten auch andere Spitzenmanager Einfluss auf die Konzernstandorte in der SBZ zu behalten.[18] In diese Richtung wies der Abgang der lokalen Führungsriege der Braunkohle-Benzin AG (Brabag), deren Vorstandsmitglieder Ernst Hochschwender und Heinrich Bütefisch sowie der „Werkführer" Wagner sich aus Schwarzheide nach Westen absetzten.[19] Auch der gesamte Vorstand der Auto Union floh am 7. Mai 1945, dem Tag des sowjetischen Einmarschs in Chemnitz, ins benachbarte, noch amerikanisch besetzte Zwickau. Offenbar wollte man von der vermeintlich sicheren Basis des dortigen Zweigwerks aus die weitere Entwicklung erst einmal beobachten.[20] In anderen Fällen wie Carl Zeiss Jena bewogen die amerikanischen Streitkräfte die Unternehmensspitze zur Übersiedlung nach Westen.[21] Die Fluchtwelle aus der sächsischen Industrieregion intensivierte sich mit dem Abrücken der Amerikaner im Juli 1945.[22] Eine zu beobachtende Variante bestand darin, dass Betriebseigentümer oder deren Beauftragte bald in die SBZ zurückkehrten, wie im Herbst 1945 in Sachsen verzeichnet wurde.[23] Alles in allem scheinen diese Beispiele, wie einige andere Beobachtungen mehr,[24] die obige Einschätzung zum Abwanderungs- und Fluchtverhalten der leitenden Kräfte um das Kriegsende zu bestätigen. Aus der Vielzahl solcher Fälle wurde zurecht geschlossen, dass die oberste Leitungsebene der SBZ-Industrie geschlossen nach Westen abwanderte und die „Kontinuitätslinie des Topmanagements" nahezu vollständig in die Bundesrepublik führte.[25] Nur in rudimentärer Form setzte sie sich in der unmittelbaren Nachkriegszeit in der SBZ/DDR fort. Wie im Folgenden zu zeigen, waren es häufig die Ingenieure und technischen Leiter, die vor Ort verblieben und auf eine Fortsetzung ihrer Laufbahn hofften.

Der Logik dieser Beobachtungen folgte der zeitgenössische Ausdruck „herrenlose Betriebe", der allerdings bereits in den NS-Quellen der Regierung des polnischen Generalgouvernements zur Bezeichnung eines obrigkeitlich erwünschten Leerstan-

18 Priemel, Finis Imperii, S. 7.

19 Jeschke, Hans-Joachim: Aus der Geschichte des Chemiewerkes Schwarzheide, Bd. 2: 1945 bis 1953, Schwarzheide 2005, S. 28 u. 52f.

20 Kukowski, Martin: Die Chemnitzer Auto Union AG und die „Demokratisierung" der Wirtschaft in der Sowjetischen Besatzungszone von 1945 bis 1948, Stuttgart 2003, S. 42.

21 Müller, Armin: Institutionelle Brüche und personelle Lücken. Werkleiter in Volkseigenen Betrieben der DDR in der Ära Ulbricht, Köln 2006, S. 87.

22 Henke, Klaus-Dietmar: Die amerikanische Besatzung Deutschlands, München ^{2}1996, S. 729–742. Schulz, Frank: Elitenwechsel in Industrieunternehmen im Wirtschaftsraum Leipzig von 1945 bis Anfang der fünfziger Jahre, in: Bramke, Werner/Heß, Ulrich (Hrsg.): Wirtschaft und Gesellschaft in Sachsen im 20. Jahrhundert, Leipzig 1998, S. 191–194.

23 Halder, Modell, S. 134.

24 Müller, Institutionelle Brüche, S. 134; Werner, Oliver: Ein Betrieb in zwei Diktaturen. Von der Bleichert Transportanlagen GmbH zum VEB VTA Leipzig 1932 bis 1963, Stuttgart 2004, S. 88f.

25 Hübner, Peter: Durch Planung zur Improvisation. Zur Geschichte des Leitungspersonals in der staatlichen Industrie der DDR, in: Archiv für Sozialgeschichte 39 (1999), S. 200.

des auftauchte.[26] Für die SBZ wurde der Begriff relevant, weil er infolge des SMAD-Sequesterbefehl Nr. 124 vom 30. Oktober pauschal auf alle Aktiengesellschaften angewandt wurde und somit erlaubte, gegen die „Betriebe von staatskapitalistischen und privatmonopolistischen Unternehmungen“[27] vorzugehen. In der Tat lassen die geschilderten Fälle den Eindruck der überhasteten Flucht vieler Leitungskräfte entstehen, die die Mehrzahl der Industrieunternehmen, meist Aktiengesellschaften, verwaist zurückließen, sodass ein Machtvakuum entstand. Zu prüfen bliebe, ob das Bild des „herrenlosen Betriebes“ tatsächlich als zutreffend gelten kann.

2 Machtkampf in „herrenlosen Betrieben“?

2.1 Muster des Führungskräftewechsels

In den Stahlwerken des Flick-Konzerns kann die personelle Entwicklung an den einzelnen Standorten genauer untersucht werden. Mit wenigen Ausnahmen folgten die Mittelstahl-Vorstandsmitglieder dem oben skizzierten Muster und setzten sich vor dem Einmarsch der sowjetischen Truppen in die Westzonen bzw. nach West-Berlin ab. In den Brandenburger Unternehmen der so genannten Havelgruppe betraf dies vornehmlich das altgediente Brüderpaar Hennecke, das seit 1917 im Vorstand des Stahlwerks Brandenburg tätig war. Arthur war kaufmännischer und Rudolf technischer Direktor, beide bekleideten die Stellung eines Flick-Generalbevollmächtigten.[28] Auch im Werk Hennigsdorf flohen der Generalbevollmächtigte Ewald Goebel sowie der Prokurist Karl Moll.[29] Als zweiter Mann im Flick-Konzern unterhielt Konrad Kaletsch ab Sommer 1945 Kontakte zu den Werken der Havelgruppe, allerdings von der Berliner Zentrale im britisch besetzten Charlottenburg aus, wo er einen Mitarbeiterstab von 25 Beschäftigten leitete.[30]

Kaum weniger einschneidend waren die Personalwechsel in der Leitung der sächsischen Mittelstahlwerke. Leitende Vorstandskräfte wie die Direktoren Ernst Wiegand und Konrad Gehlofen aus Riesa sowie Menzel aus Gröditz entfernten sich aus Sachsen und sorgten für ein Machtvakuum in der Lauchhammergruppe.[31] Jedoch verblieb ja

26 Loose, Ingo: Kredite für NS-Verbrechen. Die deutschen Kreditinstrumente in Polen und die Ausraubung der polnischen und jüdischen Bevölkerung 1939–1945, München 2007, S. 414. Banken, Ralf/Bräu, Ramona: „Herrenloses Gut“. Raub und Verwertung mobilen polnischen Eigentums im Zweiten Weltkrieg, in: Kempe, Michael/Suter, Robert (Hrsg.): Res nullius. Zur Genealogie und Aktualität einer Rechtsformel, Berlin 2015, S. 153–174

27 Mühlfriedel/Wießner, Geschichte der Industrie, S. 42.

28 Bähr u.a., Flick, S. 235.

29 Ebd., S. 260, 268; Kinne, S. 15.

30 Frei u.a., Flick, S. 449; zur Biographie Kaletschs vgl. Bähr u.a., Flick, S. 182–184.

31 BArch, R 8122/1047. Kaletsch an SGW Döhlen, 6.6.1945. Direktion SGW Döhlen an Kaletsch, 13.6.1945.

mit dem stellvertretenden Mittelstahl-Vorsitzenden und Flick-Generalbevollmächtigten Odilio Burkart ein wesentlicher Manager aus der Konzernspitze vor Ort. Von Riesa aus dehnte er im Juni 1945 seinen Einfluss auch auf das Sächsische Gussstahlwerk (SGW) Döhlen und andere sächsische Flick-Unternehmen aus.[32] Daneben ist als gesonderter Fall die Maxhütte Unterwellenborn zu betrachten, die traditionell mit dem Mutterbetrieb im oberpfälzischen Sulzbach-Rosenberg enge Kontakte pflegte.

Die Aktenlage für eine detaillierte Rekonstruktion der Personalwechsel des Jahres 1945 ist sehr disparat. Im Gegensatz zu später verfassten Rückblicken auf die „antifaschistisch-demokratische Umwälzung" ist die Zahl der zeitnah entstandenen Berichte, die über die Abläufe während der Nachkriegsmonate Aufschluss geben, äußerst gering. Die ausnahmsweise erhaltenen Dokumente entstammen vor allem der Überwachungstätigkeit der parteieigenen und staatlichen Kontrollorgane. Aufschlussreich sind z.B. ein von der Spitze der Kommunistischen Partei Deutschlands (KPD) im November 1945 angeforderter Bericht des Döhlener Betriebsrates zur Westmigration des Werkleiters Bruns, der sich mit dessen NS-Belastung auseinandersetzte,[33] oder Akten, die die Zentrale Kommission für Staatliche Kontrolle (ZKSK) um 1950 zwecks Überprüfung des Nachkriegshandelns des Hennigsdorfer Betriebsrates zusammentrug.[34] Im Folgenden werden vier Fälle skizziert: Kontinuität trotz Umbruch beim SGW in Freital-Döhlen, der von der Konzernspitze gelenkte Führungskräftewechsel in Riesa, der Bruch bei der Leitung des brandenburgischen Werks Hennigsdorf sowie das Beharrungsvermögen an der Spitze der thüringischen Maxhütte.

Kontinuität trotz Umbruch in Freital-Döhlen

Das Werk Döhlen lässt sich bezüglich seiner Leitung als Kontinuitätsbetrieb bezeichnen. Gerhard Bruns, der seit 1943 Vorstandsvorsitzender der Gussstahlwerke war, hielt sich wie sein Stellvertreter Curt Faust in Freiberg auf, als die Rote Armee am 8. Mai 1945 in die nahe Dresden gelegene Stadt Freital einmarschierte.[35] Als sie um den 22. Mai dorthin zurückkehrten, verwehrte ihnen das antifaschistische Aufbaukomitees den Zutritt zum Werk. Verhandlungen mit der Stadtverwaltung öffneten ihnen aber Ende Mai nicht nur den Zugang zum Werk, sondern gestanden ihnen auch die Ausübung der früheren Befugnisse zu. Weder das Antifa-Komitee im Betrieb, noch die von SPD und KPD geleitete Stadtverwaltung stellten ihre Leitungskompetenz in

32 Vgl. Priemel, Finis Imperii, S. 9.

33 BArch, R 8122/1046. Betriebsrat der SGW Döhlen (Lehninger, Moses) an das Zentralkomitee der KPD in Berlin (Abschrift), 15.11.1945.

34 BArch, DC 1/1894.

35 BArch, R 8122/1046. Betriebsrat der SGW Döhlen an das Zentralkomitee der KPD, 15.11.1945.

Frage. Weder fand eine „revolutionäre Aktion“ noch eine Säuberung von „Exponenten des Monopolkapitals“ statt.[36]

Nach diesem, nicht anders als kurzzeitige Irritation zu bezeichnenden Zwischenfall blieb der gesamte, neu legitimierte ehemalige Vorstand im SGW tätig. Bruns war in der NS-Zeit jedoch nicht nur Wehrwirtschaftsführer, sondern auch als ehrenamtlicher Leiter des Sonderausschusses M XV Dresden aktiv. Weil er eine Verhaftung befürchtete, setzte er sich im Juli 1945 nach Berlin ab.[37] Offensichtlich hatte der sowjetische Werkskommandant seine vorherige „Entnazifizierung im Schnelldurchlauf“[38] anhand von Fotos enttarnt, die den Döhlener Vorstand im Kreise anderer Wehrwirtschaftsführer und Hitlers zeigten. In der britischen Zone setzte Bruns seine Karriere zunächst als technischer Leiter des Hüttenwerkes Oberhausen fort, und es folgten weitere Stationen in der rheinisch-westfälischen Industrie. Im sächsischen Döhlen hingegen wurde die personelle Lücke rasch geschlossen, denn Faust verblieb auf seiner Position und das ehemalige Vorstandsmitglied Max Lobe rückte zum stellvertretenden Werkleiter auf.

Das in Freital anzutreffende Muster war nicht selten anzutreffen, denn es fehlten die Köpfe, die den ungewohnten Platz an der Spitze des Betriebes einnehmen wollten. Daneben herrschte offensichtlich ein starker Sinn für die Rechtmäßigkeit des Vorgehens, und sicherlich wollten die deutschen Organe wie die Stadtverwaltung erst einmal abwarten, welche Maßnahmen die sowjetische Armee veranlassen würde.

Gelenkter Führungskräftewechsel in Riesa

Nachdem die Direktoren Wiegand und Gehlofen schon im April 1945 vor der Roten Armee geflohen waren,[39] setzte der in Riesa verbliebene Flick-Manager Burkart mit dem kaufmännischen Abteilungsleiter Hugo Hings und dem Oberingenieur Franz Schier zwei Gewährsmänner als kommissarische Betriebsleiter ein.[40] Während Hings mit seinem Kollegen Erich Hoheisel auf längere Sicht die kaufmännische Leitung inne hatte, wurde Schier aufgrund des Vorwurfs politischer Belastung von den Sowjets verhaftet und schon bald durch Alfred Dreschel als technischer Leiter ersetzt.[41] Daneben formierte sich – in der Forschung bislang mehr beachtet – die organisierte

36 So der Duktus der DDR-Wirtschaftshistoriker, vgl. Mühlfriedel/Wießner, Geschichte der Industrie, S. 37–38.
37 Priemel, Finis Imperii, S. 9.
38 Bähr u.a., Flick, S. 604. Siehe auch Priemel, Flick, S. 596.
39 BArch, R 8122/1047. Kaletsch an SGW Döhlen, 6.6.1945. Betriebsgeschichte VEB Rohrkombinat Stahl- und Walzwerk Riesa. Teil 1: „Die antifaschistisch-demokratische Umwälzung“, Riesa 1981, S. 7.
40 SMR, SWW Riesa, K 21. Aktennotiz, 30.6.1945. Vgl. auch: Primel, Finis imperii, S. 7f.
41 Laut Betriebsgeschichte Riesa, S. 7, war Franz Schier „aktiver Nazi und Stellvertreter des berüchtigten Gestapochefs im Werk“.

Arbeiterbewegung im Betrieb.[42] Bereits in den ersten Maitagen bildeten SPD- und KPD-Mitglieder im Werk einen so genannten Zwölferausschuss mit dem Schweißer Erich Pfrötzschner und der Dreher Eugen Lacour an der Spitze. Beide waren schon seit den frühen 1920er Jahren im Stahlwerk Riesa tätig.[43] Innerhalb des Gremiums formierte sich ein Arbeiterausschuss, aus dem noch im gleichen Monat ein Betriebsrat hervorging. Auch dieser Organisation der Arbeitervertretung gehörten einige langjährige Werksangehörige an, was die Folgejahre prägen sollte, z.B. Curt Zschukelt oder Karl Stöckel. Aus dem Vorsitzenden des Betriebsrates Pfrötzschner sowie den Burkart-Vertrauten Hings und Dreschel bildete sich ein Dreiergremium, das im ersten Nachkriegsjahr für die Leitung des Werkes zuständig war.[44]

Bruch in der Hennigsdorfer Werkleitung

In Hennigsdorf lassen sich Aushandlungsprozesse mit der reorganisierten Arbeiterbewegung deutlicher erkennen. Nachdem Robert Wolgast „diktatorisch", wie er selbst Anfang 1946 rückblickend schrieb, von der örtlichen KPD als Vorsitzender des neu formierten Betriebsrates eingesetzt wurde, nahm er auch die Funktion des kommissarischen Betriebsleiters wahr.[45] Bei der sowjetischen Übernahme des Stahl- und Walzwerkes am 22. Juni 1945 bestätigte ihn der neue Werkskommandant in dieser Funktion.[46] Im Unterschied zu den Werken Riesa, Döhlen und der Maxhütte gelangte kein Flick-Vertrauter in die Leitungsposition, sondern der neu formierte Betriebsrat konnte seinen Kandidaten mit sowjetischer Duldung offensichtlich durchsetzen. Der Demontagebefehl vom 8. August 1945 benannte weitere Mitglieder der kollegial zu organisierenden Werkspitze:[47] Zum technischen Leiter wurde der Ingenieur Rudolf Stoof bestimmt, dem vier Berufskollegen, darunter Janssen als seine rechte Hand, zur Beaufsichtigung des fachgerechten Abbaus der einzelnen Werksabteilungen zur Seite standen. Für die kaufmännische Leitung zeichnete Alfred Wobbe verantwortlich, der seit 1931 der Abteilung Einkauf des Hennigsdorfer Hüttenwerkes vorstand.[48]

42 Betriebsgeschichte Riesa, S. 7; Fink, Sebastian: Das Stahl- und Walzwerk Riesa in beiden deutschen Diktaturen 1933 bis 1963. Ein Vergleich, Leipzig 2012, S. 271f.

43 SMR, SWW Riesa, K 23 u. K 31.

44 Vgl. zur Entwicklung der Governance in der Treuhandphase, Kap. III, 1 u. 2.

45 BArch, DC 1/1894. Protokoll der Betriebszellensitzung, Jahresbericht des Betriebsrats Wolgast, 13.1.1946.

46 BArch, DC 1/1894. Anordnung Nr. 1 für das Werk Mittelstahl Hennigsdorf, 22.6.1945.

47 BArch, DC 1/1894. Befehl Nr. 17 vom sowjetischen Leiter des Objekts, Major Trossmann, 8.8.1945.

48 Stadtarchiv Hennigsdorf (SA Hgdf), A 3/III Nr. 010. Schreiben Wobbe an die Leitung des Stahl- und Walzwerks Hennigsdorf, 3.4.1949.

Beharrungsvermögen in der Maxhütte

Im Gegensatz zu Riesa und Hennigsdorf bot die Maxhütte Unterwellenborn ein markantes Beispiel für personelle Kontinuität. Das Zweigwerk lag zunächst auf amerikanisch besetztem Gebiet, was sich wie in den anderen geschilderten Fällen zunächst einmal verzögernd auf den Personalwechsel auswirkte. Als das sowjetische Militär einmarschierte und eine Werkskommission bestellte, verblieb der seit knapp einem Jahr in Unterwellenborn tätige Direktor Friedrich Franz jedoch auf seiner Position.

Franz war ein gebürtiger Sachse aus dem Erzgebirge, arbeitete nach einer Ausbildung an der Bergakademie Freiberg kurz im Riesaer Stahlwerk, verließ seine Heimat aber 1922 als 33-jähriger, um in der rheinischen Hüttenindustrie tätig zu werden.[49] Auf seinem weiteren Karriereweg profitierte er vom Krieg, denn er stieg im annektierten Lothringen zum Direktor des Klöckner-Werkes Kneuttingen (*Knutange*) auf. Der Flick-Konzern, der sich mit anderen reichsdeutschen Stahlkonzernen in einer Art „Wettlauf um die Kriegsbeute“ in Lothringen befand, warb Franz im September 1943 zu seinem „Prestigeobjekt“ Rombacher Hütte ab. Im März 1944, als sich der Kriegsverlauf erkennbar gewendet hatte, nahm er dort die Stellung eines Betriebsdirektors an. Defätistische Äußerungen, vermutlich in Verbindung mit dem Abhören feindlicher Sender, führten wenig später am 23. August 1944 zu seiner Verhaftung durch die Gestapo. Die Flick-Konzernleitung erwirkte seine Freilassung und setzte ihn spätestens November 1944 als Betriebsdirektor, der für den technischen Bereich verantwortlich war, in Unterwellenborn ein.[50] Mit Abzug der Amerikaner aus Thüringen verließ der seit 1937 führende Werkdirektor Carl Schulz die Maxhütte, und Franz rückte auf seine Position.[51] Die Besetzung mit dem unternehmensloyalen, in Kriegssondereinsätzen erprobten Mann war der Flick-Konzernzentrale besonders willkommen. Neben Franz setzte auch der frühere Flick-Generalbevollmächtigte Max Meier seine Tätigkeit als kaufmännischer Direktor der Maxhütte mindestens bis Dezember 1945 fort.[52]

Neben dem Werksvorstand etablierte sich eine Arbeiterselbstorganisation: Der nach Kriegsende gebildete Betriebsrat wählte einen Dreierausschuss, in dem der Vorsitzende Becker federführend agierte.[53] Daneben existierte auch schon früh eine Betriebsgruppe der KPD unter Leitung von Röhl. Anfang Oktober 1945 fasste eine Betriebsversammlung „überraschend“, wie Franz anmerkte, den einstimmigen Beschluss, die thüringische Landesregierung zur Verstaatlichung der Maxhütte aufzufordern.[54] Zwar rechnete der Vorstand Franz nicht unmittelbar mit der Durchfüh-

49 Kinne, S. 98.

50 Frei u.a., Flick, S. 295 u. 307; Priemel, Flick Konzerngeschichte, S. 449f.; Bähr u.a., Flick, S. 460.

51 Gerdesius, Maxhütte, S. 13 u. 23f.

52 ThStA Rudolstadt, Maxhütte Unterwellenborn, B 69. Aktenvermerk Direktor Franz, 9.12.1945. Vgl. zu Meier auch: Bähr u.a., Flick, S. 288.

53 ThStA Rudolstadt, Maxhütte Unterwellenborn, B 60, Arbeitsbesprechung, 4.1.1946; B 69. Aktenvermerk Werkleiter Franz, 9.12.1945. Siehe auch: Gerdesius, Maxhütte, S. 17.

54 NARA, Box 21, fol. 279. 4.11.1945. Schreiben Franz an Kaletsch (Abschrift),

rung, weil eine unmittelbare Reaktion der KPD-Presse ausblieb, doch erwartete er entsprechende Maßnahmen in absehbarer Zeit.

Der Affront der organisierten Arbeiterschaft mahnte Franz zu größerer Vorsicht. Er richtete sich nach einer Empfehlung des Dreierauschusses und brach den regelmäßigen Berichtsverkehr mit der Konzernzentrale ab. Auch die Kontakte mit dem Mutterwerk in Rosenberg wollte er einschränken, um keine Angriffsfläche zu bieten. Burkart sollte nur noch in dringenden Angelegenheiten unterrichtet werden, sodass seine direkte Einflussnahme in Unterwellenborn entfiel. Franz sah sich auch zu konspirativem Handeln gezwungen: Er schrieb den Brief, der die Konzernspitze mit den wichtigsten Informationen von der Maxhütte versorgte, von Hand und sandte ihn per Boten nach Riesa, weil überall mit Spitzeln zu rechnen sei. Dieses Krisenmanagement des Manns vor Ort lag sicherlich im Interesse der Flick-Zentrale, die keine Zweifel an seiner Loyalität hegte.

Um seine Position in Unterwellenborn zu stärken, war Franz in die SPD eingetreten, sah sich aber dennoch „dauernden Angriffen" der örtlichen KPD-Leiter ausgesetzt. Mit dem Dreierausschuss empfand er die Zusammenarbeit aber als gut.[55] Doch hatte sich ein erweiterter Betriebsausschuss gebildet, der „mit radikalen Elementen" besetzt sei. Sie hätten verschiedene leitende Mitarbeiter bereits gemaßregelt und wünschten eine „Reinigung des Betriebes von unliebsamen Angestellten". Die organisierten Arbeitervertreter vermochten offensichtlich Einfluss auf verschiedene Personalangelegenheiten zu nehmen, doch blieben ihre Möglichkeiten zur Mitbestimmung in wirtschaftlichen Leitungsfragen gering.

Personalentscheidungen in anderen Flick-Werken der SBZ verliefen offensichtlich nach einem ähnlichen Muster. In den Brandenburgischen Eisenwerken Kirchmöser übernahm ein Ingenieur Mann die Betriebsleitung, im Lauchhammerwerk ein Ingenieur Nölten als bereits pensionierter früherer Kraftwerkschef und im Stahlwerk Gröditz ebenfalls der Kraftwerkschef namens Kynast.[56] Nur ausnahmsweise vermochten die früheren Vorstände, z.B. auf der Maxhütte oder in Döhlen, sich an der Werkspitze zu behaupten. Häufiger rückten Männer aus dem zweiten Glied in die Führungsposition auf. In diesen Fällen wurden meist Dreierauschüsse zur Leitung der Industriewerke gebildet, was wiederum einem Muster entsprach, das auch in anderen Großbetrieben der SBZ, z.B. der Chemnitzer Auto Union, Carl Zeiss Jena oder Werken der chemischen Industrie nachweisbar war.[57]

---

55 Bestätigt durch Beckers Bericht: ThHStA Weimar, LAW, Nr. 452. 4.6.46. Bericht des Betriebsratsvorsitzenden Becker: Kurzer Rück- und Ausblick auf die materielle und finanzielle Entwicklung der Maxhütte nach dem Kriege.

56 BArch, R 8122/1047. Kaletsch an SGW Döhlen, 6.6.1945. Direktion SGW Döhlen an Kaletsch, 13.6.1945.

57 Kukowski, Chemnitzer Auto-Union, S. 39–42; Müller, Institutionelle Brüche, S. 175f.; Wagner-Kyora, Georg: Vom „nationalen" zum „sozialistischen" Selbst. Zur Erfahrungsgeschichte deutscher Chemiker und Ingenieure im 20. Jahrhundert, Stuttgart 2009, S. 342.

Wie die Maxhütte oder – mit Abstrichen – auch das Stahlwerk Freital-Döhlen können auch die beiden Leipziger Spinnereien als Kontinuitätsbetriebe gelten, was die oberste Führungsspitze betraf. Bei Tittel & Krüger dominierten zunächst die Kaufleute Karl Lemser und Karl Haebler, die dem Unternehmen seit der Fusionierung 1933 vorstanden. Beide gehörten der NSDAP an, Betriebsführer Lemser war in der Partei jedoch wesentlich engagierter als sein Kollege Haebler und wurde 1935 zum „Betriebsführer" erklärt. Er stand mehrfach im Rampenlicht, weil er die Parteilinie öffentlich vertrat.[58] Die beiden Kaufleute führten den Betrieb durch die Kriegswirtschaft und standen auch im Mai 1945 noch an der Unternehmensspitze. Erst im August 1945 geriet Lemser, nachdem er noch einige Governancemaßnahmen ergriffen hatte, als ehemaliger Betriebsführer unter politischen Druck, der ihn seine Stellung kostete. Haebler verblieb jedoch noch bis 1948 auf der Vorstandsposition.

Die Stöhr AG wurde bis in den Krieg von einem vierköpfigen Vorstand geleitet. Aus diesem schied der älteste Sohn des Firmengründers Georg Stöhr 1940 aus, weil er in den Aufsichtsrat wechselte. Walter Cramer war politisch im Umfeld des Leipziger Goerdeler-Kreises aktiv, wurde an die Gestapo verraten und im November 1944 hingerichtet. Der dritte Vorstand Theodor Gutknecht-Stöhr wurde im Mai 1945 suspendiert und im Dezember 1945 durch den Aufsichtsrat entlassen.[59] Letzterer hatte als einziges Vorstandsmitglied der NSDAP angehört. Somit verblieb allein Fritzludolf Koch an der Werkspitze, der erst 1938 in den Vorstand aufgerückt war. Koch wurde als politisch unbelastet eingestuft und löste nach dem amerikanischen Einmarsch Werner Stöhr als Präsident der Wirtschaftskammer Leipzig ab. Im Gegensatz zu seinem Bruder Georg war Werner Stöhr ein überzeugter NSDAP-Anhänger und hatte im Krieg überregionale Funktionen als Beirat der Wirtschaftskammer Sachsen und stellvertretender Vorsitzender des Reichsmesserates wahrgenommen.[60] Am 10. Mai 1945 wurde er durch die US-Besatzungsmacht wegen der Denunziation Walter Cramers inhaftiert. Der 1944 hingerichtete Cramer konnte seit den 1920er Jahren als Ziehvater Fritzludolf Kochs gelten. Die Funktionen Kochs nach Mai 1945 wiesen auf zwei Kontinuitätslinien hin: 1. die wichtige Stellung in der Leipziger Stadtökonomie, die in der Nachkriegsphase besonders zum Tragen kam, 2. die Fortsetzung der Familientradition, denn in Vorstand und Aufsichtsrat des Unternehmens spielte die Familie Stöhr sowie aus dem engeren Umfeld herangezogene Vertraute stets die entscheidende Rolle.[61]

Die Rolle, die die spontan organisierte Arbeiterschaft in Bezug auf die Abwanderung der Unternehmer spielte, war von untergeordneter Bedeutung, d.h. „Betriebs-

58 Strötgen, Robert: Arbeit und Arbeitsbeziehungen in Leipziger Textilfabriken zwischen 1925 und 1945, Magisterarbeit, Hamburg 1995.

59 Heintze, Beatrix: Walter Cramer (1886 bis 1944). Ein Leipziger Unternehmer im Widerstand. Eine Dokumentation, Köln 1993, S. 17, 119.

60 Zu vielen Details vgl. Schulz, Elitenwechsel in Industrieunternehmen, S. 190–192.

61 Vgl. zur Familientradition bei Stöhr & Co.: Schäfer, Michael: Familienunternehmen und Unternehmerfamilien. Zur Sozial- und Wirtschaftsgeschichte der sächsischen Unternehmer 1850–1940, München 2007, S. 128f.

eroberungen“ lassen sich nirgendwo nachweisen. In der Mehrzahl der Fälle beugten sich die abwandernden Unternehmer nicht einem auf ihre Person ausgeübten Zwang, sondern begaben sich auf die Suche nach dem Erhalt bzw. der Verbesserung ihrer geschäftlichen Handlungsmöglichkeiten. Mit dem Vokabular der Migrationsforschung gesprochen, überwogen die Pull-Faktoren gegenüber den Push-Fakoren. Zu Unrecht vertraten die DDR-Historiographie, aber auch andere Autoren die umgekehrte Annahme. Am frühesten setzten sich die Unternehmer selbst ab, gefolgt von den wichtigsten Vorständen und Aufsichtsräten.

2.2 Arbeiterbewegung und Macht im Betrieb

Bei der Betrachtung des Umbruchs beherrscht eine Meistererzählung größere Teile der Literatur: die Betrachtung der Nachkriegszeit aus dem Blickwinkel einer notleidenden Arbeiterschaft. Sicherlich ist es richtig, dass es schon im Mai 1945 zu Belegschaftsinitiativen kam, die sich vor allem auf erste Nothilfemaßnahmen bezogen. Der spontan sich entwickelnde Freiwilligendienst übernahm die dringliche Trümmerbeseitigung und Aufräumarbeiten in unentgeltlicher Form. Hierbei, so eine vielfach zu lesende Einschätzung, dominierte das Handeln von „Aktivisten der ersten Stunde“, die vielfach den örtlichen Antifa-Kommissionen, aber auch betrieblichen Ausschüssen vorstanden.[62] Das beispielhafte Auftreten einer kleinen Gruppe habe die Unentschlossenen überzeugt und zur Mitarbeit am Wiederaufbau angetrieben. Diese etwa von Siegfried Suckut 1982 vertretende These zeigt einen hohen Grad an Übereinstimmung mit der Selbsteinschätzung früher kommunistischer Funktionäre wie z.B. dem ersten FDGB-Vorsitzenden Hans Jendretzky: „Hätten wir auf Unternehmerinitiative gewartet, würde heute noch kein Schornstein rauchen.“[63] Schließlich liegen diesen Aussagen Mythenbildungen zugrunde, für die die beteiligten Akteure wenige Monate nach Kriegsende selbst verantwortlich zeichneten.[64]

62 Michelmann, Jeannette: Aktivisten der ersten Stunde. Die Antifa in der sowjetischen Besatzungszone, Köln 2002; Suckut, Siegfried: Die Betriebsrätebewegung in der Sowjetischen Besatzungszone Deutschlands (1945–1948). Zur Entwicklung und Bedeutung von Arbeiterinitiative, betrieblicher Mitbestimmung bis zur Revision des programmatischen Konzeptes der KPD/SED vom „besonderen deutschen Weg zum Sozialismus“, Frankfurt/Main 1982, S. 120; s. auch Stadtland, Helke: Herrschaft nach Plan und Macht der Gewohnheit. Sozialgeschichte der Gewerkschaften in der SBZ/DDR 1945–1953, Essen 2001, S. 62. In der DDR-Historiographie meist in einer Kontinuitätsdeutung wie z.B. Kittner, Klaus: Die historischen Wurzeln für die Herausbildung der Aktivisten der ersten Stunde und ihre Entwicklung zur selbständigen gesellschaftlichen Kategorie während der antifaschistisch-demokratischen Ordnung, Dresden 1969.

63 Zit. nach Suckut, Betriebsrätebewegung, S. 120.

64 Vgl. ThHStA Weimar, LAW, Nr. 452, Bericht des Maxhütte-Betriebsratsvorsitzenden Becker, 4.6.1946.

Suckut führt weiter aus, dass die „personellen Verhältnisse in den herrenlosen Betrieben [...] den Beschäftigten praktisch keine andere Wahl [gelassen hätten], als selbst initiativ zu werden, wenn es überhaupt zu einem Wiederaufbau kommen sollte.“[65] Stadtland fügt hinzu, dass die „Arbeiter mitunter ohne oder gegen die Unternehmer, von denen viele geflohen und einige verhaftet worden waren, die Produktion organisieren“ mussten.[66] All diese Argumente attestieren den Betriebsräten ein hohes Maß an Verantwortlichkeit. Im Großen und Ganzen entspricht diese Darstellung auch dem Tenor der DDR-Betriebsgeschichtsschreibung und beherrscht die Historiographie in abgewandelten Variationen. Da ihre wesentlichen Annahmen kaum auf Basis von Archivquellen geprüft wurden, soll ihre Plausibilität an den hier vorliegenden Ergebnissen gemessen werden.

Die oben geschilderte personelle Übergangssituation war nicht nur in den Flick-Stahlwerken, sondern auch in den Leipziger Spinnereien durch eine starke unternehmerische Präsenz geprägt, auch wenn die leitenden Personen nicht immer mit denen in der NS-Zeit identisch waren. Nur in einzelnen Fällen wie z.B. in Döhlen hing die Fortsetzung der Leitungstätigkeit früherer Führungskräfte überhaupt von einem Aushandlungsprozess mit Belegschaftsvertretern oder einer örtlichen Antifa-Kommission ab. Aber gerade die Beispiele der Kontinuitätsbetriebe wie der Maxhütte oder der Spinnerei Tittel & Krüger zeigten, dass die ersten Ordnungsentscheidungen in der Hand von Werkleitungen lagen, die ihre Funktionstüchtigkeit behalten hatten.[67] Trotz des Abgangs mancher wichtiger Vorstandsmitglieder bei Kriegsende belegen die genannten Beispiele, dass die mit dem Begriff der „Herrenlosigkeit“ verbundenen Assoziationen in die Irre leiten. Wenn Führungskräfte aus der ersten Reihe ins westalliierte Besatzungsgebiet übersiedelten, entstand nur selten ein Machtvakuum, denn Vertreter aus der zweiten Reihe rückten umgehend an ihre Stelle.

Die DDR-Historiografie machte sich dagegen das Bild des „herrenlosen Großbetriebs“ zunutze und brachte es mit einer klassenkämpferischen Haltung in Verbindung: „Die Großbetriebe entwickelten sich seit dem Frühjahr 1945 zu Zentren der revolutionären Arbeiterbewegung, von denen starke Impulse für die Belebung und Steigerung der Produktion ausgingen.“[68] Eine derartige Darstellung erweckt den Anschein, als seien zu den geschilderten Abwanderungsmotiven, d.h. den Pull-Faktoren, die eine Wanderung in die Westzonen attraktiv machten, starke Push-Faktoren hinzugekommen, d.h. „antifaschistische Aktionen“, die auf eine Vertreibung der Unternehmer und Manager zielten. Dementsprechend wird eine aktive Rolle der Arbeiterklasse bei der Umgestaltung der Machtverhältnisse auf Unternehmensebene postuliert: „Die starken Positionen, die sich die organisierte Arbeiterklasse in den Großbetrieben schuf, ermöglichten auch, die Direktionen von aktiven Faschisten und

65 Suckut, Betriebsrätebewegung, S. 124.
66 Stadtland, Herrschaft nach Plan und Macht, S. 62.
67 Dieser Aspekt wird im Abschnitt 4 dieses Kapitels weiter verfolgt.
68 Mühlfriedel/Wießner, Geschichte der Industrie der DDR, S. 37f.

von Exponenten des Monopolkapitals gründlich zu säubern."[69] Die ausgewählten betrieblichen Fallbeispiele lassen indes erkennen, dass keine Akte physischer Gewalt gegen Unternehmer oder ihre Aussperrung aus den Stahlwerken nachweisbar sind. In einschlägigen Unternehmensgeschichten neueren Datums, die die Umbruchphase einbeziehen, fehlt es an Hinweisen auf revolutionierte Arbeiter.[70] Wie schon nach dem Ersten Weltkrieg schreckten die Arbeiterausschüsse vor dem Zugriff auf unternehmerische Eigentumsrechte zurück.[71] Im Gegenteil arbeiteten die Belegschaftsvertreter den örtlichen Verwaltungsorganen zu und verhielten sich fast immer loyal zur alten Werkspitze.

Ferner stellt sich die Frage, wie sich der ohne Zweifel vorhandene Einfluss der organisierten Arbeiter- bzw. Betriebsrätebewegung auf die Betriebsleitung niederschlug. In einzelnen Fällen errangen Betriebsräte schon ab 1945 zumindest eine Teilhabe an der Governance und wuchsen tatsächlich zu wesentlichen Akteuren in der Leitung industrieller Großbetriebe heran. Wie an späterer Stelle zu zeigen, gab es aber auch gegenteilige Fälle, in denen sie von den etablierten Leitungskräften aus den relevanten Entscheidungen herausgehalten wurden.[72] Jedenfalls kann nicht a priori angenommen werden, dass die Betriebsräte aus sich heraus in der Lage waren, über die Besetzung der Leitungspositionen im Werk zu verfügen.[73]

Am größten war das Gewicht der Betriebsräte bei der Gestaltung des sozialen Betriebslebens und bei Personalfragen. Da betriebliche Sozialprobleme allerdings häufig mit öffentlichen Versorgungsaufgaben verflochten waren,[74] entstanden Schwierigkeiten bei der Abgrenzung der Kompetenzen. In der SBZ sah man die Einrichtung öffentlicher Ausschüsse als probates Mittel zur Meisterung des Koordinationsbedarfs an; sie entstanden daher für viele Bereiche und lehnten sich eng an die Verwaltungen an. Im Bereich der Vertretung der Arbeiterinteressen entstanden auf lokaler Ebene zeitgleich mit der Bildung der Betriebsräte eine Reihe von Organisationen, die auch auf betriebliche Abläufe Einfluss zu gewinnen suchten. Als solche Mitwirkenden an betrieblichen Entscheidungsabläufen sind nennen: (a) sowjetische Stellen, insbesondere die Stadtkommandanten, die angesichts von Versorgungsproblemen mit Material oder Personalengpässen ad hoc mit Befehlen in die Betriebsführung eingriffen, (b) die kommunalen Verwaltungen, vor allem die Bürgermeister, die speziell in kleinen Orten versuchten, ihren Einfluss auf die betriebliche Leitungs-

69 Ebd.

70 Fink, Stahl- und Walzwerk Riesa; Müller, Institutionelle Brüche; Kukowski, Chemnitzer Auto Union AG.

71 Vgl, Michelmann, Aktivisten, S. 228, zur Stadt Chemnitz.

72 Zur Governance in den Betrieben, Kap. II, 4.

73 So aber z.B. Fink, S. 272.

74 Hübner, Peter: Betriebe als Träger der Sozialpolitik, betriebliche Sozialpolitik in der SBZ, in: Wengst, Udo (Hrsg.): Geschichte der Sozialpolitik in Deutschland seit 1945, Bd. 2,1: 1945–1949. Die Zeit der Besatzungszonen. Sozialpolitik zwischen Kriegsende und der Gründung zweier deutscher Staaten, Baden-Baden 2001, S. 925.

ebene zum Wohle ihrer Gemeinde geltend zu machen, (c) die bestehenden Wirtschaftskammern wurden mit Gewerkschaftsvertretern bestückt, damit sie eine starke Position in Bezug auf die lokale Kontrolle der Wirtschaft erhielten. In zunehmendem Maße bot sich ihnen ein Einfallstor in betriebliche Entscheidungsprozesse, (d) der Machtausbau der früh zugelassenen politischen Parteien, allen voran der KPD, der sich für die Betriebe vor allem in essentiellen ordnungspolitischen Fragen wie derjenigen der Eigentumsrechte auswirkte. Hier stellte sich die Machtfrage in der Wirtschaft in besonderer Weise.

Schließlich entstanden im Sommer 1945 noch die Landes- und Provinzialverwaltungen mit ihren Wirtschaftsressorts. Angesichts der Vielzahl intervenierender Organisationen ist es nur im Einzelfall möglich, die Macht eines einzelnen Betriebsrates zu bewerten. Vieles deutet aber darauf hin, dass ihr Wirkungsfeld fast immer im innerbetrieblichen Bereich lag, wo sie eine gewisse Autonomie behaupten konnten. Auch wenn „Formen weitgehender Arbeiterselbstverwaltung" im sächsischen Steinkohlenbergbau kurzzeitig existierten, erscheint nach dem bisher Gesagten verkehrt, eine weitgehende Selbstbestimmung der Betriebsratsarbeit „im herrenlosen Produktionsbereich" anzunehmen.[75] Immerhin traten auch noch die Gewerkschaften als Gegenspieler der Betriebsrätebewegung auf, auch wenn die angestrebter Unterordnung der Betriebsräte – obgleich von sowjetischen Militäradministrationen und der KPD-Spitze unterstützt – im Sommer 1945 scheiterte.[76]

Im öffentlichen bzw. betriebsexternen Bereich gab es ab Sommer 1945 erste Versuche zum Zugriff auf unternehmerische Eigentums- und Verfügungsrechte. Sie gingen in Sachsen von den Ämtern für Betriebsneuordnung aus, die in allen größeren Gemeinden des Landes, besonders früh in Dresden, entstanden.[77] In der Landeshauptstadt griff das Amt in die wirtschaftlichen Verhältnisse ein, indem es NS-belastete Unternehmer und Betriebsleiter überprüfte, gegebenenfalls durch „antifaschistische" Kräfte ersetzte, kommissarische Leiter oder Treuhänder benannte und zuweilen den Entzug von Gewerbeberechtigungen anordnete. Ministerialrat Otto Falkenberg errichtete eine gleichnamige Behörde innerhalb der Landesregierung, die sich bis Dezember 1945 bis zur Kreisebene auffächerte.[78] Die Ämter für betriebliche Neuordnung sollen in Sachsen rund 2.000 Betriebe unter Sequester gestellt haben, doch blieb ihr Einfluss auf die sowjetisch besetzten Großunternehmen gering.[79] Hier waren den früheren Eigentümern die Verfügungsrechte umgehend entzogen worden,

75 Suckut, Betriebsrätebewegung, S. 144.

76 Ebd., S. 162f.

77 Widera, Thomas: Dresden 1945–1948. Politik und Gesellschaft unter sowjetischer Besatzungsherrschaft. Göttingen 2004, S. 318.

78 Halder, Modell, S. 124f.; Mühlfriedel/Wießner, Geschichte der Industrie der DDR, S. 52.

79 Vgl. für Leuna: Wagner-Kyora, Georg: Sozialer Auf- und Abstieg in der Chemieindustrie. Arbeiter, Angestellte und Akademiker in Leuna 1930–1960, in: Hübner, Peter/Tenfelde, Klaus (Hrsg.), Arbeiter in der SBZ-DDR, Essen 1999, S. 624, für Carl Zeiss Jena: Müller, Institutionelle Brüche, S. 177; allgemein vgl. Widera, Dresden 1945–1948, S. 306.

um die Demontage der Werksanlagen einzuleiten. Aus dem hier untersuchten Sample kam lediglich die Kammgarnspinnerei Stöhr mit dem Leipziger Amt für Betriebsneuordnung in Kontakt, aber erst 1946, als Koch bereits seit langem als Treuhänder installiert war.[80] In den Ländern Brandenburg und Thüringen konnten solche Maßnahmen vom Wirken der frühen Entnazifizierungskommissionen ausgehen, doch fehlte es auch diesen Organen in aller Regel an Zugriffsmöglichkeiten auf Großbetriebe.

3 Politische Macht in der Wirtschaft bis zum Erlass des Sequesterbefehls

3.1 Ambivalenz der KPD-Wirtschaftspolitik

Ins wirtschaftspolitische Kräftespiel der Nachkriegszeit griffen auch die früh gegründeten politischen Parteien ein, allen voran die seit 11. Juni 1945 existierende KPD.[81] Der Aufruf ihres Zentralkomitees übte sich in Zurückhaltung bezüglich einer konkreten Regelung der Unternehmerfrage und äußerte sich vorsichtig hinsichtlich der Veränderung der Eigentumsordnung. Überhaupt blieben die Vorstellungen zur Umgestaltung der Wirtschaft begrenzt, obgleich zeitgemäße Schlagworte wie z.B. die Enteignung von „Nazibonzen und Kriegsverbrecher[n]“ aufgenommen wurden.[82] Von deutscher Seite wurden bereits früh Vorbehalte gegenüber der Demontage geäußert, z.B. wandte sich Walter Ulbricht gegen das „Abmontieren“ kleiner und mittlerer Betriebe. Zur Abwehr sei es „notwendig, daß die einzelnen Unternehmer und die Gewerkschaftsvertreter noch enger zusammenarbeiten.“[83] Diese Haltung war keineswegs unverständlich, weil sich die sowjetische Demontagepolitik als undurchsichtig darbot. Im übrigen hatte sie höchst negative Folgen im Hinblick auf die Arbeitsmoral der deutschen Arbeiter und löste Solidarisierungseffekte zwischen den neuen Werkleitungen und den Belegschaften aus.

Teils als Abwehrmaßnahme gegen Demontagen, teils um die politische Macht zu festigen, standen Sozialisationsziele in der Praxis der KPD-Politik daher schon früh im Vordergrund. Damit unterschied sich das politische Handeln in der Praxis stark von den Absichtserklärungen des ZK-Aufrufs. Nicht zuletzt das Agieren der Flick-Manager in Bezug auf die SBZ-Stahlwerke diente KPD-Politikern wie Bruno Leuschner als Argumentationshilfe in seiner Propaganda für die Beseitigung der Konzernmacht. Anhand von Material zu einzelnen Konzernen der Westzonen unterstellte er, dass

80 SächsStA Leipzig, Nr. 20943/872. Aktennotiz Vorstands Riedel zur Vorsprache beim Leipziger Amt für Betriebsneuordnung, 16.7.1946.

81 Abgedruckt: Dokumente der Kommunistischen Partei Deutschlands 1945–1956, Berlin (Ost) 1965, S. 1–8.

82 Steiner, Von Plan zu Plan, S. 36.

83 BArch, NY 4182/950. Redebeitrag Ulbricht. Protokolle der Wirtschaftstagung in Berlin, 25.7.1945.

die Wirtschaftsgruppen der NS-Zeit intakt geblieben seien. Die Industriellen seien bestrebt, die „wirtschaftliche Konzentration in ihre Hände zu bekommen“[84] und ihre Macht auf die SBZ auszudehnen. Insofern interpretierte Leuschner die Sequestrierung als eine Abwehr des Einflusses, z.B. der Reichsvereinigung „Eisen und Stahl“ und „reaktionärer Unternehmerinteressenorganisationen“.[85] Sie diene zur Ausschaltung der „Helfershelfer des Faschismus, d.h. der Konzern- und Bankherren“, die die „alte Konzernpolitik“ fortsetzten.[86] Das Unternehmen Flick betrachte die KPD-Führung als das Flaggschiff dieser reaktionären Tendenzen.

3.2 Revisionsbestrebungen der Flick-Konzernspitze

Unmittelbar nach Kriegsende begannen die Bemühungen der Flick-Manager Kaletsch und Burkart um die Bewahrung des Eigentums- und Verfügungsrechte in den sowjetisch besetzten Stahlwerken. Noch vor der Bildung der Landes- und Provinzialregierungen in der SBZ intervenierte Kaletsch beim Leiter der Wirtschaftsabteilung des Berliner Magistrats, um die Demontage in Hennigsdorf zu verhindern.[87] Nachdem dieses Ersuchen abschlägig beschieden wurde, versuchte Burkart in Sachsen, Kontakte mit den sowjetischen Besatzungsbehörden herzustellen. Abermals war das Ziel, den Verbleib des Kerns der Werkanlagen zu sichern. Als Kompromiss unterbreitete er konkrete Demontagevorschläge: Er bot im Stahlwerk Riesa die nach 1933 errichteten Anlagen zum Abbau an, während die älteren Anlagen erhalten bleiben sollten. Der Riesaer Betriebsrat unterstützte seine Vorstellungen und forderte seinerseits eine Unterbrechung der Demontage.[88] Die neueren Anlagen waren aber zugleich die rüstungsrelevanten, für die in der Nachkriegssituation kaum mehr Verwendung bestand, während man hoffte, mit den älteren Anlagen an die alten Produktionsschwerpunkte anknüpfen zu können. In traditioneller Flick-Manier übermittelte das Stahlwerk Döhlen im August 1945 eine Spende von 5.000 RM an die SPD-Ortsgruppe, um die wiedergegründete Partei für die eigenen Vorstellungen einzunehmen.[89] Solche Versuche fruchteten aber nicht, denn zeitgleich begannen die Demontagen der Flickschen Stahlwerke.[90]

---

84 BArch, NL 4182/948. Aktennotiz Bruno Leuschners, 5.9.1945.
85 BArch, NL 4182/1181. Aktennotiz Walter Ulbrichts, 30.12.1945.
86 BArch, NL 4182/1181. Bruno Leuschner, Material der Wirtschaftsabteilung der KPD für den SMAD-Wirtschaftsexperten Kowal. Memorandum bezüglich Wiederkehr der Monopole, 25.2.1946.
87 Frei u.a., Flick, S. 450.
88 BArch, NY 4182/957. Schreiben des Betriebsrates der Mitteldeutschen. Stahlwerke Riesa Pfrötzschner an den Leiter der Reparationskommission Karlshorst, 10.7.1945. Vgl. auch: Hoffmann, Dierk: Aufbau und Krise der Planwirtschaft. Die Arbeitskräftelenkung in der SBZ/DDR 1945 bis 1963, München 2002, S. 181.
89 BArch, R 8122/1047. Dankschreiben der SPD Freital an das Werk Döhlen für die geleitete Spende, 9.8.1945.
90 BArch, DC 1/1894. Befehl Nr. 17 betr. Demontage des Stahl- und Walzwerkes Hennigsdorf, 8.8.1945.

Als die Landes- und Provinzialregierungen gebildet waren, bildeten sie geeignete Ansprechpartner. Obgleich die Berliner Zentralverwaltung für Industrie schon im August 1945 existierte, waren die Wirtschaftsministerien der Länder für gut zwei Jahre die wichtigeren Leitungsbehörden. Häufig gelangten hier allerdings gemäßigte Kräfte auf die wirtschaftlich entscheidenden Positionen. In der sächsischen Landesverwaltung erwies sich seit Juli 1945 die Besetzung der Leitung des Ressorts Finanzen und Steuern mit Gerhard Rohner als „Glücksfall" für die Flick AG. Rohner war von 1925 bis 1944 als Handelsvertreter für Mittelstahl tätig und hatte bis 1944/45 das Dresdner Büro des Konzerns geleitet.[91] Als CDU-Politiker der ersten Stunde wirkte er bei der Parteineugründung in der Stadt Dresden und dann auf Landesebene mit.

Zehn Tage nach Amtsantritt der sächsischen Regierung erfolgte eine Kontaktaufnahme von Seiten Odilio Burkarts. Darauf unterrichtete er Kaletsch in Berlin, dass die sächsische Landesverwaltung aus den Hunderten zum Abbruch vorgesehenen Werken fünf herausgesucht habe, die „von grundsätzlichen Bedeutung für die sächsische Wirtschaft" seien, darunter die Mittelstahl-Werke Riesa und Gröditz sowie die Sächsischen Gussstahlwerke Freital-Döhlen.[92] Im September 1945 traf sich der Flick-Manager mehrmals in der Woche mit Vertretern der Landesverwaltung, wobei vor allem Rohner als Vermittlungspartner gesucht wurde.[93] Eine entscheidende Wende trat allerdings am 17. September 1945 ein, als Fritz Selbmann (KPD) den SPD-Politiker Richard Woldt als sächsischer Wirtschaftsminister ablöste.[94] Der KPD-Aktivist drang im oben genannten Sinn auf eine Verstaatlichung der Schlüsselindustrien. Als eine seiner ersten Amtshandlung setzte er am 27. September 1945 eine Verordnung zur Verstaatlichung des sächsischen Kohlen- und Erzbergbaus in der Landesverwaltung durch.

Die Politik des neuen Wirtschaftsministers bedrohte den Flick-Besitz konkret. Eile schien geboten und der stets informierte Burkart bereitete parallel zur Selbmanns Sozialisierungspolitik die Gründung einer neuen Aktiengesellschaft „Sächsische Eisenwerke" vor. Zur Absicherung seiner Reorganisationspläne suchte er vor allem das Gespräch mit Oberst Blochin, dem Leiter der Wirtschaftsabteilung der sächsischen SMA. Am 3. Oktober sandte er ihm eine Denkschrift mit den wichtigsten Zielen des Flick-Konzerns:[95] Mit Hinweis auf die wirtschaftliche Zersplitterung hob sie die große Bedeutung der heimischen Herstellung von Walzwerkserzeugnissen sowie Guss- und Schmiedeeisenstücken hervor. Diese Erzeugung sei nicht nur von Bedeutung für den infrastrukturellen Wiederaufbau, den Waggon- und Lokomotivbau,

91 Frei u.a., Flick, S. 450.

92 BArch, NY 4182/949. Schreiben Burkart an Kaletsch, 14.7.1945.

93 Frei u.a., Flick, S. 453.

94 Die programmatische Wende arbeitet ausführlich heraus: Halder, Modell, S. 60–130, über den „vergessenen Wirtschaftsressortchef Woldt" bis zur „Ära Selbmann".

95 BArch, R 8122/1059. Sächsische Eisenwerke GmbH (Burkart u. Betriebsrat) an die SMA Dresden, Blochin, über die Sächsische Landesverwaltung, Abt. Wirtschaft und Arbeit, 3.10.1945.

den laufenden Reparaturbedarf der Reichsbahn, den großstädtischen Häuser- und Straßenbau und die Reparatur des Gas- und Wassernetzes, sondern auch für nachgelagerte Industriezweige wie die Chemie- und Textilindustrie sowie den Steinkohle- und Braunkohlebergbau. Burkart gab vor, dass die sächsische Landesregierung „in genauer Kenntnis der Bedürfnisse des hiesigen Landes unseren Plan gebilligt [habe], im hiesigen Raum eine neue Eisen schaffende Industrie wiederaufzubauen." Gleichzeitig bat er Oberst Blochin, den Umfang und Rahmen des Programms zu bestimmen. Als Sofortmaßnahmen forderte er einerseits die Einstellung der Demontagen durch die verschiedenen Beutekommissionen, andererseits die Freigabe der noch vorhandenen Roh-, Hilfs- und Betriebsstoffe, der Halbfabrikate wie Schrott und Roheisen sowie der vorhandenen Fertigbestände an Walzeisen, Röhren, Radsätzen und Bandagen. Außerdem wies er darauf hin, dass die meisten Hallen der Hüttenbetriebe noch erhalten und die Spezialarbeitskräfte „in großem Umfang" durch eigene Wohnungen örtlich gebunden seien.

Eine Woche später konkretisierte er seine Vorstellungen, die er dann schon als „Programm Blochin" bezeichnete, gegenüber der sächsischen Regierung.[96] Er plädierte für den Wiederaufbau unter deutscher Leitung. Neben den Angestellten und Technikern seien „unsere alten Arbeiter" einzusetzen, die im Gegensatz zu den bei der Demontage eingesetzten sowjetischen Arbeitern, Ostarbeitern und Polen für die „erforderliche Präzision" bürgten. Zur Finanzierung des Wiederaufbaus hoffte er auf die „russische Seite". Er schlug vor, die Besatzungsmacht möge der sächsischen Landesverwaltung global für alle vier Werke 12 bis 15 Millionen RM zur Verfügung zu stellen. Die technische und kaufmännische Gesamtleitung solle die neue Firma Sächsische Eisenwerke unter maßgeblicher Beteiligung des sächsischen Staates übernehmen. Keinesfalls dürfe aber ein „Filialbetrieb irgendeiner russischen Monopolgesellschaft aufgezogen" werden. Mit diplomatischem Geschick wollte Burkart die Finanzierung von außen leisten lassen, der Landesverwaltung Mitspracherechte einräumen, aber dennoch die Fäden unternehmerisch in der Hand behalten.

Für eine positive Reaktion der sächsischen SMA auf Burkarts Pläne gab es keine Anzeichen. Indessen trieb Selbmann sein Sozialisierungsprogramm voran. Zweifelsohne trat er aus ideologischer Überzeugung für die Enteignungspolitik ein, zum anderen mussten ihn die Entwicklungen in den betroffenen Werken bedenklich stimmen. Aus seiner Perspektive dürfte sich z.B. die Solidaritätsadresse des Riesaer Betriebsrates für die Burkart-Pläne zur Errichtung der Sächsischen Eisenwerke als ein Bündnis der Belegschaft mit der alten Flick-Garde dargestellt haben. Die Erringung der Kontrolle der Landesregierung über die Werke bot sich als Lösung zur Abwendung des drohenden Zerwürfnisses mit der eigenen Klientel an. Gleichzeitig bot die Flick-Enteignung auch eine Absicherung gegen sowjetische Ansprüche. Angesichts der bereits erfolgten sowjetischen Besetzung und anhaltenden Demontage der für

96 BArch, R 8122/1054. Ausarbeitung Burkart: Wiederaufbau der Eisen schaffenden Industrie in Sachsen, 11.10.1945.

die Industrie Sachsens lebenswichtig erscheinenden Stahlwerke bot die Überführung in Landeseigentum vermeintlich bessere Gestaltungsspielräume. Schließlich drohten weiterhin der Totalabbau oder zumindest die vollständige Vereinnahmung der Schwerindustrie für sowjetische Interessen. Im diesem Sinne erwirkte Selbmann am 29. Oktober 1945 einen Beschluss der sächsischen Landesverwaltung über die Enteignung aller im Land Sachsen befindlichen Vermögenswerte des Kriegsverbrechers Flick. Weil dieser die Hauptschuld an der „verbrecherischen Kriegspolitik Hitlers" trage, sei seine wirtschaftliche Entmachtung alternativlos.[97]

Dieser symbolträchtige politische Vorstoß fügte sich in die sowjetische Besatzungspolitik ein. Weitgehend konform mit den Vorstellungen der führenden KPD-Wirtschaftspolitiker erließ die SMAD ihre Befehle Nr. 124 und 126 am 30. Oktober 1945. Diese sog. Sequestrationsbefehle besiegelten den Entzug der Verfügungsrechte für die wichtigsten und größten Industriewerke der SBZ und unterstellten sie zu bestellenden Treuhändern.

4 Unternehmerisches Handeln in der Zusammenbruchgesellschaft

Das Produktionsregimes zu Beginn der Besatzungsperiode unterlag zahlreichen neuen, aber auch alten Regulierungen und Beschränkungen, die den Rahmen für das wirtschaftliche Handeln bildeten: Ressourcen wie Strom, Wasser usw. waren kontingentiert, das Transportsystem weitgehend zerstört und daher selbst die Durchführung des Nahhandels nicht selbstverständlich. Der Sperrung der Bankkonten folgte eine anhaltende Finanzknappheit.[98] Die Stahlwerke erhielten vorerst keine Genehmigungen zur Wiederaufnahme der Produktion, waren aber im Kompensationshandel tätig. Dagegen durften die Leipziger Textilunternehmen wieder produzieren, standen aber unter vielfältiger Kontrolle. Zur Sicherung der betrieblichen Existenz schien in jedem Fall die Kontaktaufnahme mit neuen Machtinstanzen unerlässlich.

4.1 Besatzungsregime und Neuordnung der betrieblichen Governance

Auf sowjetischer Seite gab es eine Vielzahl von Stellen, die in das Demontageregime eingriffen. Neben den Kommissionen für die Ausfuhr von Materialien aus Polen und Deutschland, die ein Beschluss des sowjetischen staatlichen Verteidigungskomitees vom 21. Februar 1945 eingesetzt hatte, waren auch noch Regierungsdemontagekommissionen der einzelnen sowjetischen Volkskommissariate vor Ort, die sich der Befehls-

97 vgl. Halder, Modell, S. 114

98 Steiner, Plan zu Plan, S. 54.

gewalt der im Juni 1945 gegründeten SMAD entzogen.[99] Den Fronttruppen der Roten Armee folgten unmittelbar die im März 1945 regulär eingesetzten Beutekommissionen und Demontagebrigaden, die das deutsche Rüstungspotenzial erfassten und erste Entnahmen aus betrieblichen Lagerhallen und aus der laufenden Produktion vornahmen.[100] Sie blieben über das Jahresende hinaus aktiv und forderten bei deutschen Stellen viele Arbeitskräfte für ihre Bedürfnisse, d.h. den Abtransport der Kriegsbeute, an.[101] Mitunter sorgten sie für empfindliche Störungen der Betriebsabläufe, z.B. als eine Beutekommission am 15. Mai 1945 alle verfügbaren Nägel im Riesaer Hüttenwerk beschlagnahmte.[102] Die Engpässe durch solche willkürlichen Eingriffe kamen zu den Störungen durch die Demonatage ganzer Werksanlagen hinzu.

Die Hauptsorge der sowjetischen Besatzer galt der Wiederaufnahme der Arbeitstätigkeit. Die ersten Anweisungen ergingen auf lokaler Ebene von Seiten der Stadtkommandanturen. In Riesa verfügte ein Befehl, dass sich am 14. Mai alle Arbeiter, Arbeiterinnen und Angestellte melden mussten, um für Instandsetzungs- und Aufräumarbeiten innerhalb und außerhalb des Werkes eingesetzt zu werden.[103] Die tägliche Arbeitszeit ging von 8 bis 16 Uhr und wurde durch ausgegebene Arbeitskarten überprüft. Das vorrangige Produktionsinteresse lag auf dem Brückenbau, insbesondere zur Reparatur der Riesaer Elbbrücke und anderer Eisenbahntrassen. Manuelle Arbeiten dominierten, in die auch die verbliebenen Angestellten eingebunden werden sollten. Die Betriebs- und Abteilungsleiter wurden persönlich dafür verantwortlich gemacht, dass alle Angestellten täglich im Werkhof erschienen, um in Arbeit eingewiesen zu werden.[104]

Noch ein wenig rigider gestaltete sich das Arbeitsregime im Hennigsdorfer Stahlwerk. Ende Mai unterzeichnete der als kommissarischer Werkleiter eingesetzte Betriebsrat Robert Wolgast verschiedene Anordnungen,[105] die z.B. die tägliche Arbeitszeit auf elf Stunden (von 7 bis 18 Uhr) festsetzten. Um die Arbeitsmoral aufrecht zu erhalten, bedurfte es zahlreicher Ermahnungen, die die deutsche Werkleitung im Namen der Besatzungsmacht zu verkünden hatte. Am 25. Mai erging die Weisung, dass der Arbeitsplatz nicht unaufgefordert verlassen werden dürfe und „untätiges Herumstehen“ zu unterlassen sei. Als weitere, unpopulär einzuschätzende Maß-

---

99 Foitzik, Jan: Sowjetische Militäradministration in Deutschland (SMAD) 1945–1949, Berlin 1999, S. 93–95.

100 Müller, Rolf-Dieter: Der Zusammenbruch des Wirtschaftslebens und die Anfänge des Wiederaufbaus, in: Echternkamp, Jörg/Müller, Rolf-Dieter (Hrsg.): Das Deutsche Reich und der Zweite Weltkrieg, Bd. 10: Der Zusammenbruch des Deutschen Reiches 1945, Handbd. 2: Die Folgen des Zweiten Weltkrieges, München 2008, S. 141.

101 Zank, Wolfgang: Wirtschaft und Arbeit in Ostdeutschland. Probleme des Wiederaufbaus in der Sowjetischen Besatzungszone Deutschlands, München 1987, S. 61. Hoffmann, Aufbau und Krise, S. 119.

102 SMR, SWW Riesa, K 20.

103 SMR, SWW Riesa, K 20. Anweisung der deutschen Betriebsleitung, 14.5.1945.

104 SMR, SWW Riesa, K 20. Anweisung der deutschen Betriebsleitung (Hings/Schier), 19.5.1945.

105 BArch, DC 1/1894. Bekanntmachungen der deutschen Werkleitung, 22.5., 25.5., 26.5. u. 2.6.1945.

nahme wurde die Arbeitszeit auf den Sonntag ausgedehnt. In Freital-Döhlen berief der sowjetische Stadtkommandant alle Unternehmer zu einer Besprechung ein, die eine „gute Ordnung", auch für Betriebe und die Produktion, ankündigte. Dafür müssten alle Kräfte zur Arbeit eingesetzt und eine scharfe Kontrolle des Arbeitsablaufs vorgenommen werden: „Jeder, der diesen Bestimmungen hemmend entgegenwirkt, wird ausgeschaltet und bestraft [...] Es darf nicht in die Sterne geschaut werden."[106]

Die sowjetischen Beuteaktionen und die gleichzeitige Herstellung eines disziplinierten Arbeitsregimes passten kaum zu dem Bild des Aufbruchs, das die DDR-Historiographie vermittelte. Weder wurden die alten Werkleitungen entmachtet, noch der Wiederaufbau maßgeblich von entschlossenen Vertretern der Arbeiterklasse initiiert. Das strenge Arbeitsregime der industriellen Großbetriebe beruhte weniger auf der Leistung „aufbauwilliger Helfer", denn auf der Rekrutierung der arbeitsverpflichteten ehemaligen Betriebsangehörigen.

Die sowjetische Besatzungsmacht baute ihre Dominanz über die Stahlindustrie weiter aus. Werkskommissionen nahmen ab Juni 1945 eine Reihe größerer Betriebe in Beschlag. Im Falle Riesas lässt sich die Errichtung der Werkskommission auf den 18. Juni 1945 datieren. Tags darauf begann die Demontage des Werkes.[107] Am selben Tag wurde die sowjetische Kommission in Hennigsdorf und zwei Tage darauf diejenige in Freital-Döhlen eingesetzt.[108] Die zeitgleich begonnene Demontage in Brandenburg betraf nicht nur das Stahlwerk sowie fünf weitere Großbetriebe der Havelstadt, sondern auch einige Unternehmen der metallverarbeitenden Industrie.[109] Nur in Gröditz begann die Demontage erst im Juli 1945. Somit lag der Beginn der schwerindustriellen Demontage in den meisten Fällen vor den Potsdamer Verhandlungen. Die sowjetische Armee wollte bereits im Vorfeld einen Teil der Forderungen durchsetzen, die auf den alliierten Kriegskonferenzen umstritten geblieben waren.[110] Bei diesen Bestrebungen markierte die Bestellung der Werkskommandanten den Auftakt zum nachfolgenden Abtransport ganzer Werksanlagen.

Mit der direkten Präsenz der sowjetischen Armee in den Stahlwerken stiegen die Möglichkeiten zur Kontrolle und zur Durchsetzung eines harten Arbeitsregimes. Beispielsweise fiel bei der Demontage der Wärmestelle des Hennigsdorfer Stahlwerks dem leitenden Major auf, dass eine Wanduhr fehlte.[111] Noch am gleichen Tag erließ

106 BArch, R 8122/1055, Bericht über die von dem Stadtkommandanten Major Senenichin einberufene Besprechung, SGW Döhlen, 2. Juni 1945.

107 Betriebsgeschichte Riesa, S. 9. Vgl. Kinne, S. 255.

108 BArch, R 8122/1053. Schreiben der russischen Wirtschaftskommission an die deutsche Werkleitung Freital-Döhlen, 16.6.1945; DC 1/1894, R 8122/1052. SGW an den Oberbürgermeister von Freital, 4.8.1945.

109 Müller, Uwe: Demontage, gesellschaftliche Transformation und industrieller Strukturwandel in Brandenburg (Havel), in: Karlsch, Rainer/Laufer, Jochen (Hrsg.): Sowjetische Demontagen in Deutschland 1944–1949, Berlin 2002, S. 386. S. auch: Kinne, S. 98.

110 Steiner, Von Plan zu Plan, S. 24.

111 BArch, DC 1/1894. Protokoll der Werkleitung Hennigsdorf, 18.6.45.

der sowjetische Werkskommandant eine Bekanntmachung, die den Diebstahl von Staatseigentum – als solches wurde das Stahlwerk deklariert – nach dem Kriegsrecht der UdSSR als Vergehen kennzeichnete, das den zuständigen Kriegsgerichten zu übergeben sei. Für schwere Fälle wurde die Todesstrafe angedroht. Die deutsche Werkleitung zeichnete für die Durchführung verantwortlich und sollte bereits bekannt gewordenen Delikte in Arbeiterversammlungen bestrafen lassen. Der Werkschutz musste darauf achten, dass das Werksgelände nicht mehr mit Rücksäcken usw. betreten und verlassen wurde. In Riesa setzte die Werkleitung im Juli 1945 Vertrauensmänner ein, die in Kellerräumen und Kanälen nach versteckten Gegenständen suchen sollten.[112] Im Edelstahlwerk Döhlen erging bis Ende Juni 1945 eine Reihe ähnlicher Anweisungen, z.B. die Anordnung zur Meldung von Kriegsgeräten im Werk, das Verbot zur Herausnahme von Gegenständen und Material oder die Anweisung zur Inventarisierung aller Räume.[113]

Solche werksinternen Erlasse ergingen im Namen der sowjetischen Werkskommission, wurden aber durch die deutsche Werkleitung verkündet. Ihre Mittlerstellung verhalf ihr bedingt zu einer eigenständigen Autorität. Die Werkleitung geriet bereits früh in einen Loyalitätskonflikt zwischen der Besatzungsmacht und der Belegschaft. Dies implizierte einerseits, dass ihr die Verantwortung für die Entscheidungen genommen wurde, obgleich sie für deren Durchsetzung zu sorgen hatte. Andererseits sorgte die sowjetische Verantwortlichkeit für eine Entlastung der Werkleitung, die es ihr erlaubte, sich mit den Werks- und Belegschaftsinteressen zu solidarisieren. Damit war ein Grundkonflikt, in dem sich die Werkleitungen im zentralplanwirtschaftlichen System auf Dauer befinden sollte, bereits frühzeitig angelegt.

Die Verlängerung des autoritären Arbeitsregimes unter veränderten politischen Vorzeichen forderte die Reaktion der kommissarischen Werkleitung heraus. In einigen der untersuchten Stahlwerke lässt sich nachzeichnen, wie sich die von den Sowjets legitimierten Leitungskräfte gegenüber dem Werkskommandanten verhielten, um ihren Status als reine Befehlsempfänger zu revidieren. Sprachkompetenz war im Austausch mit den sowjetischen Werkskommissionen von entscheidender Bedeutung. Am 7. Juni 1945 forderte der Döhlener Werkleiter Bruns alle gut russisch sprechenden Belegschaftsmitglieder auf, sich bei der Personalabteilung oder dem Lohnbüro zu melden.[114] In den meisten Fällen ließ sich ein Kandidat finden, der über Jahre die für alle Verhandlungen maßgebliche Dolmetscherstelle übernahm. Zu Irritationen führte im Stahlwerk Hennigsdorf die Besetzung der Position mit dem kaufmännischen Angestellten Alfred Bergmann, weil dieser bereits im Krieg die Verhandlungen zwischen dem Ostarbeiterlager, der Direktion und den Betriebschefs geführt hatte. Der kommissarische Werkleiter Wolgast verbürgte sich trotz anhaltender Anschuldigun-

---

112 SMR, SWW Riesa, K 20. Umlauf der Werkleitung (Hings, Schier), 17.7.1945.

113 BArch, R 8122/1053. Anweisungen im SGW, 27. u. 29.6.1945.

114 BArch, R 8122/1053. Rundschreiben (gez. Bruns, Faust) an verschiedene Werksabteilungen Freital-Döhlen, 7.6.1945.

gen persönlich für Bergmann.[115] Auf der ersten Betriebsversammlung der Mitteldeutschen Stahl- und Walzwerke Hennigsdorf im Oktober 1945 betonte er, dass Bergmann bislang „treu an [seiner] Seite" gestanden habe. Der Dolmetscher nahm an allen wichtigen Sitzungen der ersten Nachkriegsmonate teil, u.a. den Gesprächen mit der Brandenburgischen Provinzialverwaltung und vor allem mit der SMA Brandenburg und der sowjetischen Werkskommission. Dank seiner Mittlerstellung rückte er an der Seite des Direktors Wobbe in die kaufmännische Leitung des Werks auf.

Noch erfolgreicher verlief die berufliche Karriere von Eugen Lacour, der im Stahlwerk Riesa als Dolmetscher diente. 1903 in Perm geboren, hatte er die Schule in Russland besucht und war nach dem Ersten Weltkrieg mit seinen Eltern nach Deutschland übergesiedelt. 1921 bildete ihn Mittelstahl Riesa zum Dreher aus und beschäftigte ihn über zwei Jahrzehnte in diesem Beruf. 1945 trat Lacour der SPD bei und nahm im Werk zugleich die Stellung eines Betriebsrates ein. Dank seiner guten Russischkenntnisse übersetzte er strategische Besprechungen, z.B. führten er und der als Demontageleiter eingesetzte Oberingenieur Koning am 18. Oktober 1945 die technischen Verhandlungen um den damals in Planung befindlichen Wiederaufbau des Werkes Riesa.[116] Seine Sprachkenntnisse sowie sein politisches Engagement ermöglichten seine Beförderung auf die zweite Leitungsebene des Werks. Im Fall Lacour setzte sich der steile betriebliche Aufstieg jedoch fort: 1947 wurde er Abteilungsleiter, später Produktionsleiter und 1956 sogar Werkdirektor.[117]

Soweit quellenmäßig belegt, waren die kommissarischen Leitungen der Stahlwerke um gute Kontakte zur Besatzungsmacht bemüht. In Döhlen bezogen sich frühe Anordnungen darauf, alle betriebsrelevanten Angaben in einer Mappe für die sowjetische Werkskommission zusammenzustellen und jede gewünschte Auskunft „bereitwilligst und absolut zuverlässig zu erteilen".[118] Die Erfordernisse der Berichterstattung und der Weitergabe gesammelter Daten führten zu einer Reorganisation der betrieblichen Kommunikationsstrukturen und der werksinternen Abläufe. Einzelne Bestimmungen regelten, wohin Konstruktionspläne und Zeichnungen zu liefern waren. Alles Kriegsgerät im Betrieb war der sowjetische Armee auszuhändigen. Ferner sollte das Inventar aller Räume gemeldet werden, und der Werkschutz hatte Inventarlisten über Lager und Ausgabestellen zu erstellen.[119] In Riesa gab es vergleichbare Schritte zur Zentralisierung des Schriftverkehrs: Der technische Direktor Schier bat die Betriebsabteilungen auf Veranlassung der Militärverwaltung, alle seit der Besetzung über die Werksanlagen und die Fabrikation angefertigten Niederschriften sofort

115 BArch, DC 1/1894. Aktennotiz Wolgast, 14.6.1945.

116 SMR, SWW Riesa, K 17. Niederschrift über die Verhandlung mit Vertretern der sächsischen Landesregierung (Liebscher, Ander) und Ingenieur Oberst Wolschkowa sowie Oberstleutnant Buligin, 18.10.1945.

117 SMR, SWW Riesa, K 23. Personalakte Lacour.

118 BArch, R 8122/1053. Anordnungen (gez. Bruns, Faust) an verschiedene Werksabteilungen Freital-Döhlen, 9.6. u. 16.6.1945.

119 BArch, R 8122/1053. Anordnungen der deutschen Werkleitung im SGW Döhlen, 27. u. 29.6.1945.

der Werkleitung zu übergeben.[120] Die einzelnen Organisationsanordnungen in den Stahlwerken dienten der Festigung der Leitungskompetenzen der deutschen Werkleitungen. Die betriebsinterne Reorganisation passte sich der anfangs dominanten sowjetischen Befehlswirtschaft an. Die dadurch induzierte Neuordnung der betrieblichen Governance beließ wichtige Handlungsvollmachten in den Händen der Führungskräfte. Organe der Arbeiterselbstorganisation, insbesondere die Betriebsräte, spielten in Bezug auf relevante betriebliche Entscheidungen lediglich eine nebengeordnete Rolle.

4.2 Arbeits- und Produktionsregime der Demontage

Obgleich die Demontagen keine Produktionskapazitäten schufen, sondern im Gegenteil für deren Abbau sorgten, kann man in den sowjetisch besetzten Stahlwerken von einem durch sie geprägten Produktionsregime sprechen, womit die Art und Weise der Organisation der betrieblichen Wirtschaft gemeint ist. Wie gesehen, wurden viele innerbetriebliche Abläufe in der Nachkriegssituation grundlegend neu geordnet. Insbesondere waren davon die innerbetrieblichen Arbeitsbeziehungen und die Zusammensetzung der betrieblichen Führungsschichten geprägt. Im Folgenden soll das Augenmerk vor allem auf letzterem Punkt liegen.

Die Entscheidung über die Weiterbeschäftigung von Führungskräften hing maßgeblich von den Demontageerfordernissen ab. Eine grundsätzliche Hypothek für die Weiterbeschäftigung von Arbeitern und leitendem Personal war der Liquiditätsengpass, den die Betriebe durch Sperrung ihrer Bankkonten hinnehmen mussten. Für die Periode der Demontage wurden die Arbeitskräfte allerdings durch die Besatzungsmacht bezahlt,[121] was deren Möglichkeiten zur Umlenkung von Facharbeitern nach eigenen Wünschen verbesserte. Allerdings konnten die Versetzungen zu einem Anstieg der fachfremden Beschäftigung führen. Zum Beispiel verlangte die sowjetische Werkskommission in Döhlen, alle Beschäftigten der Hilfs- und Nebenbetriebe sowie der Werksverwaltungen, die noch nicht in den Abbruchbetrieben eingesetzt seien, dorthin zu transferieren. Insbesondere galt dies für die Abteilungen Betriebsküche, Krankenkasse, das Lohnbüro, aber auch für das Technische Büro. Selbst Ingenieure und leitende Angestellte durften nur weiterbeschäftigt werden, wenn sie unmittelbar an den Demontagearbeiten beteiligt waren.[122] Ursache und Wirkung werden

120 SMR, SWW Riesa, K 20. Schier an Betriebsleitung, 12.7.1945.
121 BArch, R 8122/1049. SGW, Abt. Verwaltung, Aktennotiz, 30.8.1945. NARA, RG 260 Economic, Box 21. Bericht von einer Besprechung der Hennigsdorfer Betriebsleitung, Betriebsrat und FDGB, 14.11.1945; BArch, DC 1/1894. Bericht für den Monat März 1946 (Robert Wolgast), 10.3.1946.
122 BArch, R 8122/1049. Aktennotizen SGW-Verwaltung, 10.7. u. 30.8.1945.

hingegen vertauscht, wenn man – wie in der Betriebsgeschichte des Werks Riesa – die Kündigung aller Angestellten der „alten Flickschen Werkleitung“ anlastet.[123]

Die folgende Tabelle zeigt, wie durch die Entlassungen im Zuge des Demontageregimes der Vorkriegsstand der Beschäftigung bei weitem unterschritten wurde.

Tab. 8: Beschäftigte in den Stahlwerken Riesa, Hennigsdorf und Döhlen (Vergleich 1939/1945)

	Riesa		Döhlen		Hennigsdorf	
	Zahl	Index	Zahl	Index	Zahl	Index
1939	4.232	100	4.200	100	2.000	100
Ende 1945	1.397	33	1.450	35	473	24

Quellen: SMR, SWW Riesa, K 21. Aktennotiz vom 30.6.1945; Bähr et al., Flick, S. 473, BArch, R 8122/1054, 3. u. 6.10.1945, Betriebsgeschichte VEB Rohrkombinat Stahl- und Walzwerk Riesa. Teil 1: „Die antifaschistisch-demokratische Umwälzung“, Riesa 1981, S. 21; BArch, DC 1/1894. Tagung des Zentralarbeitsausschusses für Hennigsdorf im FDGB, 8.11.1945; Bericht über Verhandlung bei der Provinzialregierung (Wolgast), 5.12.1945; Bericht für den Monat März 1946 (Robert Wolgast), 10.3.1946.

Die Demontagephase zeichnete durch eine „organisatorische Komplexität“ aus.[124] Die Gleichzeitigkeit von Abbruch und Aufbau zeigte exemplarisch das Stahlwerk Hennigsdorf. Der kommissarische Werkleiter Robert Wolgast (KPD) berichtete seiner Partei, dass am Sonntag, den 1. Juli 1945, abends um 22 Uhr die letzten sowjetischen Truppen bis auf eine kleine Nachhut das Werk verließen. Zur selben Zeit übernahm der deutsche Werkschutz mit 20 Mann pro Schicht die Sicherung des Geländes. Tags darauf um 6 Uhr leitete Wolgast die weiteren Aufräumarbeiten ein, die in fünf Kolonnen zu zehn bis 15 Mann erfolgten. Man stellte die Zäune wieder her und nahm den Eisenbahn-, Tischlerei- sowie den Küchenbetrieb wieder auf. Am Dienstag um 14 Uhr teilte er der Belegschaft mit, dass die Bezahlung unterbrochen werden müsse. Ab Mittwoch könnten nur noch die Leute im Werk bleiben, die unentgeltlich versuchen wollten, „aus eigenen Mitteln die Ernährung ihrer Familien sicherzustellen.“[125] Dieses aus der Not geborene Arbeitsregime blieb indes ein kurzes Intermezzo. Schon einen Monat später übernahm die sowjetische Armee wieder die Kontrolle des Werks und leitete eine zweite Demontagewelle ein, die fast zu einem Totalabbau führte. Bei einem annähernd konstanten Beschäftigtenstand wurden eine Platinenstraße mit Antrieb, zwei Warmwalzwerke, eine Dressieranlage, ein Kaltwalzwerk und eine Generatorenanlage abgebaut, des Weiteren eine Feinblechglüherei zu 60 Prozent, eine Beiz-

123 Betriebsgeschichte Riesa, S. 10.

124 Foitzik, Sowjetische Militäradministration, S. 95.

125 BArch, DC1/1894. Zellenbericht vom Stahl- und Walzwerk (28.6.–5.7.1945), Werkleiter und Betriebsrat Wolgast an die KPD, 7.7.45.

anlage zu 50 Prozent und eine Generatorenanlage zu 40 Prozent. Zwar standen die Siemens-Martin-Öfen noch, doch fehlten die Armaturen, und die Kraneinrichtungen waren nur noch in Teilen erhalten.[126] Der Abbruch sei so weit gediehen, stellte Flick-Manager Kaletsch im November 1945 fest, dass eine Wiedererrichtung „in absehbarer Zeit" nicht in Betracht komme.[127] Entsprechend ging der Beschäftigtenstand bis März 1946 auf 122 Mann zurück.

Vom Verlauf her anders, aber im Ergebnis vergleichbar gestaltete sich der Demontageprozess in Riesa. Das Werk hatte schon 1939 ungefähr doppelt so viele Beschäftigte wie Hennigsdorf und hielt sich nach dem Krieg auf einem entsprechend höheren Niveau. Bemerkenswert war, dass hier neben 615 deutschen „Werksangehörigen" auch 850 „Sowjetbürger" im Demontageeinsatz standen.[128] Die entscheidende Phase des Abtransports erstreckte bis November 1945. Danach bestanden aus der Not geborene Beschäftigungen in der Beseitigung des Ofenabbruchs, der Reinigung der Fundamentkanäle, dem Abspitzen der Fundamente, Dach- und Gebäudereparaturen, Steineputzen, Ankerschraubenreparatur usw.[129]

Auch in Riesa ist der Blick auf die betriebliche Beschäftigtenstruktur interessant. Beispielhaft kann die Analyse der Riesaer Angestellten vorgeführt werden. Im August 1939 belief sich ihr Anteil an der Gesamtbelegschaft des Stahlwerks auf 12,7 Prozent. Bis zum 30. Juni 1945, knapp zwei Monate nach Kriegsende, wuchs die Angestelltenquote auf 21,3 Prozent, bei gleichzeitig starker Erhöhung des weiblichen Anteils von 11 Prozent (1939) auf 29,2 Prozent (1945).[130] Die Demontagephase führte aber sowohl absolut als auch relativ zu einem Rückgang der Bedeutung der Angestellten. Mitte November 1945 waren nur noch rund 100 Angestellte, d.h. 6,5 Prozent der Gesamtbelegschaft, beschäftigt, die sich überwiegend mit der Abwicklung der alten Firma befassten. Lässt sich die Zunahme des relativen Gewichts der Angestellten im Mai 1945 noch als Kriegseffekt deuten, der unter anderem auf der Rückführung der Zwangsarbeiter beruhte, brachte das Demontageregime eine schlagartige Veränderung der Erfordernisse. Angestellte waren nun entbehrlich, weil die für sie spezifischen Aufgaben immer seltener anfielen. Langfristig pendelte sich ihre Zahl wieder auf ungefähr zehn Prozent ein,[131] doch lässt der Bruch der Demontagephase auf mangelnde Kontinuität in den Beschäftigungsverhältnissen schließen.

Aus diesem Grund erscheint eine genauere Analyse der betrieblichen Führungskräfte unerlässlich, die aber nicht für alle Werke geleistet werden kann. Nur für das Stahlwerk Döhlen liegt in der Phase der ausklingenden Flick-Unternehmerschaft eine

126 NARA, RG 260, Box 21. Kaletsch an Guckes, Leiter der Wirtschaftsstelle der Britischen Militärverwaltung Berlin, 6.11.1945.

127 NARA, RG 260, Box 21. Aktennotiz Kaletsch, 5.11.1945.

128 Betriebsgeschichte Riesa, S. 10.

129 NARA, RG 260, Box 21. Mittelstahl, Aktennotiz zum Wiederaufbau des Werkes Riesa (Abschrift), 13.11.1945.

130 SMR, SWW Riesa, K 21. Aktennotiz, 30.6.1945.

131 SMR, SWW Riesa, K 21. Fragebogen Produktionsmittel- und Kapazitätserhebung, 1.10.1948.

ausführliche Quellenüberlieferung zur Umstrukturierung der Werkleitung vor. Das Döhlener Werk beschäftigte bei Kriegsende ca. 400 Angestellte, die sich zu ungefähr gleicher Zahl auf den technischen und kaufmännischen Bereich verteilten.[132] Bei den Kaufleuten arbeiteten fast ebenso viele Männer wie Frauen, während im technischen Bereich nur rund 20 Prozent Frauen beschäftigt waren. Ein Zehntel der Angestellten waren sog. Oberbeamte, so lautete die zeitgenössisch noch häufig verwandte Bezeichnung für Führungskräfte im kaufmännischen, technischen und wissenschaftlichen Bereich. 23 dieser Oberbeamten gehörten den technischen und 17 den kaufmännischen Werksabteilungen an. Binnen sechs Monaten verringerte sich ihre Zahl im Demontageregime auf insgesamt 28.[133] Nun gehörte die überwiegende Mehrheit unter ihnen dem technischen Bereich an, d.h. die Zahl der kaufmännischen Angestellten ging stark zurück. Wie für die übrigen Beschäftigten galt in dieser Periode auch für die Leitungskräfte, dass sie nur auf den sowjetischen Gehaltslisten blieben, sofern ihre „Weiterarbeit zur Abwicklung des Werkes“[134] benötigt wurde.

Zu den weiteren Faktoren, die zum Ausscheiden von Führungskräften des Unternehmens beitrugen, gehörte die Gehaltsfrage. Im Juli 1945 wurden die Gehälter der Oberbeamten im Einvernehmen mit Vorstand und Betriebsrat einheitlich auf 250 RM brutto festgesetzt, was einer monatlichen Nettoauszahlung von 200 bis 240 RM entsprach.[135] In Fällen, die die kaufmännische Abteilung namentlich erfasste, bedeutete das gegenüber dem Junigehalt Nettoeinbußen von 34 bzw. 40 Prozent. Die Kürzung fiel in manchen Fällen nicht ganz so deutlich aus, weil sich zugleich die Lohnabzüge stark verringerten. Von den Kürzungen waren auch Ingenieure betroffen, z.B. Oberingenieur Kniesz, der dem Döhlener Stahlwerk bald den Rücken zukehrte. In seinen Bruttogesamtverdienst von 850 RM waren vor allen Dingen Leistungszulagen eingeflossen, die in der Demontagephase wegfielen. Obgleich ein beruflicher Wechsel 1945 nicht einfach war, weil er zugleich einen Ortswechsel implizierte, zog sicherlich mancher Oberbeamte eine Westwanderung in Erwägung. Die technischen Leiter, Ingenieure und Abteilungsleiter verfügten aber in Döhlen über zahlreiche Vorteile, die sie sich andernorts erst erwerben mussten. Hierzu zählte in der Nachkriegssituation z.B. günstiges Wohnen, wie exemplarisch eine Gruppe von sechs Oberbeamten zeigte, die dasselbe Mehrfamilienhaus in Freital-Döhlen bewohnten.

Von den sechs Führungskräften bewegte sich die Hälfte auf das Rentenalter zu bzw. hatte es im Fall Paul Tennhardts bereits überschritten. Die übrigen drei Ingenieure, die zufällig alle 1894 geboren waren, befanden sich in einem fortgeschrittenen

132 BArch, R 8122/1048. SGW Döhlen, Aufstellung der Verkaufs- und Verwaltungskosten im Monat April 1945, 30.4.1945.

133 BArch, R 8122/1049. SWG, Sekretariat Verwaltung. Vermerk zu den im Monat September beschäftigten Oberbeamten, 4.10.1945.

134 BArch, R 8122/1049. Bekanntmachung der Werkleitung der SGW Döhlen, gez. Betriebsführer [sic!] Lobe und Faust, 28.8.1945.

135 BArch, R 8122/1049. SGW Döhlen, Aktennotiz der Abt. Verwaltung, 30.8.1945.

Tab. 9: Belegung der Freitaler Werkswohnungen der Hindenburgstraße 25 im Juni 1945

	Geburts-jahr – Alter	Berufsbezeichnung des Oberbeamten	Gehalt Juni 1945 brutto – netto [RM]		Mietzahlung (bereits im Nettogehalt verrechnet)
Clemens, Paul	1894 – 51 J.	Ingenieur	440	289,50	65 RM
Gäbler, Otto	1894 – 51 J.	Ingenieur	650	381,40	62,50 RM
Grahl, Arthur	1884 – 61 J.	Abteilungsleiter	550	278,33	41,67 RM
Herrmann, Fritz	1894 – 51 J.	Ingenieur, Direktor	750	348,50	65 RM
Tennhardt, Paul	1875 – 70 J.	.	432	251,80	62,50 RM
Dr. Wilczek, Alfons	1886 – 59 J.	Ingenieur	.	.	.

Quellen: BArch, R 8122/1049. SGW, Sekretariat Verwaltung. Diverse Personalstatistiken, 20.9., 4.10. u. 26.10.1945.

Stadium ihrer beruflichen Laufbahn, die über die Zeit des Nationalsozialismus offensichtlich keinen Bruch erfahren hatte. Vor allem Fritz Herrmann stand vor einem weiteren Karriereschritt, denn er wurde 1946 zum Treuhänder des Döhlener Stahlwerks ernannt. Die Mietzahlungen für ihre Werkswohnungen wurden ihnen direkt von ihrem Bruttogehalt abgezogen, sodass ihre Nettogehälter etwas niedriger als bei anderen Führungskräften lagen. Der Vergleich mit den städtischen Basissatz der Sozialfürsorge zeigt, dass der Mietpreis relativ günstig war.[136] Wie in den Westzonen galt der Mietpreisstopp weiter, in der SBZ wurde er auf unbestimmte Zeit verlängert und angesichts der öffentlichen politischen Verlautbarungen war auch keine Aufhebung dieser Regelung zu erwarten.[137] Sofern sie keine Verfolgung im Zuge der Entnazifizierung zu befürchten hatten, befanden sich die Führungskräfte insgesamt in einer abgesicherten Situation. Trotz der beträchtlichen Senkung der Bruttogehälter im Juli 1945, d.h. dem Monat, der auf die in Tabelle 9 angegebenen Zahlen folgte, war das Resultat einer Migration nach Westen ungewiss. Tatsächlich blieben die in der Hindenburgstraße 25 wohnhaften Führungskräfte dem Döhlener Werk erhalten und hatten einstweilen nur den nächsten programmatischen Namenswechsel ihrer Straßen zu erwarten.

Interessant erscheint in diesem Kontext auch der Fall des Riesaer technischen Direktors Alfred Dreschel, dessen Gehaltskurve seit 1938 anstieg. Aufgrund seines Dienstverhältnisses stand ihm eine Wohnung mit „7 Zimmer[n], Küche, Speisekammer, Diele mit Flur, Bad mit Wasserklosett, Abstellraum, 2 Kellräume[n], 1 Lattenver-

136 Vgl. Boldorf, Marcel: Sozialfürsorge in der SBZ/DDR 1945–1953. Ursachen, Ausmaß und Bewältigung der Nachkriegsarmut, Stuttgart 1998, S. 108. Für Fürsorgeempfänger in Leipzig wurden z.B. 30 RM im Jahr 1948 angesetzt.

137 Buck, Hannsjörg: Wohnungspolitik (SBZ), in: Wengst, Geschichte der Sozialpolitik, Bd. 2/1, S. 892.

schlag und 2 Gärten" mietfrei zur Verfügung.[138] Als Demontageleiter des Riesaer Stahlwerks wurde sein Gehalt auf 500 RM gesenkt und ab Januar 1946 eine Miete von 91,10 Mark für die Werkswohnung erhoben. Dennoch entschloss sich Dreschel zu einem Verbleib in Riesa, konnte er sich doch angesichts der Ernährungsnotlage z.B. im Ruhrgebiet nicht sicher sein, dort ein vergleichbares Angebot zu erhalten. Besondere Vergünstigungen spielten schon in der Nachkriegssituation eine wichtige Rolle.

Wenn man den gut dokumentierten Fall Döhlen weiter verfolgt, wird deutlich, dass die Monatsverdienste an der Werkspitze erheblich sanken. Im Juli 1945 legte das Werk im Vorgriff auf eine behördliche Weisung eine gehaltliche Obergrenze von 540 RM fest, die insbesondere den geschäftsführenden Vorstand mit Herbert Bruns, Max Lobe und Curt Faust betraf. Außer Bruns, der Ende Juni aus politischen Gründen nach Westen zog, verblieben die Leitungskräfte vor Ort und nahmen erhebliche Einbußen gegenüber den Gehältern, die sie noch im Juni 1945 erhalten hatten (Bruns 3.985 RM, Lobe 2.470 RM, Faust 2.300 RM), in Kauf.[139] Nicht untypisch war auch der Fall des 46-jährigen Ingenieurs Herbert Grünn, der seit 1935 für ein Gehalt von 1.400 RM als Walzwerkschef in Döhlen arbeitete.[140] Bei seiner Tätigkeit als Demontageleiter, die ihm zunächst den Verbleib vor Ort ermöglichte, wurde sein Gehalt auf 500 RM reduziert. Nach dem Ende der Demontagen wurde er 1946 als Walzwerksassistent an die Maxhütte Unterwellenborn vermittelt, wo er erneut zum Leiter des Walzwerkes aufstieg und 850 RM verdiente.[141] Wie andere Mitglieder der betrieblichen Führungsebene wechselte er nicht um jeden Preis nach Westen, sondern nahm Gehaltsabstriche in Kauf und blieb der DDR lange Zeit als Fachkraft mit Leitungsfunktionen erhalten.

Entlassungen lagen keineswegs im Interesse der provisorischen deutschen Werkleitung, die in Döhlen ihr Bekenntnis zur Weiterbeschäftigung der „bewährten Mitarbeiter" bekräftigte, sobald sie wieder einsetzbar und bezahlbar waren. Die Wiederaufnahme in den Betrieb sei für die Werkleitung eine „Ehrenpflicht".[142] Dass die Kräfte der Demontagebetriebe zu anderen Betrieben wechselten, war teilweise auch der Effekt einer systematischen Arbeitskräftelenkung. Für Hennigsdorf verfügte die sowjetische Besatzungsmacht zum Beispiel die Abstellung von Facharbeitern und Führungskräften an das Eisenhüttenwerk Thale. Vom technischen Personal wurden ein Vorstandsmitglied, ein Stahlwerksassistent, ein Assistent für das chemische Labor sowie die Leiter der Abteilungen Apparate- und Behälterbau sowie des Presswerks versetzt. Beim kaufmännischen Personal erhielt Thale einen Einkaufschef,

---

138 SMR, SWW Riesa, K 23. Mitteldeutsche Stahlwerke (Pfrötzschner) an Alfred Dreschel, 17.1.1946.

139 BArch, R 8122/1049. Aktenvermerk des Sekretariates der Verwaltung im SGW, 6.10.1945.

140 Archiv der Behörde für die Unterlagen des Staatssicherheitsdienstes der ehemaligen Deutschen Demokratischen Republik (BStU), Bezirksverwaltung (BV) Gera, AGI 345/56.

141 ThStA Rudolstadt, Maxhütte Unterwellenborn, Nr. 2271. Personalakte Grünn, 31.5.1953.

142 BArch, R 8122/1049. Bekanntmachung der Werkleitung der SGW Döhlen (gez. Betriebsführer [sic!] Lobe und Faust), 28.8.1945

einen Assistent für den Leiter der Selbstkostenabteilung sowie einen Leiter der Buchhaltung.[143]

Dass der Aderlass an Führungskräften im kaufmännischen Bereich besonders ausgeprägt war, entsprach der politischen Linie der KPD: Betriebswirtschaftliche und ökonomische Kenntnisse der Manager wurden geringgeschätzt. Unternehmerische Fähigkeiten, d.h. strategische Entscheidungen in Sinne einer gewinnorientierten Betriebsentwicklung, hatten nur noch eine untergeordnete Bedeutung. Ein Statement des führenden KPD-Politikers Bruno Leuschner dokumentierte die Geringschätzung ökonomischen Wissens. Angesichts des Wirkens des ehemaligen Flick-Managers in Riesa schrieb er Walter Ulbricht: „Burkard ist Kaufmann, das Werk Riesa bedarf seiner Tätigkeit nicht."[144] Diese Meinungsäußerung nahm bereits die in den nächsten Jahren folgende Entökonomisierung der Werkleitungen vorweg. Wie beschrieben, wirkten aber auch Beharrungskräfte: Überkommene Relikte der patriarchalischen Vergünstigungen im Hüttensektor, beispielsweise die kostengünstige Vermietung von Werkswohnungen, hemmten mögliche Abwanderungsabsichten.

4.3 Produktionsregime der Reparationen

4.3.1 Stahlbranche

In den Unternehmen der Stahlindustrie, die zur Demontage bestimmt waren, entwickelten die Führungskräfte Ambitionen, dieser Entwicklung Einhalt zu gebieten. Die deutschen Werkleitungen waren bestrebt, der Besatzungsmacht die Unentbehrlichkeit ihrer Produktionsleistung vor Augen zu halten, um einen Sinneswandel zu bewirken. Besonders gut lassen sich solche Bestrebungen erneut im Werk Freital-Döhlen verfolgen, aber auch in den übrigen Stahlwerken lassen sich einige Beispiele finden. Das Stahlwerk Riesa betätigte sich beim infrastrukturellen Ausbau, insbesondere beim Wiederaufbau der Elbbrücke, um seine Unentbehrlichkeit zu demonstrieren. Sehr häufig lief die Logik allerdings darauf hinaus, sich für die Erbringung von Reparationen als tauglich zu zeigen, um die Sowjets zu einem Stopp der Demontage zu bewegen. Der Übergang vom Demontage- zum Reparationsregime war allerdings ein längerer Prozess, der sich Schritt für Schritt vollzog. Zunächst einmal mussten die Werkleitungen darauf dringen, dass für sie die Möglichkeiten zur Fortführung ihrer Geschäfte wiederhergestellt wurden.

Ein Haupthindernis aus betrieblicher Sicht war die fehlende Liquidität, die auf der von der Besatzungsmacht im Sommer 1945 verfügten Sperrung der Bankkonten beruhte. Von den Geschäftskonten waren weder Auszahlungen noch Giroüberweisungen mehr möglich. Zur Behebung der mangelnden Liquidität bemühte sich die z.B. die Riesaer Werkleitung um das Eintreiben von Ausständen und sandte zwei Mit-

143 BArch, DC 1/1894. Aktennotiz Wolgast, 5.12.1945.
144 BArch, NY 4182/949. Bruno Leuschner, Leiter der ZK-Abt. Wirtschaft, an Walter Ulbricht, 8.12.1945.

arbeiter auf eine Dienstreise nach Chemnitz.[145] Das Werk Riesa erhob gegen vier größere Betriebe Forderungen in Höhe von 43.000 bis 198.000 RM. Die in Chemnitz vorgefundene Situation warf ein schlagartiges Licht auf den beschränkten Zahlungsverkehr in Sachsen. Der Eisen- und Röhrenhandel Hoffmann, der kurzzeitig beschlagnahmt war, verwies auf eigene Außenstände gegenüber Heeresgutfabriken, z.B. die Waffenwerke Brünn und die Chemnitzer Auto-Union. Da diese Forderungen nicht einzutreiben schienen, bot er dem Stahlwerk Riesa eine Zession seiner eigenen Forderungen gegenüber der Auto-Union an. Die Rechnung für erhaltenes Lagermaterial in Höhe von 45.000 RM wollte er zwar sofort begleichen, musste aber noch überprüfen, ob seine Hausbank einen Scheck ausstellen könne. Die Sächsische Montangesellschaft, die erhebliche Summen von den Vereinigten Stahlwerken Düsseldorf erwartete, gab den Delegierten aus Riesa zwei Schecks über 40.000 RM mit auf den Weg. Die Auto-Union, die „im totalen Ausbau durch die russische Militärverwaltung begriffen" war, verwies auf Forderungen gegen das Reich in Höhe von 200 Millionen RM und bat angesichts dessen sämtliche Lieferanten um Stillhalten.

Selbst wenn die Riesaer Mitarbeiter Schecks erhielten, war deren Einlösung im August 1945 wegen der Situation der Privatbanken fraglich. Im Vormonat hatte die sowjetische Besatzungsmacht die deutschen Großbanken geschlossen, ihre Filialen für „bankrott" erklärt und anschließend die Übernahme durch die Landesbanken angeordnet, z.B. entstand Sächsische Landesbank am 14. August 1945.[146] Jedoch blieben die bis zum 8. Mai 1945 entgegengenommenen Einlagen gesperrt, während danach eingezahlte Beträge wieder abgehoben werden durften. Nach Kriegsende entstandene Guthaben gingen ebenso wie Forderungen gegen weiterproduzierende Unternehmen an die Landesbanken über, die dadurch die Rolle einer politisch lenkbaren Aufsichtsinstitution übernahmen. Allmählich stellten die geschilderten Maßnahmen die Liquidität der Wirtschaft wieder her. Die Unternehmen mussten zwar auf ältere Forderungen und den Zugang zu ihrem Vermögen verzichten, konnten jedoch wieder flüssige Mittel erhalten, um ihre Tagesgeschäfte zu tätigen.

Das Stahlwerk Riesa verkaufte z.B. vom Mai 1945 bis Ende Juli 1946 einen Teil seiner Lagervorräte mit einem Erlös von 1,6 Millionen RM.[147] Derartige Geschäfte, mit denen sich kurzfristig Liquidität erzielen ließ, können konkret am Beispiel des Döhlener Stahlwerks nachvollzogen werden. Das größte Warenlager des Werks befand sich in der Dresdner Friedrichstadt in der Nähe des Rangierbahnhofs und des Alberthafens. Aus diesem Lager belieferte man Kunden, zu denen seit längerem Geschäfts-

145 SMR, SWW Riesa, K 25. Bericht von Morgenstern/Peterknecht über die Dienstreise nach Chemnitz, 9.8.1945.

146 Ahrens, Ralf: Die Dresdner Bank 1945–1957. Konsequenzen und Kontinuitäten nach dem Ende des NS-Regimes, München 2007, S. 136f.

147 SMR, SWW Riesa, K 13. Notiz zur Begründung eines Kreditgesuchs, Stahlwerk Riesa, Kaufmännische Abt. (Jösting/Hoheisel), 15.8.1946. Jedoch drohte die auf einem Bankkonto eingelegte Summe von der sowjetischen Armee als Beute eingezogen zu werden, weshalb man die Landesregierung um Subventionen bat.

beziehungen bestanden. Beispielsweise gab man Blankstahl an das Elbtal-Eisenwerk ab, das kaum einen Kilometer vom SGW-Lager entfernt lag, oder Werkzeugstähle an Josef Schmalzeder Erben im Industriegelände der Albertstadt, einem Zweigwerk des Zieh- und Stanzwerkes Dresden-Reick.[148] Dieser metallverarbeitende Betrieb fertigte Ziehringe, Stempel und Rundschnitte, die wiederum von der sowjetischen Armee verbraucht wurden.

Die Döhlener Werkleitung versuchte sich an einem „normalen" Geschäftsgebaren, teilweise über die Kapitulation hinweg. Wenn Bestellungen annulliert wurden, dann vielfach mit Ausdruck des Baudauerns und unter Hinweis auf die laufende Demontage. Die letzten Kontakte mit der Firma Übigau gehörten noch dem „Führernotprogramm" an und wurden im März/April 1945 mit größter Dringlichkeit behandelt. Dieses Geschäft griff ein Schreiben vom 19. Juni 1945 auf und stellte seine baldige Erledigung in Aussicht. Eine Substitutionsbestellung der Maschinenfabrik Schwabach, die Schäden der „schweren Terrorangriffe vom 13./14. Februar" reparieren wollte, stellte die Döhlener Einkaufsabteilung im April als „nicht vordringlich" zurück.[149] Gut zwei Monate später meldete sich der Kunde wieder und gab an, dass gemäß Anweisung der Roten Armee die Drehbankerzeugung beschleunigt auszubauen sei. Die dafür nötigen Profilstähle konnte Döhlen jedoch nicht liefern, weil inzwischen die notwendigen Anlagen abgebaut worden waren.[150]

Stellt man die Koordinaten der skizzierten Wirtschaftsbeziehungen zusammen, dominierte das Geschäft mit dem Dresdner Kundenkreis. Die Organisation von Austauschbeziehungen über den lokalen Rahmen hinaus war schwierig. Infolge dessen bildete sich eine Stadtökonomie heraus, deren institutioneller Mittelpunkt die Kommandantur der Besatzungsmacht war. Sie musste zu fast allen wirtschaftlichen Transaktionen ihre Zustimmung geben und trat als erster Abnehmer für produzierte Industriewaren auf den Plan. Auf deutscher Seite versuchten die Wirtschaftskammern, in eine zentrale Position aufzurücken und ihren Einfluss auf die stadtinternen Transaktionen zu stärken, wie weiter unten am Beispiel Leipzigs gezeigt wird.

Allgemein verfolgten die Führungsriegen der Stahlwerke eine Strategie, die Unentbehrlichkeit ihrer Betriebe für den Neuaufbau der ostzonalen Wirtschaft unter Beweis zu stellen. Als probates Mittel zum Erreichen dieses Ziels erschienen Verträge, die mit Schlüsselunternehmen abgeschlossen wurden. Anfang Juni, einen Monat vor seinem Abgang nach Westen, bemühte sich der SGW-Vorstandsvorsitzende Gerhard Bruns um das Wiederaufleben der Geschäftskontakte mit der Reichsbahn. Nach positivem Verlauf der Gespräche mit der Reichsbahndirektion Dresden unterbreitete er tags darauf einen Vertragsentwurf, der eine Vereinbarung über die Reparatur und

148 BArch, R 8122/1051. Bestellung, 14.6.1945.
149 BArch, R 8122/1051. Maschinenfabrik Schwabach an SGW Döhlen, 29.3.1945; Antwort der SGW, 12.4.1945.
150 BArch, R 8122/1051. SGW Döhlen an Maschinenfabrik Schwabach, 11.9.1945.

die Zerlegung von Güterwagen enthielt, die in kurzen Zeitabständen nach Döhlen geschickt werden sollten.[151]

Nach Vertragsabschluss am 15. Juni 1945 stellte die SWG Anträge bei der sächsischen Landesverwaltung und der SMA Sachsen „auf Belassung der für diese Arbeiten erforderlichen Maschinen". Bruns nahm das Geschäft zum Anlass, die personelle Zuständigkeit in den Werksabteilungen Einkauf, Verkauf und Versand neu zu ordnen und die Abteilungsleiter anzuweisen, den Reichsbahnaufträgen Priorität einzuräumen und reibungslos zusammenzuarbeiten.[152] Die Werkleitung erarbeitete eine Perspektivplanung für die Waggonreparatur, die nach Fertigstellung einiger Einrichtungen mit einer Kapazität von monatlich 100 Waggons und drei bis vier Lokomotiven rechnete, was rund 300 Arbeitskräften Beschäftigung bot.[153] Gemäß den Gepflogenheiten der Stadtökonomie wurde dieser Plan der sächsischen Wirtschaftskammer vorlegt, doch fiel die Entscheidung an höherer Stelle. Bei einem Gespräch sprach sich Oberst Blochin, der Leiter der Industrieabteilung der sächsischen SMA, am 27. August 1945 grundsätzlich für die Aufnahme des Reparaturbetriebes aus, verwies für die Freigabe der Einrichtungen aber an die Freitaler Stadtkommandantur, die den Werksbevollmächtigten entsprechend anweisen müsse.[154] Der Stadtkommandant, der nichts von einem Wiederingangsetzungsbefehl Nr. 43 für das Werk Döhlen wusste,[155] machte gegenüber der Dresdner Stadtkommandantur die Zuständigkeit des Volkskommissariats für Schwarzmetallurgie geltend. Damit entstand die beschriebene Konfliktsituation zwischen der SMA und den Beutekommissionen der sowjetischen Regierungsressorts hinsichtlich der Zuständigkeit für die Demontagen. Die Situation mündete in eine Entscheidungsblockade, die beim inzwischen verantwortlichen Direktor Curt Faust die Befürchtung hervorrief, dass die Zeit gegen das Werk arbeite und die Einrichtungen bald abtransportiert würden. In der Tat setzten sich die Demontagen in Döhlen fort. Der Eisenbahnreparaturbetrieb nahm seine Arbeit trotz erheblicher Materialengpässe auf, doch geben die Akten keinen Aufschluss über das Volumen der erfüllten Produktionsaufträge.

Eine vergleichbare Strategie verfolgte das Werk Döhlen bei den Bemühungen um die Freigabe von 9.000 kg Nieteisen durch die 9. Trophäenstelle in Radebeul, nachdem Bemühungen um Materiallieferungen von örtlichen Stellen erfolglos geblieben waren. Der leitende Major Krotikow erbat 200 Ladehaken für Kräne und ebenso viele Scherkolben. Dieses Kompensationsgeschäft verlief erfolgreich, denn die Trophäenstelle gab das Nieteisen aus den beschlagnahmten Beutebeständen der SGW ohne Bezah-

151 BArch, R 8122/1052. Vertragsentwurf der SGW Döhlen an die Reichsbahndirektion Dresden, 2.6.1945.

152 BArch, R 8122/1053. Anordnung von Bruns an die Werkabteilungen, 14.6.1945.

153 BArch, R 8122/1052. Schreiben der SGW Döhlen an die Wirtschaftskammer Sachsen, 1.8.1945.

154 BArch, R 8122/1052. Curt Faust an Staatssekretär Lang, Wirtschaftskammer Sachsen, 10.9.1945.

155 Gemeint ist: Befehl Nr. 43/1945 der SMAD: Maßnahmen zur Beschleunigung des Wiederaufbaus der Industriebetriebe (in der SBZ), vgl. SächsStA Leipzig, Nr. 20941/329.

lung frei. Nach einem Hinweis, dass auch die Trophäenstelle Interesse an Güterwagen habe, bereitete der kaufmännische Oberbeamte Kreißig binnen weniger Tage einen Vertragsentwurf vor. Gegenstand war der Bau von 150 Eisenbahnspezialwaggons für die Trophäenstelle in Zusammenarbeit mit den Waggonfabriken Bautzen, Niesky und Görlitz. Die Kosten sollten mit einem angemessenen Zuschlag vergütet und die Löhne von den Sowjets übernommen werden. Wie noch im NS-System üblich,[156] baute die Döhlener Werkleitung auf Vertragssicherheit mit dem Ziel der Sicherung der Beschäftigung, des Erhalts der Werkanlagen und damit auf längerer Sicht dem Übergang zu einer Neugestaltung des Produktionsregimes. Zugleich warb sie bei alten Kunden, etwa der Reichsbahn, um Unterstützung ihrer Bemühungen zum Stopp der Demontagen.[157]

4.3.2 Textilbranche

Die Situation der Leipziger Kammgarnspinnereien Tittel & Krüger und Stöhr & Co. unterschieden sich von derjenigen der behandelten Stahlwerke in zwei Punkten: Erstens unterstand die sächsische Messestadt bis Ende Juni 1945 für kurze Zeit der US-amerikanischen Besatzungshoheit. Zweitens übernahm die Rote Armee, als sie am 1. Juli 1945 in Leipzig einmarschierte, zwar das Stadtkommando, richtete aber in den beiden Spinnfabriken keine Werkskommissionen ein.

Noch unter amerikanischer Besatzung gestalteten sich die ersten Schritte zur Wiederaufnahme der Wirtschaftsaktivität ähnlich zögerlich wie in der Stahlbranche. Am 25. April 1945, eine Woche nach dem Einmarsch, befahl der amerikanische Stadtkommandant den Unternehmen, die dazu in der Lage waren, die Produktion von Lebensmitteln wieder aufzunehmen. Auch durften kleine Geschäfte mit bis zu 15 Beschäftigten wieder öffnen. Am 1. Mai gestattete die provisorische Militärregierung der ersten US-Armee, die Betriebe zu Instandsetzungs- und Reparaturarbeiten zu betreten, sofern – außer für Licht – kein Strom, kein städtisches Wasser und keine Brennstoffe verbraucht wurden. Dies galt nicht für Geschäftshäuser, die von Truppen besetzt waren.[158] Alle Schritte – vom Betreten des Werksgeländes, über die Benutzung der Fahrzeuge bis zur Wiederaufnahme der Produktion – bedurften einzelner Genehmigungen.[159]

Wie in Abschnitt 2.1 dieses Kapitels gezeigt, zeichneten sich die beiden Kammgarnspinnereien durch personelle Kontinuität aus. Weder die Vorstands- noch die Aufsichtsratsmitglieder setzten sich nach Westen ab. Der Tittel & Krüger-Vorstand

156 Vgl. die Grundannahme von Scherner, Logik der Industriepolitik.
157 BArch, R 8122/1058. SGW Döhlen an Reichsbahndirektion Dresden, 9.12.1945.
158 SächsStA Leipzig, Nr. 20941/129. Aktennotizen, 25.4. u. 1.5.1945.
159 Ebd. sowie SächsStA Leipzig, Nr. 20943/977. Ausstellung von Pässen durch die US-Behörden zum Betreten des Firmengeländes für Vorstand und Abteilungsleiter, 14.6.45.

Karl Haebler nahm schon Ende Mai 1945 Kontakt mit dem amerikanischen Stadtkommandanten auf und bot ihm die Fertigung von Unterhemden und -hosen für die US-Armee an.[160] Der amerikanische Captain Lester erwiderte, dass keine Textilwaren benötigt würden, weil man diese aus den USA bezöge, und mahnte an, dass die Firma für den zivilen Bedarf produzieren und keine unnützen Sachen herstellen solle. Die Arbeitserlaubnis sei von der Wirtschaftskammer Leipzig zu erteilen. Dieses Organ stand seit Mai 1945 unter der Leitung von Fritzludolf Koch von der Kammgarnspinnerei Stöhr, der somit zwei für die Leipziger Stadtökonomie wichtige Positionen auf sich vereinigte. Dennoch zog sich das bürokratische Genehmigungsverfahren länger hin, denn Tittel & Krüger lag bis zum 9. Juni 1945 zwar eine Arbeitserlaubnis für 700 Menschen vor, doch die Verkaufsgenehmigung für neu gesponnene Garne fehlte. Der Firma war lediglich gestattet, Altgespinste zu veräußern.[161]

Als Strickgarnspinner verstanden sich Tittel & Krüger in erster Linie als Hersteller von Handelsgarnen, in zweiter Linie von Fabrikationsgarnen. Erstere Warengruppe sollte idealiter einen Produktionsanteil von 70 Prozent haben und war vor allem für den Verkauf an den Einzelhandel vorgesehen. Handelsgarne wurden fast immer gefärbt, und Tittel & Krüger unterhielten eine größere eigene Färberei. Außerdem waren gefärbte Garne Vorprodukt für die Tapisserie-Abteilung, die unter marktwirtschaftlichen Bedingungen „Schrittmacher“[162] für die Produktion von Handelsgarn war. Doch selbst unter Kriegsbedingungen hatte sie noch Halbjahresumsätze von rund 500.000 RM, z.B. im zweiten Halbjahr 1944, erzielt. Die zweite Warengruppe der Fabrikationsgarne sollte bei Tittel & Krüger im Idealfall 30 Prozent des Produktionsvolumens ausmachen. Sie brachten dem Unternehmen keine zusätzliche Wertschöpfung aus der Weiterverarbeitung, denn sie wurden an Unternehmen der Trikotage- und Strumpfbranche geliefert.

Diesen Prämissen entsprechend musste der Fokus der Unternehmensleitung auf der Handelsgarnproduktion liegen. In den ersten Wochen nach Kriegsende wurde das Punktscheckverfahren der NS-Zeit noch fortgeführt, dann aber durch das Land Sachsen aufgehoben.[163] Auch unter sowjetischer Besatzung konnten die Handelsgarne ohne Lieferungszuweisungen an den Einzelhandel abgegeben werden. Die Einzelhändler wiederum konnten das Garn gegen Vorlage des so genannten Haushaltspasses an ihre Kunden verkaufen; es galt eine Quote von 1 RM pro Kopf. Jedoch bestanden erhebliche Engpässe in der Zulieferung von Rohstoffen. In der Substitutionspolitik der NS-Kriegswirtschaft hatten sich die Unternehmen hauptsächlich auf die synthetisch hergestellte Zellwolle umgestellt, die die meist importierte Schafwolle ersetzte. Die Zulieferung von Seiten verschiedener Unternehmen auf dem SBZ-

160 SächsStA Leipzig, Nr. 20941/123. Besprechung Haeblers mit Captain Lester, 25.5.1945.

161 SächsStA Leipzig, Nr. 20941/122. Schreiben des Vorstandes Tittel & Krüger an das Aufsichtsratsmitglied Robert Stuck, Bremen, 9.6.1945.

162 SächsStA Leipzig, Nr. 20941/203. Situationsbericht III./IV. Quartal 1945, 29.7.1946.

163 SächsStA Leipzig, Nr. 20941/203. Situationsbericht III./IV. Quartal 1946, 29.7.1946.

Gebiet verlief lange schleppend: Rund 5.000 bis 10.000 kg so genannter W-Zellwolle, eines Substituts für Wolle, bezogen Tittel & Krüger aus dem sächsischen Werk in Glauchau.[164] Auch andere Mitglieder des ehemaligen Rings deutscher Zellwollbetriebe wie Phrix in Wittenberge oder der ehemalige Hauptlieferant, die Thüringische Zellwolle in Schwarza, waren kaum mehr im Stande zu liefern.[165]

Darüber hinaus bereitete die Unternehmensfinanzierung erhebliche Probleme, die im Situationsbericht der Geschäftsleitung als „die indirekten Auswirkungen des Kriegsausganges", d.h. als wirtschaftlicher Schaden durch die Kriegsniederlage interpretiert wurden. Als „katastrophale Veränderungen in der Vermögensstruktur" bezeichnete der Bericht die Blockierung der flüssigen Mittel in Wertpapieren (7,7 Millionen RM) und der Bankguthaben (3,3 Millionen RM), daneben den Ausfall von Forderungen an Lieferanten in Höhe einer halben Million sowie unbedeutendere Ausfälle z.B. durch die Plünderung des Ausweichlagers. Insgesamt standen Vermögensverluste von 12,5 Millionen RM zu Buche.[166]

Dennoch wirkte sich der Liquiditätsengpass nicht in gleichem Maße wie in der Stahlindustrie geschäftshemmend aus, weil in Leipzig keine Maschinenschäden zu verzeichnen waren, keine Demontagen erfolgten und die Produktion somit anlaufen konnte. Unter Berücksichtigung der wirtschaftlichen Ausgangslage müssen die unternehmerischen Handlungsspielräume beurteilt werden, die sich für den zweiköpfigen Vorstand von Tittel & Krüger ergaben.[167] Die erste größere Vertragsanbahnung nach der Kapitulation fiel noch in der Phase der amerikanischen Besatzung. Sie betraf das Kompensationsgeschäft mit der Einkaufsgenossenschaft der rund 500 Strickerei- und Wirkereibetriebe im thüringischen Apolda.[168] Tittel & Krüger verpflichtete sich zur Lieferung von 40.000 kg Zellwollmischgarn im Wert von 320.000 RM und 10.000 kg Zellwollmaschinenstrickgarn im Wert von 80.000 RM. Im Gegenzug sollte Apolda Textilwaren, vorwiegend Damen- und Kinderstrickbekleidung sowie Pullover aller Art und Hosenträger im gleichen Wert nach Leipzig liefern. Der von der Leipziger Wirtschaftskammer genehmigte Vertrag trug der Liquiditätsschwäche Rechnung, denn er vermied den Banktransfer großer Geldsummen. Während dieser Auftrag im August 1945 abgewickelt wurde, scheiterten weitere Geschäfte mit Apolda an den fehlenden Zulieferungen durch die Thüringische Zellwolle Schwarza.[169]

164 Vgl. SächsStA Chemnitz. Nr. 33191. Spinnstoffwerk Glauchau AG, ab 1948 VEB, ab 1951 VEB Spinnstoffwerk Otto Buchwitz. Zur W-Zellwolle: Scherner, Jonas: Das Verhältnis zwischen NS-Regime und Industrieunternehmen – Zwang oder Kooperation? In: Zeitschrift für Unternehmensgeschichte 51 (2006), S. 186.

165 SächsStA Leipzig, Nr. 20941/203. Situationsbericht III./IV. Quartal 1946, 29.7.1946.

166 SächsStA Leipzig, Nr. 20941/203. Situationsbericht III./IV. Quartal 1946, 29.7.1946.

167 Zu den personellen Wechseln, s. Kap. 2.2 und biografischer Anhang.

168 SächsStA Leipzig, Nr. 20941/329. Schreiben von Tittel & Krüger an die Wirtschaftskammer Leipzig betr. Kompensationsgeschäft Apolda, 8.6.1945.

169 SächsStA Leipzig, Nr. 20941/711. Aktennotiz der Betriebsleitung, 24.8.1945.

Auf Kontinuität über das Kriegsende hinaus deuteten beispielsweise die regen Geschäftsbeziehungen von Tittel & Krüger mit der Kammgarnspinnerei Kaiserslautern, die lediglich im Mai und Juni 1945 unterbrochen waren. Insgesamt standen 14 Lieferungen mit einem Volumen von 15.000 kg Zwirn, Strumpfgarn, Halbkette und Trikot an das Pfälzer Unternehmen zu Buche, von denen noch fünf vor Kriegsende (zwei am 29. März und drei am 12. April) sowie neun in den Sommermonaten 1945 abgewickelt wurden (fünf am 16. Juli, zwei am 18. Juli und jeweils eine am 21. Juli und 23. August). Lieferungen in die Westzonen hatten dennoch Ausnahmecharakter, sodass sich Direktor Haebler bemühte, den Kundenkreis im näheren Umkreis zu pflegen bzw. zu erweitern. Zu diesem Zweck stellte ihm noch die amerikanische Besatzungsbehörde eine Reiseerlaubnis für Fahrten in die südwestlich gelegenen thüringischen Städte Apolda, Gera, Greiz und Schwarza, für Halle (Saale) und zu den sächsischen Textilfabriken in Borna, Bad Lausick, Meerane und Werdau (nahe Zwickau) aus.[170] All diese Ziele lagen in einem Radius von weniger als 100 Kilometern um Leipzig und deuteten auf die Absichten der Unternehmensleitung hin, ein möglichst enges regionales Absatznetz in Handelsgarnen zu schaffen. Außer einem weiteren Kompensationsgeschäft mit der Firma Willy Fried in Köthen[171] fehlt es für Tittel & Krüger an Belegen, welche Geschäftsabschlüsse im Umland tatsächlich zur Durchführung gelangten. In der Praxis beschränkte sich der Absatz meistens auf den Stadtkreis Leipzig, weil dort sowohl die Genehmigungs- als auch die Transportlage am einfachsten waren. Wie bei dem Geschäftsradius der Stahlwerke deutet auch das Beispiel der Leipziger Spinnereien auf die Vorherrschaft des Modells der Stadtökonomie.

Die Unternehmensleitung der Firma Stöhr richtete wenige Tage von dem Abzug der US-Besatzungstruppen ihre Aufmerksamkeit auf die Sicherung der Rohstoffzulieferung. Für den Prokuristen und Leiter der Einkaufsabteilung Zils beantragte sie einen Ausweis, der nicht nur das oben abgegrenzte Umland – Gera, Greiz, Schwarza in Thüringen sowie der Sitz der IG Farben Wolfen – umfasste, sondern auch Großstädte des Westens wie Nürnberg, Stuttgart, Bremen, Hannover, Stuttgart und Hamburg.[172]. Angesichts drohender Engpässe wollte die Kammgarnspinnerei Stöhr ein deutschlandweites Netz von Geschäftspartnern errichten, um die Produktion in Leipzig zu sichern.

Unter sowjetischer Herrschaft änderten sich die Rahmenbedingungen für das Geschäftsverhalten schnell. Nur noch wenige Kompensationsgeschäfte zogen sich bis in die Periode nach dem Einmarsch vom 1. Juli 1945 hin. Das sowjetische Militär verfolgte bei der Indienstnahme der Leipziger Unternehmen eigene Interessen, die – im Gegensatz zu den US-Besatzern – durchaus auch die Versorgung der eigenen Truppen einbezogen. Davon zeugte der Besuch einer Militärkommission in der Spinnerei Stöhr

170 SächsStA Leipzig, Nr. 20941/329. Tittel & Krüger an Wirtschaftskammer Leipzig, 9.6.1945.

171 SächsStA Leipzig, Nr. 20941/329. Tittel & Krüger an Wirtschaftskammer Leipzig. Meldung der Garnlieferung gegen Erhalt von Schweißwolle im Wert von 25.000 RM, 27.8.1945.

172 SächsStA Leipzig, Nr. 20943/977. Schreiben Stöhr AG an das Polizeirevier Leipzig W 31, 25.6.1945.

drei Wochen nach dem Einmarsch.[173] Die Betriebsleitung wurde angehalten, der Roten Armee bis Jahresende 30.000 kg Garn zu liefern, davon seien 6.000 kg in der Farbe khaki umgehend bereitzustellen. Des Weiteren seien der Leipziger Trikotagenfabrik so schnell wie möglich 1.500 kg reines Zellwollgarn anzubieten. Weil das Anliegen eilig sei, spiele das Garnmuster ebenso wenig eine Rolle wie die Farbe; auch seien Garne zu liefern, die ursprünglich für andere Kunden bestimmt waren. Diese Befehle bildeten für die Leipziger Textilindustrie den Auftakt zu einer Kommandowirtschaft, die das Reparationsregime der folgenden Jahren prägte. Sie unterschied sich von den ersten Erfahrungen mit den Amerikanern insbesondere dadurch, dass der Eigenverbrauch der Besatzungsarmee stärker in den Vordergrund trat.

Doch nicht nur die Rote Armee trat als Nachfrager auf, sondern insgesamt waren in der SBZ 40 Stellen, die sowjetische Fachministerien eingerichtet hatten, mit wirtschaftlichen Kompetenzen ausgestattet.[174] Im Kontakt mit den Leipziger Kammgarnspinnereien nahm vor allem die Handelsorganisation der Streitkräfte Wojentorg die sowjetischen Interessen wahr. Der Vorstand von Tittel & Krüger stellte gleich nach dem sowjetischen Einmarsch in Eigeninitiative Kontakt mit Wojentorg her, deren Zweigniederlassung ebenso wie das Plagwitzer Werk in der Leipziger Nonnenstraße lag. Die erste Rechnung über einen Geschäftsabschluss im Wert von 191.100 RM war auf den 6. Juli 1945 datiert und umfasste zahlreiche Garnqualitäten, darunter auch besondere Sorten wie Babygarn, Luchswolle, Stopfgarn, Handschuhgarn – insgesamt eine Menge von 17.619 kg.[175] Im Gegensatz zur Befehlswirtschaft sorgten die mittelfristigen Verträge mit Wojentorg für eine gewisse Planungssicherheit. Im zweiten Halbjahr des Jahres 1945 konzentrierte sich Tittel & Krüger immer mehr auf die Wojentorg, deren Geschäfte sich bis Dezember 1945 auf 53 Prozent des betrieblichen Absatzes summierten.[176] Diese Verschiebung leitete das Reparationsregime ein, dessen Eckpfeiler 1945 gesteckt wurden und das die folgenden Jahre prägen sollte.

Daneben eröffnete der Kontakt mit Wojentorg eine Perspektive für die Entwicklung eigener Handlungsspielräume. Direktor Lemser vermerkte am 17. August 1945 zu seinen Verhandlungen mit der Handelsorganisation:

> Bei den persönlichen Verhandlungen mit Herrn Hauptmann Aronow wuchs der Appetit von ihm und er bat um einen Spezialisten der ihn oder seinen Vertreter beim Einkauf von Rohwolle im russischbesetzten [sic] Gebiet unterstützen könne. Er würde dann in der Lage sein, dieses Material in großem Ausmaß nach Leipzig zu bringen zu einem gemeinsamen Geschäft.[177]

---

173 SächsStA Leipzig, Nr. 20943/278. Aktennotiz Zils für den Vorstand über Besuch der russischen [sic!] Kommission, 18.7.1945.

174 Foitzik, Sowjetische Militäradministration, S. 105.

175 SächsStA Leipzig, Nr. 20941/076. Rechnung von Tittel & Krüger an Wojentorg, Zweigniederlassung Leipzig, Nonnenstraße, 6. Juli 1945.

176 SächsStA Leipzig, Nr. 20941/329. Meldung der Herstellerfirma an die Industrie- und Handelskammer (IHK) Leipzig, 2. Januar 1946. Produktion im 2. Hj. 1945: 2.346.965 RM, davon „für die Rote Armee“ 1.243.000 RM.

177 SächsStA Leipzig, Nr. 20941/076. Verhandlungen Lemser mit Wojentorg, 17.8.1945.

Lemser schlug vor, seinem kaufmännischen Angestellten Zehn einen Ausweis für den Wolleinkauf in der Provinz Sachsen und in Brandenburg auszustellen. Er empfahl die Gegend zwischen Magdeburg und Berlin, weil diese „zweifellos bisher am wenigsten von Einkäufern besucht" worden sei. Die Wolle solle an die Leipziger Wollkämmerei transportiert werden, um dort sortiert, gewaschen, gekämmt zu werden. Das Waschprodukt könne die Wojentorg dann zu Geschäften im Streichgarnsektor selbst verwenden, während Tittel & Krüger das Kammprodukt gemäß den Wünschen der Wojentorg im Lohn verspinne. Der Einkauf solle zu Festpreisen, die Transporte durch Wojentorg erfolgen.

Dergleichen Abmachungen steckten den Aktionsradius des Unternehmens im Reparationsregime ab. Durch Erzielung von Übereinkünften mit sowjetischen Stellen konnte eine relative Vertragssicherheit hergestellt werden, die sowohl den Zugang zu Rohstoffen als auch den Absatz regelte. Über das Produkt entschied immer mehr die Wojentorg, die entgegen der Präferenzen des Unternehmens in den Verträgen vom 1. August und 15. November 1945 auf die Fertigung von Fabrikationsgarn pochte.[178] Dies schmälerte die Gewinnmargen für Tittel & Krüger, weil die Unterauslastung der Färberei und der Tapisserie in Kauf genommen werden musste. Da die Rohstoffsituation angespannt war und die Handelsbeziehungen zunehmend mittels Warenlieferscheinen direkt geregelt wurden, verengten sich die Handlungsspielräume für den Vorstand erheblich. Zumindest gelang es ihm, die Versorgungssicherung des Werkes und damit die Produktion aufrecht zu erhalten. Der den Betrieb besonders interessierende monatliche Handelsgarnversand lag 1945 im Schnitt bei 14.000 kg, d.h. deutlich unter den Durchschnittswerten der letzten Kriegsjahre (37.400 kg pro Monat im Jahr 1943 und 25.900 kg im Jahr 1944).[179]

In Zeiten knapper Inputs wirkte sich das Festpreisregime denkbar negativ aus. Das Unternehmen reagierte auf rationale Weise, indem es Handelsgarne und andere Halbwaren auf Lager hielt, weil es das Preisniveau als vollkommen unzureichend einstufte.[180] Da Anfragen um Preiserhöhungen bei der sächsischen Landesverwaltung erfolglos blieben, stellte der Aufsichtsrat dem Vorstand die Schließung der defizitären Tapisserie-Abteilung anheim. Trotz der aktuellen Problemlage entschloss sich die Geschäftsleitung für die „Aufrechterhaltung einer Keimzelle" Tapisserie-Betrieb im Kleinen, weil man sich perspektivisch Marktchancen versprach: Die hauptsächlichen Konkurrenten, die Berliner Firmen Adolf & Maß, Lindhorst, Kronjäger, seien ebenso die Plauener Tapisseriebetriebe fast gänzlich zerstört.

Vier Tage vor seiner Verhaftung leitete Direktor Karl Lemser eine Besprechung der beiden großen Kammgarnspinnereien mit Vertretern der Vereinigung des Wollhandels und der Leipziger Wollkämmerei (LWK). Es handelte sich um den Versuch

178 Verträge über 54.000 kg (Wert: 450.000 RM) und 100.000 kg (Wert: 950.000 RM)

179 SächsStA Leipzig, Nr. 20941/203. Situationsbericht III u. IV/1945, 29.7.1946.

180 SächsStA Leipzig, Nr. 20941/042. Protokoll der Aufsichtsratssitzung (der Leipziger Mitglieder) in der Dresdner Bank-Filiale Leipzig, 20.9.1945.

zur Bildung eines Leipziger Einkaufs- und Absatzkartells, das mittels differenzierter Absprachen im Wesentlichen auf folgenden Geschäftsfelder zielte: (a) stufenweise Konzentration der Wolleinkäufe der beiden großen Leipziger Kammgarnspinnereien auf die „Vereinigung des Wollhandels", (b) Absprache von Prämienregelungen und eines Aufteilungsmodus für erworbene Rohstoffe, (c) Verpflichtung, Kammzug nicht auf Raten zu kaufen und nur weiter verarbeitete Ware zu veräußern, nicht jedoch Halbfertigwaren wie Kammzug, (d) Beschränkung der Kompensationsgeschäfte auf gewaschene Wollen und Abgänge, (e) In-Gang-Setzung der LWK, deshalb sollten die Unterzeichnenden auf die Einstellung weiblicher Arbeitskräfte aus dem Leipziger Osten verzichten, die früher bei der Wollkämmerei beschäftigt gewesen waren.[181] Die geplante kartellähnliche Zusammenarbeit richtete sich völlig auf die Leipziger Stadtökonomie aus; ihr Hauptziel war die Sicherung der Pfründe der wichtigsten Marktteilnehmer, darunter vor allem die beiden Kammgarnspinnereien.

Durch die Regulierungen der sowjetischen Besatzungsmacht und der sächsischen Industrieverwaltung wurden manche der Absprachen obsolet. Ein „energischer Protest" gegen die drohende Einschränkung unternehmerischer Handlungsfreiheiten regte sich auf der Leipziger Arbeitsgemeinschaft der Spinnereien, Webereien und Kämmereien unter dem Vorsitz von Direktor Cichorius (Leipziger Baumwollspinnerei).[182] Die Unternehmer befürchteten, dass die Wirtschaftskammer über Lenkung der Produktion und des Absatzes entscheiden könne. Die Konzentration auf das Modell der Stadtökonomie blieb erhalten, entfernte sich aber sehr schnell von den Kartellvorstellungen der Vertreter der Leipziger Kammgarnspinner.

Bei Tittel & Krüger kam es zu Kündigungen wegen finanzieller Engpässe infolge der wirtschaftlichen Depression und der Sperrung der Bankguthaben. „Vorsorgliche Kündigungen" betrafen vorwiegend die Angestellten, aber nicht in gleichem Ausmaß wie bei den Stahlwerken unter dem Demontageregime. Immerhin blieb eine Beschäftigung von rund 800 Mitarbeitern erhalten. 1945 wurden zunächst 17 Angestellte zum 30. September und weitere 42 zum Jahresende gekündigt. Weitere 17 Angestellte und ein Dutzend Arbeiter wurden „im Einvernehmen mit dem Betriebsausschuss bzw. auf Wunsch desselben im Zuge der politischen Bereinigung des Betriebes" entlassen, darunter Prokurist Pesch, der Leiter der Tapisserie-Abteilung.[183] Im Betrieb verbleiben zwölf Angestellte und elf Lohnempfänger mit NSDAP-Vergangenheit. Diese Bilanz lässt für den Betrieb einen ohnehin niedrigen Organisationsgrad erkennen, sodass die Entnazifizierung keinen hohen Stellenwert erlangte, sondern beiläufig erledigt werden konnte.

181 SächsStA Leipzig, Nr. 20941/076. Aktennotiz Lemser, 13.8.1945.

182 SächsStA Leipzig, Nr. 20941/042. Protokoll der Aufsichtsratssitzung (der Leipziger Mitglieder) Dresdner Bank, Filiale Leipzig, 20.9.1945.

183 Ebd.

III Treuhandphase (November 1945–April 1948)

Gemessen an den Einschnitten der unmittelbaren Nachkriegszeit waren die Jahre 1946 und 1947 an Umbrüchen ärmer, sodass sich die Periode in Bezug auf unsere Fragestellungen als Übergangsphase kennzeichnen lässt.[1] Sie begann mit der Sequestrierung Ende Oktober 1945 und endete mit der endgültigen Verstaatlichung der Industrie im April 1948. Für die Mehrzahl der hier untersuchten Betriebe war sie durch ein Treuhandregime gekennzeichnet. Tendenziell gingen die Führungskräftewechsel auf betrieblicher Ebene stärker zurück als in den öffentlichen Verwaltungen, deren personelle Umstrukturierung anhielt.[2] Gleichwohl setzte sich die Umgestaltung der Wirtschaftsordnung fort, durch Regulierung der wirtschaftlichen Transaktionen von der Inputbeschaffung bis zum betrieblichen Absatz, vor allem im Außenhandel. Die wichtigsten Grundsatzentscheidungen waren 1945 gefällt worden, doch erfolgte in der Treuhandphase die Ausgestaltung der wirtschaftlichen Lenkung durch den Übergang der Zuständigkeit und der Verantwortung für Regulierungsaufgaben von sowjetischen Instanzen auf deutsche Behörden, z.B. die örtlichen Wirtschaftskammern, das sächsisches Industriekontor oder die Wirtschaftsabteilungen der Landesregierungen. Im diesem Kapitel gilt unsere Interesse der Frage, wie sich die betriebliche Governance mit dem Wandel der ordnungspolitischen Rahmenbedingungen veränderte.

Zunächst sind die Stahlwerke zu betrachten, die Besetzung der Treuhänderpositionen und die personellen Veränderungen an der Werkspitze, von denen die folgende Tabelle 10 (S. 84) den Werkleiter bzw. das Leitungsgremium ausweist. Letzteres setzte sich in der Nachkriegszeit aus dem Treuhänder sowie dem technischen und dem kaufmännischen Leiter zusammen.

1 Etablierung der Treuhänder nach der Sequestrierung

Wie im Kapitel II gesehen, behaupteten sich manche Werkleiter in den Kontinuitätsbetrieben, d.h. zunächst wurden keine neuen Treuhänder eingesetzt. Das galt nicht nur für die beiden betrachteten Textilbetriebe, sondern auch für die Maxhütte Unterwellenborn, wo nach der Kapitulation der vormalige Betriebsdirektor Franz als Werkleiter das Sagen behielt. Etwas komplizierter verlief die Besetzung der Führungsetage bei der sächsische Mittelstahl AG. Sie kam nicht unter die Kontrolle eines einzelnen Treuhänders, sondern wurde am 9. November 1945 dem Staatskommissariat für die Verwaltung des enteigneten Flick-Besitzes unterstellt. Als Kommissar wurde der Vizepräsident der sächsischen Landesverwaltung Rohner eingesetzt, ein früherer Handelsvertreter des Flick-Konzerns. In der Landes-

1 Vgl. auch Müller, Institutionelle Brüche, S. 67 u. 224.

2 Boldorf, Brüche oder Kontinuitäten, S. 307.

Tab. 10: Leiter der Stahlwerke im Übergang von der Treuhandschaft zur Verstaatlichung

Stahlwerk Riesa	Stahlwerk Hennigsdorf	Maxhütte Unterwellenborn
(Dreiköpfiges) Leitungsgremium		
Pfrötzschner – Hings – Dreschel (anfangs Schier)	Wolgast – Stoof – Wobbe	Friedrich Franz (Mai 1945–März 1946)
Treuhänder / Werkleiter / Chefdirektor		
Pfrötzschner, Erich (KPD/SED) (Dez. 1945–Okt. 1950)	Robert Wolgast (KPD/SED) (Mai 1945–Mai 1947)	Heinrich von Babo (CDU, dann SED) (März 1946–Mai 1947)
	Willy Bochow (SED) (Okt. 1947– Febr. 1950)	Helmut Hensel (SED) (Juli 1947– Febr. 1950)
Werkleiter / Werkdirektor		
Max Friedemann (SED) (Nov. 1950–Nov. 1953)	Helmut Hensel (SED) (Febr. 1950–1955)	Rudi Steinwand (SED) (Apr. 1950–Juli 1952)
Karl Kempny (SED) (Nov. 1953–Juni 1956)	Erich Heller (SED) (Aug. 1955–Febr. 1972)	Adolf Buchholz (SED) (Aug. 1952–1960)
Eugen Lacour (SED) (Juni 1956–1967)		

Quellen: vgl. biografischer Anhang

regierung Sachsen blieb er durchweg für das Finanzressort verantwortlich und hatte nach der Gründung der DDR-Volkskammer den Vorsitz der CDU-Fraktion inne. Im Februar 1950 floh er nach Attacken aus den Reihen der SED in die Bundesrepublik und nahm dort eine Stellung als Verkaufsdirektor der Maximilianshütte Sulzbach-Rosenberg, dem Mutterbetrieb des Flick-Konzerns, an.[3]

Unterhalb der Ebene des Staatskommissars rangierte der in Riesa gebliebene Odilio Burkart, der schon im Sommer 1945 mit „sichtlicher Befriedigung" davon Kenntnis genommen hatte, dass „ein Mittelstahlmann in der Regierung sitzt."[4] Mit dem Amtsantritt Rohners stellte sich eine enge Zusammenarbeit ein. Im Dezember 1945 wurde Burkart zwar kurzzeitig von den Sowjets verhaftet, kam aber bald wieder frei und setzte seine Aktivitäten als Flick-Beauftragter für den sächsischen Teil der Mittelstahl AG fort. Formal lag die Treuhandschaft für den sequestrierten Mittelstahl-Konzern kurzzeitig in seinen Händen, doch agierten als lokal Verantwortliche in den einzelnen Werken andere Leitungskräfte. Diese Konstruktion hatte bis November 1946 Bestand, als das Staatskommissariat fünf Monate nach dem sächsischen Volksentscheid aufgelöst und die Aufgaben Rohners in die HV für landeseigene Betriebe

3 Biografie Rohner, vgl. Müller-Enbergs, Helmut u.a.: Wer war wer in der DDR? Ein Lexikon ostdeutscher Biographien, Bd. 2, 5. Aufl., Berlin 2010, S. 1085.
4 Frei u.a., Flick, S. 451.

übergeleitet wurden.[5] Die einjährige Existenz des Staatskommissariats eröffnete Burkart und anderen Interessenten die Möglichkeit zur Einflussnahme auf die ehemaligen Flick-Werke.

Am 5. Dezember 1945 wurde der Schweißer Erich Pfrötzschner unter der Ägide Rohners als Leiter des Stahlwerks Riesa eingesetzt. Pfrötzschner wurde am 6. September 1899 als Sohn eines Webers in der vogtländischen Textilstadt Greiz geboren. Nach seiner Soldatenzeit im Ersten Weltkrieg trat er 1920 bei den Mitteldeutschen Stahlwerken Riesa ein. Zum Schweißer ausgebildet, blieb er dem Werk bis 1925 zugehörig, unterbrach seine Tätigkeit, kehrte aber um 1936 wieder zurück. Seit Februar 1942 war er wegen eines Gallen- und Leberleidens als kaufmännischer Angestellter in der Selbstkostenabteilung tätig – zunächst auf Probe für 200 RM brutto monatlich,[6] dann erhielt er aber ein festes Anstellungsverhältnis für ein Gehalt von 240 RM. Im Zuge des Personalabbaus während des Demontageregimes geriet seine Stelle in Gefahr, als er im September 1945 in ein befristetes Arbeitsverhältnis überführt wurde.[7] Seine dadurch entstehende prekäre Stellung führte aber nicht wie in vielen anderen Fällen zur Unterbrechung seiner Tätigkeit.

Pfrötzschner akzentuierte in seinem 1949 geschriebenen Lebenslauf seine politische Tätigkeit, die nach eigener Darstellung 1921 mit dem Eintritt in die Freie Gewerkschaft begann.[8] 1925 verließ er die Kirche und bekannte sich zum „Freidenkertum", bis er 1930 in die KPD eintrat. Nach kurzzeitiger Inhaftierung im Juli 1933 wollte er „aufklärend und stärkend für alle Hoffnungslosen gewirkt" gewirkt haben: „Nach dem Zusammenbruch stellte ich mich sofort dem Aufbau der Neuorganisation zur Verfügung und wurde von dort aus als Beauftragter der Partei zu den Mitteldeutschen Stahlwerken Riesa berufen, um die wirtschaftlichen und politischen Belange der Arbeiterschaft im Werk zu vertreten." In der Tat wurde Pfrötzschner im Sommer 1945 zum Betriebsratsvorsitzenden oder, wie es einem Anschreiben der Mittelstahl AG hieß, zum „Betriebsobmann" gewählt. In dieser Funktion richtete er im Juli 1945 ein Schreiben an die SMAD Karlshorst, das „im Namen der Belegschaft" eine Unterbrechung und sofortige Überprüfung der Demontage des Werks forderte.[9] Es handelte sich um eine Neufassung eines Brief gleichen Inhalts, den der Betriebsrat einen Monat zuvor an die KPD-Ortsgruppe Riesa mit Bitte um Weiterleitung an das Zentralkomitee gesandt hatte.[10] Das Schreiben unterstützte explizit die Denkschrift Burkarts, die

5 SächsHStA Dresden, Nr. 11384/2461. Schreiben der LVS, Büro des Präsidenten (Justitiar Geyer) an das Ressort Wirtschaft und Arbeit (Abschrift), 8.11.1946.

6 BArch, DY 30/IV 2/4 206. Wiegand (Mittelstahl) an Pfrötzschner zu seinem Arbeitsvertrag vom 1. Mai 1942, 24.9.1946.

7 BArch, DY 30/IV 2/4 206. Mittelstahl an Betriebsobmann Pfrötzschner zur befristeten Weiterbeschäftigung als Angestellter, 26.9.1945.

8 BArch, DY 30/IV 2/4 206. Lebenslauf Pfrötzschner, 26.11.1949.

9 BArch, NY 4182/957. Pfrötzschner, Betriebsrat der Mitteldeutschen Stahlwerke Riesa, an den Leiter der russischen Reparationskommission in Karlshorst (Abschrift), 10.7.1945.

10 SMR, SWW Riesa, K 13. Betriebsrat Mittelstahl an KPD Riesa, 19.6.1945.

zwar den Abbau der neuen Anlagen der Kriegsrüstungsproduktion zugestand, aber den Erhalt der alten Substanz des Werkes forderte.[11] Betriebsrat Pfrötzschner fügte hinzu, dass die Arbeiterschaft, die vor dem Krieg zu 80 Prozent freigewerkschaftlich organisiert war, kurz nach dem Ende der NS-Diktatur nicht erneut die Hauptlast tragen dürfe. In dieser Hoffnung stellte er sich hinter das Kompensationsangebot der Werkleitung, der er sich zu diesem Zeitpunkt offensichtlich noch nicht zugehörig fühlte.

In Hennigsdorf zeichnete sich die Leitung des Werkes von Beginn an durch kollegiale Strukturen aus und stand dadurch in einem deutlichen Kontrast zur Governance in Riesa. Die erste, im Juni 1945 abgeschlossene Demontagewelle erfasste die gesamte Walzwerksanlage, d.h. eines der Kernstücke des Produktionsbereichs. Dies legte die angestammte Herstellung von Blechen mit einem Schlag still und zog einen abrupten Personalrückgang auf 450 Beschäftigte nach sich.[12] Mit dem Betriebsratsvorsitzenden Robert Wolgast, dem kaufmännischen Direktor Alfred Wobbe und dem technischen Leiter Rudolf Stoof gelangten relativ unerfahrene Kräfte in die Leitungspositionen. Sie entstammten der mittleren Leitungsebene, die wenig Kontakte mit den Aufgabenfeldern des alten Managements hatte. Die Bestätigung des Treuhänders nach dem SMAD-Sequesterbefehl Nr. 124 stand unter starkem Einfluss der Berliner Konzernzentrale. Zunächst wurde sogar Kaletsch persönlich vom Hennigsdorfer Betriebsrat vorgeschlagen, doch lehnte dieser das Angebot aufgrund seines Verwandtschaftsverhältnisses mit Flick ab. Für das ihm entgegengebrachte Vertrauen dankend, lobte er das enge Einvernehmen von Betriebsrat und Kommanditgesellschaft und schlug statt seiner den kaufmännischen Direktor Wobbe vor.[13] Die Legitimierung des Treuhänders sollte durch den Beschluss einer für den 20. November 1945 anberaumten Betriebsversammlung erfolgen. Deren günstigen Ausgang vorwegnehmend, stellte Kaletsch bereits einige Tage früher eine Vollmacht zur Einsetzung Wobbes als Treuhänder des Hennigsdorfer Werkes aus.[14] Auf der Versammlung schilderten die Betriebsräte Korioth und Wolgast ihre Kontakte mit verschiedenen Instanzen, die sie mit dem technischen Leiter Rudolf Stoof und dem kaufmännischen Leiter Alfred Wobbe zum „Wohl des Werkes“ aufgenommen hatten. Freimütig gestand auch Betriebsrat Joseph Korioth seine enge Verbindungen zur Flick-Konzernspitze, die sein „vollstes Vertrauen“ genieße. Er betonte, dass nicht Kaletsch die Werkleitung aufgesucht habe, sondern der Schritt umgekehrt erfolgt sei.[15] Trotz vieler Versuche der Kontaktaufnahme mit den wirtschaftlich relevanten Stellen sei einzig die auf

11 Darstellung in Kap. II, 3.2.

12 BArch, DC 1/1894. Protokoll der ersten Betriebsversammlung bei den Mitteldeutschen Stahl- und Walzwerken am 15. Oktober 1945 (Wolgast), 16.10.1945.

13 NARA, RG 260 Economic, Box 21. Bericht der Besprechung Hennigsdorfer Betriebsleitung, Betriebsrat und FDGB (gez. Lehmann, Wierzoch), 14.11.1945.

14 NARA, RG 260 Economic, Box 21. Treuhändervollmacht für Wobbe, gez. Kaletsch, 14.11.1945.

15 Nochmals bestätigt durch: BArch, DC 1/1894. Protokoll der Betriebszellensitzung (Wolgast), 13.1.1946.

Vermittlung von Kaletsch stattgefundene Sitzung in der Berliner Zentralverwaltung für Industrie erfolgversprechend gewesen. Deshalb habe sich die kommissarische Werkleitung mit dem Betriebsrat und der Flick-Konzernzentrale auf Wobbe verständigt: „Streng genommen" käme er „hierfür als einzige geeignete Persönlichkeit schon aufgrund seiner kaufmännischen Fähigkeiten und Beziehungen [...] in Frage." Die Betonung des Kaufmännischen entsprach der Flickschen Linie, keine technisch ausgebildete Kräfte zu Entscheidungsträgern zu machen.[16] Jedoch – so wurde betont – dürfe Wobbe als Treuhänder nicht alleine Entscheidungen treffen, sondern nur in Abstimmung mit dem Betriebsrat. Darauf wählte „die Gefolgschaft geschlossen Herrn Wobbe zum Treuhänder" und sang zum Abschluss „Brüder zur Sonne zur Freiheit".[17]

Das Bild, das die Hennigsdorfer Betriebsversammlung vermittelte, war weit von demjenigen eines antifaschistisch-demokratischen Umsturzes entfernt. Trotz des Gesangs und verschiedener Insignien, die den antifaschistischen Charakter der Veranstaltung hervorhoben, war das Stahlwerk ganz offensichtlich kein „Zentrum der revolutionären Arbeiterbewegung".[18] Die Versammlung erhob keine Forderungen nach Enteignung oder Sozialisierung, sondern akklamierte den von der Flick-Konzernzentrale favorisierten Kandidaten. Die Kollaboration mit der alten Machtbasis erschien vor allem den Betriebsräten als ein Erfolg versprechendes Vorgehen. Die anhaltenden Demontagen wurden dagegen als Bedrohung für die Existenz des Werkes empfunden. Deshalb bewirkten sie auf Betriebsebene einen breiten Zusammenschluss, der von der Belegschaft bis zu den verbliebenen Ingenieuren und Betriebsdirektoren reichte. Es entwickelte sich eine Art Betriebsegoismus, der sich unter anderem auch gegen das Nachbarwerk Brandenburg (Havel) richtete, dessen provisorische Leitung bei höheren Instanzen ebenfalls die Produktion von Feinblechen für sich reklamierte.

Doch war das Ergebnis ein anderes: Wobbe wurde nicht als Treuhänder bestätigt, weil die übergeordneten Verwaltungen das Ergebnis des Aushandlungsprozesses der Flick-Konzernleitung und der provisorischen Werkleitung nicht akzeptierten. Der auch vom Betriebsrat unterstützte Wunsch zur Durchsetzung Wobbes scheiterte, und Wolgast verblieb auf der Treuhänderposition. Die kommissarische Leitung des Hennigsdorfer Hüttenwerks bestand fortan aus einem Dreierkollegium aus Werkleiter, technischem und kaufmännischem Leiter, wie es häufiger in industriellen Großbetrieben, z.B. auch des Chemiesektors, anzutreffen war.[19] Diese Leitungsstruktur soll unter dem Aspekt der Governance genauer untersucht werden.

---

16 Bähr u.a., Flick, S. 237.

17 BArch, DC 1/1894. Protokoll der zweiten Betriebsversammlung der Mitteldeutschen Stahl- und Walzwerke Friedrich Flick KG, 20.11.1945. Vgl. auch: NARA, RG Box 21. Mitteilung Wobbe an Kaletsch, 23.11.1945, dass er „auf der Betriebsversammlung von der Belegschaft eindeutig bestätigt" worden sei.

18 Mühlfriedel/Wießner, Geschichte der Industrie der DDR, S. 37f.

19 Wagner-Kyora, Vom „nationalen" zum „sozialistischen" Selbst, S. 342.

2 Agieren der Stahlwerkleitungen zwischen Demontage- und Reparationsregime

2.1 Riesa

Die Riesaer Leitung setzte sich bis zur Ernennung Pfrötzschners aus dem von Burkart eingesetzten kaufmännischen Direktor Hings sowie als technischem Direktor zunächst aus Franz Schier, dann Alfred Dreschel zusammen. Sie allein zeichneten für die Anordnungen des Jahres 1945 verantwortlich. Nur wenige Schriftstücke trugen zusätzlich die Unterschrift eines Betriebsratsvertreters. Die Betriebsgeschichte suggeriert einen historischen Wechsel im Dezember 1945, weil „erstmals in der hundertjährigen Geschichte des Werkes" ein Arbeiter an der Spitze stand. Formal war das zweifelsohne richtig, doch bleibt fraglich, ob ihm „die beiden Leiter aus der Flickschen Zeit [...] unterstellt" wurden.[20] An anderer Stelle wird angenommen, dass der Betriebsrat die alleinige Verantwortung für die Governance getragen habe, was zu Schwierigkeiten führte, weil keine leitende Kraft „mehr als Volksschulbildung [besaß] und für technische oder wirtschaftliche Belange irgendwelches Wissen [mitbrachte]".[21] Die Aktenüberlieferung widerlegt, dass Pfrötzschner im Duo mit dem stellvertretenden Betriebsratsvorsitzenden Eugen Lacour an der Spitze der Betriebshierarchie stand.

Die Einsetzung des Schweißers Pfrötzschners als Werkleiter sorgte werksintern für Dissonanzen, die sich an der Benutzung des Fahrzeugparks entzündeten.[22] Mit Unverständnis reagierte Hings auf einen Werksaushang, der auf eine neue Pflicht hinwies, alle dienstlichen Fahrten bei der Autogarage schriftlich zu melden. Für die beiden werkseigenen Personenkraftwagen (PKW) war gemäß der neuen Stellung Pfrötzschners die Regelung gefunden worden, dass jeder über ein Auto verfügen dürfe: Hings über ein Modell der deutschen Firma Wanderer, Pfrötzschner über einen amerikanischen Buick, der vermutlich die doppelte Leistung wie Hings' Wagen erbrachte.[23] Für die Lastwagen wies Hings auf die Praxis hin, dass bisher ausschließlich der Einkauf über die Dringlichkeit der Fahrten entschieden habe, außer „Sondereinsätze für Russen". Zur Berechtigung wurden schriftliche Fahrbefehle ausgestellt, die von Pfrötzschner, Hings (Vertretung Lacour) oder Dreschel zu unterzeichnen waren.

Gemessen an den wirtschaftlichen Problemen des Werks erscheint die Fahrzeugfrage als ein randständiges Problem. In der *economy of shortage* der Nachkriegsjahre war Mobilität jedoch für die Führungskräfte jedoch ein wesentlicher Faktor, um auf Input-Zuteilungen, Absatzwege oder auf die Koordination der Produktion mit

20 Betriebsgeschichte Riesa, S. 14.

21 Kinne, S. 264. Fink, S. 271.

22 SMR, SWW Riesa, K 20. Schreiben Hings an den „Betriebsrat" Pfrötzschner, 8.2.1946.

23 Diese Interpretation legt ein Vergleich der Standardmodelle beider Fahrzeugmarken, die in den 1930er Jahren gebaut wurden, nahe.

anderen Betrieben Einfluss zu nehmen.[24] Insbesondere reklamierte Hings die Disposition über die Lastwagen für die ihm unterstellte Abteilung des Einkaufs. Ihm war an der Bewahrung seiner Schlüsselposition hinsichtlich der logistischen Anforderungen der Warenbeschaffung gelegen, die für die Produktionsentwicklung zentral war. Bemerkenswert an diesem Pochen auf bewährte Regeln war, dass Hings den neu eingesetzten Pfrötzschner auf die bisherige Planmäßigkeit des Prozedere hinwies. Seine „nachdrückliche" Bitte um Rücknahme des Aushangs adressierte er an den „Betriebsrat", nicht an den Werkleiter. Das signalisierte, dass er dessen formalen Überordnung ablehnend gegenüberstand. Pfrötzschner fuhr zwar das leistungsstärkere und prestigeträchtige Fahrzeug, doch entsprach dies auch seiner Stellung hinsichtlich der Governance des Werks?

Hings' Anspruch auf die Führungsposition trat in den Verhandlungen mit übergeordneten Instanzen klar zu Tage. Das Riesaer Eisenwerk widmete sich im zweiten Halbjahr 1945 vorwiegend der Reparatur von Eisenbahnwaggons und Eisenkonstruktionsarbeiten, v.a. zur Wiederherstellung von Brücken.[25] Im Dezember 1945 führte die Werkleitung, vertreten durch Hings, den Leiter der Behälterbauabteilung Janson, den Betriebsrat Lacour sowie den gerade zum Werkleiter ernannten Pfrötzschner, Verhandlungen über Produktionsauflagen mit der sowjetischen Stadtkommandantur. Die ursprüngliche Annahme, dass sich die Besatzer für den Waggonbau interessierten, bewahrheitete sich nicht. Statt dessen forderte die sowjetische Kommandantur, alle Vorkehrungen zu treffen, um die serienmäßige Herstellung von Autoersatzteilen einzuleiten. Darunter fielen sowohl die Generalüberholung von Lastwagen und Traktoren als auch die Neufertigung von Ersatzteilen. Die leerstehenden Werkshallen waren entsprechend umzufunktionieren. Im Unterschied zur Option des Waggonbaus war diese Produktionsanweisung nicht geeignet, die laufende Demontage der Behälterbauabteilung zu verhindern und stieß daher nicht auf das Gefallen der Riesaer Delegation. Hings agierte federführend, indem er die Protokolle dieser und der nachfolgenden Besprechungen verfasste. Er besaß übergreifendes produktionsrelevantes Wissen, wie z.B. sein Vorschlag zeigte, eine Verbindung mit der Gröditzer Temper- und Graugießerei aufzunehmen. Ferner behielt er die Organisation des Absatzes, dies meinte vor allem die Reparationslieferungen, in seiner Hand.[26]

In den ersten Monaten des Jahres 1946 setzten sich die Demontagen jedoch fort und das Riesaer Werk befasste sich neben Fahrzeug- insbesondere mit Waggonreparaturen und der Montage von Auslegermasten, wie es eine sowjetischen Beutekom-

24 Vgl. die Hinweise z.B. in: SMR, SWW Riesa, K 24. Besprechung in Meißen und Riesa mit Offizieren der 12. Brigade der 1. Panzer-Armee (Major Tschernjakowski, Major Bapitz), 28.12.1945.

25 SMR, SWW Riesa, K 21. Mitteilung der Abt. Behälterbau Verkauf (Oberingenieur Janson) an die Abt. Wirtschaftsstatistik, 24.11.1945.

26 SMR, SWW Riesa, K 24. Besprechung in Meißen und Riesa mit Offizieren der 12. Brigade der 1. Panzer-Armee (Major Tschernjakowski, Major Bapitz), 28.12.1945.

mission verlangt hatte.[27] Eine Perspektive, die der Verzettelung infolge sowjetischer Einzelinteressen entgegenstand, eröffnete der SMAD-Befehl Nr. 50 vom 14. Februar 1946 zur Herstellung von Zementdrehrohöfen. Riesa sollte zunächst zehn, später 15 dieser Öfen in Zusammenarbeit mit dem Magdeburger Krupp-Gruson-Werk in die Sowjetunion liefern. Im Unterschied zu den Reparaturaufträgen handelte es sich hier um eine Fertigungsanweisung, die die Hoffnung auf den Stopp des Abbaus der Produktionsanlagen nährte. Die Folge waren zögerliche Wiederaufbauversuche, die jedoch im Mai 1946 wieder gestoppt wurden.[28]

Während dieser unter „Blechkonstruktionen“ firmierende Reparationsauftrag von höherer Stelle initiiert wurde, verfolgte Hings eigene Strategien. Er versuchte, das Projekt Waggonbau weiterzuführen, indem er Kontakte mit der Hauptverwaltung der Deutschen Reichsbahn in Berlin sowie mit der Reichsbahndirektion Dresden anbahnte und auf ein persönliches Gespräch mit der SMAD-Verkehrsabteilung in Berlin-Karlshorst drang.[29] Zu seinem engen Mitarbeiter stieg Betriebsrat Lacour auf, der ja des Russischen mächtig war und als Dolmetscher an den Verhandlungen teilnahm.[30] Während die beiden tägliche Notizen über Telefonate hinterließen, geht eine Beteiligung von Werkleiter Pfrötzschner an diesen Aktivitäten nicht aus den Akten hervor.

Als alleinige Vertreter des Werkes fanden sich der kaufmännische Direktor Hings und Betriebsrat Lacour am 16. und 17. August 1946 zur Besprechung in Karlshorst ein.[31] Dort stand noch die Totaldemontage des Riesaer Werkes auf der Agenda, doch der für Wirtschaftsfragen zuständige stellvertretende SMAD-Chef Kowal[32] eröffnete einen Weg zum Wiederaufbau. Diese Zielrichtung bestätigte der SMAD-Befehl 110 vom 9. September 1946, der die Erhöhung der Produktion an Eisenkonstruktionen und Formstahlguss vorsah. Der Wendepunkt zum Wiederaufbau des Werkes lag Mitte Oktober 1946, als der Produktionsbefehl durch einen „Rekonstruierungsplan“ konkretisiert wurde.[33] Danach wurde der drohende Abbruch der Eisenkonstruktionshalle gestoppt und für diesen Bereich ein Jahresproduktionssoll von 14.000 t festlegt. Damit waren auch die Weichen zur Wiederaufnahme der Stahlformgussproduktion gestellt. Schließlich las sich die Demontagebilanz im Dezember 1946 nicht so verhee-

27 SMR, SWW Riesa, K 24. Oberingenieur Janson an Dreschel (nachrichtlich an Hings, nicht jedoch an Pfrötzschner) betr. Auftrag der sowjetische Beutekommission über 300 Waggonreparaturen, 23.2.1946; Janson an Dreschel, 23.2.1946; Vertrag zur Montage von fünf Auslegermasten, 5.4.1946.

28 Fink, S. 278.

29 SMR, SWW Riesa, K 24. Aktennotizen über telefonische Besprechungen, gez. Hings, Lacour, 8. u. 14.6.1946.

30 Vgl. die gemeinsam gezeichneten Dokumente in SMR, SWW Riesa, K 21 u. K 24.

31 Betriebsgeschichte Riesa, S. 22.

32 Zur Organisationsstruktur vgl. Foitzik, SMAD, S. 110.

33 SMR, SWW Riesa, K 21. Tätigkeitsbericht für das Jahr 1946 an die Stadtkommandantur Riesa, gez. Pfrötzschner, Hings und für den Betriebsrat Lacour, 20.12.1946.

rend, wie an mancher Stelle dargelegt.[34] Zwar erfasste die zweite Demontagewelle nicht mehr allein die maschinelle Ausrüstung, sondern auch die Produktionshallen und -gebäude. Jedoch wurden von schätzungsweise 9.000 t abgebautem Material nur rund ein Drittel abgefahren, sodass die Einzelteile zum Wiederaufbau bereit lagen. Trotz der Teildemontage konnte 1946 in Riesa vor allem der Eisenkonstruktionsbau „unter den primitivsten Bedingungen" aufrecht erhalten werden.[35]

Die Entscheidung für die Wende vom Demontageregime zum Wiederaufbau lag nicht in der Hand der Werkleitung, sondern bei den verschiedenen Organen der Besatzungsmacht. Zu einem gewissen Teil konnte die treuhänderische Werkleitung jedoch Ergebnisse auf dem Verhandlungswege erzielen. In diesem Aushandlungsprozess war der kaufmännische Direktor Hings federführend. Er bezog den Betriebsrat Lacour, nicht aber den nominellen Werkleiter ein. Pfrötzschner war als gewerkschaftlich orientierter Arbeiter, der frühzeitig in die KPD eintrat und politisch unbelastet war, mit anderen Tätigkeitsfeldern beschäftigt. Ihm fielen 1946/47 vor allem Repräsentationsaufgaben sowie Regelungen im Personalbereich zu, z.B. die Rückforderung von Bauarbeitern zur Durchführung des Reparationsauftrags gemäß Befehl 50.[36] Die symbolträchtige Übereinkunft zur Nutzung der beiden Kraftfahrzeuge stand stellvertretend für die werksinterne Aufteilung der Governance: Pfrötzschner zeigte Arbeiternähe und übernahm repräsentative Funktionen, während Hings die produktionsnahen Entscheidungen in enger Abstimmung mit der technischen Leitung bestimmte.

2.2 Hennigsdorf

Im Unterschied zu Riesa oder zur Maxhütte herrschte in der Hennigsdorfer Werkleitung durchweg ein Kollegialprinzip vor.[37] Als sich die sowjetische Werkkommission Ende Juni 1945 aus dem Werk zurückzog, legte das Führungstrio (Betriebsratsvorsitzender, technischer und kaufmännischer Direktor) ein Exposé über die Wiederaufnahme der Arbeit im Stahl- und Walzwerk vor, nicht ahnend, dass vier Tage erneut eine sowjetische Besetzung des Werkes erfolgen sollte.[38] In den zwei Wochen ohne Besatzung versuchte sich der Hennigsdorfer Bürgermeister Heimann in die Gover-

34 Z. B. in: Baar, Lothar/Karlsch, Rainer/Matschke, Werner: Kriegsfolgen und Kriegslasten Deutschlands. Zerstörungen, Demontagen und Reparationen, Berlin 1993, S. 45.

35 Ebd.

36 SMR, SWW Riesa, K 24. Werkleiter Pfrötzschner und Betriebsrat Zschukelt an Kapitän Malik (SMA), 19.6.1946.

37 Hauptindiz sind Schriftstücke an übergeordnete Instanzen, die seit Sommer 1945 stets gemeinschaftlich gezeichnet wurden, z.B. BArch, DC 1/1894. Schreiben an die ZV Industrie von der „Betriebsgemeinschaft der früheren Mitteldeutschen Stahlwerke Hennigsdorf", gez. Betriebsrat u. kommissarische Werkleitung, 10.1.1946.

38 BArch, DC 1/1894. Exposé, gezeichnet von Wolgast (Betriebsrat), Wobbe, Janssen (kommissarische Leiter), Stoof, Kurda, 10.7.1945.

nance einzuschalten, indem er das Werk auf der Basis einer Verfügung des Nauener Landrates für beschlagnahmt erklärte. Der kaufmännische Leiter Wobbe stellte auf einer Gemeinderatssitzung die Pläne für einen Wiederaufbau der Betriebsanlagen vor, erwirkte eine gemeinsame Erklärung zum Stopp der Demontage und erhielt hierin die Unterstützung des Stadtkommandanten.[39] Offensichtlich wurden in dieser kurzen Interimsphase Wobbe und der Ingenieur Janssen – und nicht Betriebsrat Wolgast – als Werkleiter präferiert. Der neuerliche Einzug der Roten Armee und die Wiedererrichtung der sowjetischen Werkskommandantur unter der neuen Leitung von Major Trossmann stellte jedoch den alten Zustand wieder her.[40] Es folgte eine zweite Demontagewelle, die wesentlich länger dauerte und das Werk bis auf seine Grundmauern abzubauen drohte.

Nachdem die Ernennung des kaufmännischen Leiters Wobbe zum Treuhänder scheiterte, blieb dem Hennigsdorfer Werk die kollegiale Leitungsstruktur erhalten. Die Bestrebung um eine breite gesellschaftliche Verankerung zeigte sich auch daran, dass der Werksangehörige Wierzoch, zugleich Vorsitzender der FDGB-Ortsgruppe, des Öfteren in wichtige Besprechungen und den Briefverkehr einbezogen wurde.[41] Ende Oktober 1945 stellte der abermals neu bestellte sowjetische Werkskommandant Major Jastrebow ein baldiges Ende der Demontagen in Aussicht.[42] Dies leitete eine Phase intensiver Bemühungen um die Wiederaufnahme der Produktion am Standort Hennigsdorf ein. Dafür beispielhaft war die Berlinfahrt einer Hennigsdorfer Werksdelegation am 6. November 1945, als das Leitungstrio Wobbe – Stoof – Wolgast zunächst bei der DZVI vorsprach.[43] Kurz zuvor hatte die Werkleitung der Zentralverwaltung ein Schreiben mit Entwicklungsvorschlägen zum Wiederaufbau übermittelt, das die wesentlichen Punkte des Exposés vom 10. Juli 1945 wieder aufnahm. Jedoch erhielt man in Berlin nur wenige neue Informationen, weil die zuständigen Referenten Krämer und Komrey nicht angetroffen wurden. Einem anderen Mitarbeiter lag lediglich die Information vor, dass mit einem baldigen Ende der Demontage gerechnet werden könne. Mit diesem dürftigen Hinweis ausgestattet fuhr die Delegation nach Charlottenburg weiter, um mit Kaletsch das weitere Vorgehen zu besprechen. In der Konzernzentrale erhielten die Hennigsdorfer Einblick in die parallel unternommenen Versuche des kommissarischen Leiters Olbrich in Brandenburg, sein Werk bei den zuständigen sowjetischen Stellen ins rechte Licht zu rücken. Durch direkte Kontakte nach Brandenburg hatte man bereits erfahren, dass mit dem dortigen Flick-Werk

39 BArch, DC 1/1894. Bericht über Gemeinderatssitzung vom 11. Juli 1945 (Wobbe), 13.7.1945.

40 BArch, DC 1/1894. Protokoll über die erste Betriebsversammlung bei den Mitteldeutschen Stahl- und Walzwerken am Vortag (Wolgast), 16.10.1945.

41 Vgl. z.B. BArch, DC 1/1894. Niederschrift (Ingenieur Kurda) über Besuch von Werksvertretern bei der Provinzialregierung Brandenburg, 12.11.1945.

42 BArch, DC 1/1894. Aktennotiz (Stoof/Wobbe) betr. Beendigung der Demontage und Wiederaufnahme der Produktion in unserem Werk, weitergeleitet an Wierzoch (FDGB Hennigsdorf), 26.10.1945.

43 BArch, DC 1/1894. Aktennotiz (Wobbe) zur Wiederaufnahme der Feinblechproduktion anlässlich der Vorsprache von Stoof, Wolgast, Wobbe bei der DZVI, 6.11.1945.

eine Konkurrenzsituation im Hinblick auf die Wiederaufnahme der Blechherstellung drohte.[44]

Knapp eine Woche später besuchte eine weitere Werksdelegation die Potsdamer Provinzialregierung, um dort Überzeugungsarbeit für das eigene Konzept zu leisten.[45] Dort bemerkte Ministerialrat Böhm, dass die sowjetische Militärverwaltung außer Thale (Harz) nur noch Brandenburg (Havel) als Standort zulassen wolle, räumte später aber ein, dass auch Riesa wieder aufgebaut werden solle. Die unklaren Vorstellung der Wirtschaftsabteilung der Provinzialregierung zeigten sich auch an der Ansicht von Walter Mareth (SED), der meinte, dass man in Brandenburg „aus Gründen der günstigeren Wirtschaftlichkeit" ein „modernes" Feinblechwalzwerk aufbauen müsse, weil die Hennigsdorfer Anlagen veraltet seien. Dabei übersah er, dass die SMA gar keinen Neubau von Anlagen zuließ. Böhm setzte fort, dass Hennigsdorf und Brandenburg ihren Streit unter sich austragen müssten, doch dürfe man so nicht „vor die Russen" treten. Offensichtlich überwog in Potsdam die Unterstützung für Brandenburg statt Hennigsdorf. Über die sowjetischen Pläne gibt es nur spärliche, wenig abgesicherte Informationen. Die engen Kontakte sowohl mit der Zentralverwaltung als auch mit der Provinzialregierung waren aufgrund der kurzen Fahrwege möglich. Die Hennigsdorfer warben an beiden Orten für die Unterstützung ihres Konzeptes gegenüber der Besatzungsmacht.

Das Hennigsdorfer Konzept für eine Wiederaufnahme der Produktion umfasste kurzfristige Komponenten und langfristige Intentionen. Auf Dauer wollte die Werkleitung die Rückkehr zur angestammten Produktion von Feinblechen erreichen.[46] Die Hennigsdorfer Feinbleche wurden vor dem Krieg vollständig auf dem Berliner Markt abgesetzt, und auch die übrigen Bleche gingen zu drei Vierteln an Berliner Unternehmen. Um den vermeintlichen sowjetischen Vorstellungen entgegenzukommen, hatte man für den Wiederbeginn jedoch eine breite Palette an Möglichkeiten ausgearbeitet: das Angebot von Stahlform- und Grauguss, die Fertigung von Blech- und Eisenkonstruktionen sowie Maschinen für die Landwirtschaft und das Baugewerbe. An sich lag die Fertigung von Endprodukten dem Werk fern, weil es sich als Eisen schaffendes und nicht als Eisen verarbeitendes Unternehmen verstand. Insofern waren die

44 BArch, DC 1/1894. Schreiben durch Sonderboten (Olbrich an Stoof) zu den Verhandlungen mit Smirnoff, SMAD Karlshorst, 26.10.1945.

45 BArch, DC 1/1894. Bericht (Kurda) über Besuch bei der Provinzialregierung, 12.11.1945. Aus dem Werk anwesend: Jobke, Wierzoch, Wolgast, Stoof, Kurda; auf Seiten der Provinzialverwaltung Oberingenieur Walter Mareth (SED) und Provinzialrat Alfred Böhm (parteilos); zu deren Positionen vgl. Sattler, Friederike: Wirtschaftsordnung im Übergang. Politik, Organisation und Funktion der KPD/SED im Land Brandenburg bei der Etablierung der zentralen Planwirtschaft in der SBZ/DDR 1945–52, Bd. 2, Münster 2001, S. 908.

46 BArch, DC 1/1894. Schreiben der Flick KG (Wolgast, Wobbe, Stoof) an das Provinzialverwaltung Mark Brandenburg, das Landratsamt Nauen, den sowjetischen Kreiskommandant Nauen, Stadtkommandant Hennigsdorf, Gemeindeverwaltung Hennigsdorf, 27.10.1945.

entsprechenden Angebote, die das Schwergewicht auf den Konsumsektor legten, als Übergangslösungen gedacht.

Zur Untermauerung des Beharrens auf der früheren Feinblechproduktion wurden ökonomische Argumente vorgebracht: der Standortfaktor (die direkte Belieferung Berlins), die Schlüsselstellung des Produkts (die hohe Nachfrage nachgelagerter Branchen wie Maschinenbau und Konsumgüterindustrien), das Vorhandensein qualifizierter Arbeitskräfte vor Ort, für die auch eine ausreichende Zahl von 600 nicht kriegsbeschädigten Werkswohnungen zur Verfügung stand.[47] Mit dem Verweis auf diese komparativen Vorteile wandte sich die Hennigsdorfer Werkleitung insbesondere gegen die Verlegung der Feinblechproduktion nach Brandenburg, wo entsprechende Voraussetzungen erst geschaffen werden müssten.

Die von den Sowjets zu verantwortende Demontagepolitik stieß in der Hennigsdorfer Belegschaft auf einhellige Ablehnung. Dennoch mussten die Führungspersönlichkeiten im Werk die sowjetische Linie gegen Kritik verteidigen. Davon legten die drei Betriebsversammlungen des Jahres 1945 ein beredtes Zeugnis ab. Die erste dieser Versammlungen leitete Wolgast in seiner Funktion als Werkleiter und zugleich Betriebsratsvorsitzender mit einer allgemein gehaltenen, politischen Überzeugungsrede ein, die die Gräuel des Faschismus in den Mittelpunkt stellte.[48] Die Verbrechen gegen die Menschlichkeit fanden Erwähnung, auch die Verfolgung der jüdischen Bevölkerung. Als „größtes Verbrechen" wurde aber „der Überfall auf die Sowjetunion" bezeichnet. Beschlagnahmen, Beute machen und Raub seien die Kennzeichen der NS-Herrschaft gewesen. Dadurch seien die Demontagen zu erklären, denen der Aufbau folgen müsse. Wolgast appellierte an die Arbeiter: „Wenn die Demontage beendet ist, werden wir bestimmt weiterarbeiten. Wir sind nicht nur Stahl- und Walzwerker, wir sind Arbeiter. Und wenn die letzte Halle fällt – wir haben soviel Mut noch einmal von vorne anzufangen."

Das beschworene Wir-Gefühl mündete in einen Betriebsegoismus, der zu einem Interessenkonflikt mit dem Werk Brandenburg führte. In diesem Sinne deklamierte Josef Korioth, der stellvertretende Betriebsratsvorsitzende, auf der zweiten Betriebsversammlung: „Brandenburg soll sehen, wie es fertig wird. Wir haben für Hennigsdorf zu sorgen."[49] Dabei verteidigte Korioth sowohl die Entscheidung, dass Hennigsdorf „abgerüstet" wurde als auch diejenige des Betriebsrates, zum Zwecke des Wiederaufbaus mit der Flickschen Konzernleitung und den Direktoren Wobbe und Stoof zusammenzuarbeiten. Alle hätten sich „gemeinsam für das Wohl des Werkes" engagiert und seien teilweise „bis spät nachts unterwegs" gewesen. Auf der dritten

47 BArch, DC 1/1894. Schreiben zur Wiederinbetriebnahme der Feinblechproduktion, Stoof u. Wobbe an DZVI (Kraemer), 3.11.1945.

48 BArch, DC 1/1894. Protokoll der ersten Betriebsversammlung bei den Mitteldeutschen Stahl- und Walzwerken am 15.10.1945 (Wolgast), 16.10.1945.

49 BArch, DC 1/1894. Protokoll der zweiten Betriebsversammlung der Mitteldeutsche Stahl- und Walzwerke Friedrich Flick KG (Wolgast/Korioth), 20.11.1945.

Betriebsversammlung, als das Werk nach Fortgang der Demontage nur noch gut 100 Beschäftigte zählte, gab der technische Direktor noch einmal einen eindrucksvollen Beleg für die Wirkungsmacht des kollegialen Leitungsprinzips. Stoof reihte sich in den Tenor der Ausführungen der Betriebsräte ein und forderte: „Wir [...] müssen eine verschworene Gemeinschaft werden", um „für uns und unsere Familien" zu arbeiten, „Miesmacher müssen wir unbedingt ausmerzen."[50] Solch scharfe Töne hätte man von keinem anderen technischen Direktor, weder Franz (Maxhütte) noch Dreschel (Riesa), erwarten dürfen. Wolgast setzte auf der Veranstaltung, die am Silvestertag des Jahres 1945 stattfand, den verbalen Schlusspunkt: „Ich werde immer Kämpfer sein [...] für die Befreiung der Menschheit."

Nachdem Kaletsch als Koordinator weggefallen war, bemühte sich die Hennigsdorfer Werkleitung in Eigenregie um Kontakte nach Berlin und Potsdam, teils um neue Instruktionen einzuholen, teils um dort Vorschläge zu unterbreiten. Hauptansprechpartner blieb die DZVI, nachdem sich die SMAD ablehnend zu Einzelverhandlungen mit den Betrieben geäußert hatte.[51] Im Januar 1946 richtete sich das Augenmerk auf den Grauguss, für dessen Produktion ein kleiner, noch teilweise erhaltener Kupolofen wieder hergerichtet werden sollte. Die Zustimmung des sowjetischen Stadt- sowie des Werkskommandanten lagen bereits vor. Zur Legitimation verwies man auf das Votum der Betriebsversammlung von Silvester 1945, nach dem sich das Werk aus dem Flick-Konzern lösen solle. Die Werkleitung bat die DZVI um die Unterstützung ihres Anliegens bei der SMAD.

Doch die Wünsche der Hennigsdorfer erfüllten sich nicht. Zum 15. Januar 1946 wurde der gesamten Belegschaft pauschal gekündigt, sodass nur noch wenige Arbeiter für Aufräumarbeiten und Materialverladung im Werk verblieben, darunter auch die bisherigen Angehörigen der Werkleitung und des Betriebsrates.[52] Diese setzten ihre Bemühungen unverdrossen fort und trugen weitere Argumente zusammen, um Überzeugungsarbeit bei der SMAD zu leisten. Eine Werksinitiative richtete sich im Februar 1946 an Heinrich Rau, den Vizepräsidenten und Verantwortlichen für den Bereich Industrie in der Provinzialverwaltung Mark Brandenburg, und bat diesen, für eine baldige Entscheidung zu sorgen.[53] Obgleich noch einmal die Notwendigkeit der Blecheproduktion für die Gesamtindustrie betont und vor dem „Zusammenbruch der Eisen verarbeitenden Industrie" gewarnt wurde, ließ sich bei den sowjetischen Stellen kein positives Votum erwirken. Die Gründe, warum die SMAD im Fall Hennigsdorf die Produktion nicht freigab, blieben für die deutschen Akteure im Dunkeln. Es

50 BArch, DC 1/1894. Bericht (Wolgast) über die dritte Betriebsversammlung der Mitteldeutschen Stahlwerke, 31.12.1945.

51 SA Hgdf, A 3/Ia, Nr. 003/2. Betriebsrat/kommissarische Werkleitung Hennigsdorf an die DZVI, HA 4, Gruppe Eisen- und Metallwirtschaft, 10.1.1946.

52 SA Hgdf, A 3/Ia, Nr. 003/2. Aktennotiz Jacobi (Berlin-Frohnau), 4.1.1946.

53 SA Hgdf, A 3/Ia, Nr. 003/2. Schreiben der Werkleitung (Wobbe, Stoof, Wolgast) an Heinrich Rau, Provinzialverwaltung Brandenburg, 20.2.1946.

lassen sich aber einige Plausibilitätsüberlegungen anstellen, die auf die Haltung der SMAD und ihre Motive schließen ließen.

Der Absatz des Hennigsdorfer Werkes orientierte sich fast exklusiv auf den Markt Groß-Berlins. Möglicherweise erkannten die sowjetischen Stellen die Gefahr, dass die Mehrzahl der Verkäufe an Unternehmen im Westteil Berlins gehen könnten, was man jedoch verhindern wollte. Feinbleche und andere angestammte Produkte des Werkes waren zuvorderst für konsumorientierte Branchen gedacht, was die Werkleitung auch argumentativ in den Vordergrund rückte. Anfang 1946 lag das sowjetische Hauptinteresse auf den Reparationen, wobei noch kein langfristig tragendes Konzept für deren Sicherung existierte. Bis zur „Wende in der sowjetischen Reparationspolitik"[54] orientierten sich die Entnahmen und Demontagen auf die kurzfristige Bedienung von Anforderung in der UdSSR. Eine Produktionsfreigabe für die Belieferung des deutschen Konsumgütersektors schied einstweilen noch aus. Aus diesem Grund wurde das Werk möglicherweise auch nicht in gleicher Weise wie Riesa mit Reparationsaufträgen bedacht. Aufgrund der fehlenden eigenen Eisenproduktion stellten die brandenburgischen Werke besondere Anforderungen, denn sie waren auf die Zulieferung von Walzeisen angewiesen. Die engen Verbindungen mit der Spandauer Stahlindustrie GmbH, die wie Brandenburg zu Flicks Havel-Gruppe gehört hatte, waren unterbrochen.[55] Die Hennigsdorfer Werkspitze machte Heinrich Rau auf ein mögliches Kompensationsgeschäft mit der CSSR aufmerksam, das Walzeisen gegen Lieferungen von 70.000 t Schrott eintauschen sollte.[56] Über die Realisierung wurde indes nichts bekannt. Die Hoffnungen der Brandenburger ebenso wie der Hennigsdorfer Werkleitung, in das Reparationsregime aufgenommen zu werden, erfüllten sich nicht.

Auf der KPD/SED-Betriebszellensitzung wurde ein ernüchtertes Fazit vorgetragen: „Zum Jahresabschluß mußten wir feststellen, daß all die Wege umsonst waren, denn die Demontage ging weiter."[57] Ein Bericht im März 1946 unterstrich die aus Werksicht ernüchternde Bilanz. Nur noch 122 Arbeitskräfte waren in Hennigsdorf tätig, „die von den Russen bezahlt werden", wie Treuhänder Wolgast schrieb. Sämtliches Material, Hilfs- und Betriebsstoffe seien von der Roten Armee beschlagnahmt, über die finanzielle Situation liege keine Information vor. Die Maschinen und die maschinelle Einrichtungen seien größtenteils demontiert und verladen.[58] Weitere Initiativen des Jahres 1946 brachten keine greifbaren Ergebnisse, und die DZVI verlagerte ihr Interesse auf die Maxhütte und das Werk Thale, die von der sowjetischen Militär-

54 Steiner, Plan zu Plan, S. 30.

55 Bähr u.a., Flick, S. 491.

56 SA Hgdf, A 3/Ia Nr. 003/2. Schreiben der Werkleitung (Wobbe, Stoof, Wolgast) an Heinrich Rau, Provinzialverwaltung Brandenburg, 20.2.1946.

57 BArch, DC 1/1894. Protokoll der Betriebszellensitzung (Wolgast), 13.1.1946.

58 BArch, DC 1/1894. Bericht für den Monat März 1946 (Wolgast), 10.3.1946.

verwaltung eine Produktionserlaubnis erhielten.[59] Erst ein Jahr später wurden die Aktivitäten zur Förderung der Aufnahme der Produktion in Hennigsdorf wiederbelebt.

Offensichtlich ging die Initiative, im März 1947 den Wiederaufbau anzustoßen, von Treuhänder Wolgast aus. Nachdem Mareth, Leiter der Abteilung Metallurgie/ Maschinenbau im Potsdamer Ministerium für Wirtschaftsplanung, die Lage Hennigsdorfs als „hoffnungslos" bezeichnet hatte,[60] arrangierte Wolgast in Abstimmung mit der DZVI eine Besprechung bei der SMAD in Karlshorst. Von der Werksdelegation, der auch Korioth und Stoof angehörten, ließ sich Oberleutnant Golperi die Werkanlage ausführlich erklären.[61] Der technische Direktor sollte ein Aufbauprojekt für zwei Siemens-Martin-Öfen mit je 20 Tonnen Kapazität erarbeiten. Ferner sei die Stahlformgießerei wieder in Betrieb zu nehmen und eine Drahtwalzenstraße zu errichten. Die Initiative Wolgasts wurde von Mareth unterstützt, der seinen Verbleib als Treuhänder bekräftigte und ihm die alleinige Handlungsvollmacht in Aussicht stellte.[62] Zusammen mit Korioth blieb er federführend,[63] während sich die Governanceaufgaben anderer Leitungskräfte 1946/47 aufgrund des Mangels an Aufgaben einschränkten. Stoof unterhielt ein Ingenieurbüro in Hennigsdorf und war wegen seiner Abstellung zum Zentralen Konstruktionsbüro der metallurgischen Industrie häufig in Berlin tätig.[64] Wobbe übernahm im Juni 1946 als Treuhänder die Leitung des Stabeisenwalzwerkes Eberswalde-Finow. Dieser 1881 von der Firma Hoffmann & Motz übernommene Betrieb stand seit 1930 still.[65] Die Wiedereröffnung war eng mit dem Stahlwerk Hennigsdorf verbunden, sodass Wobbe die Kontakte mit seiner früheren Arbeitsstätte aufrecht erhielt und sich immer wieder zu wichtigen Besprechungen in Hennigsdorf einfand.[66] Deshalb nahm er auch im Frühjahr 1947 an den wesentlichen Verhandlun-

---

59 BArch, DG 2/1005. Aufstellung: „positive Leistungen der DZVI", 14.12.1946. Als erster Punkt: Wiederingangbringen der Produktion von Thale und Maxhütte bis zu ihrer Überführung in die Sowjet-AG. Zur erfolglosen Initiative von Wolgast, auf die Demontage- bzw. Reparationspolitik Einfluss zu nehmen: BArch, DC 1/1894. Wolgast. Verhandlung mit dem Chef der Industrieabteilung der SMAD, 14.10.1946.

60 BArch, DC 1/1894. Aktennotiz (Wolgast, Korioth) zur Besprechung bei der Provinzialverwaltung in Potsdam, 25.3.1947.

61 BArch, DC 1/1894. Aktennotiz (Korioth) zur Besprechung mit der SMAD in Karlshorst, 9.4.1947.

62 BArch, DC 1/1894. Aktennotiz (Korioth) zur Besprechung mit der Provinzialverwaltung in Potsdam, 11.4.1947.

63 Die engen Verflechtung des Betriebsrates mit der Werkleitung zeigten sich auch daran, dass Wolgast, als er wegen Gesundheitsproblemen „um eine dreiwöchige Verschickung" bat, den Betriebsrat Korioth als Stellvertreter einsetzte, vgl. BArch DC 1/1894. Aktennotiz (Wolgast) zur Besprechung beim Oberlandrat Kersten in Bernau, 29.6.1946.

64 BArch, DC 1/1894. Schreiben des Ingenieurbüros Rudolf Stoof, Marwitzer Str. in Hennigsdorf, an Treuhänder Wolgast, 8.5.1947; Aktenvermerk (Wolgast, Korioth) über Besprechung bei Stoof, 12.4.1947.

65 Kinne, S. 10 u. 15.

66 BArch, DC 1/1894. Schreiben Wobbe an Wolgast, 5.6.1946.

gen zum Wiederanlaufen des Werks Hennigsdorf teil.[67] Dennoch bleibt festzuhalten, dass die beiden maßgeblichen Hennigsdorfer Direktoren der Nachkriegszeit entscheidende Leitungsfunktionen zugunsten des Aufstiegs der Betriebsräte aufgaben.

Durch die direkten Verhandlungen mit der SMAD erreichte die Hennigsdorfer Werkleitung unter Wolgast, dass zumindest der Wiederaufbau als Reparaturwerk genehmigt wurde. Zwei Tage nach Erlass eines entsprechenden SMAD-Befehls traf sich Wolgast in der Potsdamer Provinzialregierung mit dem für Hennigsdorf zuständigen sowjetischen Ingenieur Rogalin.[68] Dieser drängte auf eine zeitliche Straffung des Wiederaufbauprogramms und kam mit der Hennigsdorfer Delegation in technischen und organisatorischen Fragen überein. Gleichwohl war das Programm zunächst wenig ambitioniert: Mittels der beiden zu errichtenden Siemens-Martin-Öfen sollte die Stahlerzeugung bis 1947/48 auf monatlich 3.000 t ausgebaut werden, was weniger als die Hälfte des durchschnittlichen Outputs war, den ein 30t-Ofen 1941 erreichte.[69] Der Chef der Trophäenverwaltung sollte angewiesen werden, die noch vorhandenen Einrichtungen zur Strom-, Wasser- und Gasversorgung vor Ort zu belassen. Vom Landesarbeitsamt war das Werk mit Arbeitern und Ingenieuren sowie technischem Personal zu versorgen. Andere Stellen, inklusive der Planungs- und Wirtschaftsabteilung der SMAD, ließen dem Werk die erforderliche Unterstützung zukommen. Somit waren die Weichen für die Eröffnung eines Reparaturbetriebs mit Eigenproduktion gestellt. Auf den Leitungspositionen waren wieder Wobbe und Stoof vorgesehen. Dadurch, dass sich das Konzept im Laufe des Jahres 1947 zu einer umfassenden Rekonstruktion weiterentwickelte, gelangten die skizzierten Pläne nicht zur Durchführung. Die auftretende zeitliche Verzögerung bis Herbst 1947 erklärt sich dadurch, dass die SMAD den Aufbaubefehl, der dem Moskauer Kurswechsel in der Stahlfrage vom Januar 1947 folgte,[70] noch erarbeiten musste. Außerdem war eine Bedingung vor Ort, dass sich die sowjetische Trophäenverwaltung aus dem Werk Hennigsdorf endgültig zurückzog.

2.3 Maxhütte

Noch schärfer traten personelle Konflikte in der Maxhütte Unterwellenborn zu Tage, die zum einen die Eisen- und Stahlproduktion wesentlich früher als Riesa und Hennigsdorf wieder aufnahm und zum anderen von August 1946 bis Februar 1947 als

67 BArch, DC 1/1894. Aktennotiz (Wolgast, Korioth) zur Besprechung bei Stoof, 12.4.1947. Aktennotiz (Wobbe) zur Besprechung bei der Provinzialverwaltung in Potsdam, 27.5.1947.

68 BArch, DC 1/1894. SMAD-Befehl, 25.5.1947; Aktennotiz (Wobbe) zur Besprechung bei der Provinzialverwaltung in Potsdam, 27.5.1947.

69 BArch, DC 1/1894. Bericht über die Stimmung im Werk (Vertrauensmann an Betriebsobmann Hanschur), 2.5.1941. Hier wurde die Durchschnittsleistung eines kleinen 30t-SM-Ofens auf 7.000 t beziffert.

70 Karlsch, Allein bezahlt, S. 78.

Sowjetische Aktiengesellschaft (SAG) eine spezielle Phase der Governance erlebte.[71] Unmittelbar nach dem Krieg konnte die Maxhütte als ein Beispiel für personelle Kontinuität ohne Brüche gelten, denn der 1944 eingesetzte Betriebsdirektor Friedrich Franz rückte nach der Kapitulation im Mai 1945 auf die Position des Werkleiters. Analog zu den beiden anderen Werken sollen zunächst die Strategie- und Leitungsentscheidungen sowie die daraus ableitbaren Handlungen untersucht werden.

Seiner technokratischen Linie folgend, beschäftigte sich Franz gegen Ende 1945 mit Technik- und Beschaffungsfragen, um das erwartete Anlaufen der Hochöfen vorzubereiten. Traditionell war die Maxhütte Unterwellenborn auf die Veredelung von Roheisen und -stahl spezialisiert. Zur den elaboriertesten Verfahren gehörte die Produktion von Spiegeleisen, die eine Beimischung von Mangan bzw. Ferromangan erforderte. Franz machte die Lieferung von Eisen-Mangan-Legierungen als hauptsächlichen Bedarf des Hüttenwerkes Thale im Harz aus, das im Februar 1946 gleichfalls wieder anlaufen sollte. In gleicher Weise, wie Hennigsdorf auf Bleche und Riesa auf Eisenkonstruktionen orientiert waren, lag der komparative Vorteil der Maxhütte in der Herstellung von Legierungen. Diesen Überlegungen folgend, plante Franz, dass die Maxhütte zur Versorgung der SBZ mit Gießerei-, Stahl- und Spiegeleisen beitragen solle. Diese Produkte stellten für die eisenverarbeitende Industrie wichtige Vorleistungen dar, waren prinzipiell aber auch geeignet, zur Erfüllung sowjetischer Reparationsforderungen beizutragen.[72]

Hinsichtlich der Zulieferung traten einige Probleme auf, die sich in der Mehrzahl mit den wirtschaftlichen Auswirkungen der Zonenteilung Deutschlands in Verbindung bringen lassen.[73] Der über Jahre anhaltende Hauptengpass war die Belieferung mit Koks. Daneben wurden für den Hochofenbetrieb weitere Materialien benötigt, die die Maxhütte bislang im Austausch mit west- und süddeutschen Firmen beschafft hatte. Direktor Franz wies den leitenden Hochofeningenieur Lewalter an, in die Westzonen zu reisen, um dort Kompensationsgeschäfte vorzubereiten. Im Einzelnen handelte es sich darum, in Ludwigshafen (Rhein) oder an der Ruhr eine monatliche Lieferung von 70 t Stahlwerksteer für das Thomas-Stahlwerk sicherzustellen. Im Siegerland sollte Lewalter Firmen wegen Gusseisenwalzen kontaktieren und sich bei der MAN im südhessischen Gustavsburg nach Monteuren und Material für die Reparatur der Gasbehälter erkundigen. Besondere Schwierigkeiten bereiteten auch die Lieferung von Rohstoffen zur Herstellung der Speziallegierungen. Den Mangel an Ferromangan plante man eventuell in Russland zu beheben, während geeignete Hämatitlieferanten fehlten. Sofern das Elektrostahlwerk wieder anlaufen konnte, waren pro Monat 20 t

---

71 Nach SMAD-Befehl Nr. 167 vom 19. Juli 1946 wurde die Maxhütte zum 1. August in die Aktiengesellschaft für Metallurgie (Hauptverwaltung Berlin-Weißensee) überführt, vgl. Kinne, S. 166. Zur sog. SAG Marten gehörten ferner das Eisenhüttenwerk Thale, das Walzwerk Hettstedt und kleine Stahlwerke wie Magdeburg und Silbitz.

72 Vgl. Kinne, S. 218. Gerdesius, Maxhütte, S. 70.

73 Zum Folgenden: ThStA Rudolstadt, Maxhütte Unterwellenborn, B 69. Aktenvermerk Direktor Franz über die Besprechung in Unterwellenborn, 9.12.1945; vgl. auch Gerdesius, Maxhütte, S. 39 sowie Kap. I, 2.3.

Graphitelektroden notwendig, die entweder bei Siemens-Plania in Meitingen (Kreis Augsburg) oder bei Firma Conradty im Nürnberger Land zu besorgen waren.

Aus der Sicht des Dezember 1945 waren nur wenige Engpässe durch Zulieferungen aus der sowjetischen Zone zu beheben. Zu prüfen blieb lediglich, ob thüringische Gießereien Kokillen, Unterlagen, Trichter, Konverterbodenplatten u.a. liefern könnten. Die Firma Krautheim in Chemnitz hatte Vorwalzen für die in Gang zu setzende Triostraße zu produzieren. In Bezug auf die Belieferung mit Erz existierten Kontakte zum Wünschendorfer Dolomitwerk, das eine notdürftige Versorgung von minderer Qualität aufrecht hielt. Diese Überlegungen besprach Franz am 6. Dezember 1945 im Beisein leitender Ingenieure des Werkes (Dröge, Lewalter), dem kaufmännischen Direktor Meier und Vertretern des Betriebsrates (Becker, Baumann) mit Max Heinrich Kraemer, dem Leiter der Hauptabteilung Industrielenkung des DZVI und wichtigem Verbindungsmann zur SMAD.[74] Kraemer schloss sich den Überlegungen der Werkleitung an und führte zudem aus, dass mit Bayern ein Liefervertrag bestehe, in dessen Rahmen Zulieferungen aus der USBZ möglicherweise dauerhaft zu sichern seien. Zur technischen Erfüllung der anstehenden Aufgaben, sollten die NS-belasteten Spezialisten in ihren Stellungen verbleiben. Das Werk war nach den Vorstellungen Kraemers der Berliner Zentralverwaltung direkt unterstellt. Tags darauf wurde mit der sowjetischen Kommandantur Saalfeld eine grundsätzliche Übereinkunft über die verhandelten Punkte sowie über Fragen der Kreditgewährung und der Arbeitskräftelenkung durch das Kreisarbeitsamt erzielt.[75]

Die weiteren Bemühungen, die Direktor Franz unternahm, wiesen in eine ähnliche Richtung. Als die SMAD der Maxhütte die Wiederaufnahme der Produktion gestattete, legte sie zugleich ihre vorrangige Belieferung fest.[76] Am 4. Februar wurde der erste Hochofen angeblasen, dem binnen Monatsfrist zwei weitere Öfen sowie das Thomas-Stahlwerk und das Walzwerk folgten.

Mängel in der Erzeugung waren allgegenwärtig. Zum Beispiel blieb die Stahlproduktion wegen des Fehlens von Stahlwerksteer gehemmt, sodass sich Franz um die Erschließung alternativer Zulieferungsmöglichkeiten bemühte.[77] Er baute auch die Kontakte zum Maxhüttenwerk Sulzbach-Rosenberg in der USBZ wieder auf, das z.B. Interesse an Mommelerz hatte, welches gegen andere Erzsorten getauscht werden sollte.[78] Franz bemühte sich indessen, eine Gegenlieferung von Grafitelektroden zu

---

74 Broszat, Martin/Weber, Hermann (Hrsg.): SBZ-Handbuch. Staatliche Verwaltungen, Parteien, gesellschaftliche Organisationen und ihre Führungskräfte in der Sowjetischen Besatzungszone Deutschlands 1945–1949, 2. Aufl., München 1993, S. 279. Kinne, S. 20 u. 24.

75 ThStA Rudolstadt, Maxhütte Unterwellenborn, B 69. Aktenvermerk Direktor Franz über die Besprechung in Unterwellenborn, 9.12.1945.

76 SMA-Befehl 32 (2.2.1946). Maßnahmen zur Leistungssteigerung der Eisenhüttenwerke in den Städten Thale und Unterwellenborn, vgl. Foitzik, SMAD, S. 90.

77 ThStA Rudolstadt, Maxhütte Unterwellenborn, B 69. Schreiben Franz an das Thüringische Landesamt für Wirtschaft, 16.2.1946.

78 ThStA Rudolstadt, Maxhütte Unterwellenborn, B 69. Aktenvermerk Franz, 14.2.1946.

Tab. 11: Monatliche Eisen- und Stahlerzeugung der Maxhütte Unterwellenborn 1946

	Roheisen [t]	Rohstahl [t]	Walzwerk [t]
Februar	2703	1000	1147
März	4887	2074	1681
April	10637	8043	6380
Mai	12407	9609	7973
Ø Juni–Dezember	13210	2093	8372
Jahresproduktion 1946	123104	35380	75788

Quelle: ThStA Rudolstadt, Maxhütte Unterwellenborn, B 61. Anlage zum Brief Franz' an von Babo, 14.6.1946; Kinne, S. 166.

erhalten und leitete damit dauerhafte Verhandlungen um Kompensationsgeschäfte ein. Des Weiteren unterhielt er enge Kontakte zur SMA Weimar, vor allem dem Leiter der Wirtschaftsabteilung Schinkewitsch und dessen Mitarbeitern.[79] Die Planungen und Absprachen umfassten pragmatische Lösungen zum Wohle der Maxhütte, z.B. zur Verbesserung der Kokslieferungen, zur Ansiedlung von 600 Arbeitskräften aus böhmischen Braunkohlengebiet oder zur Beschaffung von Grafitelektroden über die Zahnräderfabrik Sonneberg, die nur einen Kilometer von der Grenze entfernt auf amerikanischen Besatzungsgebiet lag. Der letztgenannte Versuch schlug fehl und sollte vom Landeswirtschaftsamt weiter verfolgt werden. Zur Finanzierung dieser fintenreichen Input-Beschaffung war eine hohe Subventionierung der Maxhütte erforderlich, wie bereits im Einleitungskapitel zur wirtschaftlichen Ausgangslage exemplarisch für November 1946 geschildert. Tabelle 11 zeigt, dass sich kaum Produktionssteigerungen erzielen ließen, im Gegenteil ging die Stahlherstellung nach dem Frühjahr 1946 stark zurück. In dieser Zeitspanne liefen alle strategischen und logistischen Fragen bei Friedrich Franz zusammen, der auch die Werkstatistiken erstellte und der SMA zuleitete.[80]

Vermutlich, um den Einfluss des Werkleiters Franz zu reduzieren, verfügte das Landeswirtschaftsamt Thüringen die Einsetzung eines Chefdirektors.[81] Auf diese Position wurde am 9. März 1946 Heinrich von Babo berufen, auf dessen Ankunft eine umfangreiche betriebliche Reorganisation folgte. An die Werkspitze wurde ein achtköpfiger Verwaltungsrat gesetzt, der erstmals nachweislich am 19. März 1946 tagte.[82] Mit Symbolkraft wurde auf einer seiner ersten Sitzungen beschlossen, neue

79 ThStA Rudolstadt, Maxhütte Unterwellenborn, B 61. Aktenvermerk Franz über Besprechung mit der SMA Weimar am Vortag, 14.2.1946.

80 ThStA Rudolstadt, Maxhütte Unterwellenborn, B 61. Schreiben Franz an die SMA Thüringen, 15.2.1946.

81 ThStA Rudolstadt, Maxhütte Unterwellenborn, B 69. Telegramm des Landesamtes für Wirtschaft an Direktor Franz, 4.3.1946. Vgl. auch Gerdesius, Maxhütte, S. 40.

82 ThStA Rudolstadt, Maxhütte Unterwellenborn, B 60. Niederschrift (Prokurist Willi Sänger) über Sitzung des Verwaltungsrates. Mitglieder des Gremiums waren von Babo, Franz, der kaufmännische

Briefbögen zu drucken. Ansonsten befasste sich des Gremium nur mit innerbetrieblichen Anträgen zu Gehaltsnachzahlungen und Urlaubsansprüchen, buchhalterischen Angelegenheiten, z.B. offenen Rechnungsbeträgen, sowie der Entsendung eines Werksvertreters nach Berlin. Auf diese auswärtige Firmenrepräsentanz pochte Franz, der nunmehr als technischer Direktor bezeichnet wurde.

Ende März 1946, so heißt es, habe die SMA Thüringen gefordert, dem Verwaltungsrat einen Produktionsausschuss nebenzuordnen.[83] Die Chronik der Verhandlungen eröffnet allerdings plausible Gründe für die Annahme, dass die Reorganisation ein Wunsch der deutschen Verwaltungen war, die ihren Einfluss auf das betriebliche Geschehen stärken wollten. Die Werkleitung der Maxhütte reagierte mit einem Gegenvorschlag, der einen Produktionsausschuss als Nachfolgegremium des Verwaltungsrates vorsah. Dieser sollte zwei Mal in der Woche in von Babos neuem Direktorenzimmer über alle produktionsrelevanten Fragen tagen. Alle 14 Tage seien der Landrat Kissauer, der FDGB-Kreisvorsitzende Sauer, Oberregierungsrat Alfred Kohlitz vom Weimarer Landesamt für Wirtschaft, der KPD-Kreisleiter Kossub sowie der Kreisarbeitsamtsdirektor Segebrecht einzuladen.[84] Daneben schlug die Werkleitung die Einrichtung eines technisch orientierten Betriebsausschusses vor, dem außer von Babo und Franz noch sieben Ingenieure und Oberingenieure, die die Einzelbetriebe der Maxhütte leiteten, angehören sollten. Zur Realisierung des werkseitigen Vorschlags kam es offensichtlich nicht, denn im April lässt sich die Sitzung eines „erweiterten Verwaltungsrates“ nachweisen, an der der Kreisleiter der KPD und ein Vertreter des Kreisarbeitsamtes teilnahmen.[85] Hier wurden Fragen der Rekrutierung von Arbeitskräften, der Gestaltung des Lohngefüges sowie der Einführung politischer Schulungen und der Organisation kultureller Veranstaltungen verhandelt. Nur etwa einen Monat später forderte DZVI-Vizepräsident Jakob Boulanger in der Maxhütte, dass beide Leitungsgremien durch einen Arbeitsausschuss zu ersetzen seien, dem öffentliche Vertreter der KPD, FDGB und der Landesregierung angehören sollten.[86] Alle Reorganisationsvorschläge gingen auf das thüringische Landesamt für Wirtschaft oder die Berliner Zentralverwaltung zurück und hatten zum Ziel, von außen politischen Einfluss auf die Governance des Betriebes zu nehmen.

Sitzungen der neu konzipierten Leitungsgremien sind nur vereinzelt nachweisbar. Der neue Chefdirektor von Babo sicherte sich zwar seine Position durch Teilnahme, doch lag die produktionsrelevante Governance weiterhin in den Händen des

---

Direktor Baumann, Betriebsrat Becker, ein Kontrolleur sowie die Werkmeister August Finger und Albert Wolf, 29.3.1946.

83 Kinne, S. 166, mit Verweis auf Gerdesius, Maxhütte.

84 ThStA Rudolstadt, Maxhütte Unterwellenborn, B 60. Werkleitung der Maxhütte an die Betriebsleiter, amtliche und Parteistellen sowie die SMA Thüringen (Leutnant Koniew), 29.3.1946.

85 ThStA Rudolstadt, Maxhütte Unterwellenborn, B 60. Dritte Sitzung des erweiterten Verwaltungsrates, 3.4.1946.

86 ThHStA Weimar, LAW, Nr. 452. Niederschrift der vierten Industriebesprechung in der Maxhütte, 4.5.1946.

Direktors Franz. Schon bei der Konzeption der neuen Leitungsgremien schien dieser darauf geachtet zu haben, dass Beratungen um Arbeitskräfte, Soziales und Kultur unter Einbeziehung der Ministerialbürokratie erfolgten, Produktionsentscheidungen jedoch im engen Kreis der Betriebsleiter fielen. Eine Zusammenschau Franz' Aktivitäten bis Sommer 1946 zeigt, dass er sowohl die Kontakte mit den sowjetischen Militärbehörden pflegte als auch werksintern die entscheidenden Anweisungen gab. Im April verhandelte er mit der SMAD über Kokseingang, Arbeitskräfte, Störungen der Hochöfen und einen größeren Reparationsauftrag über 50.000 t Feldbahnschienen.[87] Im Mai standen Fragen der Logistik (Waggongestellung, Kokslagerplätze, Schrottzufuhr), der Materialbeschaffung (Grafitelektroden, Walzen- und Muffenlieferungen, Graugussmodelle) sowie ein größeres Kompensationsgeschäft mit der Rosenberger Maxhütte auf der Agenda.[88] Im Juni regelte Franz den Einkauf von Stahlwerksteer, Walzen von der Firma Krautheim in Chemnitz, Dolomit aus Wünschendorf und Rohelektroden vom Graphitierungswerk Siemens-Plania via Bitterfeld.[89] Kurzum, seine Kompetenzen erstreckten sich auf alle wesentlichen betrieblichen Produktionsentscheidungen. Seine Sachkenntnis machte ihn, wie auch werksinterne Äußerungen bestätigten,[90] vor allem für die Besatzungsmacht zum wertvollen Ansprechpartner. Trotz seiner hierarchischen Überordnung schien sich die Einflussnahme von Babos auf formale Aspekte, z.B. den Empfang von Delegationen, zu beschränken. Hüttendirektor Franz, wie er nun bezeichnet wurde, verfügte über das größere Produktionswissen, auch weil er die alten Informationskanäle des Flick-Konzerns nutzte. Manchmal setzte er den Chefdirektor über seine Verhandlungsergebnisse nur in Kenntnis.[91]

Die Periode als Sowjetische Aktiengesellschaft (SAG)

Dem sächsischen Volksentscheid vom Juni 1946 folgte die Übernahme weiter Teile der SBZ-Industrie durch die Landesverwaltungen. Im Gegenzug errichtete die Besatzungsmacht in Schlüsselbereichen einen direkten Zugriff auf die Betriebe, um die Reparationslieferungen aus der laufenden Produktion zu sichern.[92] Zusammen mit rund 200

87 ThStA Rudolstadt, Maxhütte Unterwellenborn, B 61. Aktenvermerk (Franz). Vertreter der Werkleitung im Gespräch mit Boleuch (SMAD) und Strauß, Zaulick (DZVI), 6.4.1946.

88 ThStA Rudolstadt, Maxhütte Unterwellenborn, B 61. Hüttendirektor Franz: Merkpunkte für Besprechung mit Kapitän Kleinermann (SMA Weimar), 24.5.1946.

89 ThStA Rudolstadt, Maxhütte Unterwellenborn, B 61. Franz an Abt. Einkauf, 14.6.1946.

90 Vgl. von Babos spätere Einschätzung, Franz sei von der SMA protegiert worden: ThStA Rudolstadt, Maxhütte Unterwellenborn, B 60. Niederschrift (Prokurist Sänger) über Besprechung in der Maxhütte am 29. März 1947 (anwesend u.a. SMA Weimar, Ministerialdirektor Frommhold, Landesamt für Wirtschaft, sowie Führungskräfte des Werkes), 2.4.1947.

91 ThStA Rudolstadt, Maxhütte Unterwellenborn, B 61. Schreiben Franz an v. Babo über Besprechung in Karlshorst (SMAD), 14.6.1946.

92 Vgl. SMAD-Befehl Nr. 167 vom 5.6.1946 betr. Überführung von Unternehmen in Deutschland in den Besitz der Sowjetunion als teilweise Befriedigung der Reparationsansprüche der UdSSR, vgl. Sattler, Bd. 1, S. 269; Steiner, Plan zu Plan, S. 30 u. 32.

anderen SBZ-Industriebetrieben wurde die Maxhütte aus der bisherigen Sequesterverwaltung in eine Sowjetische Aktiengesellschaft (SAG) überführt. Vom Anspruch her war die Maxhütte innerhalb des laufenden ersten sowjetischen Fünfjahrplanes der Nachkriegszeit (1946–1950) direkt der Plankommission bzw. dem Ministerrat der UdSSR unterstellt.[93] Als Aufsichtsorgan existierte in Berlin-Weißensee eine Hauptverwaltung für sowjetisches Eigentum in Deutschland, die mehrere Hüttenwerke der sowjetischen Zone zur „Aktiengesellschaft für Metallurgie“, genannt SAG Marten, zusammenschloss. Neben der Maxhütte gehörten zu „Marten“ das Eisenhüttenwerk Thale, das Walzwerk Hettstedt sowie die kleinen Stahlwerke Magdeburg und Silbitz.[94]

In der Maxhütte wurde ein sowjetischer Generaldirektor eingesetzt, der dem Mitarbeiterstab der SMAD entstammte: Taras M. Klimow war zwar Offizier, vor allem aber Hüttenfachmann.[95] Über die SAG ist Vieles gemutmaßt worden, ohne dass konkretisierende Fallstudien erfolgten. Wie im Fall der Maxhütte mag dies mit der allgemein spärlichen Quellenüberlieferung in deutschen Archiven zusammenhängen. Zu den ökonomisch bedeutenden Forschungsfragen gehört, welche Position die SAG im Bewirtschaftungs- und aufkommenden Plansystem einnahmen. In einer Moskauer Rede von Volkskommissar Anastas Mikojan wurden die eingesetzten Direktoren als „Kolonisten“ bezeichnet, die einen „harten Kampf“ um die sowjetischen Interessen zu führen hätten, selbst wenn die Rote Armee aus Deutschland zurückgezogen werde.[96] Wie zurecht angemerkt wird, kann aus dem angedachten „Kolonisierungsauftrag“ nicht geschlossen werden, dass die SAG im Hinblick auf die Errichtung der zentralen Planwirtschaft eine Modellfunktion hatten.[97] Die DDR-Historiografie hatte ihnen eben diese Rolle zugeschrieben, denn Wirtschaftshistoriker wie Wolfgang Mühlfriedel sahen die SAG als „Lehrbeispiel dafür, wie die in gesellschaftliches Eigentum übergegangene industrielle Großproduktion zu reorganisieren [war] und nach welchen Maßstäben und Kriterien [sie] geleitet werden“ musste.[98] Als Charakteristika – auch im Hinblick auf Governance – hob Mühlfriedel hervor: (a) die Reform des Planungs- und Leitungssystems durch einfachen Aufbau und klare Linien, (b) die Kollektivität der sowjetischen Leitung bei sorgfältiger Kaderauswahl, (c) die gründliche Beratung der

93 Sattler, Bd. 1, S. 270.
94 Kinne, S. 166.
95 Sattler, Bd. 1, S. 270. Kinne, S. 166.
96 Karlsch, Allein bezahlt, S. 111.
97 Bähr, Johannes/Karlsch, Rainer: Die sowjetischen Aktiengesellschaften (SAG) in der SBZ/DDR, in: Lauschke, Karl/Welskopp, Thomas: Mikropolitik im Unternehmen. Arbeitsbeziehungen und Machtstrukturen in industriellen Großbetrieben des 20. Jahrhunderts, Essen 1994, S. 224.
98 Mühlfriedel, Wolfgang: SAG-Betriebe – Schulen des Sozialismus. Eine Skizze der historischen Entwicklung des staatlichen sowjetischen Eigentums an industriellen Produktionsmitteln in der sowjetischen Besatzungszone und in der Deutschen Demokratischen Republik, in: Jahrbuch für Wirtschaftsgeschichte 1980/4, S. 166. Vgl. auch: Mühlfriedel/Wießner, Geschichte der Industrie der DDR, S. 59.

deutscher Leitungskader, die schrittweise zu deren Selbstständigkeit beitrug, (d) die personelle Kontinuität bei Vertretern der wissenschaftlich-technischen Intelligenz.

Die Funktion der SAG als „Musterbetriebe" ist schon allein aus gesamtwirtschaftlichen Erwägungen in Zweifel zu ziehen, weil sie innerhalb des Bewirtschaftungssystems eine stark begünstigte Stellung einnahmen. Sie erhielten höhere Material- und Stromkontingente, konnten durch Zahlung höherer Löhne leichter Arbeitskräfte werben und empfingen aus öffentlichen Haushalten hohe Subventionsleistungen.[99] Durch ihre privilegierte Selbstbehauptung gegenüber anderen Betrieben entwickelten sie sich vielmehr zum Störfaktor bei der Errichtung einer zentral geplanten Bewirtschaftung. Auch im Hinblick auf die Personalstrukturen wurde die „Legende" des „planwirtschaftlichen Musterbetriebs" SAG entlarvt: Vielmehr seien die SAG als „Reservate" anzusehen, „in denen sich die vor der Systemtransformation bestehenden Leitungs- und Sozialstrukturen länger behaupteten als in den VEB."[100] Am Beispiel der sieben Monate währenden SAG-Phase der Maxhütte können diese Argumente in Bezug auf die Betriebsführung und Governance, aber auch bezüglich der wirtschaftlichen Effekte der Eigentumsübertragung verifiziert werden.

Mit der Installierung des sowjetischen Generaldirektors kehrte in die Maxhütte das harte, militärisch geprägte Regime zurück, das durch die sowjetische Besetzung der Hüttenwerke in der unmittelbaren Nachkriegsphase bekannt war.[101] Die Form des militärischen Befehls wurde für werksinterne Anweisungen wieder üblich, und Generaldirektor Klimow löste einige Konfliktsituation mit diesem Mittel. Zwei werksintern erlassene Befehle bedeuteten starke Eingriffe in Personalangelegenheiten auf der Leitungsebene. Im September 1946 hatte Prokurist Sänger offensichtlich eine Drehbank erworben, diese dann gegen einen Personenwagen eingetauscht und sich Wagenpapiere beim Landratsamt Saalfeld besorgt, ohne aber die Direktion in Kenntnis zu setzen. Dieses Handeln legte ihm Klimow als Ausnutzung dienstlicher Vollmachten zu persönlichen Zwecken aus. Sänger musste den „ungesetzlich gekauften Wagen" sofort in Betriebseigentum übergeben und sollte als Leiter der Abteilung Einkauf und Verkauf abgesetzt und in eine andere Stellung im Betrieb versetzt werden.[102] Außerdem wurde der kaufmännische Direktor Josef Baumann angehalten, die Kontrolle der kaufmännischen Arbeit des Betriebes zu verstärken. Bald darauf geriet er allerdings selbst ins Visier der sowjetischen Generaldirektion, als diese im Januar 1947 Mängel in der Beschickung der Hochöfen konstatierte. Die daraus resultierenden Stillstände wurden der Abteilung Wareneinkauf angelastet, weil sie die Lieferanweisungen in

99 Steiner, Plan zu Plan, S. 31; Bähr/Karlsch, Sowjetische Aktiengesellschaften, S. 220–225. Im Gegensatz z.B. zu Kinne, S. 383 u. DDR-Autoren vor 1989/90.

100 Großbölting, Thomas: Zwischen „Klassenfrieden" und diktiertem Klassenantagonismus – Unternehmer und Belegschaft in Privatbetrieben der Sowjetischen Besatzungszone und der frühen DDR, in: Zeitschrift für Unternehmensgeschichte 47 (2002), S. 28.

101 Vgl. zur Demontage des SWW Hennigsdorf im Sommer 1945, Kap. II, 2.1.

102 ThStA Rudolstadt, Maxhütte Unterwellenborn, Nr. B 61. Bekanntmachung Befehl Nr. 2 des Generaldirektors Klimow für das Hüttenwerk, 16.9.1946.

Bezug auf Glas, Dolomit, aber auch Schuhwerk nicht korrekt umsetze und die Überstandszeiten der Bahnwaggons nicht in den Griff bekomme. Der kaufmännische Direktor Baumann sei zur Leitung seiner Abteilung nicht fähig, zeige wenig Interesse und müsse daher sofort entlassen werden.[103]

Neben diesen harten, aber punktuellen Eingriffen ist keine Veränderung im Personalgefüge der Werkleitung festzustellen. Vielmehr lässt sich die oben genannte These der Konservierung bestehender Leitungsstrukturen erhärten, auch wenn eine neue Kollektivität in der Zeichnung von Schriftstücken feststellbar war. Im Oktober 1946 firmierte auf dem neuen Briefkopf die Werkleitung als Trio unter folgender Reihung der Namen: „Generaldirektor Klimow, Chefdirektor von Babo, Direktor Franz".[104] Als sowjetischer Einfluss lässt sich die Tendenz zur Hierarchisierung der Governance im Sinne einer Bürokratisierung deuten.[105] Sie mündete vor allem in der formalen Überordnung von Babos gegenüber Franz. Schon im April 1946 war klargestellt worden, dass die von Franz ausgeübte Treuhandschaft auf von Babo überging und der Erstgenannte nur noch als technischer Direktor gelte.[106] Durch die Errichtung der sowjetischen Generaldirektion im Werk büßte Franz seine vorherigen Vorteile real ein: Sein privilegierter Zugang zu den übergeordneten sowjetischen Instanzen ging verloren, weil die Kontakte nicht mehr über seinen Schreibtisch liefen, sondern innerhalb des Werkes auf direktem Weg erfolgten. Seine Möglichkeiten zum autonomen Handeln entfielen, sodass sein Herrschaftswissen um strategische Planungsmöglichkeiten mit knappen Ressourcen nicht mehr so stark wog.

Als Schlüsseldokument für die Verschiebung in der Leitungshierarchie lässt sich eine Quelle anführen, die eine Woche nach der Rückgabe der Maxhütte aus sowjetischem Besitz an das Land Thüringen entstand. Von Babo leitete die Anfrage der Industrieabteilung der sowjetischen Militärkommandantur Saalfeld nach statistischen Aufstellungen mit einer handschriftlichen Notiz weiter: „Ich beauftrage die Herren Becker, Franz, Schubert, Sänger mit der Besprechung der Angelegenheit: Federführend ist Herr Franz, der die einzelnen Sachbearbeiter (Maruska, Köhler etc.) beauftragt. Ich ordne ausdrücklich an, die Produktionsmöglichkeiten nicht zu hoch anzusetzen."[107] Diese

---

103 ThStA Rudolstadt, Maxhütte Unterwellenborn, B 61. Befehl Nr. 7 des Generaldirektors Klimow für das Hüttenwerk, 7.1.1947.

104 Vgl. ThStA Rudolstadt, Maxhütte Unterwellenborn, B 61. Werksinterne Anweisung zur Erweiterung der Fernsprechanlage, 12.10.1946.

105 Vgl. Marl, Stephan: Gibt es eine spezifische russische Wirtschaftskultur? Reflexionen über die administrative Kommandowirtschaft und ihre Nachwirkungen bis heute, in: Abelshauser, Werner/ Gilgen, David A./Leutzsch, Andreas (Hrsg.): Kulturen der Weltwirtschaft, Göttingen 2012, S. 85–113; Steiner, Plan zu Plan, S. 31.

106 ThStA Rudolstadt, Maxhütte Unterwellenborn, B 71. Von Babo an das Postamt Saalfeld zur Klärung der Rechtsverhältnisse im Geschäftsgang, 10.4.1946.

107 ThStA Rudolstadt, Maxhütte Unterwellenborn, B 71. Handschriftliche Notiz des Chefdirektors von Babo auf einem Schreiben der Militärkommandantur Saalfeld an den Direktor der Maxhütte vom 6. März 1947, 7.3.1947.

Passage ist nicht nur ein Zeugnis für die Überordnung des Chefdirektors, die sich in seiner Kompetenz zur Delegation von Aufgaben ausdrückte, sondern auch für die Taktik, gegenüber kontrollierenden Stellen die Kapazitäten des Werks nach Möglichkeiten zu verschleiern.

Die Sowjets verfolgten einen ambivalenten Kurs bezüglich der Einflussnahme auf Governanceentscheidungen. Zum einen waren die gewählten Arbeitervertreter für sie wichtige Ansprechpartner, wie es die sowjetischen Offiziere schon 1945 bei der Einrichtung der Werkskommissionen praktiziert hatten. Zum anderen herrschte in der sowjetischen Militärverwaltung naturgemäß ein starker Hierarchiesinn vor, der zur Konsolidierung der Position von Babos als Chefdirektor beitrug. Die Ambivalenz beider Aspekte kommt in einer Anfrage von Babos im Januar 1947 zum Ausdruck: Er bat den Betriebsrat „gegenüber den Russen ein Machtwort [zu] sprechen, da die ihn immer verantwortlich machen würden, wenn etwas nicht klappt.“[108] Dass der Chefdirektor beim Betriebsrat Unterstützung suchte, ist durchaus bemerkenswert, dürfte aber dennoch nicht die eigentliche Machtverteilung innerhalb des Werkes und die Aktionsmöglichkeiten gegenüber den Organen der Besatzungsmacht widerspiegeln.

Im Einzelnen ist es schwer zu rekonstruieren, welche betrieblichen Bereiche eindeutig unter deutsche und welche unter sowjetische Governance fielen. Im operativen Betrieb und in der Produktion wurde sicherlich noch vieles von der deutschen Werkleitung entschieden, während sich die sowjetische Generaldirektion auf die Formulierung von Forderungen beschränkte und deren Erfüllung überwachte. Die Literatur berichtet über manche Eigenarten in den SAG-Betrieben, wie z.B. die Weigerung mancher sowjetischer Generaldirektoren, eine betriebliche Lehrlingsausbildung zuzulassen.[109] Die Beantwortung solcher Fragen würde für die Maxhütte eine genauere Untersuchung erfordern, doch lässt sich für unsere Zwecke festhalten, dass die Hauptfunktion der sowjetischen Generaldirektion in der Kontrolle lag, obwohl sie sich die Leitung mancher Aufgabenbereiche, die ihr einen Imagegewinn versprachen, vorbehielt, z.B. die werksinterne Verteilung von Rauchwaren.[110] Punktuelle Eingriffe, auch im Personalbereich, trugen militärische Züge. Für die postulierte Anleitung der deutschen Werkleitung hinsichtlich einer sorgfältigen Kaderauswahl gibt es hingegen keine Anhaltspunkte. Überhaupt ist von einer Zunahme der Planorientierung oder bürokratischen Verbesserungen wenig zu erkennen.[111]

Die Rückgabe der SAG Maxhütte in deutsches Eigentum hing mit dem Subventionsbedarf angesichts der anhaltend schlechten Betriebsergebnissen zusammen. Trotz der privilegierten Stellung im Bewirtschaftungssystem, die höhere Material- und Energiekontingentzuteilungen möglich machte, waren grundlegende ökonomi-

---

108 Kinne, S. 167.

109 Hoffmann, Aufbau und Krise, S. 234.

110 ThStA Rudolstadt, Maxhütte Unterwellenborn, BGL 482. Kommentar des BGL-Sekretärs zur Urteilsverkündung im Babo-Prozess, 7.5.1948.

111 Vgl. Steiner, Plan zu Plan, S. 31.

sche Größen nicht verstellbar. Diese basierten auf der beschriebenen Erhöhung der Selbstkosten (Löhne und Inputs) in der Nachkriegszeit. Wie gesehen, ließ sich 1947/48 die monatliche Durchschnittsproduktion an Roheisen aufgrund der Problem in der Versorgungs- und Transportsituation kaum steigern.[112]

3 Umbruch zum SED-Betriebsregime

3.1 Schneidergeselle Hensel als Leiter der Maxhütte

Mit dem Abzug der sowjetischen Generaldirektion aus der Maxhütte änderte sich die Situation in Vielem. Die Ereignisse nach der Überführung in Landeseigentum demonstrierten, dass die sowjetische Protektion ursächlich für den Verbleib der alten Betriebselite war. Als erster geriet Direktor Franz in die Schusslinie: Schon Ende Februar 1947 kam von Babo mit den Verantwortlichen des Weimarer Landesamtes für Wirtschaft überein, dass man einen „Fachmann wie Dir. Franz [...] vielleicht als beratende Fachkraft" halten solle.[113] Schon bald wurde Franz jedoch aus politischen Gründen als nicht mehr tragbar angesehen. Am 29. März fiel die Entscheidung, ihn als technischen Direktor abzulösen: Am Vormittag nahm er noch an der Sitzung des Produktionsausschuss teil, und nachmittags war er bei der Sitzung des Verwaltungsrates nicht mehr anwesend.[114] Drei Tage später wurde der Ingenieur Peters zu seinem Nachfolger ernannt.

Zur Begründung ließ sich Ministerialdirektor Ernst Frommhold, ein alter KPD-Mann, über die „herrschenden Zustände" in der Maxhütte aus.[115] Dass das Werk „sehr schlecht" arbeite, begründete er mit den hohen Defiziten gegenüber der Flick-Zeit, wobei er die Verteuerung der Rohstoffe, nicht aber die gestiegenen Arbeitskosten erwähnte. Als Hauptgrund nannte er jedoch, dass Organisation und Aufbau „nicht einwandfrei" funktionierten. Indikator dafür seien starke Produktionsschwankungen, weil es an Disziplin fehle: „Die Aussenwelt ist der Ansicht, dass es in der Hütte nicht mit rechten Dingen zugeht und schiebt diese Zustände auf einen Punkt: generelle Führung." Während mit der „Ansicht der Aussenwelt" vor allem die erweiterte Machtbasis der SED in der Gesellschaft gemeint sein dürfte, machte Frommhold interessanterweise die Governance für die betrieblichen Missstände verantwortlich.

Die Entlassung Franz' war der erste sichtbare Schritt zur Reorganisation der Maxhütte, den Chefdirektor von Babo mit folgenden Hinweisen kommentierte: Um

112 Kap. I., 2.4.1.

113 ThHStA Weimar, LAW, Nr. 452. Niederschrift über die Besprechung im Landeswirtschaftsamt Weimar: von Babo, Kohlitz, Leisenberg (für SAG zuständig), 26.2.1947.

114 ThStA Rudolstadt, Maxhütte Unterwellenborn, B 60. Sitzungen des Produktionsausschusses und des Verwaltungsrates, 29.3.1947.

115 Ebd.

einen „ordnungsgemäßen Ablauf der Produktion zu gewährleisten", sei gegenüber den zurückliegenden Umbrüchen „unbedingte Ruhe" erforderlich. Rechtfertigend räumte er ein, dass er zu lange an Franz festgehalten und die Fähigkeiten seines designierten Nachfolgers Peters unterschätzt habe. Angesehen von der unzweifelhaften Kompetenz Franz' auf seinem Fachgebiet habe ihn die SMA stets protegiert. Die Ruhe, die sich von Babo wünschte, trat indes nicht ein, denn von Seiten der thüringischen SED hielt der Druck auf die Werkleitung an. Er weitete sich zu einem jüngst als „Maxhütten-Äffäre"[116] bezeichneten Konfliktfall aus. Dessen Kern bildete die Verhaftung dreier wichtiger Angehöriger der Werkleitung durch die Kriminalpolizei am 31. Mai 1947: Chefdirektor von Babo selbst, der Prokurist Willi Sänger sowie der Betriebsratsvorsitzende und Werkschutzleiter Heinrich Becker, die von Babo zuvor in die Werkleitung eingebunden hatte. Daneben geriet im Thüringischen Wirtschaftsministerium der Oberregierungsrat Alfred Kohlitz, ein Mitarbeiter der Industrieabteilung, unter Beschuss.

Seit Beginn der Affäre bestand der Verdacht auf „Schiebergeschäfte in Millionenhöhe". Die anfangs verbreitete Version, dass Kohlitz diese Geschäfte aufgedeckt habe, die Maxhüttendirektoren sich jedoch gegen ihn behaupteten und der Ministerialvertreter daraufhin im Juni 1947 nach Westen floh, kann durch die Verhaftung von Babos als widerlegt gelten.[117] Kohlitz hatte im Auftrag des Wirtschaftsministeriums für kurze Zeit die Leitung der Maxhütte übernommen, sich dabei aber „wie der Elefant im Porzellanladen" verhalten, so das Urteil des Betriebsrates vom 29. März 1947, als das Intermezzo bereits der Vergangenheit angehörte.[118] Dass es sich um einen Konflikt innerhalb der SED handelte, trifft zu, nur war es in diesen Fällen kaum denkbar, dass sich die höhere Parteiebene nicht durchsetzte. Zur richtigen Beurteilung von Personalkonflikten ist die Einbeziehung der Schriftstücke auf mehreren Ebenen notwendig. Da selten „Klartext" geredet wurde, führt die Interpretation allein auf Basis der Betriebsakten oder der Ministerialakten meist zu Fehlurteilen, zumal sich meist noch die SED mit ihren Kontrollorganen einschaltete. Für eine genaue Rekonstruktion der Konfliktlagen fehlt eine solche Aktenbasis, doch lassen sich aus einem Kommentar zu dem schließlich gefällten Prozessurteil vom Mai 1948 Rückschlüsse ziehen.[119]

Die Anklage gegen von Babo, Sänger und Becker erfolgte wegen Verstoßes gegen das Kontrollratsgesetz Nr. 50[120] und die Kriegswirtschaftsverordnung. Der Kommentar nahm sich der angeblichen „Laxheit" des Urteils an, nachdem „man [...] von diesem

116 Kachel, Steffen: Ein rot-roter Sonderweg? Sozialdemokraten und Kommunisten in Thüringen 1919 bis 1949, Köln/Weimar/Wien 2011, S. 427f.

117 Im Gegensatz zu ebd., S. 427.

118 ThStA Rudolstadt, Maxhütte Unterwellenborn, B 60. Protokoll der Sitzung des Verwaltungsrates, 29.3.1947.

119 ThStA Rudolstadt, Maxhütte Unterwellenborn, BGL 482. Kommentar des BGL-Sekretärs zur Urteilsverkündung im Babo-Prozess, 7.5.1948.

120 Kontrollratsgesetz Nr. 50. Bestrafung der Entwendung und des rechtswidrigen Gebrauchs von zwangsbewirtschafteten Nahrungsmitteln und Gütern und von Urkunden, die sich auf Zwangs-

Prozess ursprünglich mehr erwartet [hatte], als die Verhandlungen ergaben". Indessen spricht die Analyse eine andere Sprache: Die Urteilsbegründung erhielt keine Anhaltspunkte für Sabotage oder für Veruntreuungen bei Einführung des Schnellbauverfahrens. Im Gegenteil habe von Babo versucht, Schaden von der Maxhütte abzuwenden. Auch die Rauchwarenzuteilung ab dem 1. März 1947 geschah nicht zum eigenem Vorteil, sondern wurde im Einverständnis mit dem Betriebsrat abgezeichnet, daher lag keine Untreue und kein Verstoß gegen Verbrauchsvorschriften vor. Dieser Anklagepunkt wurde ebenso fallen gelassen wie derjenige der „Gefährdung der Volksernährung", weil von Babo Kartoffeln an Arbeiter in der Werksküche verteilen ließ, ohne dass Zuteilungsmarken vorlagen. Zu den Kompensationsgeschäften wurde erklärt, dass diese während und vor der SAG-Zeit in großem Umfang betrieben wurden, doch nach dem 1. März 1947 nur noch darauf zielten, für die Werksküche zu sorgen und die technische Voraussetzungen für den Betrieb zu erhalten. Interessanterweise standen im Prozess nur Vergehen aus der vergleichsweise kurzen Zeit nach der SAG-Phase zur Debatte. Dies erklärt auch den Rekurs auf das Kontrollratsgesetz Nr. 50, das erst am 7. April 1947 in Kraft trat. Schließlich sah das Urteil die Angeklagten aber als verantwortlich „für das von ihnen ausgeübte System" an, weil die Genehmigung von Ministerialdirektor Frommhold gefehlt habe. Von Babo treffe als Chefdirektor eine erhöhte Verantwortung. Die im Kontrollratsgesetz vorgesehene Mindeststrafe von sechs Monaten Haft sei daher zu überschreiten. Von Babo wurde zu einem Jahr Gefängnis plus Geldstrafe, Becker und Sänger zu jeweils neun Monaten verurteilt. Die beiden letzteren fielen unter Amnestiebestimmungen, doch auch von Babo war bald zu entlassen, weil die Untersuchungshaft angerechnet wurde. Der Prozess war ein früher Fall politischer Justiz im Wirtschaftssektor. Im Vordergrund stand nicht die Bestrafung etwaiger Verfehlungen, sondern die Aburteilung missliebiger Persönlichkeiten, die für die Leitung des nunmehr landeseigenen Betriebes unerwünscht waren. Im Ergebnis führte das Urteil einen starken Bruch mit dem Werksregime der ersten Nachkriegsphase herbei.

Neben dem Druck der SED baute sich auch innerhalb der Maxhütte eine Drohkulisse gegen belastete Führungskräfte auf. Nach dem Abzug des Sowjets bildete sich ein sog. Bereinigungsausschuss, dessen Untersuchungstätigkeit auf der Entnazifizierungsgesetzgebung basierte. Im Mai 1947 erhob er die Forderung nach fristloser Entlassung von zwei Dutzend Angestellten des kaufmännischen und technischen Bereichs, darunter die Hochofeningenieure Lux und Lewalter sowie der Walzwerksingenieur Herbert Grünn, und brachte dies der SMA Thüringen vor.[121] Grünn war der ehemalige Demontageleiter in Freital, bevor er 1946 nach einer Interimstätigkeit als Lagerverwalter beim Sächsischen Industriekontor zur Maxhütte wechselte. Über

bewirtschaftung beziehen vom 20. März 1947, in: Amtsblatt des Kontrollrats in Deutschland Nr. 14 vom 31.3.1947, S. 266.

121 ThStA Rudolstadt, Maxhütte Unterwellenborn, B 61. Schreiben des Betriebsrats Unterwellenborn (Brückner) an die SMA Thüringen, 12.5.1947.

die gesamte Periode der nationalsozialistischen Herrschaft war er Parteimitglied gewesen und hatte in den beiden letzten Kriegsjahren die Funktion eines Kolonnenführers beim NS-Kraftfahrkorps ausgeübt.[122] Obgleich ihn der Bereinigungsausschuss auf Basis der Kontrollratsdirektive Nr. 24 vom 12. Januar 1946 als belastet einstufte (was allerdings nach dem Gesetzestext nicht haltbar war), bezeichnete er die Entlassung als undurchführbar, weil Grünn wegen seines fachlichen Know-how für den Betrieb unentbehrlich sei. Wie alle anderen betroffenen Angestellten verblieb der Hochofeningenieur im Werk und wurde Ende 1947 sogar zum Walzwerkschef befördert. Trotz des Drucks des Betriebsrates und des genannten Ausschusses blieb der von der Werksbasis ausgehende Einfluss auf den Personalwechsel gering, insbesondere, wenn dringend benötigte Ingenieure zur Debatte standen. Die Spielräume für die Entlassung NS-Belasteter innerhalb des Kreises der Fachkräfte waren außerordentlich klein. Berufliche Entfernungen auf Basis von Entnazifizierungsentscheidungen erfolgten nur, wenn zugleich andere Fragen der Governance auf Werkleitungsebene tangiert waren.

Infolge des Bruchs mit dem Werksregime der Nachkriegszeit entstand in der Maxhütte ein machtpolitisches Vakuum. Die Werkleitung war abgesetzt, aber auf der zweiten Leitungsebene herrschte personelle Kontinuität vor. Hier setzte der Aufstieg des Schneidergesellen Helmut Hensel ein, dessen Leitung der Maxhütte in der DDR zum Gegenstand einer literarischen Mythenbildung wurde. 1957 publizierte der Literat F.C. Weiskopf die Anekdote „Stahl". In diesem 15-zeiligen Text stand der von der „Partei der Arbeiterklasse" als Werkleiter eingesetzte Schneidergeselle Hensel „einer schier unübersteigbaren Mauer des Mißtrauens und der Geringschätzung gegenüber."[123] Nach dem Gesagten könnte diese Ausgangskonstellation durchaus der Situation im April 1947 entsprochen haben, als Hensel auf die Position des Leiters der Maxhütte gesetzt wurde. Die Klimax der halbseitigen Kurzgeschichte bestand im Vorwurf der Ingenieure, er habe noch nie ein Stück Stahl in der Hand gehabt, worauf Hensel erwiderte: „Doch die Nadel." Mit dieser Bemerkung sei die erste Bresche geschlagen worden und Hensel, der nachts studierte und tagsüber Anordnungen gab, habe im Jahr darauf „Achtung [...] erworben wie kein ‚gelernter Direktor' vor ihm".

Ganz so harmonisch ging es bei der Ernennung von Helmut Hensel zum Werkleiter nicht zu. Es trifft zwar zu, dass der 1910 in Jena geborene Hensel von 1924 bis 1928 eine Lehre als Zuschneider machte und dann in verschiedenen Berufen arbeitete, doch durchlief er parallel eine langjährige kommunistische Parteikarriere.[124] Diese begann 1924 in der Sozialistischen Arbeiterjugend, wo binnen weniger Jahre in die Bezirksleitung aufstieg. 1933 tauchte Hensel unter und setzte seine Parteiarbeit als

122 BStU, BV Gera, AGI 345/56. Personalakte des inoffiziellen Mitarbeiters Nr. 1293/54 (Deckname „Eisen") [1954].

123 Weiskopf, Franz Carl: Stahl, in: Neue Deutsche Literatur 5 (1957), S. 115. Mehrfacher Wiederabdruck, u.a. Dietz-Verlag (1960).

124 ThStA Rudolstadt, Maxhütte Unterwellenborn, Nr. 2272. Lebenslauf Helmut Hensel [1947].

Illegaler zunächst in Thüringen, dann ab 1934 in Prag und ab Juli 1939 in England fort. Nachdem er dort 1940/41 kurzzeitig interniert und danach bis Kriegsende als Holzfäller beschäftigt war, kehrte er im September 1946 nach Thüringen zurück, wo er auf Geheiß des SED-Zentralsekretariats als Betriebsgruppensekretär in der HV landeseigene Betriebe eingesetzt wurde. Auf dieser Position schürte er die Verdachtsmomente gegen von Babo, bis er selbst dessen Nachfolge antrat.

In den ersten vier Monaten war Hensel nur kommissarisch tätig, bis er im September 1947 zum hauptamtlichen Werkleiter ernannt wurde. Aufschlussreich war zu diesem Anlass eine Ansprache von August Kunze (SED), dem früheren Sekretär der Thüringer Angestellten-Gewerkschaft, der bis Sommer 1948 Chefdirektor der thüringischen Hauptverwaltung landeseigener Betriebe war.[125] Vor einem kleinen Kreis vertrauter Mitarbeiter ließ er den Umbruch im Mai Revue passieren, den er als „verhältnismäßig harten Eingriff" und „tiefsten Tiefpunkt" charakterisierte.[126] Dank der Verdienste einer Gruppe „beherzter, aufrechter Männer [gelang es,] die abwärtsneigende [sic] Linie in das Gegenteil umzuwandeln." Hensel habe als Werkleiter bewiesen, dass in ihm,

> diesem schlichten Mann, [...] eine gute, sagen wir ruhig demokratische Führerpersönlichkeit steckt, dass er ein Mann ist, der geladen mit Energie, mit Verständnis für die Nöte der Arbeiterschaft und vor allen Dingen ausgestattet mit einem gesunden Menschenverstand, in der Lage ist, die Schwierigkeiten des Werkes zu meistern.

Nach den Kämpfen der Vergangenheit sollte er der „ruhende Pol" im Werk sein.

Der Personalchef der HV landeseigener Betriebe Rudi Steinwand sprach von „Kämpfen, die stattgefunden haben", aber die Versammelten hätten um „Hensel gekämpft" und seien „Sieger geblieben." Diese Worte schlossen sich an die Warnung vor dem Feind im Inneren an, auf den Kunze zuvor nachdrücklich hingewiesen hatte: „Wir müssen alle Kräfte anspannen, sofern sich solche Schädlinge in diesem Betrieb auch nur bemerkbar machen, mit aller Rücksichtslosigkeit durchzugreifen, sie festzustellen und zur Verantwortung zu ziehen." In der Zuhörerschaft, einem ausgewählten SED-nahen Kreis, sollte die Vorstellung gefestigt werden, dass innerhalb der Maxhütte ein Kampf gegen Verführer und Saboteure stattfinde und klassenbewusste Wachsamkeit gefordert sei. Hensel sei der „Typ des Betriebsleiters, den wir heranbilden müssen für unsere Betriebe". Entsprechend war die Hauptaufgabe des neuen Werkleiters, einerseits die Nähe zur Arbeiterschaft zu pflegen und andererseits die Integration der alten Kräfte herbeizuführen. Durch diesen Zuschnitt der Werkleiterposition rückte das traditionelle Profil einer Führungspersönlichkeit aus dem Stahlwerksbereich in den Hintergrund. Gegenüber dem Nachkriegsregime, das noch

---

125 Kachel, Ein rot-roter Sonderweg, S. 427.

126 ThStA Rudolstadt, Maxhütte Unterwellenborn, B 48. Ansprache von Chefdirektor Kunze, HV landeseigene Betriebe, in der Maxhütte sowie Diskussionsbeiträge zur Entwicklung des Werks, 19.9.1947.

Fachleuten den Vorzug gab, war zu diesem Zeitpunkt allein die politische Zuverlässigkeit gefragt.

Regelmäßig fanden Betriebsleiterbesprechungen statt, die sich vorrangig mit Fragen der technischen, seltener der kaufmännischen Governance beschäftigten. Unter Leitung des technischen Direktors nahmen an ihnen die wichtigsten Ingenieure bzw. Leiter der Werksabteilungen teil. Unter dem Namen Betriebsbesprechung war das Gremium bereits unter der Leitung des technischen Direktors Franz bekannt gewesen. Außer einem Vertreter des Betriebsrates waren keine Arbeitervertreter zugeladen. Im September 1947 trafen sich die Leitungskräfte unter weitgehendem Ausschluss der Arbeiterbasis z.B. jeden Morgen um 8 Uhr im Büro der technischen Leitung.[127]

Den Betriebsleiterbesprechungen übergeordnet waren die zwei Mal wöchentlich stattfindenden Werkleitersitzungen. Vor der Stellenbesetzung mit Hensel trafen sich auch hier Betriebsdirektoren des Werkes im kleinen Kreis und allein der Betriebsratsvorsitzende war eingeladen. Diesen Zustand veränderte Hensel sukzessive. Zum einen lassen sich im September 1947 sog. technische Ausschusssitzungen nachweisen, die die Betriebsleitung unter Hinzuziehung der SED-Betriebsgruppe und eines sog. Arbeitsausschusses einmal wöchentlich im Sitzungszimmer der Werkleitung zusammenrief. Zum anderen wurden zu den eigentlichen Werkleiterbesprechungen nun die betrieblichen SED-Vertreter geladen.[128] Unter der Leitung Hensels wurde die Bedeutung der Staatspartei in der Werkleitung sichtbar aufgewertet.

Als Unterbau zu diesen Kollektivorganen der betrieblichen Leitung bildeten sich in der Maxhütte die für die SBZ typischen Kommissionen, die nicht nur in den Betrieben, sondern allgemein in der Gesellschaft ihren festen Platz hatten. Im September 1947 existierten nicht weniger als 13 Kommissionen, von denen die meisten wöchentlich zusammenkamen:[129] Im Sitzungszimmer der technischen Leitung fanden sich die Arbeitsschutz-, die Lohn-, die Einstellungs- und Entlassungs- sowie die Wirtschafts- und Produktionskommission ein. Im Schulungsraum des Speisehauses berieten die Küchen-, die Frauen- und die Schlichtungskommission, während die Schulungskommission im SED-Betriebsgruppenzimmer tagte. Daneben bestand eine Sozialkommission, die sich im Gasthaus Naumann traf, um über eingereichte Anträge zur sozialen Betreuung von Werksangehörigen zu beraten. Außerdem gab es je nach Bedarf eine Hitze-, eine Kultur-, eine Wohnungs- und eine Jugendkommission. Allgemein beschäftigten sich diese Gruppen mit dem Beratungs- und Vorschlagswesen, reagierten auf Anregungen aus der Belegschaft und dienten insgesamt zur Bindung

127 ThStA Rudolstadt, Maxhütte Unterwellenborn, B 60. Interne Aufstellung zur Neueinteilung der wöchentlichen Besprechungen, 25.9.1947.

128 Vgl. z.B. ThStA Rudolstadt, Maxhütte Unterwellenborn, B 60. Protokoll der Werkleiterbesprechung, 23.1.1948.

129 ThStA Rudolstadt, Maxhütte Unterwellenborn, B 60. Interne Aufstellung zur Neueinteilung der wöchentlichen Besprechungen, 25.9.1947.

der Arbeiter an das Werk. Sie realisierten die betrieblichen Mitspracherechte an der Basis, ohne jedoch über grundlegende Governancefragen entscheiden zu können.

Nach dem Abgang der wichtigsten Führungskräfte im Frühjahr 1947 waren personelle Nachbesetzungen notwendig. Die Stelle des kaufmännischen Leiters nahm nach der Entlassung Baumanns durch die sowjetische Generalkommission der aktenmäßig kaum in Erscheinung tretende Direktor Reich ein, was den merklichen Bedeutungsrückgang dieser Position dokumentiert. Als neuer technischer Leiter war Peters tätig. Richard Grau erfüllte die Funktion des Personalleiters, eine Stelle, die immer wichtiger wurde. In der Personalpolitik zeitigte die Einsetzung Hensels jedoch wenig Änderungen, wie die Einsetzung des promovierten Ingenieurs Karl Heinrich Eichel zeigte.[130] Er besaß eine gut zwanzigjährige Erfahrung als Stahlwerkschef und war bei der Maxhütte von 1941 bis 1945 als technischer Direktor tätig gewesen. Als er sich beim Thüringischen Ministerium um eine Einstellung bewarb, wurde sein Anliegen an Werkleiter Hensel weitergeleitet, der ihn trotz seiner NSDAP-Zugehörigkeit als Leiter der Betriebsabteilung Planung, Statistik und Neuanlagen einsetzte. Diese Personalentscheidung verdeutlicht, dass auch der Erlass eines weiteren SMAD-Entnazifizierungsbefehls im Sommer 1947, der als Markstein für die politische Säuberung galt, nichts am Pragmatismus bezüglich der Anstellung erfahrener Ingenieure änderte.[131]

Jedoch gab es im November 1947 eine werkinterne Auseinandersetzung um die Rolle Eichels als Führungskraft. Als er vom technischen Leiter mit der Beaufsichtigung einer Sonntagsschicht am neuralgischen Punkt der Koksverladung beauftragt wurde, protestierte Betriebsrat Tesch mit Verweis auf die „ablehnende Haltung der Belegschaft“ gegen Eichels Einsatz im Bereich der „Menschenführung“.[132] Zunächst verteidigte der Werkleiter Eichel als unentbehrlich für das Werk und lobte seine gewissenhafte Arbeit. Tags darauf ließ er aber ein Schreiben folgen, in dem er klarstellte, dass Eichel keinen Posten bekleiden dürfe, wo er Arbeitern direkte Anweisungen zu geben habe. Ansonsten blieb Eichels Position unbehelligt, wenn man von der sich länger hinziehenden Querele, u.a. mit Tesch, um die Gewährung einer Hitzezulage absieht.[133] Als jedoch der ihm vorgesetzte technische Direktor Peters aufgrund vermeintlicher Verfehlungen entlassen wurde, trug ihm Hensel die Stelle des stellvertretenden technischen Leiters an, ohne eine Gehaltserhöhung anzubieten.[134] Dennoch

130 ThStA Rudolstadt, Maxhütte Unterwellenborn, Nr. 2271; BStU MfS BV Gera AOP 8/52; Gerdesius, Maxhütte, Bd. 3, S. 70. Nachruf Karl Heinrich Eichel, in: Stahl und Eisen 99 (1979), S. 494.

131 Zum SMAD-Befehl Nr. 201/1947 vom 16. August 1947 vgl. Boldorf, Brüche oder Kontinuitäten, S. 300–304.

132 ThStA Rudolstadt, Maxhütte Unterwellenborn, Nr. 2271. Schreiben des Betriebsratsvorsitzenden Tesch an die Werkleitung und die politischen Arbeiterorgane (SED-Betriebsgruppe, BGL, FDGB) betr. Aufsicht Dr. Eichel, 10.11.1947.

133 ThStA Rudolstadt, Maxhütte Unterwellenborn, Nr. 2271. Hensel an Betriebsratsvorsitzenden Tesch, 11. u. 12.11.1947; Eichel an Werkleiter Hensel mit Bitte um Gleichbehandlung mit dem übrigen ingenieurtechnischen Personal, 4.1. u. 22.4.1948.

134 ThStA Rudolstadt, Maxhütte Unterwellenborn, Nr. 2271. Hensel an Personalleitung, 30.3.1948.

willigte Eichel ein und bekleidete in der Maxhütte wieder eine wichtige technische Leitungsfunktion.

Das Jahr 1947 war vom Diskurs um die Leistungsfähigkeit der Maxhütte in technischer und ökonomischer Hinsicht geprägt. Nicht selten ereigneten sich „Havarien", die von der SMAD kritisiert und mit persönlichem Versagen in Verbindung gebracht wurden.[135] Im Thüringischen Wirtschaftsministerium sah man sich trotz der Berichterstattung des technischen Leiters Peters, des Hochofeningenieurs Lux sowie von Angehörigen der Direktion und des Betriebsrates nicht in der Lage, zum Ausfall des Hochofens kompetent Stellung zu beziehen. Das Landesamt für Wirtschaft holte daraufhin ein Gutachten des Freiberger Professors und Hochofenfachmanns Ernst Diepschlag ein.[136] Als dieses Anfang September vorlag, analysierte es die Verhältnisse der Maxhütte in gewohnter Weise: Die Arbeitsweise sei ungeregelt, der bauliche Zustand katastrophal, der Ofenbetrieb „anormal", sodass eine zeitweise Stilllegung für Reparaturarbeiten als erforderlich erachtet wurde. Zwar fanden gewisse Rahmenbedingungen Erwähnung, z.B. Mängel in der Koks- und Rohstoffzufuhr, aber es erfolgte keine weitergehende ökonomische Analyse.

Der Bericht entfaltete jedoch kaum eine Wirkung, weil der Leiter des HA Industrie des Wirtschaftsministeriums Frommhold bereits am 23. August 1947 eine Einschätzung vorgelegt hatte, die „offenkundig krisenhafte Zustände" anprangerte. Einerseits hätten die Missstände eine betriebstechnische Seite wie die Überalterung der Hochöfen und des gesamten Apparats, andererseits müsse die Krise politisch interpretiert werden, als Reaktion auf die schlechte Ernährungslage und die mangelhaften Wohnbedingungen. Diese Unzufriedenheit werde „von reaktionären Elementen benutzt, um Sabotageakte und ähnliche Verbrechen direkt oder indirekt begehen zu lassen." Frommhold überspitzte, dass die Hochofenstörungen „unverkennbar" nicht im allgemeinen Zug der Arbeit entstanden, sondern zurückzuführen seien „auf Böswilligkeit oder Unachtsamkeit, hervorgerufen durch die Unzufriedenheit und die Beeinflussung von bestimmten, bisher noch nicht erkannten Seiten." Noch bevor das Diepschlag-Gutachten gewürdigt wurde, nahm die SMA Thüringen Frommholds Ausführungen zum Anlass für einen ad hoc-Befehl, der weitreichende Folgen auf die Governance im Werk haben sollte.[137]

Einleitend gab der SMA-Befehl Nr. 189 vom 26. August 1947 vor, dass er auf einer Revision des Werkes basiere, die die ständige Unterschreitung der Planziele erkennen lasse. Vorgelegt wurde eine Teilstatistik, die wenige Monate des Jahres 1947 erfasste

135 ThHStA Weimar, LAW, Nr. 451. Stellvertretender Chef für Wirtschaftsfragen der SMA Thüringen an den thüringischen Wirtschaftsminister Appell, 30.7.1947.

136 Vgl. zur Vita Diepschlags: Parak, Michael: Wissenstransfer durch Flucht und Vertreibung. Deutsche Hochschullehrer aus dem östlichen Mitteleuropa als Fachkräfte in der SBZ/DDR, in: Dahlmann, Dittmar/Reith, Reinhold (Hrsg.): Elitewanderung und Wissenstransfer im 19. und 20. Jahrhundert, Essen 2008, S. 90.

137 ThHStA Weimar, LAW, Nr. 452. Befehl Nr. 189 der SMA Thüringen (Abschrift), gez. Major Kolesnitschenko, 26.8.1947.

und die starke Unterschreitung der Norm unterstrich.[138] „Besonders empörend" arbeite die Hochofen-Abteilung. Als Störungsursachen wurden persönliche Defizite hervorgehoben, die sich auf drei eng verzahnte Bereiche konzentrierten: (a) Mangel an Leitungskompetenz. Bemängelt wurde das Fehlen einer „wirksamen operativen Leitung des Werkes" sowie „einer konkreten sachlichen Hilfe in seiner Versorgung mit Materialien, Rohstoffen und anderer Arten von Hilfsmaterialien seitens des Wirtschaftsministeriums." Auf Betriebsebene wurden die häufigen Direktorenwechsel der vorangehenden Monate als ursächlich angesprochen. b) Mangel an Fachkompetenz: Er wurde als das Fehlen einer „strengen technologischen Disziplin" beschrieben. Die technologische Fähigkeiten der Belegschaft sei unterentwickelt, insbesondere müssten Hochöfen und Stahlgießerei mit qualifizierten Ingenieuren und Technikern besetzt werden. c) Fehlende Arbeitsdisziplin und -organisation. Es müssten strenge Kontrollen vorgenommen werden in Bezug auf das Erscheinen zur Arbeit sowie die „Bekämpfung von Bummelanten und Scheinkranken". Sichtbarer Ausdruck fehlender Organisation seien herumliegendes Gerümpel und die schlecht organisierten Betriebsabläufe im Gießereibetrieb.

Interessanterweise wurden alle genannten Faktoren mit Schwächen des Personals in Zusammenhang gebracht. Keine Erwähnung fanden die Logistik- und Beschaffungsprobleme sowie die jüngste Verschärfung der Situation wegen der Ausfälle und Stockungen im Interzonenhandel. Auch der Umstand, dass das Werk als SAG-Betrieb eigentlich über bessere Zulieferbedingungen verfügt hatte, fand keine Erwähnung. Dieser Logik entsprechend fiel der zweite Teil des Befehls aus, der sich mit der Beseitigung der aufgezählten Mängel beschäftigte: Nach dem Willen der SMA Thüringen sollte sich das Thüringische Wirtschaftsministerium als Organ zur Überwachung und Anleitung stärker einschalten. Der SMA-Befehl trug dem Wirtschaftsminister auf, eine Musterordnung für Arbeitsabläufe zu erstellen, die häufigen Direktorenwechsel ohne Zustimmung der SMA abzustellen und eine strenge „technologische Disziplin" einzuführen, indem Instruktionen für eine sachgerechte Bedienung der Aggregate erlassen würden. Namentlich erwähnt wurde der technische Direktor Peters, der binnen Monatsfrist organisatorisch-technische Maßnahmen ausarbeiten und einführen sollte, um die Planerfüllung zu sichern und die technische Leitung zu verbessern. Zur Hebung der Arbeitsdisziplin war das Erscheinen zur Arbeit stärker zu kontrollieren und ein scharfer „Kampf gegen Bummelanten" zu führen, während gewissenhafte Arbeiter und Angestellte zu fördern waren. Binnen Dekadenfrist war der Bestand des Werkes mit qualifizierten Arbeitskräften, Ingenieuren und Technikern zu komplettieren. Als Voraussetzung musste die Wohnraumfrage gelöst werden, indem alle Personen, die nicht zum Werk gehören, auszusiedeln waren. Über die Durchführung und Kontrolle der Maßnahmen hatte Werkleiter Hensel einen Bericht zu erstatten.

---

138 Nach einer anderen Quelle war die Planerfüllung seit Ende der SAG-Phase von 131 auf 80 Prozent gefallen, vgl. Weber, Petra: Justiz und Diktatur. Justizverwaltung und politische Strafjustiz in Thüringen 1945–1961, München 2000, S. 95.

Der SMA-Befehl setzte die Führungsriege der Maxhütte unter Rechtfertigungszwang und übte einen erheblichen Druck auf die betrieblichen Führungskräfte aus. Wie sich schon bei der Verhaftung der Direktion um von Babo gezeigt hatte, herrschte nun das Prinzip der persönlichen Verantwortlichkeit und Haftbarmachung vor.

Besonders anschaulich lassen sich die Konfliktlinien im sensiblen Bereich der Koksbeschaffung und -verarbeitung demonstrieren. 1947 war Koks noch wesentlich knapper als im Vorjahr, z.B. fielen die Lieferungen von der Ruhr im März nahezu vollständig aus, sodass gehortete Vorräte aufgebraucht wurden.[139] Die Anlieferungen kamen von verschiedenen Zechen, womit Störungen im Hochofenbetrieb in Zusammenhang standen. Durch stoßweise eintreffende Transporte entstanden zusätzliche Kosten für die Zwischenlagerung sowie ein höherer spezifischer Koksverbrauch. Die andauernden Klagen veranlasste die SMA Thüringen schon zur Skepsis gegenüber ihrem Wahrheitsgehalt. Im November folgte jedoch ein weiterer Befehl, der ein Prämiensystem einführte, weil in der Maxhütte kein „Kampf für einen sparsamen Verbrauch von Koks" geführt werde.[140] Erneut wurden die strukturellen Probleme in persönliches Versagen umgedeutet. Interessanterweise konzentrierten sich die Prämien auf die beteiligten Führungskräfte: Mit 22,5 Prozent erhielt der Schichtingenieur den höchsten Anteil, gefolgt vom Leiter des Hochofenwerks (10 %), dem Obermeister (7,5 %) und den anderen Meistern (15 %). Weitere Nutznießer waren der Werkleiter (7,5 %), der technische Direktor (7,5 %) und der Vertreter des Werkleiters (5 %). Erst dann sollten die Arbeiter nach Ermessen des Werkleiters mit zu bis 25 Prozent beteiligt werden. Werkleiter Hensel, der befürchten musste, persönlich zur Verantwortung gezogen zu werden, verließ sich aber nicht auf dieses materielle Anreizsystem, sondern änderte seinen Führungsstil, indem er betriebsinterne Anweisungen nun schriftlich verfasste. Die Mehrzahl einer dichten Folge von Anordnungen befasste sich mit der Kokssituation und lässt eine Eskalation im Zuge der „Koks-Aktion" erkennen.

Die Anordnung Nr. 2 vom 22. November bezog sich auf die Kokskontrolle, d.h. die Zahl der entladenen Waggons, der Verbesserung des Entladevorgangs sowie die Erfassung der damit beschäftigten Arbeiter. Die Anordnung Nr. 4 vom 28. November setzte eine Sonderkolonne ein und zog die Arbeitskräfte aus anderen Betriebsabteilungen zusammen. Betriebsrat, SED-Parteigruppe und Betriebsgewerkschaft wurden für die Organisation von Sonderschichten verantwortlich. Allgemein wurden in Fällen von Inkorrektheit dem technischen Personal und der Verwaltung Entlassungen angedroht. Die Anordnung Nr. 5 vom 8. Dezember richtete sich an den technischen Leiter Peters persönlich, der Arbeitskräfte wieder vom Kokseinsatz abgezogen hatte. Dies wertete Hensel als „indirekten Widerstand": „Es kann nicht meine Aufgabe als Werkleiter sein, lange Diskussionen über Ihre Motive zu halten, besonders dann nicht, wenn es offensichtlich ist, dass die Missachtung meiner Anordnungen zu betrieblichen Schäden führt." Peters sei für die „künstliche Erhöhung" des

139 Vgl. Kap. I, 2.3.
140 ThHStA Weimar, LAW, Nr. 451. Befehl 241/1947 der SMA Thüringen, 12.11.1947.

Koksverbrauchs verantwortlich. Im Wiederholungsfall drohte Hensel eine gerichtliche Untersuchung an. Die Anordnung Nr. 6, die ebenfalls am 8. Dezember ausgegeben wurde, forderte ultimativ eine Senkung des Verbrauchs bis zur Monatsmitte. Die Anordnung Nr. 8 vom 12. Dezember konstatierte, dass keine Besserung eingetreten und der aus Arnstadt hinzugezogene und zum stellvertretende Leiter ernannte Ingenieur Fritz Naumann mitverantwortlich zu machen sei. Die Anordnung Nr. 9 vom 23. Dezember leitete eine Organisationsänderung ein, die die Abteilung Transport in eine neue Hauptabteilung überführte, weil die Arbeitsabläufe bei der Entladung als wichtigster Engpass im Werk identifiziert wurden.

Diese Eskalationsschritte führten zu keiner sichtbaren Verbesserung des Produktionsergebnisses, brachen aber den Stab über den technischen Direktor Peters. In einem Schreiben vom 29. Dezember 1947 äußerte sich der Chefdirektor der Hauptverwaltung landeseigener Betriebe (HLB) Kunze gegenüber dem neuen Wirtschaftsminister Willy Hüttenrauch (SED) zu den „sonderbaren Koksverrechungsmethoden in der Maxhütte".[141] Da die Bedeutung der Maxhütte über Thüringen hinausgehe, sei die HLB für die Bestrafung der Schuldigen nicht zuständig. Wegen der „Schwere der Verfehlungen" sei eine „exemplarische Bestrafung des Hauptschuldigen, Direktor Dr. Peters" zu erwägen. In der Tat wurde Peters 1948 wegen Sabotage verhaftet.[142] Bei einer Hausdurchsuchung seien „Sachen gefunden" worden, die bewiesen, dass „dieser Zögling des Vereins deutscher Eisenhüttenleute" zu einem „erheblichen Teil" treuer Diener des Monopolkapitalismus in Deutschland war. Zu den unbelegten Behauptungen aus dem Kreise der SED-Betriebsgruppe und des Werkleiters Hensel gehörte auch der Vorwurf, dass Peters Faschisten in Positionen der Ostzone einschleusen wollte.

Die geschilderten Episoden der Jahre 1947/48 zeigen, dass in der Maxhütte Befehlsstrukturen Einzug hielten, die eine schroffe Abkehr von früheren kollegialen Leitungsstrukturen bedeuteten. Zugleich wirkten sich von außen kommenden Zwänge auf die Führungsstruktur aus. Innerbetrieblich verschob sich die Macht zugunsten des Werkleiters Hensel, der auch speziell dafür eingesetzt war, die Dominanz der SED auf allen betrieblichen Ebenen zu sichern. Übergeordnetes Ziel war die Errichtung von Governancestrukturen, die es erlaubten, auf Betriebsebene eine reibungslose Durchsetzung von Parteiaufträgen zu gewährleisten. Zur Beseitigung wirtschaftlicher Missstände setzte sich ein Prinzip der persönlichen Haftbarmachung durch, das eine politische Umgestaltung der Betriebsanalyse implizierte. Ökonomische Ursachen für Produktionsausfälle und -mängel wurden systematisch ausgeblendet – unter der einfachen Postulierung der Überlegenheit des Plansystems und der führenden Rolle der Partei.

141 ThHStA Weimar, LAW, Nr. 452. Schreiben Kunze an Hüttenrauch, 29.12.1947.

142 ThHStA Weimar, LAW, Nr. 452, Schreiben (gez. Werkleiter Hensel, Personalleiter Grau, Betriebsratsvorsitzender Tesch, SED-Betriebsgruppe Berendonk) an den Thür. Landesvorstand der SED, 14.7.1948.

3.2 Beharrungsvermögen des Riesaer Werkleiters Pfrötzschner

In der Maxhütte, die seit Februar 1946 auf die Ausweitung ihrer Produktionskapazitäten hinarbeitete, entbrannten die Personalkonflikte in größerer Schärfe als in den übrigen Stahlwerken. Riesa und Hennigsdorf erhielten die jeweiligen Befehle für einen umfassenden Werksaufbau erst im Laufe des Jahres 1947, als die sowjetische Wirtschaftspolitik eine Wende vollzogen hatte. Die Besatzungsmacht entschloss sich, die Stahlproduktion weiter auszubauen, weil das 1946 vom Westen verhängte Stahlembargo immer wieder verlängert wurde. Durch den endgültigen Vollzug der Teilung des Reparationsgebietes war der Zugriff auf die Ruhr illusorisch geworden, sodass man die ausbleibenden Lieferungen durch Produktion in der eigenen Zone ersetzen wollte. Zudem wurde der Aufbau der Schwerindustrie als Basis für ein autarkes Industrieregime der SBZ angesehen. Somit traten die beiden Standorte Riesa und Hennigsdorf erst später in ihre Aufbauphase ein, doch lassen sich trotzdem Konfliktlinien verfolgen, die die für die Maxhütte festgestellten Befunde unterstützen.

Nach der Darstellung der Riesaer „Betriebsgeschichte" zielte ab September 1946 ein „Komplott der alten Flickleute Dreschel, Hings, von der Osten und Finanzminister Rohner u.a." darauf, den Manager Odilio Burkart als Werkleiter einzusetzen.[143] Angesichts der politischen Machtverhältnisse in Sachsen – Rohners Staatskommissariat wurde zwei Monate später aufgelöst – scheint diese Unterstellung abwegig zu sein. Interessanter erschien der Hinweis, dass der nominellen Werkleitung die Governance des Werkes entglitt: „Auch der Technische Direktor Dreschel maßte sich in dieser Zeit Rechte an, die seine Kompetenzen weit überstiegen. Er handelte so, als gäbe es den Werkleiter Genossen Pfrötzschner gar nicht." Diese Einschätzung deckte sich mit der oben dargelegten Interpretation zum selbstbewussten Agieren des kaufmännischen Direktors Hings gegenüber dem Werkleiter Pfrötzschner.

Laut der „Betriebsgeschichte" trat Curt Zschukelt, der seit Pfrötzschners Ernennung zum Werkleiter Vorsitzender des Betriebsrates war, dem Ansinnen der Flick-Leute am konsequentesten entgegen.[144] Angeblich setzte er sich gegen eine Hetze zur Wehr, die sich vornehmlich gegen seine Person richtete. Mehrfach sei er beim Landesvorstand der SED und der Industrieverwaltung vorgeladen und sogar kurzzeitig verhaftet worden. Zeitweilige Schlichtungsversuche der SMAD, die offensichtlich die alten Fachleute halten wollte, fruchteten wenig. Auf Dauer entschied die SED mit ihren Gewährsmännern den Machtkampf in ihrem Sinne. Hings wurde am 30. April 1947 „wegen seiner NS-Vergangenheit", wie es später hieß, entlassen und Kurt Hoheisel an seine Stelle gesetzt, obgleich auch er dem alten Mitarbeiterstab von Mittelstahl entstammte.[145] Der

143 Betriebsgeschichte Riesa, S. 23.

144 Ebd.

145 Fink, S. 272. Zu Hoheisel s. auch: Priemel, Konzerngeschichte, S. 384f. Nach Archivquellen war der Vorname Kurt und nicht Erich, vgl. SächsHStA Dresden, Nr. 12235/015. Protokoll der Betriebssekretariatssitzung, 18.7.1949.

Ingenieur Dreschel, auf dessen Fachkompetenz man nicht verzichten wollte, blieb allerdings technischer Direktor. Bei dem „Streit um die Kompetenzen“[146] bildete die betriebliche Governance das zentrale Konfliktfeld. Einen aufschlussreichen Beleg dafür liefert ein Bericht, den Zschukelt 1956 rückblickend als inoffizieller Mitarbeiter des Ministeriums für Staatssicherheit verfasste.[147] Darin kritisierte er Hings' „Flicksche Manieren“, weil er „die Menschen [...] von oben herab“ behandele. Bis Karlshorst habe er sich einen guten Ruf erarbeitet: „Das merkten wir, als wir den Kampf führten, ihn aus seiner Position zu entfernen.“ Vom Werkleiter Pfrötzschner wollte Zschukelt erfahren haben, dass Hings die sowjetischen Demontageoffiziere zu sich einlud: „Aufgrund dieses Rückhaltes nahm er gegen den Betriebsrat offen Stellung.“ Diese Einschätzungen Zschukelts bestätigen, dass Hings sichtlich bemüht war, die Governance in seinen Händen zu halten, dabei auf die Unterstützung sowjetischer Wirtschaftsoffiziere zählte, aber angesichts der steigenden Machtfülle der SED den Kürzeren zog.

3.3 Die Lösung vom Amt: Willy Bochow in Hennigsdorf

Bis Mitte des Jahres 1947 hatte die gewerkschaftlich orientierte Hennigsdorfer Doppelspitze Wolgast/Korioth erwirkt, dass das Werk seine Arbeit zumindest als Reparaturbetrieb mit eingeschränkter Eigenproduktion fortsetzen konnte. Wie für Riesa fiel die sowjetische Entscheidung, das Werk Hennigsdorf in größerem Maßstab wieder aufzubauen, im Sommer des Jahres. Der entscheidende SMAD-Befehl Nr. 243 datierte vom 9. Oktober 1947, als das Werk nur noch 230 Beschäftigte zählte.[148] Zur Lancierung des Wiederaufbaus fanden sich ranghohe Vertreter sowjetischer Besatzungsbehörden – der Demontageabteilung OMU 2, der Verwaltungen Außenhandel, Bergbau und Metallurgie der SMAD sowie der Chef der SMA Brandenburg – in Hennigsdorf ein. In Abstimmung mit der DZVI erhielt das brandenburgische Wirtschaftsministerium die Anweisung, binnen zehn Tagen eine Werkdirektion zu benennen.[149]

Für Ende Oktober 1947 liegt eine Personalliste mit zwölf kaufmännischen und technischen Angestellten vor, die im Werk beschäftigt waren.[150] Die personelle Zusammensetzung an der Werkspitze hatte sich erheblich verändert: Der Gewerkschaftler Wolgast hatte seine Funktion als treuhänderischer Werkleiter verloren und war nun dem Bereich der „sozialen Betreuung“ zugeordnet. Auf die Stelle des kaufmännischen

146 Betriebsgeschichte Riesa, S. 23.

147 BStU, MfS BV Dresden, AIM 640/61. Handschriftlicher Bericht von IM Nurmi (Curt Zschukelt), 10.2.1956.

148 Kinne, S. 126.

149 BLHA, Rep. 202 c, Nr. 51, fol. 370. Beschlüsse der Besprechung im Hüttenwerk Hennigsdorf, 11.10.1947.

150 SA Hgdf, A 3/I, Nr. 002. Aufstellung der Angestellten in ihrer jetzigen oder vorgesehenen Tätigkeit, 29.10.1947.

Direktors war Erich Reußner gelangt, der vor 1945 als Prokurist und Leiter der Abteilung Feinblechverkauf im Hennigsdorfer Werk tätig war. Als technischer Oberleiter verblieb Oberingenieur Rudolf Stoof auf seiner angestammten Position. Designierter Werkleiter war Willy Bochow, der auf der Personalliste noch als Ministerialdirigent des brandenburgischen Wirtschaftsministeriums geführt wurde, wo er die stellvertretende Leitung der Abteilung Industrie wahrnahm.[151] Im Sommer des gleichen Jahres hatte er die erste „qualifizierte Wirtschaftsschulung" auf der Parteihochschule in Liebenwalde absolviert.[152] Bochow blieb Regierungsangestellter, wurde aber zur Ausübung der Werkleitung in Hennigsdorf mit besonderen Vollmachten ausgestattet.

Die schmale Personaldecke verdeutlichte, dass der Aderlass an Ingenieuren während des zwei Jahre andauernden Demontageregimes bedeutend war. Im Werk waren nur noch drei Ingenieure tätig, das waren weniger als zu Beginn der koordinierten Demontage im August 1945.[153] Personelle Kontinuität gab es mit Ausnahme Stoofs nicht. Dasselbe gilt, wenn man die Werkleitung vom Oktober 1947 mit derjenigen im Frühjahr 1947 vergleicht. Zu den Gründen mögen die Querelen in der gut zweijährigen Nachkriegsgeschichte der Werkleitung gehören, z.B. der immer wieder aufkeimende Konflikt des Treuhänders Wolgast mit dem Leiter der Ministerialabteilung Metallurgie Mareth.[154] Darüber hinaus wurde die Umsetzung Wobbes nach Finow nicht rückgängig gemacht. Diese Personalentscheidungen der Provinzialverwaltung lassen erkennen, dass die Diskontinuität in Bezug auf die betriebliche Governance gewünscht schien – außer im technischen Bereich. Hier wollten die sowjetischen Stellen, die SED und das brandenburgische Wirtschaftsministerium nicht auf den Erfahrungsschatz Stoofs verzichten. Ausschlaggebende Hauptintention war aber sicherlich, dass das Wirtschaftsministerium seinen Einfluss auf die Arbeitsabläufe und Führungsentscheidungen im Werk Hennigsdorf, das ab 1. November 1947 offiziell als landeseigener Betrieb firmierte, stärken wollte.

Formal stand die Leitung des Wiederaufbaus unter der Kontrolle der sowjetischen Demontagebehörde, der SMA Brandenburg und der Landesregierung Brandenburg. Somit war das Land in die Aufsicht des Hennigsdorfer Stahlwerks eingebunden, während die DZVI lediglich unterstützend, vor allem bei der Vermittlung von Firmenkontakten und Arbeitskräften im überregionalen Maßstab, tätig werden sollte.[155] Vor Ort stellte sich hinsichtlich der Governance eine uns bekannte funktionale Zweiteilung ein. Auf der einen Seite stand die Werkleitung und -verwaltung mit dem Ministerialdirigenten Bochow an der Spitze. Auf der anderen Seite gab es das technische

---

151 Ebd. sowie Sattler, Bd. 2, S. 919.

152 BLHA, Rep. 333, Nr. 422. Schreiben des Provinzialvorstandes der SED Brandenburg an SED-Zentralsekretariat, Abt. Wirtschaft. Benennung der Kandidaten für die Wirtschaftsschulung, 13.5.1947.

153 BArch, DC 1/1894, SMA-Befehl Nr. 17 für das Werk Hennigsdorf, 8.8.1945. Vgl. Kap. II, 2.1.

154 SA Hgdf, A 3/Ia, Nr. 003/2. Betriebsrat Korioth an Mareth, Provinzialverwaltung Brandenburg, 20.1.1947.

155 BLHA, Rep. 202 c, Nr. 51. Beschlüsse der Besprechung im Hüttenwerk Hennigsdorf, 11.10.1947.

Büro, dem der Oberingenieur Stoof vorstand und das den ambitionierten Aufbauplan umzusetzen hatte.

Da ein fast vollständiger Wiederaufbau anstand, war die technische Seite zweifelsohne die wichtigere. Die sowjetische Besatzungsverwaltung setzte Anfang Oktober 1947 strikte Vorgaben: die Inbetriebsetzung von vier Siemens-Martin (SM)-Öfen für Stahlbarren (120.000 t jährlich) und Stahlformguss (6.000 t jährlich), die Aufstellung eines Blockwalzwerks mit 200.000 t Jahreskapazität sowie mehrerer Walzstraßen und einer Drahtwalzstraße für bis zu 30.000 t Draht.[156] Die Ausarbeitung des Aufbauplans durch das technische Büro stützte sich auf die Hilfe des Ingenieurbüros Triebel aus Berlin-Zehlendorf, das der „Bauleitung für sowjetische Befehlsbauten" eine Übersicht zum Zustand des Werkes aushändigte.[157] Der Bericht stellte fest, dass die Schäden kaum auf Kriegseinwirkungen, sondern zum größten Teil auf den Demontagen beruhten, dass vieles mit Lieferungen aus dem Westen zwar neu aufzubauen, einiges aber durchaus noch brauchbar war. Die Realisierung des Wiederaufbaus wurde von sowjetischen Militärs maßgeblich begleitet. Für längere Zeit wurde der Ingenieur Rogalin in das Werk Hennigsdorf abkommandiert. Er hatte dort ein eigenes Büro und wurde zumindest anfangs von Ingenieur Gussew unterstützt.[158] Die Besprechungen, die sich technischen Einzelfragen widmeten, fanden nun im Beisein der sowjetischen Fachleute oder der zuständigen Bewirtschaftungsstelle, z.B. dem Major Wlassow statt, der die Abteilung Handel und Erfassung der SMA Brandenburg leitete.[159] Daneben kontrollierte die Planwirtschaftsabteilung der SMAD im ersten Halbjahr 1948 die Belieferungswege und die Zulieferfirmen des Werkes.[160]

Eine genauere Sicht auf die Umsetzung verschiedener Aufbauschritte lässt erkennen, dass auch in Hennigsdorf die Startvoraussetzungen nicht so katastrophal waren, wie dies zuweilen ausgemalt wird. Ein „Leistungsbericht Stahlwerk" von Dezember 1947 zeigte den relativ schnellen Fortschritt vieler Instandsetzungsarbeiten, z.B. der Ausbesserung der noch vorhandenen Trocken- und Glühöfen sowie der Maurerarbeiten an den Hochöfen.[161] Jedoch mussten viele Materialien, Maschinen und Maschinenteile aus dem Westen beschafft werden. Eine lange, im Januar 1948 aufgestellte Liste umfasste kostspielige Maschinen (z.B. drei Kräne für 350.000 RM, vier Walzendrehbänke für 110.000 RM und eine Vielzahl von Motoren), aber auch Material für die laufende Produktion wie Anthrazit-Feinkohle, Ferromangan, Sinterdolomit oder die Lieferung von Roheisen für die Grau- und Stahlgießerei, weil eine SBZ-eigene

156 Ebd.

157 SA Hgdf, A 3/I, Nr. 002. Gutachten des Ingenieurbüros Triebel, 8.11.1947.

158 SA Hgdf, A 3/II, Nr. 004. Aktennotiz: Besprechung über Ausführung der Stahlkonstruktionsarbeiten, 10.1.1948; Kinne, S. 126. Rogalin war noch im Juli 1949 im Werk tätig, vgl. BLHA, Rep. 532, Nr. 646. Protokoll der Sekretariatssitzung der SED-Betriebsgruppe SWH, 13.7.1949.

159 Sattler, Bd. 2, S. 895 u. 971.

160 SA Hgdf, A 3/II, Nr. 005. Aufstellung über Materialzuweisungen im II. Quartal 1948, 11.6.1948; Bericht über Verhandlungen mit der Landesregierung, Schmidt, Technisches Büro, 10.4.1948.

161 SA Hgdf, A 3/I, Nr. 002. Leistungsbericht Stahlwerk, Woche vom 15.–21.12.1947, 22.12.1947.

Produktion noch fehlte.[162] Die Beschaffung wurde zur vordringlichen Aufgabe der kaufmännischen Direktion erklärt, die somit weitgehend als Annex des technischen Büros agierte. Die Werkleitung inklusive des Werkleiters wurde in die technischen Besprechungen eher selten einbezogen, und wenn, dann vorzugsweise in offiziellen Sitzungen, an denen auch DZVI- und SMAD-Vertreter teilnahmen.[163] Die Mehrzahl der technischen Besprechungen fand aber unter Aufsicht der sowjetischen Offiziere im kleinen Kreis des technischen Büros oder unter Hinzuziehung kooperierender Betriebe vor Ort statt, z.B. des AEG-Werks oder der Lokomotiv- und Elektrotechnischen Werke Hennigsdorf.[164]

Nicht nur durch die Vorgaben des SMAD-Befehls, sondern auch durch öffentliche Verlautbarungen legte sich die Werkleitung frühzeitig auf März 1948 als Abschluss der ersten Aufbauetappe fest. Zum Beispiel betonten der sowjetische Oberstleutnant Kulschan und der technische Leiter Stoof in einer vorweihnachtlichen Sitzung 1947 im Beisein der Werkleitung, dem Betriebsrat und sämtlichen Meistern, Bauleitern, Kolonnenführern und Vorarbeitern, dass der Termin am 15. März 1948 unbedingt eingehalten werden müsse.[165] Ein bescheidener Teilerfolg konnte schon im Januar diesen Jahres erzielt werden, als die Stahlform- und die Graugießerei wieder in Betrieb genommen wurden. Das Erreichen einer regulären Graugussproduktion zog sich aber noch bis September 1948 hin. Der angekündigte Termin zum Abschluss der ersten Aufbauphase konnte indes eingehalten werden. Der erste Abstich des Siemens-Martin-Ofens fand am 12. März 1948 vor 91 Ehrengästen statt, darunter die ranghöchsten Vertreter der DWK, des FDGB und der SED, namentlich Walter Ulbricht und Wilhelm Pieck. Sowjetische Eingeladene wurden nicht explizit erwähnt. Zwei Tage später folgte mit den gleichen Gästen, aber ergänzt durch alle Beschäftigten des Werkes bis zur mittleren Leitungsebene und einer 18-köpfigen Delegation der AEG, eine Feier im Hause der Sowjet-Kultur.[166] Binnen eines halben Jahres hatte sich die Belegschaft des Stahlwerkes verzehnfacht und den Stand von 2.400 Beschäftigten überschritten.[167]

Mit dem Faktor Arbeitskraft ist das Stichwort für den zweiten Governance-Bereich, in dem Werkleiter Bochow die zentrale Rolle einnahm, genannt. Der Ausbau der Beschäftigung im Werk erfolgte nicht kontinuierlich, sondern ausgesprochen sprunghaft, worauf eine genaue Lektüre der Statistik des Lohnbüros hinweist:

162 SA Hgdf, A 3/I, Nr. 002. Aufstellung über die aus den Westzonen zu beschaffenden Materialien, 15.1.1948.

163 SA Hgdf, A 3/II, Nr. 004. Aktennotiz zur Besprechung im Büro Rogalin, 31.5.1948.

164 SA Hgdf, A 3/I, Nr. 003. Aktenvermerk zur Besprechung im LEW, 20.4.1948.

165 SA Hgdf, A 3/I, Nr. 002. Bericht über Sitzung im Essraum der Werksküche (Reussner), 23.12.1947.

166 SA Hgdf, A 3/II, Nr. 006. Einladungsliste zum ersten Abstich am 8. März 1948, Gästeliste zur Feier mit 175 Namen, 14.3.1948.

167 BLHA Rep. 333/475, fol. 25. Bericht von der monatlichen Betriebsgruppen-Mitgliederversammlung, 9.3.1948. SA Hgdf, A 3/III, Nr. 010. Aktennotiz, Lohnbüro des Hüttenwerks Hennigsdorf, 10.3.1948.

Anfang November 1947 zählte das Werk erst 411 Mitarbeiter, doch zwei Monaten später waren es bereits 2.049.[168] Zudem arbeiteten 1.349 Arbeiter auf dem Werksgelände, die bei Fremdbetrieben angestellt waren. Während die zweite Größe auf die regen Kontakte zu Baufirmen und anderen Betrieben deutete, verband sich mit der ersten Zahl ein erhebliches Integrationsproblem der Gemeinde Hennigsdorf. Dessen Lösung gehörte in den beiden letzten Monaten des Jahres 1947 zu den vordringlichen Aufgaben der Werkleitung. Nach dem Muster des Ausschusswesens im Sozialbereich wurde eine Kommission gebildet, die sich aus je einem Vertreter der Gemeinde, des FDGB, des Frauenausschusses, der Siedlungsgesellschaft und des Betriebsrates des Hüttenwerkes zusammensetzte.[169] Von Seiten des Werkes waren Betriebsrat Korioth, der zugleich die neu eingerichtete Abteilung Wohnwesen vertrat, und der kaufmännische Direktor Reussner beteiligt. Der Kommission lag für die beiden Werksiedlungen eine 213 bzw. 78 Namen umfassende Liste der Familien vor, deren Wohnberechtigung überprüft werden sollte. In 57 Fällen wurde eine Umquartierung vorgeschlagen, die jedoch zuweilen nicht durchsetzbar war.[170] Wie die übrigen Siedlungsbewohner machten die Betroffenen für sich Vorbehalte geltend, um die Werkswohnungen weiterhin nutzen zu können. Die am häufigsten genannten Argumente für einen Verbleib in der Siedlung war die Absicht, eine Arbeit im Stahlwerk aufzunehmen, oder das Vorliegen einer sozialen Notlage, z.B. bei Witwen mit Kindern oder bei Invaliden. Seltener genannte, aber durch die Kommission anerkannte Gründe waren die Beherbergung von Familienangehörigen oder Untermietern, die im Werk arbeiteten. Nur in wenigen Fällen konnten die Arbeitskräfte schon wieder im Werk beschäftigt werden. Acht Siedlungsbewohner waren noch nach Thale abgestellt. Die Lösung des sozialen Problems durch eine Kommission fügte sich in das für den Sozialbereich in der SBZ/DDR typische Schema ein und entsprach gleichzeitig der für Hennigsdorf kennzeichnenden kollegialen Leitungsstruktur.

Als weiteres Problemfeld war die Arbeitsdisziplin anzusehen, die auf der vorweihnachtlichen Sitzung 1947 als zentraler Missstand bezeichnet wurde.[171] Insbesondere stellte die Werkleitung den Zusammenhang mit der Einhaltung der Termine des geplanten Werksaufbaus her. Als Forum diente die teilöffentliche Sitzung im Essraum der Werksküche, an der vor allem die Führungskräfte auf mittlerer Ebene teilnahmen. Die Thematisierung des Problembereichs fiel zeitlich mit dem Ende der Phase des beschleunigten Wachstums der Belegschaft zusammen. Dass es in diesem Kontext des öfteren zu übereilten Einstellungsentscheidungen gekommen war, zeigt die Zahl

168 SA Hgdf, A 3/III, Nr. 010. Landesregierung Brandenburg, Minister für Wirtschaftsplanung an Ponomartschuk, Chef des ökonomischen Sektors der SMA Brandenburg, 5.11.1947; Aktennotiz, Lohnbüro des Hüttenwerks Hennigsdorf, 10.3.1948.

169 SA Hgdf, A 3/I, Nr. 002. Aktennotiz über Besprechung zur Wohnungsfrage, 4.12.1947.

170 SA Hgdf, A 3/II, Nr. 004. Hüttenwerk Hennigsdorf, Abt. Wohnungswesen (Korioth). Bericht über Umzugsaktion, 10.1.1948.

171 SA Hgdf, A 3/I, Nr. 002, Bericht über die Sitzung im Essraum der Werksküche (Reussner), 23.12.1947.

von 558 Entlassungen im ersten Quartal 1948.[172] Zur Verbesserung der Arbeitsdisziplin erschien der Werkleitung ein mit Strafen operierendes Regelsystem erfolgversprechend zu sein. Für die Sechstagewoche wurde die Schicht auf 7.45 bis 16.45 Uhr (samstags bis 13.15 Uhr) festgelegt. Wegen der zahlreichen Berliner Beschäftigten waren diese Zeiten auf den Fahrplan der S-Bahn abgestimmt. Um acht Uhr wurde das Werkstor zugeschlossen und zu spät Eintreffende mussten sich bei der Wache melden, die anhand der Angaben im Werksausweis Meldung beim Lohnbüro erstattete. Die Ausführung des Strafenkatalogs lag in der Hand der Meister, die zum einen Fehlzeiten mit Begründung erfassten und zum anderen Bewertungsnoten bei besonderem Arbeitseifer und Pflichterfüllung vergaben. Wenn Verfehlungen auftraten, hielten die Meister dies als „langsame Arbeitsweise" bzw. „Bummelantentum" in ihrem „Taschenschichtenbuch" fest. Die Betriebsleitung, der Betriebsrat und die Sozialreferenten hatten Zugriff auf diese Aufzeichnungen. Auf dieser Basis konnten die Meister Verwarnungen erteilen, was im ersten Quartal 1948 in 442 Fällen geschah.[173] In demselben Zeitraum zählte das Lohnbüro 150 Fälle von Essensentzug, der bei mehrmaligen Verfehlungen als Strafe zu verhängen war. Die Buchführung der Meister diente somit als wesentliches Reglementierungsinstrument hinsichtlich der Personalkontrolle.

Von größerer Bedeutung mit Blick auf die Governance war die Verantwortlichkeit für das Arbeitsregime, die mitunter für Ungemach sorgen konnte. Für die Bekanntmachung vom 30. Dezember 1947, die die Verschärfungen für das neue Jahr ankündigte, zeichneten der Betriebsrat Wormsbächer, der kaufmännische Direktor Reussner und der Werkleiter Bochow verantwortlich.[174] Es unterzeichnete kein Einzelner, sondern das Kollegialprinzip der Nachkriegszeit wurde beibehalten. Die Vorschriften waren eingebunden in die Erinnerung an die Gesamtverantwortung des Einzelnen für den Betrieb und begleitet von einem Appell an das allgemeine Gerechtigkeitsempfinden.

Gemessen an den scharfen personellen Konflikten in der Maxhütte bewegte sich das Hennigsdorfer Werk in einem ruhigen Fahrwasser. Das lag nicht nur daran, dass der Wettbewerb zur Erzielung bester Produktionsergebnisse erst nach dem Frühjahr 1948 einsetzte, sondern auch am teilweisen Erhalt der in der Nachkriegszeit geprägten kollegialen Leitungsstrukturen. Es gibt für diese Phase keine Aktenhinweise, dass Bochow Personalfragen oder andere Entscheidungen gegen eine starke innere Opposition im Werk durchsetzte. Viele Personalentscheidungen, die auf Ausschluss von Mitarbeitern durch Entnazifizierung o.ä. hinausliefen, gab es aber nicht. Der Wechsel auf der Position des kaufmännischen Leiters, wo der vormalige Direktor Erich Reussner durch den Einkaufsleiter Ernst Drögemüller ersetzt wurde, betraf im ersten Quartal 1948 schon keinen zentralen Governancebereich mehr. Die sowjetischen

172 SA Hgdf, A 3/III, Nr. 010. Aktennotiz, Lohnbüro des Hüttenwerks Hennigsdorf, 10.3.1948.

173 Ebd.

174 SA Hgdf, A 3/I, Nr. 002. Bekanntmachung betr. Arbeitszeit sowie Kontrolle und Bewertung der Arbeit, 30.12.1947.

Offiziere im Werk berieten und kontrollierten nicht allein in technischen, sondern auch in anderen Fragen der Werksführung, z.B. der Personalauswahl.[175] Bochows Führungsstil zeichnete sich dadurch aus, dass er für einen Interessenausgleich der verschiedenen Akteure im Werk sorgte, aber als Ministerialdirigent im Besonderen die Interessen der Landesregierung vertrat.

Pfrötzschner war der einzige Treuhänder, der sich in der Phase bis April 1948 als Werkleiter zu behaupten vermochte. Ansonsten favorisierte die SED Werkleitertypen, die für Linientreue Gewähr zu bieten schienen, obwohl sie fachlich unzureichend ausgebildet waren wie z.B. Helmut Hensel. Da kaufmännisches Talent kaum mehr gefragt war, bestimmte die Auswahl der technischen Führungskräfte die Personaldebatten. Die Ingenieure standen infolge der Mangel- und Engpasswirtschaft vor großen Herausforderungen, deren Bedeutung eher zu- als abnahm. Die Konflikte, die hieraus resultierten, wurden am Fall des technischen Leiters Peters in der Maxhütte vorgeführt. Vergleichbare Fälle, in denen Druck auf technische Leitungskräfte ausgeübt wurde, wiederholten sich in den anderen Stahlwerken während der nachfolgenden Phase der Stalinisierung.[176]

4 Das Unternehmerische im Regulierten: die sächsische Textilindustrie

4.1 Unsichere Eigentumsrechte und personelle Kontinuität

In formaljuristischer Hinsicht nahmen die Leipziger Spinnfabriken Tittel & Krüger und die Stöhr AG ab Herbst 1945 eine unterschiedliche Entwicklung. Die erstgenannte entging der Sequestrierung durch SMAD-Befehl Nr. 124 im Oktober 1945, sodass sie dem Teil der SBZ-Industrie angehörte, der unter „Privatbesitz“ firmierte. Die Eigentumsverhältnisse blieben unangetastet, und die Verfügungsrechte lagen weiterhin beim Vorstand und Aufsichtsrat der Aktiengesellschaft. In beiden Gremien war die personelle Kontinuität beachtlich. Der langjährige Direktor Karl Haebler verblieb zunächst als Alleinverantwortlicher auf seiner Vorstandsposition, nachdem Karl Lemser, der „Betriebsführer“ der NS-Zeit, im Herbst 1945 entlassen wurde. Haebler leitete Tittel & Krüger bis 1948. Ab März 1946 war das Plagwitzer Werk wieder mit einer Doppelspitze versehen, als der langjährige technische Direktor Heinrich Stiepel zum stellvertretenden Vorstand ernannt wurde. Allerdings musste die Textilfabrik den Abgang einiger Handlungsbevollmächtigter hinnehmen, sodass der Aufsichtsrat im März 1946 den langjährigen Leiter der Hauptbuchhaltung Heinrich Neddermann

175 Stadtarchiv Hennigsdorf, A 3/I 002. Bochow an Rogalin, 18.6.1948.
176 Siehe Kap. III, 3.2.

mit Gesamtprokura ausstattete.[177] Damit war Kreis der bis 1948 maßgeblichen Vorstandskräfte abgesteckt. Der Aufsichtsrat teilte sich in eine Bremer und eine Leipziger Abteilung auf, die meist an einem der beiden Orte gemeinsame Sitzungen hielten. Auf dieses Spezifikum der Governance ist weiter unten einzugehen.

Komplizierter verlief die Periode bis April 1948 bei der Kammgarnspinnerei Stöhr. Das Unternehmen wurde unter Sequester gestellt, was eine längere Phase der Rechtsunsicherheit wegen der drohenden Enteignung einleitete. Trotzdem veränderte sich die Unternehmensspitze personell wenig. Federführend blieb Fritzludolf Koch, dessen Position an der Werkspitze die SMA im Februar 1946 bestätigte. Das Leipziger Amt für Betriebsneuordnung stellte ihm jedoch als Kontrolleur den Betriebsratsvorsitzenden Karl Wolf zur Seite, was aber ohne größere Auswirkung auf die Geschäftsführung blieb.[178] Als Nachkriegshypothek für den Betrieb erwies sich vor allem die NS-Belastung von Werner Stöhr, der als Denunziant und Parteiaktivist verurteilt wurde. Er gehörte zwar nicht zur Führungsriege der Stöhr AG, war aber Vorstand und leitender Manager der Leipziger Wollkämmerei gewesen. Dies rechtfertigte im Juni 1947 die entschädigungslose Enteignung des letztgenannten Betriebes. Gleichzeitig zeitigte seine vermeintliche Mitinhaberschaft an der Kammgarnspinnerei Wirkungen, wie sich im Vorfeld des sächsischen Volksentscheids zeigte.

Im Mai 1946 wurde die Kammgarnspinnerei Stöhr auf die Liste A der Betriebe gesetzt, die zur Übernahme in Landeseigentum vorgesehen waren. Fritzludolf Koch protestierte gegen diese Einstufung und reklamierte, dass der Betrieb unbelastet sei, weil er selbst im Krieg mit dem Widerständler Cramer die federführende Doppelspitze des Unternehmens gebildet habe. Darüber hinaus sei nicht Werner, sondern dessen Bruder Georg Stöhr Hauptaktionär, der wegen vermuteter Beteiligung am Attentatsversuch ebenfalls von September 1944 bis April 1945 im Gestapo-Gefängnis Berlin einsaß. Dieser Argumentation folgten nicht nur die Blockparteien, die Koch angeschrieben hatte, sondern auch der Leiter des Amtes für Betriebsneuordnung Otto Trimbur (SED).[179] In einer gemeinsamen Sitzung stuften sie die Stöhr AG auf die Liste B der Betriebe ein, die durch den Volksentscheid wieder in die Hände der Alteigentümer zurückzuführen waren.[180] Stöhr gehörte somit zu den 14 Prozent der Betriebe auf Liste A, die nach politischer Intervention auf die Liste B gelangten.[181]

177 Zu den Personalentscheidungen vgl. SächsStA Leipzig, Nr. 20941/042. Protokoll der Aufsichtsratssitzung, 4.3.1946.

178 SächsStA Leipzig, Nr. 20943/872, fol. 88. Fragebogen des Leipziger Amtes für Betriebsneuordnung, 13.7.1946.

179 SächsStA Leipzig, Nr. 20943/872. Einspruch der Stöhr AG gegen die Enteignung über Rechtsanwalt und Notar Kastner an die Landesverwaltung Sachsen; Einspruch gegen Setzung auf die Liste A an den wirtschaftspolitischen Ausschuss der SED sowie die CDU und die LDP, beide am 27.5.1946.

180 SächsStA Leipzig, Nr. 20943/872. Aktennotiz (Koch) betr. Entscheidung der Prüfungskommission zur Setzung der Kammgarnspinnerei auf Liste B, 1.6.1946.

181 Braun, Günter: Wahlen und Abstimmungen, in: Broszat/Weber, SBZ-Handbuch, S. 381f.

Dennoch riss der Druck auf das Unternehmen nicht ab, wie sich im Dezember 1946 zeigte, als die Spekulation aufkam, ob es nicht doch auf die dritte Liste C gesetzt worden war. Diese Aufstellung enthielt 600 Betriebe, die für Reparationszwecke arbeiteten, daher unter der Kontrolle der SMAD standen und einer unsicheren Zukunft entgegensahen. Die „ausdrückliche Bestätigung" von Minister Selbmann, dass Stöhr nicht enteignet werde, erwies sich als leere Versprechung.[182] Nunmehr lautete die offizielle Version, dass der Betrieb bereits vor dem Volksentscheid auf Liste C gesetzt worden war. Zwischen 1946 und 1948 richtete der Stöhr-Vorstand mehrere erfolglose Eingaben an die Zentrale Kommission für Sequestrierung und Beschlagnahme (ZKSB) und zuletzt die SMAD, um die Freigabe des Unternehmens zu erreichen.[183] Eine Überprüfung der ZKSB im Februar 1948, bei der einige Schriftstücke über die Rolle für Kriegswirtschaft, Kontakte ins besetzte Europa sowie die Behandlung von Arbeitskräften, insbesondere Zwangsarbeitern, konfisziert wurden, endete „im guten Einvernehmen".[184] Dennoch wurde Stöhr infolge des SMAD-Befehls Nr. 64 vom 17. April 1948, der das Sequester formal beendete, in einen volkseigenen Betrieb überführt. Mit Wirkung vom 1. Juli firmierte die Stöhr & Co. AG als VEB Mitteldeutsche Kammgarnspinnerei Leipzig mit dem Werk I in Leipzig-Plagwitz und dem Werk II in Markkleeberg.

Über die gesamte Phase der Treuhandschaft herrschte eine Ungewissheit bezüglich der eigentumsrechtlichen Situation, die sich auf die Governance auf Feldern wie Investitionen oder Strategieentscheidungen niederschlug. Die Unsicherheit konnte teilweise durch die personelle Kontinuität kompensiert werden. Sowohl bei der Stöhr AG, wo Fritzludolf Koch die Geschäfte bis zu seiner Verhaftung im Juni 1948 leitete,[185] als auch bei Tittel & Krüger, wo Haebler bis Herbst 1948 federführend blieb, verblieben langjährige Vorstandsmitglieder an der Werkspitze. Auch die weiteren leitenden Kräfte entstammten fast immer der alten Führungsriege der beiden Unternehmen. Dies galt bei Tittel & Krüger für den zweiten Vorstand Heinrich Stiepel, der diese Position von März 1946 bis zu seinem Abgang nach Hamburg im Juli 1947 bekleidete, sowie für Heinrich Neddermann, der vom Aufsichtsrat im Mai 1948 in den Vorstand berufen wurde, als Haebler krankheitsbedingt auszuscheiden drohte.[186]

Bei der Stöhr AG agierte seit Juli 1945 neben Fritzludolf Koch noch Herbert Riedel als Vorstand, der vormalige Leiter der Leipziger Wollkämmerei. Auch der Handlungsbevollmächtigte Johann Zils gehörte der Führungsebene des Unternehmens seit län-

182 SächsStA Leipzig, Nr. 20943/872. Stöhr AG (Riedel) an den sächsischen Ministerpräsidenten Rudolf Friedrichs, 16.12.1946 (mit Berufung auf eine Aussage Selbmanns vom 27. Juni 1946).

183 SächsStA Leipzig, Nr. 20943/872. Stöhr AG (Riedel) an Zentrale Kommission für Sequestrierung und Beschlagnahme (ZKSB), 6.6.1947; Aktennotiz Koch, 25.9.1947; Vorstand Stöhr an ZKSB, 26.2.1948; Petition an SMAD, 1.3.1948.

184 SächsStA Leipzig, Nr. 20943/872. Aktennotiz betr. Überprüfung unseres Betriebes gemäß Befehl 124 am 19. und 20.2.1948.

185 Schulz, Elitenwechsel in Betriebsleitungen, S. 222.

186 SächsStA Leipzig, Nr. 20941/042, Aufsichtsratssitzungen vom 4.3.1946, 18.7.1947 u. 31.5.1948.

gerem an. Wie der Dolmetscher Lacour im Riesaer Stahlwerk nutzte Konstantin Dettloff seine russischen Sprachkenntnisse zur Etablierung in der Werkleitung und erhielt im Januar 1947 Prokura.[187] Das für die Kammgarnspinnerei Stöhr kennzeichnende Leitungsmodell, das um die Unternehmerfamilie zentriert war, setzte sich in der SBZ fort. Traditionell wuchsen die Führungskräfte häufig aus der betrieblichen Ausbildung in verantwortliche Rollen hinein, und die Governance wurde gemeinschaftlich und generationenübergreifend ausgeübt.[188] Trotz der Zerwürfnisse innerhalb der Familie Stöhr infolge der extrem unterschiedlichen Haltung zur NS-Herrschaft überdauerten diese korporativen Elemente der Unternehmenskultur das Kriegsende. In diesem Lichte erscheint interessant, ob es der organisierten Arbeiterklasse gelang, in die Leitungsstrukturen des Familienunternehmens einzudringen.

Richtungsweisend war in dieser Hinsicht ein Konflikt zwischen dem Betriebsrat der Firma Stöhr AG und dem Betriebsleiter Herbert Riedel. Nachdem die Belegschaftsvertreter einen Beschluss zur Absetzung Riedels als Vorstand fassten, kam es im großen Konferenzzimmer des Werkes Plagwitz im Oktober 1945 zu einer Schlichtungssitzung, auf der 13 Betriebsräte den Vertretern der Werkleitung Riedel, Dettloff und Roch (juristische Abteilung) sowie dem Aufsichtsratsvorsitzenden Georg Stöhr gegenübersaßen.[189] Des weiteren nahmen die beiden sowjetischen Offiziere Oberstleutnant Apelinski und Hauptmann Remisow an der Sitzung teil. Eröffnet wurden die Verhandlungen durch Erklärungen der lokalen KPD-Politiker Feurich und Kühn, die angesichts der bevorstehenden Aufbauarbeit den Forderungen des Betriebsrates nach mehr Mitbestimmung Nachdruck verliehen. Konkret warf der Betriebsratsvorsitzende Wolf dem Vorstand Riedel vor, dass er den Einblick in die Geschäftsbücher und insbesondere in seine Gehaltsverhältnisse verwehre. Bevor sich der Angegriffene verteidigen konnte, lenkte Apelinski das Augenmerk auf die sowjetischen Interessen: Wenn das Produktionsergebnis nicht stimme, hätten dies beide Seiten, Vorstand und Betriebsrat, zu verantworten. Riedel schloss sich dem an und betonte, dass ein „Kesseltreiben" gegen ihn stattfinde, während seine Priorität ganz auf dem Wiederaufbau der Fabrik liege. Georg Stöhr trat ihm zur Seite, indem er auf Riedels Sozialisation im Betrieb seit der Lehrzeit und die vorbildliche Leitung der 1937 mit Stöhr-Kapital gegründeten Kammgarnspinnerei Corona im rumänischen Weidenbach (*Ghimbav*) bei Kronstadt (*Braşov*) verwies. Riedel sei noch vor Kriegsende nach Leipzig zurückgekehrt und habe die Leitung der mehrheitlich von Stöhr gehaltenen Wollkämmerei Leipzig übernommen. Insofern entsprach Riedel voll der oben gegebenen Skizze korporativer Governance bei der Stöhr AG.

Oberstleutnant Apelinski beendete die Debatte mit dem Sinnspruch, dass die Absetzung eines Direktors „eine große Krankheit für jede Fabrik" sei. Dies war ein

---

187 SächsStA Leipzig, Nr. 20943/518. Erteilung der Prokura an Dettloff, 30.1.1947.

188 Schäfer, Familienunternehmen und Unternehmerfamilien, S. 128f.

189 Zum Folgenden: SächsStA Leipzig, Nr. 20943/1634. Protokoll der Sitzung im großen Konferenzzimmer Leipzig-Plagwitz, 19.10.1945.

frühes Beispiel für das Eintreten der sowjetischen Besatzungsoffiziere gegen übereilte Personalwechsel. Im Februar 1946 äußerte sich Sergej Blochin als Leiter des Wirtschaftsressorts der sächsischen SMA kritisch zur Praxis der deutschen Verwaltungen, die Besitzer der sequestrierten Industrieunternehmen zu entfernen und ihre Vertrauten in die Leitungsposition einzusetzen.[190] Er ordnete an, dieses Handeln unverzüglich einzustellen, weil jede Absetzung eines Industrieleiters des sowjetischen Einverständnisses bedürfe. Die Besatzungsmacht stand dem Austausch wirtschaftlicher Führungskräfte prinzipiell ablehnend gegenüber, wie auch im Juli 1946 eine scharfe Kritik der sächsischen SMA an der Einsetzungspolitik der deutschen Verwaltungen zeigte.[191] Der konkrete Konflikt in der Leipziger Kammgarnspinnerei wurde beigelegt, indem Riedel eine Bewährungsfrist eingeräumt und Johann Zils, der größeren Rückhalt beim Betriebsrat besaß, als Vermittlungsmann in die Direktion aufgenommen wurden. Schließlich blieben die Leitungsstrukturen bei der Stöhr AG unverändert und der Betriebsrat scheiterte bei der Durchsetzung seiner Mitbestimmungsforderungen.

Nach eigenen Angaben verzichtete der Stöhr-Vorstand Riedel im Sommer 1945 auf 40 Prozent seiner Einkünfte, sodass sich sein monatliches Gehalt auf 1.200 RM reduzierte. Auch für die übrigen leitenden Angestellten sind Gehaltseinbußen von 25 bis 30 Prozent nachweisbar.[192] Auf längere Sicht und mit größerer Genauigkeit lässt sich die Entwicklung der Vorstandsgehälter bei Tittel & Krüger auf Basis der Personalakten nachvollziehen. Im Krieg waren die Bezüge exorbitant gestiegen: 1937 bezogen die beiden Direktoren Lemser und Haebler ein Bruttogrundgehalt von 2.000 RM, das 1938 auf 3.000 bzw. 2.500 RM angehoben und 1940 durch eine auf beide Vorstände zu verteilende Prämie von 10.000 RM ergänzt wurde. Im Jahr 1943 bezog Lemser ein durchschnittliches Monatsbruttogehalt von 5.267 RM und Haebler von 4.583 RM. Wegen der Tantiemen- und Prämienzahlungen lagen die Einkünfte weit über dem Grundgehalt der Vorkriegszeit.[193] Ihre Nettogehälter lagen ungefähr 22 Prozent niedriger, doch blieb ihnen die Vergünstigung der Nutzung werkseigener Wohnung für 200 RM Monatsmiete erhalten.

Nach dem Krieg entfielen die Sonderleistungen, und der Aufsichtsrat senkte im Oktober 1945 die Nettogehälter auf 1.750 RM (Lemser) und 1.500 RM (Haebler). Da Lemser bald gegen eine branchenübliche Abstandszahlung ausschied, verblieb nur Haebler mit einem Nettogehalt von zuletzt 1.200 RM (Juni 1948) an der Betriebsspitze. Während Stiepel im Frühjahr 1946 seine Vorstandsfunktion zu gleichen Konditionen

190 BArch, NL 4182/1181. Blochin, stellvertretender Chef für Wirtschaftsfragen der SMA Sachsen, an Fritz Selbmann, Vizepräsident der Landesverwaltung Sachsen, 9.2.1946. Vgl. auch Halder, Modell, S. 203. Biogramm Blochin in: Thüsing, Andreas (Hrsg.): Das Präsidium der Landesverwaltung Sachsen. Die Protokolle der Sitzungen vom 9. Juli 1945 bis 10. Dezember 1946, Göttingen 2010, S. 505.

191 Halder, Modell, S. 246.

192 SächsStA Leipzig, Nr. 20943/1632. Neuregelung der Gehälter der leitenden Beamten, 1.10.1945. Roch verdiente noch 1.050 RM, Zils 750 RM. Nur Dolmetscher Dettloff bezog sein bisheriges Gehalt von 650 RM weiter.

193 SächsStA Leipzig, Nr. 20929/193. Akte Karl Lemser. Aufstellung der Vorstandsbezüge, 6.8.1945.

wie Haebler antrat, lag das Einstiegsgehalt Neddermanns im Sommer 1948 weitaus niedriger, denn ihm wurde das übliche Vorstandgehalt nur noch brutto ausbezahlt, d.h. er erhielt netto 750 RM monatlich.[194] Wie bei den Stahlwerken gesehen, mussten die Führungskräfte in der Nachkriegszeit erhebliche Gehaltseinbußen hinnehmen. Dabei wurden nicht nur ihre kriegswirtschaftlich bedingten hohen Einkünfte nach unten korrigiert, sondern auch der Stand des Jahres 1937 unterschritten. Die Senkungen betrafen auch die privatwirtschaftlich geführten Unternehmen, die unter den veränderten ökonomischen Bedingungen Einsparungen nicht vermeiden konnten. Mitunter konnte der Anreiz eines höheren Gehalts ein Beweggrund sein, die SBZ in Richtung Westen zu verlassen.

Die Einbindung der Betriebsräte in die laufende Geschäftsführung erfolgte bei beiden Leipziger Spinnereien halbherzig. Ihr geringer praktischer Einfluss hatte sich schon im Konflikt um die Personalie Riedel gezeigt. Bei der Stöhr AG zog der Vorstand die Arbeitervertreter nur sporadisch zu Besprechungen, z.B. mit sowjetischen Offizieren, hinzu. Das Leipziger Amt für Betriebsneuordnung wollte Wolf als formalen Treuhänder bestellt sehen, was auf Veranlassung der SMA Sachsen unterblieb, die Koch als Sequesterverwalter den Vorzug gab.[195] Diese Maßnahme steht stellvertretend für den sowjetischen Wunsch, möglichst wenig personelle Veränderung in den Betriebsleitungen zuzulassen. Dies sorgte nicht nur in den sequestrierten Betrieben, sondern erst recht in der privaten Industrie für ein geringes Einflusspotential der Betriebsräte.

Bei Tittel & Krüger lassen sich die beschränkten Einflussmöglichkeiten der Betriebsräte durch ihre Teilnahme am Aufsichtsrat belegen. Nach Kriegsende wurden die Arbeitervertreter zunächst nicht eingeladen, bis der Betriebsratsvorsitzende Karl Schulera und das Mitglied Hans Friedrich am 4. März 1946 erstmals „mit beratender Stimme“ teilnehmen durften.[196] Ohne bei den Aufsichtsratssitzungen in Erscheinung getreten zu sein, legte Schulera bereits im Oktober 1946 den Vorsitz des Betriebsrates nieder, „um sich mehr seinem erweiterten Arbeitskreis als Meister widmen zu können“.[197] Obwohl Rühlemann als Vorsitzender folgte, behielt Schulera sein Aufsichtsratsmandat, das ihm für jede Sitzung eine Aufwandsentschädigung von 50 Mark einbrachte. Für Konfrontationen gibt es in den Akten keinerlei Anzeichen, auch Rühlemann wurde zuweilen als Gast geladen, doch der Einfluss der Betriebsräte auf die Betriebsleitung blieb marginal. Ihre Funktion im Gremium beschränkte sich auf die

194 SächsStA Leipzig, Nr. 20941/042. Protokolle der Aufsichtsratssitzungen vom 20.9.1945, 10.4.1946 u. 31.5.1948.

195 SächsStA Leipzig, Nr. 20943/872. Aktennotiz Riedel über Besuch beim städtischen Amt für Betriebsneuordnung, 16.7.1946.

196 SächsStA Leipzig, Nr. 20941/042. Protokoll der Aufsichtsratssitzung der Wollgarnfabrik Trittel & Krüger und der Sternwoll-Spinnerei AG Leipzig im Gesellschaftsgebäude, 4.3.1946.

197 SächsStA Leipzig, Nr. 20941/042. Protokoll der Aufsichtsratssitzung der Wollgarnfabrik Tittel & Krüger und Sternwoll-Spinnerei AG Leipzig, 18.10.1946.

Zustimmung zu Personalwechseln an der Werkspitze.[198] Bis sich der Aufsichtsrat Mitte 1948 auflöste, fielen strategische Entscheidungen ohne Beteiligung der organisierten Arbeiterschaft, zumal sich in beiden Spinnereien auch keine relevanten SED-Betriebsorganisationen etablierten. Während die Stahlwerke als Schlüsselbetriebe gelten konnten, in die die SED hineindrängte, galt dies für die Leipziger Spinnereien nicht. Insofern wies die betriebliche Governance in der Referenzperiode ganz erhebliche Unterschiede auf.

4.2 Bedingungen für Strategie-, Produktions- und Absatzentscheidungen

Strategieentscheidungen entsprangen in den beiden Leipziger Spinnereien der Kooperation der unterschiedlichen Betriebsgremien, lagen aber schwerpunktmäßig auf der Vorstandsseite, während Investitions- und Finanzierungsfragen nur selten auf der Tagesordnung standen. Vergleichend betrachtet, ergaben sich die markantesten Unterschiede in der Governance nicht aus den Konsequenzen der Sequestrierung, also eigentumsrechtlichen Fragen, sondern aus der Verschiedenheit der Struktur des Gesamtunternehmens. Die Stöhr AG betrieb traditionell eine horizontale Ausdehnung, d.h. sie gründete gleichartige Unternehmen, auch in anderen anderen Ländern, bzw. beteiligte sie sich daran. Die Direktinvestitionen in den USA, Rumänien, Budapest, Riga usw. verloren in den Nachkriegsjahren allerdings völlig an Bedeutung, weil die Zugriffsmöglichkeiten auf die Werke fehlten. Tittel & Krüger hatte demgegenüber einer vertikalen Integration den Vorzug gegeben. Die Aktiengesellschaft besaß die Kohlegrube „Gottes Segen" im sächsischen Lugau-Oelsnitzer Steinkohlerevier und hatte mit Bremen und Leipzig zwei innerdeutsche Standorte. Diese Situation eröffnete der Geschäftsführung weitaus größere Spielräume als der Stöhr AG ihre vormalige internationale Präsenz.

Angesichts des anhaltenden Kohlemangels erwies sich für Tittel & Krüger der Besitz der Kohlengrube tatsächlich als ein Segen. Laut Einschätzung Haeblers im Februar 1946 mache sich „angenehm bemerkbar", dass die Kohlebeschaffung sichergestellt werden konnte.[199] Im Gegensatz zu anderen sächsischen Werken konnte die Produktion der Spinnerei sogar in den Kälteperioden der Winter 1945/46 und 1946/47 aufrecht erhalten werden. Bis zur Enteignung im Mai 1947 lohnte sich die Bewahrung der Verfügungsrechte über die eigene Grube, obgleich ihr Betrieb sehr kostspielig war.[200] Auch in der Frage der Energiebeschaffung behalf sich Tittel & Krüger selbst, denn man verfügte dank einer eigenen Turbinenanlage über die Möglichkeit,

---

198 SächsStA Leipzig, Nr. 20941/042. Protokoll der Aufsichtsratssitzung der Wollgarnfabrik Tittel & Krüger und Sternwoll-Spinnerei AG Leipzig, 16.2. u. 31.5.1948.

199 SächsStA Leipzig, Nr. 20941/122. Tittel & Krüger, Schreiben Haebler an Grünhage, 11.2.1946.

200 SächsStA Leipzig, Nr. 20941/203, Tittel & Krüger, Situationsbericht des Quartals I/1947, 24.5.1947; Nr. 20941/025, Geschäftsbericht, 16.7.1947.

den im Produktionsbetrieb notwendigen Strom zu erzeugen.[201] Um die Eigenversorgung weiter abzusichern, beschloss der Aufsichtsrat, 150.000 RM in eine kleine Gegendruckturbine zu investieren, die den in der Färberei entstehenden Dampf als Antrieb nutzen sollte. Die Lieferung erwartete man binnen zwei Jahren. All diese von der Geschäftsführung ergriffenen Maßnahmen belegen, dass man gewillt war, die betriebliche Eigenständigkeit in der Nachkriegssituation zu behaupten. Darüber hinaus bemühte sich der im März 1946 in den Vorstand berufene Direktor Stiepel, die Verbindungen zum Zweigwerk in den Westzonen zu halten.

Die Wirtschaftsabteilung der sächsischen SMA unter Oberst Blochin forderte 1946, dass eine möglichst große Zahl von Betrieben mit Reparationsaufträgen versehen werde.[202] Strenge Bewirtschaftungsvorschriften sollten die Rohstoffe in die entsprechenden Sektoren lenken, während die zivile Versorgung nachrangig sei. Dies forderte die Bemühungen des sächsischen Wirtschaftsministeriums heraus, wirtschaftsplanerische Kompetenzen zu erhalten, um auf die Produktion Einfluss zu nehmen. Auf einer grundlegenden Besprechung über Reparationsfragen im Mai 1946 gestanden die SMA-Obersten Blochin und Golubkow der deutschen Seite eine Stärkung ihrer Zugriffsrechte zu. Daraufhin erließ die sächsische Landesregierung in schneller Folge eine Reihe von Verordnungen zur Beschlagnahme und Bewirtschaftung von Rohstoffen (25. Mai 1946), zur Durchführung der Reparationsaufträge und Aufträge für die sowjetische Armee (31. Mai 1946) und über Herstellungsverbote für nicht für notwendig erachtete Produkte (15. Juni 1946). Trotz dieser Maßnahmen, die dem sächsischen Volksentscheid vorausgingen, konnte sie die Weichen nicht in die gewünschte Richtung stellen. In der Praxis blieben die Möglichkeiten des Wirtschaftsministeriums, einen stärkeren Einfluss auf Planung und Lenkung zu nehmen und über die Produktion der Betriebe zu bestimmen, eingeschränkt. Aus dieser Situation entwickelte ein Produktionsregime mit starren Zuteilungsmustern, das den Betrieben dennoch einige Handlungsspielräume eröffnete.

Die Leipziger Spinnereien sahen sich – ihrem eigenen Sprachgebrauch folgend – in Abhängigkeit von „Russenaufträgen“. Ihre geschäftliche Situation machte eine Sitzung vom 24. Mai 1946 deutlich, als die sächsische SMA Vertreter beider Betriebe zur Klarstellung ihrer Forderungen vorlud.[203] Ausgangspunkt war die ultimative Anweisung aus Berlin-Karlshorst an die Dresdener Militärstellen, „für allerschnellste Lieferung von 250.000 kg Garn“ zu sorgen. Dieses Gesamtvolumen wurde auf Stöhr (130 t) und Tittel & Krüger (120 t) aufgeteilt. Der nach Dresden abberufene Oberleutnant Klimanow gab an, dass er für die Erfüllung binnen 70 Tagen persönlich „mit seinem Kopfe“ hafte. Nicht nur diese Drohung, sondern auch die gleichzeitige Weisung an die Leipziger Stadtkommandantur, sich jeglicher Einflussnahme auf die

201 SächsStA Leipzig Nr. 20941/042. Aufsichtsratssitzung Tittel & Krüger, 10.2.1947.

202 Zum Folgenden: Halder, Modell, S. 206–208.

203 SächsStA Leipzig, Nr. 20943/377. Aktennotiz Dettloff (für Vorstand, Einkauf und Betriebsleitung der Stöhr AG) über Aufträge der Roten Armee, 24.5.1946.

Betriebe zu enthalten, verdeutlicht den militärisch-autoritären Charakter der Produktionsanweisung.

Die Spinnereien machten einige Einwände geltend, z.B. im Fall der Stöhr AG mit dem Hinweis, dass der geforderte Umfang die bisher vom Chef der SMAD-Abteilung Arbeitskräfte Remisow geforderte Menge von 126 t pro Quartal deutlich übersteige. Wegen der geforderten Garnstärke müssten die Maschinen zeitintensiv umgerüstet werden. Zudem sei der Auftrag für die volle Auslastung der betrieblichen Kapazitäten ungeeignet: Weil er nur einfache, weiße Garnsorten beinhalte, drohe der Färberei und der Zwirnerei der Stillstand. Nachverhandlungen vermochten außer kleineren Korrekturen bezüglich der Garnstärke nichts an der Produktionsanweisung zu ändern. Vom Stil her entsprach sie viel eher einer Kommandowirtschaft als einer Variante der zentralen Planwirtschaft. Frühere betriebliche Kompetenzen wie die Kundenorientierung spielten keine Rolle mehr, weil die Kontakte zu den weiterverarbeitenden Betrieben abbrachen. Das fertige Garn wurde von sowjetischen Lastwagen abgeholt und weiter geliefert. Die Sowjets überwachten die Erfüllung akribisch, denn Klimanow war täglich Bericht über den Fortschritt der Arbeit zu erstatten. Das Beispiel verdeutlicht, wie dem Wirtschaftsressort der sächsischen Landesverwaltung jegliche Einflussnahme auf den Prozess der betrieblichen Produktionsplanung und -organisation verwehrt blieb.

Sowjetische Anordnungen wie diese bestimmten das Produktionsregime der beiden Leipziger Spinnereien im Jahr 1946. Damit wurde ein großer Teil der betrieblichen Produktion von außen bestimmt. Die Gestaltung des Absatzes jenseits der von sowjetischer Seite geforderten Kontingente erfolgte 1946 zuweilen noch in Eigenregie. Tittel & Krüger schlossen sog. Interzonengeschäfte mit Handelspartnern in Kaiserslautern, Düsseldorf und Augsburg ab.[204] Jedoch engten sich die Möglichkeiten im Jahresverlauf stark ein, weil für „Zivilgarne entsprechendes Rohmaterial" nicht mehr beschafft werden konnte.[205] Der verbleibende freie Absatz schränkte sich immer mehr auf das Land Sachsen ein, sofern dafür überhaupt Rohstoffkontingente erhältlich waren. Ein weiteres Problem war die anhaltende Fixierung auf Fabrikationsgarne. Die Produktion einfacher, „rohweißer" Garne, ohne die maschinellen Möglichkeiten zur Veredelung z.B. der Färberei zu nutzen, bedeutete eine permanente Unterauslastung der vorhandenen Kapazitäten und bescherte niedrige Gewinnmargen. Für die Stöhr AG beschwerte sich Dettloff bei SMA-Hauptmann Kalmikow, es sei ein „unhaltbarer Zustand, wenn wir als Buntspinnerei rohweißes Garn liefern sollen"[206] Um die Färberei zu beschäftigen, sollte Stöhr für Tittel & Krüger Garn bzw. Kammzug schwarz färben. In Bezug auf die Abhängigkeit vom Reparationsregime saßen die beiden

---

204 SächsStA Leipzig, Nr. 20941/122. Tittel & Krüger, Vorstand Haebler an Aufsichtsrat Grünhage, 11.2.1946.

205 SächsStA Leipzig, Nr. 20941/203. Tittel & Krüger, Situationsberichte I. u. II. Quartal 1946, 29.7.1946.

206 SächsStA Leipzig, Nr. 20943/377. Stöhr AG, Aktennotiz Dettloff über Besprechung bei der SMA, 12.8.1946.

Spinnfabriken in einem Boot. Für Tittel & Krüger zog ein Situationsbericht ein negatives Resümee, das den früheren Geschäftsgedanken zum Maßstab nahm: Es wurde beklagt, dass der Betrieb nicht in der Lage sei, „nach kaufmännischen Gesichtspunkten zu handeln. [...] Die ganze mühselige Aufbauarbeit in der Zwischenzeit und die pflegsame Behandlung der Kundschaft im russischen Sektor bringt uns keinen Nutzen."[207] Im Resultat blieben die Spinnkapazitäten unausgelastet, weil im Schnitt nur 18.000 von 29.000 Spindeln in Betrieb waren. Darauf führte der Tittel & Krüger-Vorstand auch die hohe Personalfluktuation zurück.

Erst 1947 änderte sich die Situation in Teilen, weil es dem Wirtschaftsressort der Landesregierung gelang, seinen Einfluss auf den Textilsektor zu erhöhen. Für die Rohstoffzuteilung einigte man sich mit der SMA auf ein System zur Garnbewirtschaftung.[208] Ab 1. April 1947 erhielten garnverarbeitende Betriebe Garnbezugsscheine und schlossen auf dieser Basis Kaufverträge mit den Spinnereien ab. Nach Fertigstellung des Garnpostens stellte die zuständige untere Verwaltungsbehörde des Stadt- bzw. Landkreises dem Empfänger eine Lieferanweisung aus. Wenn die Spinnerei den Bezugsschein nach der Auslieferung erhielt, sandte sie ihn unter Angabe der Fertigungsstärke usw. an das Textilreferat des sächsischen Wirtschaftsministeriums. Die Nichtbefolgung der Anweisungen wurde als „Wirtschaftssabotage" verfolgt und mit Verhaftung des Betriebsleiters bzw. Schließung des Betriebs bedroht. Die Überwachung versetzte die deutschen Stellen in die Lage, steuernd einzugreifen. Gleichzeitig erging die Anweisung an die Betriebe, alle drei Tage zu melden, welche Garnmengen ihnen neben der Erledigung der Aufträge für das „Handelsnetz der SMAD" noch zur Verfügung standen.[209] Für eine weitere Kontrolle sorgte die Steuerung durch sog. Werkverträge, die fortan dem Wirtschaftsministerium vorzulegen waren: Vertragsabschlüsse zwischen sächsischen Firmen über textile Rohstoffe und Halbfertigwaren waren grundsätzlich nicht mehr zu genehmigen. Wirtschaftliche Verbindungen mit Abnehmern außerhalb Sachsens mussten von der Außenhandelsstelle des sächsischen Wirtschaftsministeriums registriert und durch Erteilung einer Spinngenehmigung freigegeben werden. Damit wurden gleichzeitig alle Geschäft außerhalb dieses Rahmens zu illegalen Transaktionen erklärt und konnten als „Schiebergeschäfte" verfolgt werden.[210] Indem sich die Landesregierung weitgehende Zugriffsrechte sicherte, konnte sie die Produktion aber allmählich – neben der anhaltenden Erfüllung sowjetischer Lieferforderungen – in Richtung auf die Erfüllung der Nachfrage im zivilen Bereich dirigieren.

---

207 SächsStA Leipzig, Nr. 20941/203. Tittel & Krüger, Situationsberichte I. u. II. Quartal 1946, 29.7.1946.

208 SächsStA Leipzig, Nr. 20943/340, Wirtschaftsminister Selbmann an die Abt. Planung und Kontingentierung, Wirtschaftsministerium, betr. Garnbewirtschaftung, 7.3.1947.

209 SächsStA Leipzig, Nr. 20943/340, Schreiben des sächsischen Wirtschaftsministeriums an die Kammgarnspinnerei Stöhr, 18.3.1947.

210 Zum Schlag gegen derartige „Schiebergeschäfte", vgl. Kap. IV, 1.

Wie in der Stahlindustrie vollzog sich für die Betriebe des Textilsektors die Einbeziehung in das Reparationsregime in Form eines umfangreichen Regularienwerks, in das die Besatzungsmacht immer wieder eingriff. Von einer Wirtschaftsplanung, auf die vor allem die deutschen Kommunisten und die Wirtschaftsverwaltungen drängten, war noch nicht viel zu erkennen. Hinsichtlich der personellen Strukturen wurde dagegen ein Wandel sichtbar, wie eine auf dem zweiten SED-Parteitag im September 1947 vorgelegte Statistik zur Besetzung der Werkleiterposition verdeutlichte: Nur noch 6,2 Prozent der Werkleiterpositionen waren von den früheren Direktoren besetzt.[211] Neben den Westabgängen war die festgestellte geringe Kontinuität vor allem ein Ergebnis der anhaltenden Fluktuation auf dem Arbeitsmarkt. Im Zuge der häufigen Stellenwechsel fanden auch alte Führungskräfte wieder eine Anstellung. Der vielschichtige Prozess des Personalaustauschs ließ allerdings die vermeintlich oberste Position der Betriebshierarchie selten unberührt. Daneben haben unsere Beispiele gezeigt, dass es auf der zweiten Leitungsebene, insbesondere im technischen Bereich, bemerkenswerte personelle Kontinuitätslinien gab.

211 Zank, Wirtschaft und Arbeit, S. 53.

IV Aneignung der Betriebe durch die SED (1948–1950)

Das Frühjahr 1948 war von zwei wirtschaftlich relevanten Maßnahmen geprägt, deren Zusammenspiel die Forschung noch nicht ausreichend beachtet hat: erstens die endgültige Herstellung des staatlichen Eigentums im Industriesektor durch SMAD-Befehl Nr. 64 vom 17. April 1948, der das Sequester beendete und volkseigene Betriebe (VEB) hervorbrachte; zweitens die Verabschiedung eines Produktionsplanes für das zweite Halbjahr 1948 (Halbjahresplan) und des Zweijahrplanes für die Jahre 1949/50 durch den DWK-Beschluss vom 12. Mai 1948.[1] Beide Entscheidungen zogen eine erhebliche Intensivierung der staatlichen Kontrolle nach sich und veränderten das Verhältnis zwischen betrieblicher Governance und staatlicher Lenkung.

Während in Übersichts- und allgemeinhistorischen Darstellungen die Schaffung des Staatseigentums im Industriesektor meist als formaljuristischer Akt gedeutet wurde, „um Revisionen und Einsprüchen zu begegnen" oder um die Verstaatlichungen rechtlich und politisch abzusichern,[2] wies eine DDR-Industriegeschichte von 1989 zumindest auf den Zusammenhang der beiden eingangs genannten Maßnahmen hin: „Mit der juristischen Entscheidung über die Bildung des gesellschaftlichen Eigentums an industriellen Produktionsmitteln waren zugleich Maßnahmen zur Organisation dieses Eigentums getroffen worden."[3] Zeitgleich habe ein deutlicher Zentralisierungsschub in den zuständigen Verwaltungen eingesetzt und die DWK die „unmittelbare Leitung der volkseigenen Betriebe" übernommen.[4] In der Tat drängte die Staatspartei mit ihren Planungs- und Kontrollgremien massiv in die Wirtschaft. Die politische Verschärfung wurde unter dem Stichwort der „Stalinisierung" zwar in vielfältiger Weise untersucht, jedoch kaum in Bezug auf die innerbetrieblichen Veränderungen.

In diesem Kapitel wird zum einen gezeigt, wie die juristische Bestätigung der Enteignung den Weg ebnete, dass sich in den staatlich geleiteten Betrieben, hier den Stahl- und Walzwerken, die Vorgaben des Plansystems entfalteten. Das Produktionsregime der Planwirtschaft schlug sich bereits in seiner Frühphase erheblich auf die betriebliche Governance nieder. Zum anderen wird gefragt, wie sich in den Industriebereichen, die sich meist noch in privatem Eigentum befanden, hier der Textilbranche, die werdende Planwirtschaft auf die Betriebe auswirkte. Als weitere Ebene der

1 Vgl. Steiner, Plan zu Plan, S. 42 u. 53.

2 Benz, Wolfgang: Deutschland unter alliierter Besatzung 1945–1949 (Gebhardt – Handbuch der deutschen Geschichte, Bd. 22), Stuttgart 2009, S. 153. Braun, Jutta: Die Zentrale Kommission für Staatliche Kontrolle. Wirtschaftsstrafrecht und Enteignungspolitik in der Gründungs- und Frühphase der DDR, in: Hoffmann, Dierk/Wentker, Hermann (Hrsg.), Das letzte Jahr der SBZ. Politische Weichenstellungen und Kontinuitäten im Prozeß der Gründung der DDR, München 2000, S. 173.

3 Mühlfriedel/Wießner, Geschichte der Industrie, S. 51.

4 Ebd., S. 56.

Aushandlung entstanden die Vereinigungen volkseigener Betriebe (VVB), die zur Verbesserung der Planung und der überbetrieblichen Koordination ins Leben gerufen wurden. Der Industriezweig der Roheisen- und Stahlproduktion und deren Weiterverarbeitung stand unter der Leitung der VVB VESTA mit Sitz in Leipzig, gegründet am 7. Juli 1948 auf Basis des SMAD-Befehls Nr. 76/1948.

1 Eingriffe der SED-Kontrollkommissionen und der gelenkten Justiz

Auf der Innenministerkonferenz wurde Ende 1947 bemängelt, dass die Wirtschaft von der politischen Säuberung nur unzureichend erfasst worden sei. Im Januar 1948 forderte Walter Ulbricht, dass Führungskräfte, „die zwar formal nicht Nazis waren, aber mit allen Mitteln unsere demokratische Ordnung sabotieren",[5] einer strengen Überprüfung zu unterziehen seien. Gleichzeitig erklärte der stellvertretende SED-Parteichef die bis dahin betriebene Entnazifizierung für beendet: Für die Verkündigung wählte man wirkungsvoll den 100. Jahrestag der Märzrevolution von 1848 als Anlass. Mit dem Ende der Entnazifizierung war eine Amnestie für alle Personen verbunden, die ein deutsches Gericht zu einer Freiheitsstrafe von unter einem Jahr verurteilt hatte. Die laufenden Untersuchungen waren in allen Fällen einzustellen, die keine Verurteilung mit einem entsprechenden Freiheitsentzug erwarten ließen.[6]

Diese einschneidenden Entscheidungen markierten aber keineswegs das Ende der politischen Verfolgung. Der Ankündigung Ulbrichts vom Januar 1948 entsprechend, wurde innerhalb der reorganisierten DWK eine Zentrale Kontrollkommission (ZKK) errichtet, die nach der Staatsgründung in Zentrale Kommission für Staatliche Kontrolle (ZKSK) umbenannt wurde.[7] Es handelte sich seit Mai 1948 um die erste auf zentraler Ebene angesiedelte Sonderkommission, die nach sowjetischem Vorbild gebildet wurde.[8] Grundsätzlich war die ZKK für Fragen des Wirtschaftsstrafrechts zuständig. Mit den ordnungspolitischen Veränderungen des April 1948 und der Bildung der VEB stiegen die Ansprüche an die Kontrollierbarkeit der Wirtschaft. Die wesentlichen Aufgaben der ZKK waren auf den Wirtschaftssektor zugeschnitten: 1. Kontrolle der Wirtschaftsplanung, 2. Überprüfung der Arbeitsweise des Verwaltungsapparates, 3. Beseitigung des sog. Bürokratismus, 4. Aufdeckung wirtschaftsschädigender Handlungen, z.B. Spionage, Spekulation, Schiebertum und unzulässige Kompensations-

5 Rößler, Ruth-Kristin (Hrsg.), Die Entnazifizierungspolitik der KPD/SED 1945–1948. Dokumente und Materialien. Goldbach 1994, S. 248, zur Innenministerkonferenz am 31. Januar/1. Februar 1948.

6 Ebd., S. 259. Handschriftliche Notiz von Wilhelm Pieck auf einer Besprechung am 12. März 1948 bei der SMAD in Karlshorst.

7 Ausführlich zur ZKSK: Horstmann, Thomas: Logik der Willkür. Die Zentrale Kommission für Staatliche Kontrolle in der SBZ/DDR 1948–1958, Köln 2002.

8 Braun, Zentrale Kommission für Staatliche Kontrolle, S. 176f.

geschäfte. Vor allem der letzte Punkt überschnitt sich mit den Verfolgungsaufgaben der bereits existierenden geheimpolizeilichen Organe.[9]

Der Fall Pfotenhauer im Weimarer Textilreferat

Einer der ersten und zugleich spektakulärsten Fälle der ZKK, der in der Literatur gut dokumentiert ist, beschäftigte sich mit der Aufdeckung einer „illegalen Unternehmerorganisation“ in den sächsischen Textilstädten Meerane und Glauchau.[10] Im Textilsektor, der von Enteignungen bislang weitgehend verschont geblieben war, inszenierte die staatliche Sicherheitspolitik folgenreiche Exempel. Hauptangeklagter eines Schauprozesses im Juni 1948 war der Unternehmer Horst Pfotenhauer, der seit gut einem Jahr im sächsischen Landesamt für Wirtschaft als Leiter des Textilreferats tätig war. Auf dieser Position sorgte er seit Januar 1947 zunächst regierungsintern für Aufsehen. Bereits sein Einstieg in die Referentenposition war durchaus ungewöhnlich: Pfotenhauer bekleidete die Stellung ehrenamtlich und wollte seine Tätigkeit auf drei Monate befristet wissen, bis ein neuer geeigneter Leiter für die Abteilung gefunden sei.[11] Weil es offensichtlich an Alternativen mangelte, verlängerte er seine Tätigkeit über den vereinbarten Zeitpunkt hinaus und wurde im Juli 1947 für sechs Monate zum „Gruppenleiter der Leichten Industrie“ ernannt.[12] Von seinem weiterhin ehrenamtlichen Dienst ließ er sich einmal in der Woche für einen Tag zur Betreuung seiner Strumpffabrik in Lichtenberg (Erzgebirge), einer der größten Sachsens in ihrer Branche, freistellen.

Während seiner Tätigkeit als Textilreferent entwickelte Pfotenhauer eine Reihe von Initiativen zur Förderung der sächsischen Textilunternehmen, die sich ja überwiegend noch in privater Hand befanden. Bemerkenswert war vor allem ein Schreiben, das er im April 1947 an Wirtschaftsminister Fritz Selbmann sandte. Ausgangspunkt war die katastrophale Situation der Textilindustrie, die sich im Winter durch den Kälteeinbruch sowie die Kohle- und Energieknappheit eingestellt habe.[13] Dieser Zustand erlaube weder die Reparationsforderungen zu erfüllen noch das von der SMA geforderte Rohmaterial in der gewünschten Qualität zu produzieren. Um überzogene

---

9 Boldorf, Brüche oder Kontinuitäten, S. 313.

10 Vgl. Braun, Zentrale Kommission für Staatliche Kontrolle, S. 169–171; Gieseke, Jens: Der Mielke-Konzern. Die Geschichte der Stasi 1945–1990, Stuttgart 2001, S. 46; Horstmann, Logik der Willkür, 161ff.; Klawitter, Nils: Die Rolle der ZKK bei der Inszenierung von Schauprozessen in der SBZ/DDR: Die Verfahren gegen die „Textilschieber“ von Glauchau-Meerane und die „Wirtschaftssaboteure“ der Deutschen Continental-Gas-AG, in: Braun, Jutta/Klawitter, Nils/Werkentin, Falco (Hrsg.): Die Hinterbühne politischer Strafjustiz in den frühen Jahren der SBZ/DDR, 4. Aufl., Berlin 2006, S. 23–56.

11 SächsHStA Dresden, Nr. 11384/638. Horst Pfotenhauer, Strumpffabrik Lichtenstein, an Industrieminister Fritz Selbmann, 27.1.1947.

12 SächsHStA Dresden, Nr. 11384/638. Schreiben Wirtschaftsminister Selbmann an Pfotenhauer, Leiter des Textilreferats, 3.7.1947.

13 SächsHStA Dresden, Nr. 11384/638. Schreiben Pfotenhauer an Selbmann, 15.4.1947. Vgl. auch Halder, Modell, S. 402f.

sowjetische Forderungen abzuwehren, hielt Pfotenhauer die Einstellung eines Fachmann für ratsam, der „die Befehle mit dem Befehlsgeber auf ihre sinnvolle technische und termingemäße Ausführbarkeit überprüft und nicht durchführbare Forderungen von vornherein auf eine wirtschaftlich mögliche und maßvolle Durchführung zurückführt". Es müsse verhindert werden, dass laufend Befehle erlassen werden, die den Gesamtplan im Ablauf stören.

Um die bestehenden Engpässe zu schließen, forderte er für sich als Textilreferenten sowie für die Leiter der größeren Textilbetriebe „die Möglichkeit zu interzonalen Verhandlungen in eigener Verantwortung." Des weiteren sollte ein Teil der Produktion für Endverarbeiter freigegeben werden, um die dringendsten Betriebsmittel im Kompensationshandel mit den anderen Zonen oder dem Ausland zu beschaffen. In der Frage der sog. Werkverträge brachte Pfotenhauer als Argument für den Außenhandel vor, dass durch Kontakte mit außersächsischen Lieferanten Rohstoffe in das Land flössen, was der einheimischen Wirtschaft zum Nutzen gereiche.[14] Die Wiederherstellung der Handelsfreiheit führe in der Praxis auch zur Beseitigung der bestehenden Qualitätsmängel. Weitere wirtschaftspolitische Forderungen bezogen sich auf ein Prämiensystem für Facharbeiter sowie die Einsetzung von Textilfachleuten als öffentlichen Prüfern für Rohstoffe und Chemikalien. Mit diesen marktwirtschaftlich orientierten Vorschlägen trat er frontal gegen das im Ausbau befindliche Regulierungssystem auf. Gespräche mit Textilunternehmern wie der Leipziger Spinnerei Stöhr belegten, dass er durchaus stellvertretend für die Betriebe seiner Branche handelte.[15] Andere Vorschläge bezogen sich auf die Umstellung der Spinnereien vom Dreischicht- auf einen Zweischichtbetrieb, weil dies nach seinen Berechnungen unter den herrschenden wirtschaftlichen Rahmenbedingungen rentabler sei. Seine Vorgehensweise durchbrach die von den Kommunisten gepflegte Logik, dass ein hoher Arbeitseinsatz die Produktion erhöhe, wobei Produktivitätserwägungen meist außer Betracht blieben. Trotz einer gewissen Loyalität zur sächsischen Landesverwaltung, der er angehörte, machte Pfotenhauer durch innovative Vorschläge auf sich aufmerksam, die allerdings in Richtung Marktfreiheit gingen.

Im Juni 1948 stand Pfotenhauer im Zentrum der ZKK-Ermittlungen, als die angebliche Existenz einer „illegalen Unternehmerorganisation" in den sächsischen Textilstädten Meerane und Glauchau aufdeckt werden sollte. Im Zuge dessen kam es zu polizeilichen Übergriffen, unter anderem wurde von Misshandlungen berichtet.[16] In dem nachfolgenden Schauprozess war Pfotenhauer Hauptangeklagter. Es wurde behauptet, dass er sich eine leitende Stellung in der Wirtschaftsabteilung der sächsi-

---

14 SächsHStA Dresden, Nr. 11384/638. Besprechung der Ressorts Handel und Versorgung (Lesser) und Wirtschafts und Wirtschaftsplanung (Staeding, Pfotenhauser, Kretschmer), 17.4.1947.

15 SächsStA Leipzig, Nr. 20943/996. Aktennotiz zur Tagung bei der sächsischen Landesregierung unter Vorsitz von Ministerialrat Fellisch, 4.2.1947.

16 Braun, Zentrale Kommission für Staatliche Kontrolle, S. 169–171; Gieseke, Mielke-Konzern, S. 46; Horstmann, Logik der Willkür, S. 161ff.

schen Landesverwaltung erschlichen und dort weitere Unternehmer als Gewährsmänner eingeschleust habe. Seine Tätigkeit habe allein der eigenen Vorteilsnahme gedient, sein Ziel sei die Erringung der Kontrolle über die sächsische Leichtindustrie gewesen. Darüber hinaus hätten die vor Gericht zitierten Textilindustriellen einen „illegalen Handel mit den Westzonen" betrieben und sich verschiedene „Schiebergeschäfte" mit Textilien zuschulden kommen lassen. Die Angeklagten bestritten die Durchführung solcher wirtschaftlichen Transaktionen nicht, verwiesen aber darauf, dass es sich in der Nachkriegszeit um eine gängige Praxis gehandelt habe, an der sich auch lokalen Verwaltungen und die Wirtschaftskammern beteiligten. Dass diese Aussage zutreffend war, belegen die wirtschaftlichen Transaktionen, die für die Maxhütte oder die Leipziger Spinnereien erläutert wurden. Allerdings ergingen z.B. im Prozess zur Maxhütten-Affäre im Mai 1948 noch relativ milde Urteile, in denen der Tatbestand der Schieberei kein zentrales Element der Begründung darstellte.[17] Ungeachtet dessen verhängten die neu ernannten Volksrichter im Schauprozess von Glauchau-Meerane Ende November 1948 hohe Haftstrafen und sogar fünf Todesurteile, deren Vollzug sich die Angeklagten teilweise durch Flucht entzogen bzw. deren Vollstreckung ausgesetzt wurde.[18]

Der vermeintliche unternehmerische Komplott wurde zum Beispiel für die als gesellschaftsgefährdend bezeichneten Absichten der Privatwirtschaft. Es war die Absicht der Initiatoren, dass der Schauprozess eine politische Wirkung entfalte. Folglich berichtete das Neue Deutschland über die „Verhältnisse in der Textilindustrie in Glauchau-Meerane" im Sinne der ZKK-Anklageschrift. Der Schauprozess war der Höhepunkt einer Vielzahl von Strafverfolgungen im sächsischen Textilsektor, die jeweils mit „Wirtschaftsvergehen" begründet wurden. Im Gefolge des Prozesses lässt sich zwischen April und Juli 1948 die Einsetzung von Treuhändern in einer Vielzahl von sächsischen Textilbetrieben nachweisen.[19] In die Ermittlungen waren die seit 1947 vermehrten Überwachungsorganisationen der SBZ einbezogen, die verdeckt oder mit geheimpolizeilichen Methoden ermittelten, z.B. die entsprechenden Abteilungen der Landeskriminalämter oder auf oberster Ebene die ZKK als Kontrollinstanz der provisorischen Regierung.

Der Fall Koch bei der Stöhr AG

Auch die Leipziger Kammgarnspinnerei Stöhr geriet in die Kampagne gegen die Textilindustrie. Der Vorstandsvorsitzende Fritzludolf Koch wurde am 1. Juni 1948 vom sächsischen Landeskriminalamt in Untersuchungshaft genommen.[20] Auf der Basis

---

17 Vgl. Kapitel III, 3.1.

18 Vgl. ausführlich: Klawitter, Die Rolle der ZKK, S. 26–36.

19 SächsHStA Dresden, Nr. 11384/4483. Schreiben der Außenstellen Zwickau und Chemnitz an das sächsische Ministerium für Wirtschaft, Abteilung volkseigene Betriebe, 24.4. u. 2.6.1948.

20 Freie Universität (FU) Berlin, Universitätsarchiv. Bestand Rektorat (R) Nr. 1110. Anklageschrift gegen Fritzludolf Koch (Abschrift), 1.9.1948.

des Entnazifizierungsbefehls Nr. 201 der SMAD vom 16. August 1947 und der entsprechenden Kontrollratsdirektive Nr. 38 vom 21. Oktober 1946 wurde er als „Hauptverbrecher" unter Anklage gestellt. Sein Beispiel zeigte neben anderen, dass die Entnazifizierung keineswegs im März 1948 endete, sondern in modifizierter Form von den geheimdienstlichen Organen weitergeführt wurde.[21] In seiner Funktion bei Stöhr habe er „unter Einsetzen seines persönlichen Ansehens, durch Zuwendungen aus eigenem oder fremden [sic!] Vermögen, sowie durch seine Stellung und Tätigkeit im wirtschaftlichen Leben der nationalsozialistischen Gewaltherrschaft eine außerordentliche propagandistische und wirtschaftliche Unterstützung gewährt". Nach 1945 habe der Stöhr-Konzern versucht, „über den wahren Charakter des Betriebes im Dienst des Nationalsozialismus hinwegzutäuschen" und sich auf eine antifaschistische Haltung berufen.[22] Die kriminalpolizeiliche Ermittlung begann am 2. Mai und legte binnen elf Tagen mit der Empfehlung zur Enteignung an die DWK das entscheidende, eigentumsrechtlich relevante Verdikt vor. Darüber hinaus belastete sie Fritz-ludolf Koch in fünf Punkten: 1.) die Eintragung des Stöhr-Vorstandes in das „Goldene Buch der Deutschen Arbeitsfront und der Sächsischen Betriebsführer" im März 1939, verbunden mit einer 2.000 RM-Spende, 2.) die Annahme von Wehrmachtaufträgen seit Kriegsbeginn, Granatenproduktion im Vorspinnwerk mit 30 bis 40 Beschäftigten ab 1943, 3.) positive Äußerungen zum „Anschluss" Österreichs im Geschäftsbericht, 4.) die Kapitalbeteiligung beim Zwangsverkauf der jüdischen Tuchfabrik Grünbaum & Kaufmann in Cottbus, 5.) die Unterzeichnung eines Aushangs über die Behandlung sowjetischer Zwangsarbeiter im Werk (Juni 1942).

Gegen diese Punkte verwahrte sich Koch entschieden, wie aus der Erwiderung auf die Anklage hervorging:[23] Seine Verteidigungsschrift betonte die Verbindungen zum Goederler-Kreis, die Nichtmitgliedschaft in der NSDAP und die Gegnerschaft zum Regime aufs Neue. Wie auch eine Überprüfung im Februar 1948 ergeben habe, lehnte Stöhr finanzielle Parteiunterstützungen „weitgehend" ab: Die 2.000 RM-Spende sei erfolgt, um sich „die politische Verdächtigkeit bei NS-Stellen nicht noch zu vergrößern", derselbe Grund erkläre auch die positiven Sätze im Geschäftsbericht. Die Annahme von Wehrmachtaufträgen sei nie bestritten worden, diente aber der Vermeidung der Stilllegung des Betriebes. Dem jüdischen Inhaber von Grünbaum & Kaufmann, einem Freund des Stöhr-Vorstandes, habe man mit 250.000 RM zur Flucht nach Großbritannien verhelfen wollen.[24] Der Aushang habe einem obrigkeitlich festgelegten Text entsprochen, während die Firma Stöhr stets auf eine „menschliche"

21 Vgl. Boldorf, Brüche oder Kontinuitäten, S. 305f.

22 Zur wechselvollen Geschichte der Enteignung der Kammgarnspinnerei Stöhr, Kap. III, 4.1

23 FU Berlin, Universitätsarchiv. Bestand R, Nr. 1110. Anklage-Erwiderung, erste Fassung (in Abschrift), o. Verf. [Sept. 1948].

24 FU Berlin, Universitätsarchiv. Bestand R, Nr. 1110. Belegt durch Schriftwechsel mit Ernst Frank 1945/46 sowie Schriftstücke von 1938.

Behandlung geachtet habe.[25] Die Auflösung der höchst widersprüchlichen Interpretationen von Anklage und Verteidigung kann an dieser Stelle nicht geleistet werden. Vieles jedoch spricht für die Annahme einer antifaschistischen Gesinnung sowohl des Stöhr-Vorstandes Koch als auch seines 1944 hingerichteten Mentors Walter Cramer.[26] An einer rechtsstaatlichen Ermittlung war den federführenden Stellen nie gelegen. Noch bevor es zur Gerichtsverhandlung kam, wurde mit der Enteignung der Kammgarnspinnerei Stöhr und ihrer Überführung in Volkseigentum der entscheidende Schritt bereits vollzogen. Für die Führungsebene der Aktiengesellschaft ging der Weg nach Westen: Direktor Riedel war rechtzeitig geflohen, und nach seiner Haftentlassung siedelte Koch ebenfalls in die Bundesrepublik über.

Angesichts der geschilderten Praktiken mutete die Aussage Walter Ulbrichts im Juli 1948, dass es keine weiteren Enteignungen geben solle, seltsam an. Vielleicht war ihm auf der staatspolitischen Konferenz in Werder an einer Verschleierung der Vorgänge gelegen. Im Folgenden wird außerdem zu zeigen sein, dass der SED-Parteispitze keinesfalls Interesse daran hatte, einen „Wettbewerb" von Privat- und Staatswirtschaft zuzulassen, wie Ulbricht gleichfalls behauptete.[27] Intern stilisierte er bei einer Sitzung des Parteivorstandes der SED jedoch die Bedrohung durch den „inneren Feind" und bezeichnete Glauchau als „Stadt der Textilverschiebungen".[28]

Politische statt justizielle Kampagne in der Stahlindustrie

Die Stahlindustrie war von der Kampagne um die Legitimation der Enteignungen nicht in derselben Weise betroffen, denn hier waren die Weichen in Richtung auf Verstaatlichung schon 1945/46 gestellt worden. Jedoch rückte die Branche im Zuge der Einführung des planwirtschaftlichen Systems ins Zentrum der Aufmerksamkeit. Nachdem die SMAD dem von der DWK ausgearbeiteten Halbjahresplan am 7. Juli 1948 zugestimmt hatte,[29] forderte Walter Ulbricht auf einer Sitzung des SED-Parteivorstandes eine Überwindung der „Fragmentierung der Wirtschaft". Neben dem bekannten Phänomen des „Länderpartikularismus" benannte er das Problem als „Ressortwirtschaft".[30] Er meinte vor allem die mangelnde Koordination zwischen ein-

---

25 Prominenter Zeuge der Verteidigung war der Volkswirt Andreas Paulsen, von 1955 bis 1957 Rektor der FU Berlin, in dessen Personalakte sich auch die „Strafsache gegen Fritzludolf Koch von 1948" befindet. Paulsen blieb über die Zäsur vom Mai 1945 Hauptgeschäftsführer der Wirtschaftskammer Leipzig.

26 Vgl. insbesondere die Darstellung: Heintze, Walter Cramer.

27 Braun, Zentrale Kommission für Staatliche Kontrolle, S. 173.

28 Friedrich, Thomas u.a. (Hrsg.): Entscheidungen der SED 1948. Aus den Stenographischen Niederschriften des Parteivorstandes der SED, Berlin 1995, S. 331. Quelle: Ulbricht auf der Sitzung des Parteivorstandes, 15.9.1948.

29 Steiner, André: Die Deutsche Wirtschaftskommission – ein ordnungspolitisches Machtinstrument? In: Hoffmann/Wentker, Das letzte Jahr der SBZ, S. 101.

30 Friedrich, Entscheidungen der SED, S. 192. Quelle: Ulbricht auf der Vorstandssitzung, 28.7.1948.

zelnen Regierungsstellen, die mit der Wirtschaftslenkung befasst waren. Als Lösung galt die Forcierung der Zentralisierung. Mitte 1948 wurden die zentralen Institutionen zur Planung der staatlichen Wirtschaftslenkung geschaffen.

In der anlaufenden Planwirtschaft nahmen die „volkseigenen Betriebe von zonaler Bedeutung“ eine Schlüsselstellung ein. Hierzu zählten vor allem die Großbetriebe des Bergbaus, der Metallurgie und der Brennstoffindustrie. Auf den Parteivorstandssitzungen des Jahres 1948 bezogen sich die Wortführer Ulbricht und Dahlem immer wieder auf die Maxhütte, weil sie als wegweisendes Beispiel angesehen wurde. Ihre exemplarische Stellung begründeten die schon länger andauernden werksinternen Konflikte und die höhere Produktionsleistung im Vergleich mit den anderen Stahlwerken. Dagegen lief in den anderen Stahlwerken wie Riesa und Hennigsdorf die Aufbauphase gerade erst an. Die Sicherung des Plansolls durch die Hüttenwerke, die maßgebliche Vorleistungen für weiterverarbeitende Industrien lieferten, war für die Erfüllung des Halbjahresplans unverzichtbar. Dies galt umso mehr, als die Lieferungen aus den Westzonen im Zuge der fortschreitenden deutschen Teilung weiterhin ausblieben. Die DWK setzte ambitionierte Ausbauziele, indem sie eine Verdopplung der Kapazitäten der Eisen- und Stahlerzeugung vorgab. Die erforderlichen Investitionen sollten schwerpunktmäßig in den Stahlwerken Hennigsdorf, Riesa und der Maxhütte erfolgen, sodass diese drei Betriebe auch im Folgenden im Zentrum unserer Aufmerksamkeit bleiben.[31]

2 Vordringen der SED in die Leitung der Stahlwerke

2.1 Werksprüfungen des Zentralsekretariats

Als Walter Ulbricht im Juli 1948 auf die Beseitigung von Koordinationsmängeln im staatlichen Wirtschaftssektor und die Hierarchisierung der Strukturen der Wirtschaftsverwaltung drängte, wollte er eine Stärkung der „Rolle der Partei“ begründen. Zur Lösung der anstehenden Planungsaufgaben müsse die SED eine Führungsrolle anstreben, die sich mit Hilfe einer „Massenpropaganda“ manifestieren sollte.[32] Die bestehenden Wirtschaftsprobleme, vor allem das Zurückbleiben der VEB von zonaler Bedeutung hinter dem Produktionssoll, wurden nicht durch betriebswirtschaftliche oder organisatorische Mängel erklärt, sondern als fehlende Leistungsbereitschaft zentraler Akteure gedeutet. Dieser voluntaristische Ansatz lenkte ab von den „objektiven Umständen“, wie Ulbricht die herrschenden Wirtschaftsprobleme benannte, und verwies auf die „genügende Leitung der Parteiorganisation“ als hinreichende Bedingung zur Beseitigung der Missstände.[33]

---

31 Unger, Eisen und Stahl, S. 177.

32 Friedrich, Entscheidungen der SED, S. 192. Quelle: Ulbricht auf der Sitzung des SED-Parteivorstandes, 28.7.1948.

33 Ebd., S. 330. Quelle: Ulbricht auf der Sitzung des SED-Parteivorstandes, 15.9.1948.

Die zentralen Parteiorgane, insbesondere die wirtschaftlichen Sekretariate der SED-Parteileitung, beschäftigten sich seit August 1948 verstärkt mit den genannten Schlüsselbetrieben. Wirtschaftsfragen „von zonaler Bedeutung“ wurden ursächlich mit der Organisation der Parteileitung in diesen Betrieben in Zusammenhang gebracht.[34] In Vorbereitung einer Resolution zur „Verbesserung der Arbeit der Parteibetriebsgruppen in den Großbetrieben“ deckte ein Instrukteureinsatz in der Maxhütte Missstände auf, die Fritz Dahlems Rede vor dem Parteivorstand am 20. Oktober 1948 anprangerte.[35] Wegen schlechter Verbindung der Betriebsparteileitung mit ihrer Basis, der SED-Betriebsgruppe, seien bei der überwiegenden Zahl der Beschäftigten die Kenntnisse vom Gesamtplan unzureichend. Wie zuvor Ulbricht abstrahierte Dahlem von den „objektiven Umständen“ und präsentierte die Situation als Ergebnis eines Informations- bzw. Agitationsdefizits. Einerseits verlieh er dadurch dem entstehenden Plansystem den Status der Unfehlbarkeit. Andererseits verortete er die Lösung zur wirtschaftlichen Verbesserung allein in der Verbesserung der Parteiarbeit und der Ausrichtung auf eine systematische Aufklärung. Stellvertretend für andere Betriebe prangerte er in der Maxhütte organisatorische Probleme an, für die er der Betriebsparteileitung die Schuld ankreidete. Die Einschätzung des Parteivorstandes markierte den Weg für die weitere Behandlung der Problematik.

Der aus Riesa zum Parteivorstand geladene Betriebsparteigruppenleiter Max Rudolph bestätigte Dahlems Analyse für das Werk. Er fügte hinzu, dass der Parteivorstand des Stahlwerks Riesa zurecht „mit Hilfe [...] aus Berlin“ ausgewechselt worden sei, um die internen Konflikte zu beenden.[36] Dahlems Benennung der Versäumnisse mündete in die Formulierung von Aufgabenstellungen für die betriebliche SED-Arbeit. Noch in derselben Woche fasste das Zentralsekretariat einen Beschluss zur weiterhin als angespannt interpretierten Lage in den Stahlwerken Riesa, Hennigsdorf und Unterwellenborn.[37] Gleichzeitig setzte es Prüfungskommissionen zur Verstärkung der Parteiarbeit in den drei wichtigsten metallurgischen Betrieben der SBZ ein.

Die Zusammensetzung der Prüfungskommissionen, die das Zentralsekretariat der SED zur Kontrolle der Stahlwerke Riesa, Hennigsdorf und Unterwellenborn entsandte, dokumentierte die Mannigfaltigkeit der außerbetrieblichen Zugriffsmöglichkeiten, die sich mit der Einrichtung des planwirtschaftlichen Systems etablierten. In den vierköpfigen Gremien waren jeweils vertreten: a) die DWK mit ihren HV Metallurgie oder Wirtschaftsplanung, b) die Landes-SED mit Vertretern ihres Vorstandes bzw. in Riesa des SED-Kreisvorstandes, c) der FDGB mit Vertretern der IG Metall bzw. der Abteilung zonale Wirtschaftsplanung, d) das Zentralsekretariat der SED mit der Abteilung Wirtschaftspolitik bzw. der personalpolitischen Abteilung (PPA) in Riesa. Diese Auswahl an Parteifunktionären wurde beauftragt, „an Ort und Stelle [...] die

34 Ebd., S. 193. Quelle: Ulbricht auf der SED-Vorstandssitzung, 28.7.1948.

35 Vgl. ebd., S. 443f.

36 Ebd., S. 462f. Quelle: Max Rudolph auf der SED-Vorstandssitzung, 21.10.1948.

37 SächsHStA Dresden, Nr. 11856/A 675. Beschluss des SED-Zentralsekretariats, 25.10.1948.

politische, gewerkschaftliche und produktionstechnische Arbeit des Betriebes beratend zu reorganisieren, der Direktion, der Betriebsgruppen- und Betriebsgewerkschaftsleitung bei der Entwicklung neuer Methoden der Arbeit zu helfen.“[38]

Der Sicherungs- und Kontrollpolitik im Staats- und Parteiapparat folgten die beschriebenen personellen Säuberungen im Wirtschaftssektor. Sie waren ein wesentliches Instrument zur Durchsetzung und Straffung der Parteiherrschaft. Auf betrieblicher Ebene entsprach dieser Politik das Vordringen der SED in die Werkleitung. Die in den größeren Betrieben meist seit 1946 bestehenden Parteigruppen entwickelten Bestrebungen zum Ausbau ihrer Machtposition.

2.2 SED-Betriebsparteiorganisation als Führungsinstanz

Der folgende Abschnitt untersucht den Ausbau der betrieblichen Machtstellung der SED in den Stahlwerken Riesa und Hennigsdorf. Die Beschränkung auf diese beiden Betriebe ist nicht allein dem in der Einleitung angesprochenen „Mut zur Lücke“ geschuldet, d.h. dem Umstand, dass es unmöglich ist, alle ausgewählten Betriebe in gleicher Breite zu behandeln. Auch inhaltliche Argumente sprechen für die getroffene Auswahl: In der Maxhütte waren die betrieblichen Strukturen bereits zu einem früheren Zeitpunkt ausgeprägt, weil die Produktion schon im Februar 1946 angelaufen war. Scharfe personelle Konflikte kennzeichneten die Unterwellenborner Situation schon in einem früheren Stadium, wie ausführlich in Kapitel III geschildert. Im Folgenden ist die Frage zu untersuchen, ob sich derartige Konflikte um die Führungsrolle SED in den beiden anderen Stahlwerken wiederholten. Darüber hinaus ist von Bedeutung, dass die Entwicklungen in Riesa und Hennigsdorf zeitversetzt verliefen. Dies zeigt sich unter anderem daran, dass das jeweils erste Anblasen eines Siemens-Martin-Ofens nach dem Krieg mit einem Jahr Abstand erfolgte: in Riesa am 5. Februar 1947 und in Hennigsdorf am 12. März 1948.[39] Dieser Indikator lässt auf den Entwicklungsstand zu den genannten Zeitpunkten schließen, wie die Beschäftigtenzahlen belegten, die jeweils auf einem ähnlichem Niveau lagen: 2.200 in der Maxhütte (Mai 1946), 2.900 in Riesa (Januar 1947) und 2.500 in Hennigsdorf (März 1948).[40]

Die SED-Betriebsgruppe im Stahlwerk Riesa bildete sich 1946 unmittelbar nach dem Zusammenschluss der SPD und KPD. Bis zum Ende des Jahres stieg die Zahl ihrer Mitglieder auf 720 an, d.h. gut ein Viertel der Belegschaft war in die SED eingebunden. Im Laufe des Jahres 1947 erhöhte sich der Organisationsgrad trotz steigender Beschäftigtenzahlen auf mehr als 30 Prozent, stagnierte dann aber bis Anfang 1949 auf dem erreichten Niveau. Innerhalb der SED-Betriebsgruppe wurden Funktionäre für bestimmte Aufgabenfelder wie etwa Jugend-, Frauen-, Schulungs- oder Pressearbeit

38 Ebd.
39 Kinne, S. 255, 269.
40 Vgl. Tabelle 4 zur Beschäftigung, Kap. I, 2.4.1.

abgestellt. Auch baute die SED innerhalb des Werks eigene Organisationen auf, z.B. die im August 1948 eröffnete Betriebsparteischule. Obgleich sich die Partei während der betrieblichen Aufbauphase institutionell im Riesaer Stahlwerk verankerte, ließ der Organisationsgrad zu wünschen übrig, weil die Mehrzahl der Beschäftigten nicht in die Partei eingetreten war. Dies bildete im übrigen einen weiteren Ansatzpunkt für die 1948 von der SED-Spitze angeordnete Straffung der betrieblichen Parteileitung.[41]

Laut der offiziellen Betriebsgeschichte kritisierte Betriebsparteigruppensekretär Max Rudolph schon im April 1948, dass die Betriebsgewerkschaftsleitung, die SED-Betriebsgruppe und die Werkleitung „gegeneinander arbeiteten".[42] Diese Äußerung, die zeitlich gut ein halbes Jahr vor dem Beschluss des Zentralsekretariats zur Einsetzung der Prüfungskommissionen in den Stahlwerken lag, sollte glauben machen, dass die Kritik an den Leitungsproblemen aus der Mitte der Belegschaft kam und sie die betrieblichen Parteivertretungen lediglich als Sprachrohr nach außen trugen. Folgerichtig stand die Leitungskontrolle im Zentrum der Kommissionstätigkeit, deren Ziel blieb, „die führende Rolle der Partei im Werk zu verwirklichen".[43]

Gemäß den Vorgaben des SED-Parteivorstandes war die Überordnung der SED-Betriebsgruppe gegenüber konkurrierenden Instanzen im Werk, d.h. auch der Werkleitung, durchzusetzen. Der Vorstand der SED-Betriebsgruppe des Riesaer Werkes fasste am 30. Oktober 1948 – in Reaktion auf die Einsetzung der Prüfungskommission durch das Zentralsekretariat – den Beschluss, dass „alle Genossen der Werksleitung und alle leitenden Genossen in der Gewerkschaft und den Betrieben [...] nichts mehr ohne Wissen des Betriebsgruppenleiters bzw. des Betriebsgruppensekretariats unternehmen" dürfen.[44] Zur Begründung hieß es, dass zu viele Mängel bei der Durchführung der Beschlüsse der SED-Betriebsgruppe aufgetreten seien. Insbesondere Werkleiter Pfrötzschner habe sich Alleingänge zuschulden kommen lassen. Zum Beispiel bestimmte er einen Stellvertreter, als er eine Westreise antrat, ohne Rücksprache mit Betriebsparteisekretär Rudolph zu halten. Seine Arbeitsweise verharre in „alten Strukturen": Zum Problem des Schrottmangels informiere er zwar den Betriebsrat, nicht aber die Parteigruppe, sodass Rudolph erst verspätet Nachricht erhalte. Dieses Fehlverhalten belege, „dass alle scheinbar objektiven Schwierigkeiten auf subjektive Ursachen zurückzuführen sind".[45] Den Eindrücken der Kommissionsarbeit folgend, sei daher die Durchsetzung der führenden Rolle der Partei im Betrieb politisch prioritär. Diese Argumentation schloss sich der Logik der Aussagen Dahlems und Ulbrichts vor dem SED-Parteivorstand an.

---

41 Vgl. Fink, S. 321–325.

42 Betriebsgeschichte Riesa, S. 37. Argument aufgenommen von Fink, S. 322.

43 SächsHStA Dresden, Nr. 11856/A 675. Bericht an das SED-Zentralsekretariat über die Tätigkeit der Kommission im Stahl- und Walzwerk Riesa, 13.11.1948.

44 SächsHStA Dresden, Nr. 11856/A 675. Beschluss des SED-Betriebsgruppenvorstandes, VEB Stahl- und Walzwerk Riesa, 30.10.1948.

45 Ebd.

Die Umsetzung dieser Absichtserklärungen in die Praxis zog sich bis 1949 hin. Die Durchsetzung der betrieblichen Strukturreform schien nur unter einer neuen personellen Führung möglich. Ende Januar 1949 forderten Vertreter der SED-Landesleitung auf einer Sitzung im Stahlwerk die Ablösung des SED-Spitzenfunktionärs Max Rudolph.[46] Mit dieser Wende geriet Werkleiter Pfrötzschner aus der Schusslinie. Einen Monat später wurde Kurt Saupe für mindestens zwei Monate nach Riesa mit dem Mandat delegiert, um „bei der Erfüllung der großen wirtschaftlichen und politischen Aufgaben [zu] helfen" und übernahm am 2. März 1949 trat die Position des Betriebsgruppensekretärs.[47] Saupe war 1909 geboren, gelernter Metallschleifer aus Chemnitz, gehörte seit 1923 den kommunistischen Jugendorganisationen und seit 1930 der KPD an. Im April 1933 wurde er wegen illegaler Parteiarbeit verhaftet und diente daher erst ab 1942 als Soldat.[48] Nach Entlassung aus amerikanischer Kriegsgefangenschaft begann er im Mai 1946 eine Laufbahn in der Organisationsabteilung des sächsischen SED-Landesvorstandes, wurde 1947 SED-Kreisvorsitzender in Dresden und fungierte auch dort als Organisationssekretär. Sein Vorgänger Rudolph wurde hingegen am 9. März 1949 wegen seiner verheimlichten Mitgliedschaft in der Kommunistischen Partei-Opposition (KPO) entlassen und mit einem weiteren Parteimitglied für die bisherigen Verfehlungen persönlich verantwortlich gemacht: „Es muß die Vermutung auftauchen, daß in diesem Werk bis in die Leitung der Gruppe hinein ein Kreis ehemaliger KPO-Leute versucht, eine bestimmte Politik durchzusetzen", urteilte die personalpolitische Abteilung des SED-Landesvorstandes.[49] An Belegen für die schädliche Politik fehlte es, doch wurde der Fall zum Anlass genommen, um auf Stärkung der „Wachsamkeit" zu drängen.

Saupe trat seine Funktion im Riesaer Stahlwerk mit Eifer an, wie die Entscheidungen der SED-Betriebsgruppenleitung in zahlreichen für die Governance relevanten Fragen belegten. Werksintern steigerte er seine öffentliche Präsenz als Sprecher der Betriebsparteigruppe, z.B. auf dem Richtfest des Belegschaftsheims im Mai 1949 oder auf einer Belegschaftsversammlung im September 1949, wo er nach Problemen im Kantinenbetrieb „über den ideologischen Zustand des Küchenpersonals [...] aufklärende Worte" sprach.[50] Nach außen gerichtet unterhielt er enge Kontakte mit den oberen Parteiinstanzen. Im Berliner Zentralsekretariat besprach er Produktionsprobleme, aber auch Personalfragen, die auch die Besetzung der Werkleitung betreffen konnten. Als Vertreter des Werkes nahm er an den Sitzungen des SED-Landesvorstandes in Dresden teil. Dort konzentrierte er sich auf die dringenden Problem

46 Fink, S. 324.

47 SächsHStA Dresden, Nr. 11856/A 675. SED-Landesleitung PPA an alle Mitglieder des Landessekretariates betr. Stahlwerk Riesa [März 1949].

48 SMR, SWW Riesa, K 23. Lebenslauf Kurt Saupe, 8.6.1949.

49 SächsHStA Dresden, Nr. 11856/A 675. SED-Landesleitung Sachsen, PPA. Stichwortprotokoll über die Sitzung mit der gemischten Kommission des Zentralsekretariates, 7.3.1949.

50 SächsHStA Dresden, Nr. 12235/015. SED-Betriebsgruppe Stahlwerk Riesa, Sekretariatssitzung, 14.5. u. 17.9.1949.

im wirtschaftlichen Bereich, z.B. die dauerhaft auftretenden Engpässe in der Schrottlieferung.[51]

Wie geplant, blieb sein Wirken ein kurzes Intermezzo, denn er schon im November 1949 trat er die Position des ersten Parteisekretärs im Kreis Großenhain an, die ihn zusätzlich mit der Kontrolle des benachbarten Stahlwerkes Gröditz betraute.[52] Vor seiner Versetzung reorganisierte Saupe im Juli 1949 die Riesaer Betriebsparteigruppe und ihr Sekretariat.[53] Zum neuen Vorsitzenden wurde Helmut Krause bestimmt, der seit längerem im Werk beschäftigt war.[54] Mit Kurt Hoheisel traf man für den Bereich Wirtschaft im Betriebsparteivorstand eine bemerkenswerte personelle Wahl. Schon in der Flick-Zeit bekleidete er eine leitende Funktion im kaufmännischen Bereich und gehörte 1944 sogar dem Aufsichtsrat eines Flick-Werkes an. Nach dem Krieg trat er in die SED ein und wurde im April 1947 als Nachfolger von Hugo Hings kaufmännischer Leiter des Werks.[55] Die propagandistische Seite der Parteiarbeit wurde außerdem gestärkt, indem der Vorstand um Mitglieder für Aufgaben der Massenagitation, Schulung und Jugendarbeit erweitert wurde.

Da der Kulturdirektor Walter Steidten im August und September 1949 für einen Monat abwesend war, wurde Saupe pro forma zu seinem Stellvertreter ernannt.[56] In seiner Funktion als Kulturdirektor trat er lediglich ein Mal in Erscheinung, um in Dresden „Bildwerke für eine Kunstausstellung im Werk zu besorgen".[57] Statt dessen führte Saupe seine gewohnte Tätigkeit bis zu seinem Abgang fort und blieb tonangebend: Auf der Sitzung der SED-Betriebsgruppe vom 20. September 1949 berichtete er über die Arbeit des Landesvorstandes, hielt ein ausführliches Referat über die „Zustände im Stahlwerk Riesa", schrieb darüber einen Bericht für die Sächsische Zeitung und bahnte Entscheidungen in Personalfragen an.[58] Er besprach mit Werkleiter Pfrötzschner einen neuen Organisationsplan für die Produktionsbesprechungen. Bis zu Saupes Ausscheiden blieb der eigentliche Vorsitzende Helmut Krause eine eher randständige Figur, was sich erst 1950 änderte.

Die werksinterne Hierarchie entsprach spätestens seit der Reorganisation Mitte 1949 nicht mehr der alten Ordnung, in der eine kollegiale Werkleitung an der Spitze

51 SächsHStA Dresden, Nr. 12235/015. SED-Betriebsgruppe Stahlwerk Riesa, Sekretariatssitzung, 19.4., 11.6. u. 8.7.1949.

52 SächsHStA Dresden, Nr. 12235/015. SED-Betriebsgruppe Stahlwerk Riesa, Sekretariatssitzung, 14.11.1949. Nr. 12234/008. Protokolle der Leitungssitzungen der BPO des Stahlwerks Gröditz [1950/51].

53 SächsHStA Dresden, Nr. 12235/015. SED-Betriebsgruppe Stahlwerk Riesa, Sekretariatssitzung, 18.7.1949.

54 SächsHStA Dresden, Nr. 12235/015. Verschiedene Dokumente.

55 Priemel, Konzerngeschichte, S. 384f. Handbuch der deutschen Aktiengesellschaften 39 (1944), Teil 3, S. 2552.

56 Biografie im Anhang. Zur Funktion des Kulturdirektors vgl. Kap. IV, 3.1.

57 SächsHStA Dresden, Nr. 12235/015. SED-Betriebsgruppe Stahlwerk Riesa, Sekretariatssitzung, 15.9.1949.

58 SächsHStA Dresden, Nr. 12235/015. SED-Betriebsgruppe Stahlwerk Riesa, Sekretariatssitzung, 20.9.1949.

stand und sich darunter eine Hierarchie von Direktoren sowie Abteilungs- und Produktionsleitern der Produktionsbereiche auffächerte.[59] Im Zuge der Umgestaltung der betrieblichen Governance wurde die Betriebsparteiorganisation (BPO) zum eigentlichen Werkleitungsorgan. Ihre wichtigsten Gremien waren der Vorstand der SED-Betriebsgruppe sowie das aus diesem Kreis gebildete Betriebsparteisekretariat. Letzterem gehörten seit Juli 1949 Helmut Krause als formal gewählter Vorsitzender, Erich Köhler (Organisationsleiter), Ernst Lewerenz (Personalabteilung), Kurt Saupe (Kulturdirektor), Erich Pfrötzschner (Werksdirektor) und Kurt Renner als BGL-Vorsitzender an.[60] Dieser Personenkreis muss als eigentlicher Leitungszirkel des Riesaer Stahlwerks angesehen werden. Die frühere Werksdirektion wurde in die Betriebsparteiorganisation integriert. Vorher wichtige Führungskräfte, vor allem der kaufmännische und der technische Direktor, standen als Weisungen empfangende Funktionsträger nur noch an der Peripherie der Werkspitze. Darüber hinaus verfügte die BPO über weitere wichtige Organe wie z.B. die Betriebsparteischule, das Aktivistenbüro, die nicht nur Propaganda- und Schulungsaufgaben hatten, sondern auch konkrete Goverancefunktionen ausübten.

Als deutlicher Beleg für diese Entwicklung stand die Degradierung des Werkleiters unter die Verfügungsgewalt der Betriebsparteiorganisation. Erich Pfrötzschner nahm zwar an den Sitzungen des SED-Betriebssekretariates teil, wurde aber dort immer mehr zum Befehlsempfänger. In der prestigeträchtigen Frage der Benutzung der Werkfahrzeuge[61] erhielt er den Auftrag, Richtlinien auszuarbeiten, um „Unzulänglichkeiten" bei der Benutzung der Wagen abzustellen. Auf Geheiß des Sekretariats musste er Qualitätsprüfungen im Bandagenwalzwerk durchführen, Logistikprobleme in der Schrottfrage lösen, die Produktionsbesprechungen straffen, über den Arbeitskräftebedarf der einzelnen Abteilungen Bericht erstatten, Personalentscheidungen des Sekretariats an die Abteilungen oder die Betroffenen übermitteln sowie Unterlagen über Lebensmittelzuteilung an die Intelligenz für Saupes Auftritt beim SED-Landesvorstand zusammenstellen.[62] Die Anweisungen reichten bis zur Regelung von Detailfragen, z.B. wurde Pfrötzschner beauftragt, die Postabfertigung schriftlich zu unterweisen, dass eingehende Post für gesellschaftliche Organisationen im Werk, auch Telegramme und Fernschreiben, ungeöffnet weiterzuleiten seien.[63] Nach

---

59 Finks Einschätzung für den Herbst 1949, dass „sich das Gebilde der Werkshierarchie äußerlich nicht viel anders als in der NS-Zeit" darbot (S. 272f.), erklärt sich dadurch, dass er die Funktion der SED-Betriebsparteiorganisation ausblendet.

60 SächsHStA Dresden, Nr. 12235/015. SED-Betriebsgruppe Stahlwerk Riesa, Sekretariatssitzung, 18.7.1949.

61 Vgl. Kap. III, 2.1.

62 SächsHStA Dresden, Nr. 12235/015. SED-Betriebsgruppe Stahlwerk Riesa, Sekretariatssitzungen, 14.4., 3.5., 2., 11. u. 28.6., 8. u. 27.7.1949.

63 SächsHStA Dresden, Nr. 12235/015. SED-Betriebsgruppe Stahlwerk Riesa, Sekretariatssitzung, 22.8.1949.

welcher Logik Pfrötzschner unter diesen Umständen seine Stellung als Werkleiter bis Ende 1950 behauptete, ist an späterer Stelle zu untersuchen.[64]

Gleichzeitig dehnte die BPO 1949 ihre Kompetenzen fortwährend aus. Am 11. Juni 1949 beschloss das Sekretariat, dass ohne seine Genehmigung künftig keine Veranstaltungen des Werkes mehr stattfinden dürften. In Fragen der Werksordnung übernahm es die Zuständigkeit, z.B. wurden, als Ende Juni 1949 sog. Missstände im Erholungsheim Waldbärenberg auftraten, Sekretariatsmitglieder mit der Überprüfung beauftragt.[65] Als weiteres Mittel der innerbetrieblichen Dominanz der SED ist die Bildung von Ausschüssen und Kommissionen zu nennen. Mit der Bildung des Sekretariats verfügte die Betriebsparteiorganisation auf oberster Ebene über eine kollegiale Leitungsstruktur und übertrug dieses Prinzip auf die nachfolgenden Hierarchieebenen. Seit 18. November 1948 bestand im Werk auf Anweisung der Prüfungskommission des ZS ein zentraler Planungsausschuss.[66] Diesem Gremium, das für die Produktionsorganisation zuständig war, gehörten der Werkleiter, ein Vertreter der BGL, der technische Direktor, der kaufmännische Direktor, der Betriebsrat, alle Abteilungsleiter, der Leiter des Aktivistenbüros und der Vorsitzende der Hennecke-Kommission an. Sie waren mehrheitlich in der SED-Betriebsparteileitung.

Darüber hinaus wurden auf Abteilungsebene wöchentliche Produktionsbesprechungen institutionalisiert.[67] An der ersten solchen Besprechung der Abt. Stahlwerk nahmen am 12. November 1948 der Betriebsleiter Woytt, der Gieß- und der Schmelzmeister, die BGL, drei Aktivisten und ein Betriebsratsvertreter teil.[68] Auch in diesen kollegialen Leitungsorganen verfügte die SED jeweils über mehrere Delegierte und sicherte sich wesentliche Einblicke in Produktionsabläufe. In der Kontrolle des innerbetrieblichen Wettbewerbs sah die Betriebsparteiorganisation ihr Hauptbestätigungsfeld: Sowohl das Aktivistenbüro als auch die Hennecke-Kommission unterstanden ihrer Kontrolle. Dem obersten Ziel, die Arbeitsproduktivität zu steigern, dienten die Förderung des Leistungslohns, die Initialisierung der Aktivistenbewegung, die Dekoration von Aktivisten sowie die propagandistische Begleitung des innerbetrieblichen Wettbewerbs.

---

64 Zur Governance der Werkleitungen, Kap. IV, 3.1.

65 SächsHStA Dresden, Nr. 12235/015. SED-Betriebsgruppe Stahlwerk Riesa, Sekretariatssitzung, 28.6.1949.

66 SächsHStA Dresden, Nr. 11856/A 675, fol. 59. Bericht an das SED-Zentralsekretariat über die Tätigkeit der Kommission im Stahl- und Walzwerk Riesa, 13.11.1948; Kommission des ZS der SED im VEB Stahl- und Walzwerk Riesa. Bericht über die Kontrolle der vom 1. bis 13.11.1948 gefassten Beschlüsse, 25.11.1948.

67 Zur technischen Seite des Planungsausschusses und der Produktionsbesprechungen, vgl. Kap. IV, 3.2.

68 SächsHStA Dresden, Nr. 11856/A 675, fol. 65. Kommission des ZS der SED im VEB Stahl- und Walzwerk Riesa. Bericht über die Kontrolle der vom 1. bis 13.11.1948 gefassten Beschlüsse, 25.11.1948. Woytt gehörte nicht der SED an, jedoch fünf der übrigen sieben Teilnehmer.

Hennigsdorf

Im Hüttenwerk Hennigsdorf gestaltete sich der Prozess zur Durchsetzung der innerbetrieblichen SED-Dominanz ganz ähnlich wie in Riesa, wenn auch mit einer gewissen zeitlichen Verzögerung. Seit Dezember 1947 existierte eine Betriebsparteigruppe, deren Stärke vier Monate später bei 170 Mitgliedern lag, was bei rund 2.400 Beschäftigten einem Organisationsgrad von lediglich sieben Prozent entsprach.[69] Während sich im sächsischen Werk die Verankerung der Partei als nicht optimal bezeichnen ließ, war sie vor den Toren Berlins völlig unzureichend. Als Gründe dafür lassen sich die hohe Arbeiterfluktuation innerhalb des Werkes, die Häufigkeit von Leiharbeitsverhältnissen sowie der 60-prozentige Anteil von Dienstverpflichteten an der Belegschaft nennen.[70] Außerdem wohnte ein erheblicher Teil der Belegschaft im benachbarten Berlin, d.h. in den angrenzenden Westsektoren der geteilten Stadt. Unmittelbar vor dem Anblasen des ersten Siemens-Martin Ofens im März 1948 vermehrte die Parteigruppe ihre Anstrengungen, um die Arbeitsmoral zu stärken und die betriebliche Aufklärungs- und Bildungsarbeit auszubauen, z.B. durch Erstellen von Wandzeitungen und Organisation eines Jugendaktivs. Die SED-Aktivisten wollten mit freiwilliger Sonntagsarbeit vorbildlich voranschreiten. Gleichzeitig fasste der Betriebsgruppenvorstand den Beschluss zum Aufbau eines „betrieblichen Funktionskörpers", sprich einer BPO.

Die unmittelbare Umsetzung der Pläne der SED-Parteigruppe ließ in den Anlaufphase des Hennigsdorfer Werkes offensichtlich zu wünschen übrig, wie die Oktober-Beschlüsse des SED-Landesvorstandes zeigten.[71] Sie waren eine Reaktion auf die zeitgleich vom SED-Zentralsekretariat angeordnete Bildung der Prüfungskommissionen in den drei wichtigsten Stahlwerken. Noch bevor die Hennigsdorfer Kommission ihre Arbeit aufnahm, gab der Brandenburgische Landesvorstand Zielvorgaben aus, wie die Leitungsstrukturen im Werk umzugestalten seien. Das Vorgehen machte deutlich, dass die Prüfung keine von außen kommende Betriebsrevision war, die nicht auf die Optimierung betrieblicher Abläufe, sondern auf die Durchsetzung der SED-Vorherrschaft in dem inzwischen volkseigenen Betrieb zielte. Die anzuwendenden Mittel und Methoden waren bereits bei der Umgestaltung der öffentlichen Verwaltungen erprobt worden. Der Stärkung der Stellung der SED dienten die Straffung und Professionalisierung der Betriebsparteileitung, die Durchsetzung der Parteidisziplin und der abermalige Appell zum Ausbau der BPO. In Bezug auf die Steigerung der Produktionsleistung und der Planerfüllung sollte die SED-Betriebsgruppe innerbetrieblich

69 BLHA, Rep. 333, Nr. 475. Bericht von der monatlichen Betriebsgruppen-Versammlung des Hüttenwerks Hennigsdorf am 4. März, SED-Landesvorstand Brandenburg, Ref. Betriebsgruppen (Roß), 9.3.1948.

70 BLHA, Rep. 333, Nr. 475. Heinz Heuer (SED) an Landesvorstand Brandenburg. Zwischenbericht vom Hüttenwerk Hennigsdorf, 7.3.1949. Dort leicht abweichende statistische Angaben: 185 SED-Betriebsgruppenangehörige bei 2.450 Beschäftigten (entspricht einem Organisationsgrad von 7,6 Prozent).

71 BLHA, Rep. 333, Nr. 475. Vorschläge und Beschlüsse des SED-Landesvorstandes zur Aktivierung der Betriebsgruppe der SED des Hüttenwerkes Hennigsdorf, [Okt. 1948].

zum Wettbewerb der Stahlwerke mobilisieren und die Aktivistenbewegung fördern. Im Personalbereich gab der Landesvorstand vor, dass die Parteileitung auf Kürzung der Prämien für Direktoren hinzuwirken habe.

Konkretisierend fügte der Brandenburgische Landesvorstand klare Anweisungen hinzu, wie der Ausbau der BPO zu erfolgen habe. Betriebsgruppenleiter Hans Benedix, der wie Werkleiter Bochow Mitglied der Wirtschaftskommission des SED-Landesvorstandes war,[72] wurde von seiner Funktion als Arbeitseinsatzleiter im Hüttenwerk freigestellt. In „ausreichenden Räumlichkeiten" war sofort ein Sekretariat mit einer Schreibkraft einzurichten sowie ein stellvertretender Leiter der Betriebsgruppe zu ernennen. Der Vorstand sollte auf 20 bis 25 Genossen vergrößert werden, um eine ausreichende Repräsentanz der neuen Betriebsgewerkschaftsleitung (BGL) zu sichern. Dem aus dem Vorstand zu bildenden Sekretariat gehörten sechs Mitglieder an. Als „ständiges Organ der Betriebsgruppe" fasste es Beschlüsse, bei denen der Werkleiter Bochow sowie die BGL „einzubeziehen" waren. Trotz der dünnen Personaldecke erging die Anweisung, den „Funktionärskörper der Partei" in allen Abteilungen zu überprüfen und Parteiaktivs zu bilden.[73] Hauptziele waren die Aktivierung der Hennecke-Bewegung und die Werbung von Parteimitgliedern aus den Reihen der Aktivisten. Die Zielvorgabe von 200 neuen Mitgliedern ließ sich offenbar bis Jahresende erreichen, doch erhöhte sich der Organisationsgrad infolge des Beschäftigtenzuwachses nur geringfügig. Im März 1949 waren etwas mehr als ein Zehntel der Belegschaft SED-Genossen, d.h. 420 Parteimitglieder bei rund 4.000 Beschäftigten.[74]

Auch in Hennigsdorf erschienen die organisatorischen Modifikationen nur durch einen Wechsel der Führungskräfte durchsetzbar. Auf Basis der Arbeit der Überprüfungskommission kursierte in SED-Kreisen die Rede, das die „Masse politisch nicht geführt" werde, „weil die Genossen oftmals nur Befehlsempfänger" seien. Die Partei bilde nicht „das notwendige Gegengewicht gegen die Direktoren."[75] Zum propagandistischen Auftakt des Wettbewerbs der Stahlwerke im Dezember 1948 wurde Hans Benedix aus Hennigsdorf abgezogen und durch Emil Krummel ersetzt.[76] Mit diesem Personalwechsel verdichtete sich die Überlieferung der Vorstandssitzungen der SED-Betriebsgruppe, die sich vorher nur sporadisch getroffen

72 Sattler, Bd. 2, S. 867.

73 BLHA, Rep. 333, Nr. 475. Vorschläge und Beschlüsse des SED-Landesvorstandes zur Aktivierung der Betriebsgruppe der SED des Hüttenwerkes Hennigsdorf, [Okt. 1948].

74 BLHA, Rep. 333, Nr. 475. Bericht der ZS-Kommission an den SED-Landesvorstand, 15.3.1949.

75 BLHA, Rep. 333, Nr. 475. SED-Landesvorstand Brandenburg, Abt Organisationsaufbau, Ref. Parteiaufbau an Abt. Wirtschaft, 8.12.1948.

76 Vgl. auch biografische Notiz in Sattler, Bd. 2, S. 941. Zur Korrektur der Datierung der Amtsübernahme auf Dezember 1948: BLHA, Rep. 333, Nr. 175. Bericht der ZS-Kommission an den SED-Landesvorstand, 15.3.1949.

hatte.[77] Trotzdem übte Krummel seine Position aber nur wenige Monate aus, denn er geriet noch schneller als sein Vorgänger in Misskredit. In seinem Fall mochten jedoch persönliche Gründe die entscheidende Rolle spielen, dennoch ist die zeitliche Parallelität zum Personalwechsel an der Spitze der SED-Betriebsgruppe im Stahlwerk Riesa auffallend.

Die Prüfungskommission des Zentralsekretariats fällte im März 1949 ein hartes Urteil über Krummel: Schon bei früheren Parteiämtern in Niederbarnim und Oberbarnim habe sich seine „Unfähigkeit in der Parteiarbeit" gezeigt, „trotz großer moralischer Schwächen (Säufer)" sei er auf die Landesparteischule geschickt und dann im wichtigsten Stahl- und Walzwerk Brandenburgs als Sekretär eingesetzt worden. Seine Entlassung erfolgte auf einer außerordentlichen Sitzung des Sekretariats der SED-Betriebsgruppe Stahlwerk Hennigsdorf unter Hinzuziehung des Landesvorstandsmitglieds Boulanger. Letzterer leitete die Entschließung an die personalpolitische Abteilung des SED-Landesvorstandes weiter, hatte aber bereits vorab Willi Stoph in der Wirtschaftsabteilung des Zentralsekretariats informiert.[78] Unter Beteiligung der Landesparteikontrollkommission wurde Krummel zum Zwecke der Disziplinierung zumindest vorübergehend als Schlosser in eine Maschinenausleihstation versetzt.[79] Seine Nachfolge im Stahlwerk Hennigsdorf trat am 7. März 1949 der vom SED-Landesvorstand delegierte Hermann Hähnel an, der zuvor SED-Kreisvorsitzender in Guben und Instrukteur in Brandenburg/West war.[80] Bereits als 22-jähriger Arbeiter war er 1926 in die KPD eingetreten und hatte bis zu seiner Verhaftung 1933 Parteiarbeit in Berlin geleistet, die er nach seiner Freilassung in der Illegalität fortsetzte.[81] Wie der fast zeitgleich eingesetzte Riesaer Kollege Saupe ging Hähnel sein Amt mit großem Elan an und übernahm den größten Teil der repräsentativen Aufgaben im betrieblichen Leben, insbesondere die Leitung von Belegschafts- und Parteiversammlungen.

Die Kommission des Zentralsekretariats erhoffte sich von Hähnel „die notwendige politische und ideologische Festigung [...], um die Betriebsgruppe zur führenden Kraft des Werkes zu machen."[82] Gleichzeitig leitete der brandenburgische SED-Landesvorstand Maßnahmen zur Intensivierung der Parteiarbeit ein.[83] Zunächst wurde Hähnel dem Landesvorstand angebunden und hatte fortan wöchentlich einen

---

77 BLHA, Rep. 532, Nr. 646. SED-Betriebsgruppe Stahlwerk Hennigsdorf, Protokolle der Vorstandssitzungen 1949/50.

78 BLHA, Rep. 532, Nr. 646. SED-Betriebsgruppe Stahlwerk Hennigsdorf. Protokoll der außerordentlichen Sekretariatssitzung, 27.2.1949.

79 Sattler, Bd. 2, S. 941.

80 BLHA, Rep. 532, Nr. 646. SED-Betriebsgruppe Stahlwerk Hennigsdorf. Protokoll der Sekretariatssitzung, 7.3.1949. BLHA, Rep. 333, Nr. 475. Bericht über die Personalpolitik im Hüttenwerk Hennigsdorf, Zentralsekretariat, PPA (Kätel), 17.3.1949.

81 BLHA, Rep. 333, Nr. 477. Biographische Notiz im Bericht zur Überprüfung des SWH durch die Landeskommission für Staatliche Kontrolle, 3.8.1951.

82 BLHA, Rep. 333, Nr. 475. Bericht der ZS-Kommission, 15.3.1949.

83 Sattler, Bd. 2, S. 709.

Bericht zu liefern, der sich vor allem mit der Erfüllung des Produktionssolls auseinandersetzte. Unter Hinzuziehung von Gewerkschafts- und Regierungsvertretern bildete der Landesvorstand seinerseits ein Aktiv „zur Unterstützung" der Parteiarbeit im Hüttenwerk, was die Institutionalisierung einer ständigen Überwachung bedeutete.[84] Am 4. April 1949 fasste das SED-Landessekretariat den Beschluss, die SED-Betriebsgruppe Hennigsdorf einer direkten Kontrolle zu unterstellen. Dies schuf eine dauerhafte Basis für Eingriffe der brandenburgischen SED in interne Entscheidungsprozesse des Stahlwerks.

Während des Jahres 1949 herrschte unter der Ägide Hähnels eine andauernde Personalfluktuation im Betriebsparteisekretariat vor. Dies verdeutlicht die stichprobenartige Betrachtung des Werdegangs der fünf leitenden Genossen, die am 27. Februar 1949 über die Ablösung Krummels entschieden: Boulanger, Grüber, Heinrich, Hirsch und Langowski. Jakob Boulanger bildete in dieser Reihe eine Ausnahmeerscheinung, weil er im November 1947 als Vize-Präsident der Deutschen Zentralverwaltung für Industrie „wegen grober Verfehlung [...] im Amte" entlassen worden war.[85] Angesichts seiner bewegten kommunistischen Karriere seit dem Ersten Weltkrieg und dem aktiven Widerstand während der Haft im Konzentrationslager strebte er nach einer exponierten Stellung in der Betriebsparteileitung, z.B. wenn SMA-Besuche empfangen wurden.[86] Als Direktor der Nebenbetriebe eingesetzt, bezweifelten die Sektretariatskollegen allerdings die fachliche Qualifikation des gelernten Kunstschmieds und urteilten, dass er nur „als Instrukteur und für rein politische Funktionen geeignet" sei.[87] Interimsweise saß Boulanger sogar der Betriebsparteigruppe vor, als er nach Krummels Abzug eine Sekretariatssitzung leitete. Als Hähnel sein Amt antrat, setze das SED-Zentralsekretariat Boulanger für eine andere Aufgabe ein.[88] In den Protokollen des Betriebssekretariats tauchte sein Name 1949/50 nicht mehr auf. Ein weiterer bekannter Abgang war Fritz Langowski, der seit 1946 Betriebsratsvorsitzender war und aus der BGL-Wahl im September 1948 als Erstplatzierter hervorging.[89] Auch seine Spur verlief sich nach März 1949 im Sande. Es kam auch oft vor, dass SED-Funktionäre in andere Positionen aufrückten, z.B. im Falle Grübers, der im April 1949 Personalleiter des Gesamtwerkes wurde und deshalb aus dem Sekretariat ausschied. Hirsch war nach März 1949 zeitweise nicht nachweisbar, doch fiel sein Name ab März 1950 wieder auf den Sekretariatssitzungen. Heinrich, der Organisationsleiter, schied schließlich wegen Krankheit im April 1949 aus. Sein Nachfolger Greck meldete sich nach vier-

84 BLHA, Rep. 532, Nr. 646. Protokoll der Sekretariatssitzung der SED-Betriebsgruppe SWH, 1.4.1949.

85 Müller-Enbergs, Wer war wer in der DDR, Bd. 1, S. 159.

86 BLHA, Rep. 532, Nr. 646, Protokoll der Vorstandssitzung der SED-Betriebsgruppe SWH, 17.2.1949.

87 BLHA, Rep. 333, Nr. 475. Aktennotiz des SED-Landesvorstand, Abt. Wirtschaft. Bericht über Rücksprache mit Werkleiter Bochow und Betriebsgruppensekretär Krummel.

88 BLHA, Rep. 532, Nr. 646, Protokoll der Vorstandssitzung der SED-Betriebsgruppe SWH, 17.2.1949. Im Gegensatz zu: Müller-Enbergs, Wer war wer in der DDR, Bd. 1, S. 159. Boulanger wurde weder Direktor, noch Kulturdirektor des Stahlwerks Hennigsdorf.

89 Unger, S. 24.

monatiger Amtszeit zu einem Lehrgang als Volksrichter an.[90] Das Personalkarussell präsentierte sich als eine Mischung des Eingreifens übergeordneter Instanzen und dem permanenten Mangel an SED-Funktionären, die für eine Vielzahl neu zu besetzender gesellschaftlicher Positionen benötigt wurden.

Die Hennigsdorfer Betriebsparteigruppe trachtete nach der Ausdehnung ihrer Kompetenzen. Zur Erreichung einer innerbetrieblichen Dominanz diente ihr die Bildung von Aktivs, Ausschüssen und Kommissionen bzw. eine starke Präsenz in diesen Gremien. Schon vor Oktober 1948, d.h. früher als in Riesa, existierte in Hennigsdorf zumindest formal eine zentrale Produktions- und Planungskommission, der Werkleiter Bochow als Vorsitzender, die Abteilungsleiter und die Leiter der vier sog. Vorplanausschüsse angehörten.[91] Letztere existierten im Stahlwerk, in der mechanischen Werkstatt, der Stahlgießerei und der Märkischen Bauunion, die als Fremdfirma stark im Werk vertreten war.[92] Wie in der Maxhütte seit 1947, waren die Kommissionen für die Besprechung alltäglicher Produktionsfragen zuständig. Den Vorplanausschüssen gehörten neben den Abteilungsleitern vier bis fünf weitere Mitglieder an, vor allem verdiente Meister, Vor- und Facharbeiter sowie BGL-Vertreter, die mehrheitlich SED-Mitglieder waren. Darüber hinaus baute die SED in den Kernbereichen des Werkes, d.h. dem Stahlwerk, dem Walzwerk und der Graugießerei, Abteilungs- und Schichtgruppen zwecks Steigerung ihrer Präsenz auf. Die Abteilungs-Parteigruppen waren gehalten, „rote Ecken" einzurichten, damit Interessenten mit ihnen in Kontakt treten konnten.[93]

Der Zweck der Produktionsbesprechungen war die Feststellung von Fehlern, die Aufdeckung von Schwächen, die Zusammenführung von Aktivisten und technischem Leitungspersonal unter Leitung der BGL sowie die tägliche Erfassung der Produktionsergebnisse und deren Weitergabe, um den „Wettbewerb der Stahlwerke" durchführbar zu machen.[94] Die BGL betrachtete die Organisation der Produktionsbesprechungen als ihre Kernaufgabe.[95] Andere Kräfte im Hennigsdorfer Werk sträubten sich jedoch gegen die Beratungen. Im Februar 1949 konnten nur im Walzwerk in jeder Schicht Sitzungen organisiert werden, im Stahlwerk gab es allmorgendliche Tagesproduktionsbesprechungen und in der Graugießerei sprach man unbestimmt von regelmäßigen Treffen. Keine Produktionsbesprechungen fanden aber in der mecha-

90 BLHA, Rep. 333, Nr. 475. SED-Landesvorstand, PPA, Bericht über die Arbeit der Personalkommission im SWH, 9.4.1949. BLHA, Rep. 532, Nr. 646. Protokolle der Vorstandssitzung der SED-Betriebsgruppe SWH, 28.3.1949, 10.8.1949 und 11.3.1950.

91 BLHA, Rep. 333, Nr. 475. Vorschläge und Beschlüsse des SED-Landesvorstandes zur Aktivierung der Betriebsgruppe der SED des Hüttenwerkes Hennigsdorf, [Okt. 1948].

92 BLHA, Rep. 333, Nr. 475. Bericht der ZS-Prüfungskommission, Abt. Wirtschaft des SED-Landesvorstandes (Walter Pfaff), 3.11.1948.

93 BLHA, Rep. 532, Nr. 646. Protokoll der Sekretariatssitzung der SED-Betriebsgruppe SWH, 4.4.1949.

94 BLHA, Rep. 333, Nr. 475. Bericht über die Entwicklung der Produktion im SWH 13.4.49–18.4.49, Hans Pfeiffer, Abt. Wirtschaft, hausintern an den SED-Landesvorstand Brandenburg, 15.4.1949.

95 BLHA, Rep. 532, Nr. 646. Protokoll der Vorstandssitzung der SED-Betriebsgruppe SWH, 31.1.1949.

nischen Werkstatt, im Eisenbahnbetrieb sowie in der Küche, der Verwaltung und im technischen Büro statt.[96] In der Abteilung Einkauf hielt dieser Zustand sogar bis Juni 1949 an.[97] Und selbst auf der obersten Werksebene, wo die Besprechungen früh institutionalisiert waren, entsprachen sie keineswegs den von oben gestellten Anforderungen. Laut Bericht der ZS-Kommission fanden lediglich in den Abendstunden Gespräche zwischen dem Werkleiter und einigen seiner technischen Mitarbeiter statt, was dem Teilnehmerkreis der früheren Werkleiterbesprechungen entsprach.[98] Erst mit dem Wechsel von Krummel zu Hähnel sollte sich die Verfahrensweise ändern. Der erste, auf Beschluss des Sekretariats anberaumte Termin für eine „reguläre Produktionsberatung" am 15. März 1949 um 9 Uhr vormittags fiel jedoch aus, weil Bochow dem Treffen ohne vorherige Abmeldung fernblieb. Er war zur Landesparteikontrollkommission nach Potsdam gefahren, um dort zu dem anhängenden Verfahren Krummel-Bochow Stellung zu nehmen. Der SED-Landesvorstand rügte ihn, weil dieses Verhalten charakteristisch für seine mangelhafte Arbeits- und Plandisziplin sei.

Nur in den Kernbereichen der Produktion wie dem Stahlwerk und dem Walzwerk funktionierte das System der Produktionsbesprechungen, sorgte aber dennoch für werkinterne Kritik. Schon am 25. April 1949 bemängelte der Betriebsparteisekretär Hähnel, dass die Beratungen sich zu lange ausdehnten, dasselbe kritisierte der ohnehin skeptische Werkleiter Bochow mit dem Hinweis, dass die täglichen Sitzungen zu Planbesprechungen ausarteten.[99] Schließlich forderte Hähnel am 10. August 1949 eine strikte zeitliche Beschränkung auf maximal eine Stunde, während Bochow sie ganz wegfallen lassen oder in die Mittagszeit legen wollte.[100] Mitte 1950 wurde der strittige Punkt entschieden, als der neue Werkleiter Hensel sich das Recht vorbehielt, Versammlungen während der Produktionszeit zu genehmigen. Er begründete dies mit den Kosten der verloren gehenden Arbeitszeit und verlas einen Brief von Industrieminister Selbmann, der sich gegen „Bummelantentum" aussprach.[101] Zu untersuchen bliebe, welche Konstellation dazu führte, dass der SED-Landesvorstand Brandenburg so vehement auf das Modell der Produktionsbesprechungen drängte.[102]

Neben diesen für die Produktionsplanung relevanten Kommissionen entstand eine Palette anderer Gremien, die von der Küchenkommission bis zur Finanzkommission reichte.[103] Überall war die SED vertreten und nahm somit entscheidenden

96 BLHA, Rep. 532, Nr. 646. Protokoll der Vorstandssitzung der SED-Betriebsgruppe SWH, 17.2.1949.

97 BLHA, Rep. 532, Nr. 646. Protokoll der Sekretariatssitzung der SED-Betriebsgruppe SWH, 16.6.1949.

98 BLHA, Rep. 333, Nr. 475. Teilbericht der Überprüfungskommission zu wirtschaftlichen und wirtschaftspolitischen Fragen, ZS-Abt. Wirtschaft (Max Friedemann), 18.3.1949.

99 BLHA, Rep. 532, Nr. 648. Protokolle der Sekretariatssitzungen der SED-Betriebsgruppe SWH, 25.4. und 14.5.1949.

100 BLHA, Rep. 532, Nr. 648. Protokoll der Sekretariatssitzung der SED-Betriebsgruppe SWH, 10.8.1949

101 BLHA, Rep. 532, Nr. 648. Protokoll der Sekretariatssitzung der SED-Betriebsgruppe SWH, 19.6.1950.

102 Vgl. Abschnitt 2.4 dieses Kapitels zu den Aktivitäten der technischen Direktionen.

103 Nachgewiesen für 1949: Kultur-, Wohnungs-, Wettbewerbs-, Personal-, Finanz-, Lohn-, Küchen- und Sozialpolitische Kommission, vgl. BLHA, Rep. 532, Nr. 464. Protokolle der Sekretariatssitzungen.

Einfluss auf die Gestaltung des Betriebslebens. Daneben entsandten aber auch übergeordnete SED-Gremien oder die DWK Kommissionen, die im Werk offenbar derart zahlreich vertreten waren, dass Hähnel im März 1949 darauf hinwies, dass die Betriebsparteileitung über ihre Anwesenheit umgehend zu benachrichtigen sei.[104] Auch hier reichte die Spannweite von der Revisionskommissionen zur allgemeinen Überprüfung der Finanzen bis zur spezialisierten Kransonderkommission, die die DWK wegen der anhaltenden Mängel in der Schrottverladung eingerichtet hatte.[105] Auch auswärtige Kommissionen, die ebenfalls mehrheitlich mit SED-Kadern bestückt waren, erhielten punktuelle Einblicke in das Werksgeschehen. Ihre gesammelten Informationen konnten, nach Kenntnisnahme durch die entsendende Instanz, gegebenenfalls wieder für Governance-relevante Entscheidungen oder Anordnungen genutzt wurden.

Die so genannten Aktivs spielten im Hennigsdorfer Stahlwerk wie in anderen Großbetrieben eine besondere Rolle, weil sie sich der Lösung bestimmter gesellschaftlicher, wirtschaftlicher oder kultureller Aufgaben annahmen. Zum Beispiel wurde im Februar 1949 zur ersten Sitzung eines Frauen-Aktivs geladen. Jedoch entschied sich der Betriebsparteivorstand gegen dessen Institutionalisierung, weil die „gesonderte Aufstellung" nicht „dem organisatorischen Aufbau der Partei" entspreche. Die „aktiven Genossinnen" sollten sich „dem Aktiv der Betriebsgruppe" anschließen. Schließlich wurden sie an den im Werk verankerten Demokratischen Frauenbund Deutschlands (DFD) verwiesen. Dessen Aktivitäten wiesen aber in eine andere Richtung, wie eine im gleichen Monat organisierte Modeschau für weibliche Betriebsangehörige zeigte.[106] Anders als bei den stark geförderten Jugendaktivs hatte in der Aufbau-SED eine separate Organisation für Frauenfragen keinen Platz. Den wichtigsten Platz im Betrieb nahmen jedoch die Aktivisten-Komitees ein, die den innerbetrieblichen Wettbewerb fördern sollten. Der Aktivisten-Bewegung oblag vor allem die Organisation und Durchführung der Hennecke-Schichten. Zur Formierung als Gruppe trafen sich die Mitglieder im Kulturhaus des Stahlwerks.[107] Alle genannten Gruppierungen und ihre Aktivitäten dienten die Stärkung der keineswegs gefestigten Dominanz der SED innerhalb der Hennigsdorfer Belegschaft.

Die Jahre 1948/49 waren in den Stahlwerken maßgeblich für das Vordringen der SED in alle betrieblichen Entscheidungsfelder. Die minutiöse Rekonstruktion dieses Prozesses zeigte, dass er – anders als in der Treuhandphase 1946/47 – zu vielfältigen Personalwechseln führte, weil sich das Misstrauen mehrte, welche Personen zur Implementierung der Parteilinie geeignet seien. Zudem bildete der Prozess den Hintergrund für die Durchsetzung der SED-dominierten Personalpolitik in den Stahlwerken.

---

104 BLHA, Rep. 532, Nr. 646. Protokoll der Sekretariatssitzung der SED-Betriebsgruppe SWH, 12.3.1949.

105 BLHA, Rep. 532, Nr. 646. Protokolle der Sekretariatssitzungen der SED-Betriebsgruppe SWH, 5.4.1949 und 30.11.1949.

106 BLHA, Rep. 532, Nr. 646. Protokoll der Sekretariatssitzung der SED-Betriebsgruppe SWH, 7.2.1949.

107 BLHA, Rep. 532, Nr. 646. Protokolle der Sekretariatssitzungen der SED-Betriebsgruppe SWH, 31.1., 9.3. und 15.3.1949.

2.3 Personalpolitische Abteilungen

Mit der Etablierung der KPD/SED-Betriebsgruppen in den sequestrierten und dann verstaatlichten Industriebetrieben avancierte die Personalpolitik zum primären Interessengebiet.[108] Die Einstellung, Versetzung und Entlassung leitender Angestellter bildeten einen wesentlichen Schlüssel zur Macht, weil sie das innerbetriebliche politische Gefüge schrittweise auf Parteikurs umstellten. In diesem Sinn nahm der Personalleiter eine herausragende Position ein, die es mit höchst zuverlässigen Genossen zu besetzen galt. Wie zu Folgenden zu zeigen, war auf diesem Feld wenig Raum für den postulierten „Aushandlungsprozess von Akteuren auf unterschiedlichen Ebenen“,[109] sondern es herrschte eine von den oberen Parteiinstanzen bestimmte Machtpolitik vor.

Im Hennigsdorfer Stahlwerk kam es im Februar 1949 – noch während der Amtszeit des wenig später ausgeschiedenen Betriebsgruppenleiters Krummel – zu Querelen um die Nachfolge des Personalleiters Max Lemm, der vom brandenburgischen SED-Landesvorstand für eine andere Position vorgesehen wurde.[110] Die SED-Betriebsparteigruppe schlug zur Wiederbesetzung den Genossen Kohlitz vor, der durch den zeitgleichen Umbau der kaufmännischen Leitung verfügbar wurde. Bevor er die vakante Stelle übernahm, sollte er noch einen viermonatigen Kurs in der Verwaltungsakademie besuchen. Zu der von der Betriebsparteigruppe gewünschten Besetzung kam es nicht, denn in Potsdam wurde ein anderer Kandidat bestimmt: Das SED-Sekretariatsmitglied Grüber, bislang Leiter der Personalkommission, wurde erst übergangsweise, dann langfristig zum Personalleiter ernannt. Obgleich Vorschläge aus dem Betrieb existierten, blieb der brandenburgische Landesvorstand, vertreten durch die für Hennigsdorf zuständigen PPA-Referenten Hans Pfeiffer und Georg Schlohaut, in der Personalangelegenheit federführend.[111] Ihre engen Kontakte zu Grüber lassen sich insbesondere im Zuge der personellen Umstrukturierung der SED-Betriebsparteigruppe, d.h. der Sitzung zur Absetzung Krummels, belegen.[112] Dennoch blieb auch Grüber nur eine Interimslösung, denn vor Jahresende 1949 wurde er durch Krauthase ersetzt.[113]

Noch wesentlich aussagekräftiger für die Charakterisierung der Personalleiter waren die Biografien der Stelleninhaber in Unterwellenborn und Riesa, die über einen längeren Zeitraum tätig waren. Im Fall der Maxhütte und ihres 1949 im Mai eingesetzten Personalleiters Erich Markowitsch lag eine zeitliche Parallelität zum

---

108 Vgl. auch Karlsch, Rainer: Uran für Moskau. Die Wismut – eine populäre Geschichte, 3. Aufl., Berlin 2008, S. 148.

109 Müller, Institutionelle Brüche, S. 222.

110 BLHA, Rep. 532, Nr. 646. Protokolle der Sekretariatssitzungen der SED-Betriebsgruppe SWH, 7. u. 25.2.1949.

111 Zu deren Funktion und Biografie vgl. Sattler, Bd. 2, S. 879, 952, 957.

112 BLHA, Rep. 532, Nr. 646. Protokoll der außerordentlichen Sekretariatssitzung der SED-Betriebsgruppe SWH, 27.2.1949.

113 SächsStA Leipzig, Nr. 20673/1280. Personalleitertagung in der VESTA, 16.12.1949.

Hennigsdorfer Besetzungsverfahren vor. Markowitsch wurde 1913 als Sohn eines Zigarettenarbeiters in Berlin geboren und war nach dem Tod seiner Mutter schon im Alter von zwei Jahren Halbwaise.[114] Dieser Schicksalsschlag führte ihn später dazu, seinen Lebenslauf als kämpferisch zu interpretieren. Er habe „seit frühester Jugend" den Lebensunterhalt als Hafen- und Lagerarbeiter in Berlin, Hamburg und Frankfurt/Main selbst verdienen müssen. 1929 trat er als 16-jähriger dem kommunistischen Jugendverband bei und wurde 1931/32 wegen politischer Betätigung zu mehrtägigen Haftstrafen verurteilt. Im April 1933 folgte eine Inhaftierung wegen „Vorbereitung zum Hochverrat und Waffenvergehen". Markowitsch kam ins Konzentrationslager Fuhlsbüttel, 1939 nach Sachsenhausen, 1942 nach Auschwitz und 1944 nach Buchenwald. In seinem Lebenslauf betonte er, dass er während der NS-Haftzeit die illegale Parteiarbeit fortgesetzt habe. Nach der Befreiung trat er „im Auftrag der Partei" mit anderen Genossen in die Hamburger Polizei ein, die ihn aber im September 1946 wegen seiner politischen Tätigkeit entließ. Abermals auf Beschluss der Parteileitung siedelte er im Mai 1947 nach Thüringen über und wurde dort Leiter des Kriminalamtes Thüringen-Ost. Nach Besuch der höheren Polizeischule übertrug man ihm die Leitung der Landespolizeischule Erfurt. Dort schied er aber im Mai 1949 aus, um als 36-jähriger die Personalleitung der Maxhütte zu übernehmen. Diese Tätigkeit übte er bis März 1952, zeitweise in Kombination mit der Position des Kulturdirektors, aus.

Lässt sich der Wechsel von der Illegalität in die Rolle des Ordnungshüters noch als Umkehrung der Vorzeichen deuten, ist nicht offensichtlich, wie der Abbruch der Polizeikarriere mit dem Übertritt in die Personalleitung zu interpretieren ist. Markowitsch, der sich zweifelsohne einige Widerstandsmeriten erwarb, unterwarf sich mehrmals der Parteidisziplin und schien besonders geeignet, um den Gesellschaftswandel mit harter Hand voranzutreiben. Dass er in der Maxhütte eingesetzt wurde, deutete darauf hin, dass die SED-Führung diesen Betrieb tatsächlich als Gefahrenquelle ansah, wie es anlässlich verschiedener Betriebsprüfungen geäußert wurde.[115] Markowitsch schien als Person absolut zuverlässig zu sein. Anlässlich seiner Auszeichnung zum „verdienten Aktivisten" wurde im August 1950 sein „unermüdliches gesellschaftliches Wirken" hervorgehoben.[116] Übergangsweise vertrat er 1951 den Leiter der Maxhütte Steinwand, erhielt für seine Meriten über den Kreisrat im Oktober des Jahres eine „geeignete Wohnung" als außertarifäre Vergünstigung, wurde aber schon im März 1952 aus Unterwellenborn abberufen. Werkleiter Steinwand lobte zum Abschied die große Initiative des „Funktionär[s] der Arbeiterbewegung" bei der Entwicklung neuer Kader.[117]

---

114 Zum Folgenden: ThStA Rudolstadt, Maxhütte Unterwellenborn, Nr. 2273. Lebenslauf Erich Markowitsch, 29.3.1952.

115 Vgl. Kap. III, 2.3.

116 ThStA Rudolstadt, Maxhütte Unterwellenborn, Nr. 2273. Vorschlag zur Auszeichnung des Kollegen Markowitsch, 22.8.1950.

117 ThStA Rudolstadt, Maxhütte Unterwellenborn, Nr. 2273. Charakteristik Markowitsch, erstellt von Werkleiter Rudi Steinwand, 3.4.1952.

Die Stellung des Personalleiters wurde in der Maxhütte als eng mit der Kulturdirektion verbunden angesehen. Als Markowitsch die Doppelfunktion antrat, bezeichnete VESTA-Hauptdirektor Hasso Grabner dies zunächst als „Experiment", verwies aber auf die Abhängigkeit der personellen von der kulturellen Leitung. Als Kulturarbeit wurde u.a. die Errichtung von Massenunterkünften und anderem Wohnraum angesehen, als Sozialarbeit der Ausbau der Werksküchen und des Krankenhauses. Ferner war Markowitsch zuständig für die betriebliche Volkshochschule, die Berufsschule und die Lehrwerkstätten. Aus der Arbeit in allen genannten Bereichen zog er immer wieder neue Kader heraus, über die er eine „Entwicklungskartei" führte. Die Aufgabenmischung erklärt auch die mitunter anzutreffende Verwirrung um den Arbeitsbereich des Sozial- und Kulturdirektors. Das Wirken Markowitschs markierte die frühen Anfänge des Kadernomenklatursystems, auf dem die Machtausübung der Staatspartei gründete.[118] Ein Genosse wie er war zu Höherem berufen, sodass er seine Karriere u.a. als Leiter des Eisenhüttenkombinats Ost (EKO) in Eisenhüttenstadt, 1958 als Volkskammerabgeordneter und seit 1959 als Regierungsmitglied fortsetzte. Er wurde Minister und stellvertretender Vorsitzender des Volkswirtschaftsrates, kehrte aber 1967 auf die Stelle der Werksdirektors des EKO zurück.[119]

In einem gewissen Kontrast zu Markowitsch stand die Biografie des Riesaer Personalleiters Curt Zschukelt. Er wurde 1889 im sächsischen Kreis Döbeln als Sohne eines Landwirts geboren und gehörte somit einer früheren Generation an. Nach Abschluss der Volksschule 1904 arbeitete er ebenfalls in verschiedenen Bereichen, trat aber im Februar 1911 eine Stelle als Lokomotivführer im damaligen Eisenwerk Riesa an.[120] In dieser Stellung war er ohne Unterbrechung bis April 1945 tätig. Seine Parteikarriere begann ebenfalls 1911 in der SPD, doch trat er im Ersten Weltkrieg zur USDP über und war dann bis 1934 KPD-Mitglied. Sein Lebenslauf enthielt keinen Hinweis auf aktiven Widerstand und auch keine Inhaftierung wegen Parteiarbeit. Im Mai 1945 schloss er sich wieder der KPD an und bekleidete ehrenamtlich die Funktion eines Betriebsrates. Als Vorsitzender des Gremiums profilierte er sich politisch, indem er sich den „Flick-Leuten" entgegenstellte.[121] Seine wieder gefundene politische Linientreue befähigte ihn zur Position des Personalleiters, die er am 1. März 1948 im Alter von 58 Jahren übernahm. Als Werkleiter Pfrötzschner wegen eines Autounfalls in Westdeutschland ausfiel, übernahm er dessen Position übergangsweise.[122] Seine Tätigkeit als Personalleiter endete bereits 1951 mit seiner Versetzung in die Werksabteilung Unfallschutz.

118 Vgl. Wagner, Matthias: Das Kadernomenklatursystem – Ausdruck der führenden Rolle der SED, in: Herbst, Andreas u.a. (Hrsg.): Die SED. Geschichte – Organisation – Politik. Ein Handbuch, Berlin 1997, S. 148–157.

119 Zur Biografie vgl. u.a. Karlsch, Uran für Moskau, S. 148. Müller-Enbergs, Wer war wer, S. 652.

120 BStU, MfS BV Dresden, AIM 640/61. Handgeschriebener Lebenslauf Curt Zschukelt; Ermittlungsbericht, Dienststelle Riesa der Staatssicherheit, Oberfeldwebel Tronicke, 26.1.1956.

121 Vgl. Kap. III, 3.2.

122 Fink, S. 275.

1954 ging Zschukelt in Rente, erwies sich der SED jedoch als treu, indem er seine früheren Werksabteilungen als geheimer Informant der Staatssicherheit observierte.[123]

Zschukelt trat offensiv für KPD/SED ein, wenn auch erst wieder nach Kriegsende. Für Personalleiter war politische Zuverlässigkeit das Hauptkriterium, sodass die beiden präsentierten Personen zumindest kurzzeitig für die Werkleiterposition in Frage kamen. Zschukelt verband sein berufliches Fortkommen mit der SED, und zwar recht erfolgreich, auch wenn ihn 1951 der Genosse Kunze, ein langjähriges Mitglied der SED-Betriebsgruppe und Verantwortlicher für die Arbeitslenkung, ablöste.[124] Entsprechend verlief auch Zschukelts politische Karriere bescheidender als diejenige Markowitschs. Gleichwohl gehörte er dem ersten Deutschen Volkskongress und dem Volksrat an und war SED-Abgeordneter im Kreisrat Riesa-Großenhain. Der Hauptunterschied zu Markowitsch lag in seiner langjährigen Werkskarriere, d.h. er verdankte die Personalleiterstelle wohl seiner großen betrieblichen Erfahrung. Dagegen kam Markowitsch hochmotiviert von außerhalb zur Maxhütte und durchlief dort als Kaderleiter ein Durchgangsstadium seiner Karriere.

Im Zuge des Zweijahrplans 1949/50 erhielt die Personalleitung ihre spezifische Ausprägung, indem sie sich als zentrales Steuerungsfeld etablierte. Ihre betriebliche Einbettung lässt sich exemplarisch im Stahlwerk Hennigsdorf schildern. Bis April 1949 wurden in allen Werksabteilungen, außer der Graugießerei und der Kulturabteilung, personalpolitische Leiter ernannt, die meist eng an die Betriebsparteigruppe angebunden waren, z.B. Preuß (PPA Stahlwerk), Pilz (PPA Wache), beide Sekretariatsmitglieder, oder Renner (PPA Platzbetrieb), der zugleich BGL-Vorsitzender war.[125] Neben den Abteilungen sollte auch jede Schichtgruppe eine geeignete Person, z.B. einen Meister, als Personalfunktionär benennen. Auf diese Weise wurde der betrieblichen Hierarchie eine durch die SED beherrschte Personalkontrolle nebengeordnet. Im Werk existierte außerdem die personalpolitische Kommission der SED-Betriebsgruppe, die den Personalleiter des Gesamtwerks, die Personalobleute des FDGB, FDJ und DFD, die Lehrer der Betriebsparteischule, der Berufsfachschule, der Betriebsgewerkschaftsschule, der Lehrlingsausbildung sowie den Schulungsleiter der Betriebsgruppe vereinigte. Diese umfassende Organisation sicherte nicht nur ein wichtiges Standbein im Produktions-, sondern auch im Aus- und Fortbildungsbereich. Hier wurde erneut die enge Verbindung zu den Aufgaben deutlich, die in der Sprache der SED als Kulturarbeit bezeichnet wurden.

Wie für Markowitsch in der Maxhütte gesehen, gehörte die „Aufstellung einer Entwicklungskartei“ mit Beurteilungen aller Funktionäre und Aktivisten der Partei zu

123 BStU, MfS BV Dresden, AIM 640/61.

124 SächsHStA Dresden, Nr. 11856/A 677. Beschluss des SED-Betriebsgruppenvorstandes des VEB Stahl- und Walzwerks Riesa, 30.10.1948.

125 BLHA, Rep. 333, Nr. 475. Situationsbericht über die Personalabteilung des SWH, SED-Landesvorstand, Abt. Wirtschaft, Ref. Personal (Pfaff), 27.4.1949.

den wesentlichen Aufgaben des Personalleiters.[126] Zunächst erfassten die personenbezogenen Kontrollen die Parteifunktionäre, wie es auch auf staatlicher Ebene üblich war. Darüber hinaus waren alle leitenden Angestellten des Werkes auf ihre politische und fachliche Eignung zu überprüfen. Die Personalleitung hatte zu beurteilen, wie „Brennpunkte des Werkes" personell zu besetzen waren, z.B. Kranführer, -schlosser, -elektriker oder Rangierer. Der SED-Landesvorstand schaltete sich ein und erwartete an neuralgischen Punkten Vorschläge für Neubesetzungen. „Parteifeindliche und betriebsschädliche Elemente" waren zu erfassen und als solche zu charakterisieren. Zur schnelleren Durchführung dieser Aufgaben wurde ein Wettbewerb der SED-Abteilungsgruppen organisiert, um eine umfassende Entwicklungskartei zu erstellen.[127]

Die Beurteilung einzelner Beschäftigter wurde als „Charakteristik" bezeichnet. In Hennigsdorf wurde eine solche erstmals für den Ingenieur Janssen angefordert, der als zweiter Mann in der technischen Direktion eine wichtige Funktion hatte. Das Urteil lautete, dass Janssen, obwohl er „aktiver Pg war, [...] jetzt unter Beweis gestellt [habe], dass er für unseren Wiederaufbau arbeitet."[128] Dieser Satz nannte im Sinne der Amnestie des März 1948 das entscheidende Kriterium für seine Weiterbeschäftigung: die vorbehaltlose Teilnahme am Wiederaufbau des Stahlwerkes. Wie in weiteren Fällen, z.B. der Überprüfung des leitenden Ingenieurs der Blockstraße oder der Gießgrubenarbeiter im Stahlwerk, wurde die Charakteristik nicht nur der Betriebsparteigruppe, sondern auch dem Referat PPA in der Wirtschaftsabteilung des brandenburgischen SED-Landesvorstandes übermittelt.[129] Ende Oktober erhielt die Personalabteilung noch einmal die Aufforderung, mittels eines genauen Personalplans die „gefährlichen Stellen des Betriebes" aufzuzeigen, „damit sie mit guten Genossen [...] besetzt werden können".[130] Trotz dieser wiederholten Aufforderungen wurden im Stahlwerk Hennigsdorf keine massenweisen Überprüfungen aktenkundig, die zu Entlassungen geführt hätten.

Jedoch kam es vor dem Betriebsgruppensekretariat zu Verfahren gegen einzelne Personen, um die Wahrung der Parteidisziplin zu erwirken. SED-Mitglieder, z.B. Angestellte des Lohnbüros, Fahrer oder Arbeiter an der Feineisenstraße, wurden vorgeladen und entweder abgemahnt oder entlassen. Gründe waren abschätzige Äußerungen über die Partei oder die Sowjetunion bzw. ungehöriges Verhalten am Arbeitsplatz. In manchen Fällen wurde sogar ein Parteiverfahren angestrebt.[131] Das

---

126 BLHA, Rep. 333, Nr. 476. Arbeitsplan für die Personalkommission des SWH, SED-Landesvorstand, Abt. Wirtschaftspolitik, Ref. Personal (Schlohaut), 4.5.1949.

127 Im April 1949 begann auch die PPA des Stahlwerks Gröditz mit dem Aufbau einer Entwicklungskartei, SächsHStA Dresden, Nr. 12234/008, Sitzung des Hauptvorstandes der SED-Betriebsgruppe SWG, 11.4.1949.

128 BLHA, Rep. 532, Nr. 646. Protokoll der Sekretariatssitzung der SED-Betriebsgruppe SWH, 22.4.1949.

129 BLHA, Rep. 532, Nr. 646. Protokolle der Sekretariatssitzungen der SED-Betriebsgruppe SWH, 30.5.1949 u. 30.11.1949.

130 BLHA, Rep. 532, Nr. 646. Protokoll der Sekretariatssitzung der SED-Betriebsgruppe SWH, 27.10.1949.

131 BLHA, Rep. 532, Nr. 646. Protokolle der Sekretariatssitzungen der SED-Betriebsgruppe SWH, 25.2., 4.4., 7.4., 9.6. u. 25.6.1949.

Sekretariat sorgte sich auch um den Betriebsfrieden, als es z.B. bei einer Schlägerei im Kulturhaus ermittelnd tätig wurde, um die Schuldigen zur Rechenschaft zu ziehen.[132] Die Vorfälle des Jahres 1949 belegen, dass die SED als disziplinierende und strafende Instanz im Stahlwerk Hennigsdorf agierte. Innerbetrieblich kam der PPA die Rolle zur Überprüfung zu, speziell der SED-Mitglieder, was auch im September 1949 durch einen formalen Beschluss festgehalten wurde.[133]

Das SED-Betriebssekretariat des Stahlwerkes Riesa erteilte 1949 dem Personalleiter Zschukelt die Weisung, Untersuchungen gegen Genossen oder Entlassungen vorzunehmen, z.B. im Fall eines Schlosserlehrlings, der „Antisowjethetze und Hetze gegen unsere Entwicklung getrieben [habe], durch das Bemalen von Haustüren, Wänden etc."[134] Der BGL wurde aufgetragen, die Entlassung durch Anschlag der gesamten Belegschaft bekannt zu machen. Während sich diese Disziplinarfälle in die Schilderungen für Hennigsdorf einreihten, wurde die PPA in Riesa sogar in polizeiliche Ermittlung einbezogen, als das Betriebssekretariat sie zur Anfertigung einer Beurteilung des Schmelzmeisters Wittig aufforderte.[135] Die Stellungnahme sollte deutlich machen, dass von einer erneuten Bestrafung abzusehen sei, weil Wittig wegen seiner Verdienste im letzten Stahlwerkswettbewerb inzwischen als Aktivist ausgezeichnet worden war. Ein positives Gutachten des SED-Kreisvorstandes bot offenkundig die Möglichkeit zur Abwendung der Strafverfolgung. Dies illustrierte nicht nur die Missachtung des Gleichbehandlungsprinzips im Rechtsstaat, sondern auch den Einfluss der SED bezüglich konkreter Sanktionierung. Das Verfahren machte zugleich deutlich, dass die betriebliche Governance im Personalsektor den Anordnungen des hierarchischen Parteiapparats untergeordnet war. In all diesen Fällen bildete das Betriebsparteisekretariat den Dreh- und Angelpunkt der personalpolitischen Disziplinierung. An späterer Stelle ist zu überprüfen, ob es diese Funktion auch bei der Überprüfung von Führungskräften wahrnehmen konnte.[136]

Nach Gründung der DDR gab es Bestrebungen, die betriebliche PPA-Arbeit in überbetriebliche Zusammenhänge einzubinden. Im Dezember 1949 organisierte die VVB VESTA erstmals eine Personalleitertagung, an der die Funktionäre der wichtigsten Stahlwerke teilnahmen. Bei zwei weiteren Treffen im Jahr 1950 trat Adolf Buchholz, Leiter der Abteilung Kader und Bildung im Ministerium für Industrie der DDR, als Referent auf.[137] Teils handelte es sich um konkrete Versuche, die PPA der VESTA den betrieblichen Personalleitungen überzuordnen. Dagegen sperrten sich allerdings

---

132 BLHA, Rep. 532, Nr. 646. Protokoll der Sekretariatssitzung der SED-Betriebsgruppe SWH, 12.9.1949.

133 BLHA, Rep. 532, Nr. 646. Protokoll der Sekretariatssitzung der SED-Betriebsgruppe SWH, 2.9.1949.

134 SächsHStA Dresden, Nr. 12235/015. Beschlüsse der Sekretariatsleitung der SED-Betriebsgruppe, 19.5.1949.

135 SächsHStA Dresden, Nr. 12235/015. Beschlüsse der Sekretariatsleitung der SED-Betriebsgruppe, 28.7.1949.

136 Vgl. den Abschnitt zur technischen Direktion (3.2) in diesem Kapitel.

137 SächsStA Leipzig, Nr. 20673/1280. Protokolle der Personalleitersitzungen bei der VESTA Leipzig, 16.12.1949, 28.4.1950 und 26.10.1950. Zu Buchholz vgl. Kinne, S. 549.

die Vertreter der größeren Werke, z.B. Markowitsch für die Maxhütte und Krauthase für Hennigsdorf. Teils wurden wesentliche Leitlinien der betrieblichen Personalpolitik für die Periode des Zweijahrplans formuliert. Zu den wichtigsten personalpolitischen Zielen gehörte „die Förderung der Arbeiter zur Herausbildung einer neuen technischen Intelligenz", d.h. die Entwicklung neuer Führungskräfte bzw. Kader. Die geforderten betrieblichen Maßnahmen fügten sich in den Rahmen der staatlich betriebenen Kaderbildung und -förderung ein.[138] Die PPA sollten die Aktivistenbewegung vorantreiben, denn es könne „nicht Sinn und Zweck der Auszeichnung" sein, die Aktivisten jahrelang auf demselben Arbeitsplatz zu belassen. Auch wenn ihr Engagement nur aus „materiellen Gründen" entstand, müssten sie „durch ideologische Aufklärung zu klarem Bewusstsein entwickelt werden." Im April 1950 gab es nach Buchholz erhebliche Mängel bei dieser Art der Entwicklung „guter Wirtschaftsfunktionäre". Hinsichtlich der Delegation auf die Fach- und Wirtschaftsschulen werde das Denken „vom Betriebsegoismus geleitet". Seiner Beobachtung nach sträubten sich die Betriebe, die „entwicklungsfähigsten Kräfte" zu entsenden, damit die Produktion nicht darunter leide. Daher richtete sich sein Appell an „den grossen Kollektivgedanken", denn durch die Schulung gewinne nicht nur der Einzelne, sondern die gesamte Volkswirtschaft.

Ein weiterer Aufgabenbereich der PPA lag im Bereich der politischen Kontrolle. In Bezug auf die Beobachtung der Belegschaft bestätigte sich auch auf betrieblicher Ebene, dass Staatsloyalität vor die Verfolgung ehemaliger Nationalsozialisten trat. Auf der Schulung der Personalleiter betonte Buchholz, dass nach dem Willen der Volkskammer „ehemalige Pg vor allen Dingen nach ihren Leistungen nach 1945" zu beurteilt seien.[139] Allerdings dürften sie keinesfalls in Personalabteilungen eingesetzt werden. Unmittelbar nach der Staatsgründung unterbreitete die DDR-Führung den NS-Belasteten weitere Integrationsangebote, schloss aber Personen, die sich nach 1945 durch NS-Sympathien hervortaten oder „Boykotthetze gegen demokratische Einrichtungen und Organisationen" gemäß der neuen Verfassung vom 7. Oktober 1949 betrieben, explizit aus.[140]

Ein weiterer Observationsauftrag der PPA bezog sich auf die Führungskräfte im Werk. In den Betrieben mit „Verbindungen zu Konzernherren im Westen" müssten die Personalleiter dagegen einschreiten.[141] Die Formulierung dieser Kontrollaufgabe hatte die früheren, als Schieberei etc. gebrandmarkten Geschäfte mit Unternehmen der Westzonen als Hintergrund. Selbst wenn noch Interesse an den Westkontakten

---

138 Vgl. Bauerkämper, Arnd: Die Sozialgeschichte der DDR, München 2005, S. 38–43.

139 SächsStA Leipzig, Nr. 20673/1280. Protokoll der Personalleitersitzung bei der VESTA Leipzig, 16.12.1949. Mit Bezug auf: Gesetz über den Erlass von Sühnemaßnahmen für ehemalige Mitglieder und Anhänger der Nazipartei und Offiziere der Wehrmacht, GBl. der DDR 1949, S. 59.

140 Vgl. auch: Boldorf, Von der Entnazifizierung zur Stalinisierung, S. 287–323.

141 SächsStA Leipzig, Nr. 20673/1280. Protokoll der Personalleitersitzung bei der VESTA Leipzig, 16.12.1949.

bestand, galt es zu verhindern, dass sie in Folge unkontrollierter Alleingänge der Werkdirektoren entstanden. Überhaupt galt es, wie im folgenden Abschnitt zu zeigen, die betrieblichen Instrumente der Personalführung im Sinne der politischen Linie der SED zu vervollkommnen.

3 Führungskräfte in der frühen Planwirtschaft

3.1 Agieren der Werkleiter

Obgleich die Betriebsparteileitung als Spitze des Werkes gelten konnte, war die Position des Werkleiters nicht unbedeutend. Für den betrachteten Zeitraum hatten die 1947 eingetretenen personellen Änderungen Bestand: Die drei Werkleiter Erich Pfrötzschner in Riesa, Hensel als Nachfolger von Babos in der Maxhütte sowie Willy Bochow in Hennigsdorf verblieben alle bis zu Jahr 1950 auf ihren Positionen. Die durchaus lebhafte Personalpolitik dieses Zeitraums betraf die nominell wichtigste Führungskraft im Betrieb nicht. Ein wesentlicher Teil der Tätigkeit und Aufgabenstellungen des Werkleiters spiegelte sich in den Protokollen der SED-Sekretariatssitzungen wider. Im Regelfall musste er bei diesen Sitzungen anwesend sein, denn dort erhielte er mitunter Anweisungen für seine Tätigkeit. Aus diesem Grund wurden z.B. Bochow in Hennigsdorf die Sitzungsprotokolle „streng vertraulich" zugeleitet.[142]

Durch das Eindringen der SED in eine Vielzahl betriebsrelevanter Abläufe büßte der Werkleiter Governancefunktionen ein, die die Übergangsleiter der Jahre 1946/47 noch besessen hatten. Die Beschneidung der Kompetenzen durch die SED-Betriebsgruppe und die Personalabteilungen wurde bereits beschrieben. Die Kreation neuer Funktionen, vor allem derjenigen des Sozial- und Kulturdirektors, schränkte den Aufgabenbereich des Werkleiters ebenfalls ein. Gleichzeitig bedeutete die Installation dieser neuen Direktoren eine personelle Ausweitung der Werkleitung, die die Governance auf mehrere Schultern verteilte.

Werksintern nahm der Werkleiter eine Brückenfunktion zu den verschiedenen Abteilungen ein, wie am Beispiel Bochows in Hennigsdorf zu zeigen. Nach Ermahnung durch die ZS-Kommission leitete er seit März 1949 die Produktionsbesprechungen und hatte dadurch regelmäßigen Kontakt mit den technischen Abteilungen, obwohl deren Leiter Stoof den Treffen häufiger fernblieb.[143] Die Verantwortlichkeit Bochows bezog sich, soweit nachweisbar, vor allem auf die Durchführung von Ausstattungsprojekten, z.B. die Erweiterung der Gleisanlagen im Werk oder die Beschaffung von Elektromaterialien. In einzelnen Fällen konnte dies zu Direktkontakten mit anderen Betrieben führen, z.B. bei den Verhandlungen über den Kauf einer leistungsstärkeren Schrottpaketierpresse beim Stahlwerk Riesa, bis diese Anfang September

142 BLHA, Rep. 532, Nr. 646. Protokoll der Sekretariatssitzung der SED-Betriebsgruppe SWH, 14.5.1949.
143 Für den Blickwinkel der technischen Direktoren vgl. Abschnitt 3.2 dieses Kapitels.

1949 geliefert wurde.[144] Häufig lag die Aufnahme von Kontakten zwischen einzelnen Werken allerdings in den Händen der jeweiligen SED-Betriebsparteigruppen und nicht der Werkleitungen. Bochow bündelte sein Wissen aus dem Produktionsbereich und brachte es in die betrieblichen Sekretariatssitzungen ein. Am umfangreichsten geschah dies in seinen Berichten, deren Inhalte vom Plansoll einzelner Werksteile bis zur Erfüllung des Halbjahrplanes reichten.[145]

In Bochows Verantwortungsbereich fiel auch die Entwicklung und Durchführung von Konzepten zur betrieblichen Reorganisation. Bei der personellen Umbesetzung der Finanzabteilung zum 1. März 1949 beurteilte er die Neubesetzung der kaufmännischen Leitung durch Friedländer, der 1945 der KPD beitrat und zum kaufmännischen Direktor der VVB Lacke und Farben wurde. Zeitgleich wurde der ausscheidende Direktor Ernst Drögemüller (SED) auf die Leitung der Abteilung Einkauf zurückgestuft.[146] Als Grund für die Umbesetzungen galt die Unordnung in der Registratur und Finanzkontrolle, die mangelnde Sachkenntnis erkennen lasse. Da das Werk durch einen Sonderfonds der Landesregierung aufgebaut wurde, sei die Kontrolle unzureichend gewesen. Das Stahlwerk habe große Verbindlichkeiten gegenüber anderen anderen VEB, die es nicht erfüllen könne. Auch diese Zustände wurden dem früheren kaufmännischen Leiter Drögemüller angelastet und mit seinem „unmoralischen Lebenswandel" in Verbindung gebracht.[147] Diese Stereotype tauchte immer häufiger bei der Begründung von Versetzungen auf. Ende April wurde ihm endgültig gekündigt und ein Parteiverfahren gegen ihn eingeleitet. Zur Neuordnung der betrieblichen Finanzen setzte das SED-Sekretariat eine Finanzkommission unter Leitung Bochows ein, der u.a. der neue kaufmännische Leiter Friedländer, der Betriebsgruppensekretär Hähnel und ein Vertreter des SED-Landesvorstandes angehörten. Als die allgemeine Verwaltung des Werks zu reorganisieren war, legte Bochow dem Sekretariat einen Plan als Beschlussvorlage vor. Auch die Arbeitspläne unterlagen seiner Begutachtung, weil er nach Meinung der Sekretariatsleitung das hierfür erforderliche technische Wissen besaß.[148]

In Personalfragen war Bochow allerdings dem Betriebsparteisekretariat unterstellt und hatte häufig die dort getroffenen Entscheidungen auszuführen, z.B. dem Walzwerkschef Güttner zu kündigen oder den Ingenieur Wienke von der Leitung der

144 BLHA, Rep. 532, Nr. 646. Protokolle der Sekretariatssitzungen der SED-Betriebsgruppe SWH, 9.3., 11.5. und 30.5.1949. Fink, S. 363.

145 BLHA, Rep. 532, Nr. 646. Protokolle der Sekretariatssitzungen der SED-Betriebsgruppe SWH, 3.5., 20.6. und 6.7.1949.

146 SA Hgdf, A 3/III, Nr. 010. Personalleiter Grüber an Bochow (werksintern), 30.4.1949. BLHA, Rep. 333, Nr. 475. Bericht über die Personalpolitik im Hüttenwerk Hennigsdorf, Zentralsekretariat, PPA (Kätel), 17.3.1949.

147 BLHA, Rep. 333, Nr. 475. Teilbericht der Überprüfungskommission zu wirtschaftlichen und wirtschaftspolitischen Fragen, Max Friedemann, ZS-Abt. Wirtschaft, 18.3.1949.

148 BLHA, Rep. 532, Nr. 646. Protokolle der Sekretariatssitzungen der SED-Betriebsgruppe SWH, 19.4. und 10.8.1949.

Jugendstoßbrigade abzuziehen. Auch erteilte ihm das SED-Betriebssekretariat Aufträge zur Stellenbesetzung, etwa bei der Verpflichtung, einen Verantwortlichen für das Kugellager oder einen sog. Normeningenieur zur Festlegung der Arbeitsnormen ausfindig zu machen. Hintergrund waren im ersten Fall auftretende Engpässe und im zweiten Fall eine Beschwerde der Stahlwerksarbeiter über eine Normenerhöhung.[149] Lohnfragen gehörten ebenfalls zu seinem Arbeitsressort. Bochow war Mitglied der Lohnkommission und setzte sich in Zusammenarbeit mit Betriebsparteisekretär Hähnel und dem BGL-Leiter Neye bei der DWK, dem SED- und dem FDGB-Landesvorstand für die Interessen der Beschäftigten ein. Er erstellte den Plan für die betriebliche Umsetzung des Leistungslohnkonzepts. Für die Führungskräfte erwirkte er im April 1949 eine Lohnfortzahlung für die Zeit des Besuchs der Parteischule.[150] Bochow verfügte über Gestaltungsmöglichkeiten und eigene Kompetenzfelder, doch keineswegs über die Oberautorität, in allen betrieblichen Fragen das letzte Wort zu haben.

Die Aufgaben von Erich Pfrötzschner als Leiter des Stahlwerkes Riesa ähnelten denjenigen Bochows in Vielem. Seine Unterordnung unter die Verfügungsgewalt des SED-Betriebssekretariates wurde bereits weiter oben an Beispielen belegt. Sie galt insbesondere für Personalfragen, in denen er von den Entscheidungen des SED-Betriebsparteisekretariates abhing. Zudem empfing er Parteiaufträge, für die er dann die Verantwortung zu übernehmen hatte. Im Bereich der Logistik war z.B. die Schrottzulieferung eine Schlüsselfrage, der sich Pfrötzschner anzunehmen hatte. Er statte Personal mit besonderen Kompetenzen aus, als er z.B. Kurt Köhler (SED) zum Sonderbeauftragter für Schrottzufuhr des Martinwerkes ernannte. Daneben erhielt Pfrötzschner punktuelle Aufträge zur Schließung von Engpässen, z.B. im Fall des im Juni 1948 erwarteten Schrotts, dessen Anlieferung aus Auerbach sich verzögerte.[151] Wie Bochow sorgte er für die werksinterne Koordination und vermittelte zwischen den führenden Akteursgruppen. Im Juni 1949 stellte er z.B. die Ermittlung des Arbeitskräftebedarfs der einzelnen Werksabteilungen zusammen. Er wies die Abteilungsleiter an, den Einsatz aller Beschäftigten zu prüfen und nicht dringend benötigte Arbeitskräfte freizugeben.[152]

In die Produktion war Pförtzschner ebenfalls eingeschaltet, vor allem als Leiter der Produktionsbesprechungen. Jedoch lieferte er dem Sekretariat keine Berichte über technische und Produktionsprobleme, zumindest kam eine solche Aktivität nicht zu Protokoll. Pfrötzschner war weitaus mehr für den Arbeitseinsatz zuständig, wenn er beispielsweise versuchte, ungeklärte Personalverhältnisse zu regeln,

149 BLHA, Rep. 532, Nr. 646. Protokolle der Sekretariatssitzungen der SED-Betriebsgruppe SWH, 25.2., 3.5. und 30.5.1949.

150 BLHA, Rep. 532, Nr. 646. Protokolle der Sekretariatssitzungen der SED-Betriebsgruppe SWH, 7.4., 11.4., 19.4. und 3.8.1949.

151 SächsHStA Dresden, Nr. 12235/015. SED-Betriebsgruppe Stahlwerk Riesa, Sekretariatssitzungen, 19.4., 11.6. und 28.6.1949.

152 SächsHStA Dresden, Nr. 12235/015. SED-Betriebsgruppe Stahlwerk Riesa, Sekretariatssitzung, 2.6.1949.

weil Facharbeiter an andere Betriebe ausgeliehen waren, oder Bedarfsmeldungen an übergeordnete Stellen leitete. In Fragen der technischen Arbeitsnormen unternahm er im August 1949 einen folgenschweren Alleingang, den ihm das Überprüfungsverfahren der ZPKK im Jahr 1950 ankreidete.[153] Ohne Abstimmung mit der BGL oder der SED-Betriebsgruppe habe er die Normen um 30 Prozent gekürzt, was für eine nachhaltige Verstimmung in der Belegschaft sorgte, weil die Reduktion von Parteiseite wieder rückgängig gemacht wurde. In einer Betriebsversammlung soll sich die Wut der betroffenen Arbeiter entladen haben, indem sie „SED-Strolche" riefen.

Im Mai 1948 folgte ein weiterer Alleingang Pfrötzschners in Zusammenarbeit mit Eugen Lacour, dem früheren Dolmetscher und Vertrauten Hings', der inzwischen der Werkleitung als technischer Berater angehörte.[154] Die beiden ehemaligen Betriebsräte versuchten, einen Teil der im Werk gelagerten Schrottvorräte vor der Besatzungsmacht zu verschleiern. Als die Verheimlichung aufgedeckt wurde, kam es zu einer Strafexpedition der Sowjets, die den im Werk vorgefundenen Schrott konfiszierten. Dies zog wiederum einen empfindlichen Rückgang der Produktion nach sich. Wie bei der eigenmächtigen Normensenkung handelte es sich um einen Alleingang Pfrötzschners, durch den sich seine Governance deutlich von derjenigen Bochows unterschied. Pfrötzschner war ein alter Gewerkschaftler mit langjähriger Betriebstradition, der sich in erster Linie dem Wohl der Arbeiter und des Werks verpflichtet fühlte. Demgegenüber war sein Hennigsdorfer Kollege Bochow ein Verwalter, der als Hennigsdorfer Werkleiter sogar formal die Stellung eines Ministerialdirigenten behielt.

Ein weiteres Feld, auf dem Pfrötzschner mehr als sein Hennigsdorfer Kollege in Erscheinung trat, waren die Außenbeziehungen des Werkes. Dies bezog sich zum einen auf die Kontaktpflege mit der DWK, der sächsischen SMA und sogar der SMAD. Zum anderen sind seine Geschäftsreisen in die Westzonen anzuführen. Die Zusammenarbeit bezog sich insbesondere auf die Düsseldorfer Schloemann AG, die auf den Bau von Walzwerksanlagen spezialisiert war. Am 12. August 1949 wurde der Vertrag über die Lieferung einer solchen Anlage abgeschlossen.[155] Die Anbahnung dieses Geschäfts machte häufige Aufenthalte im Rheinland notwendig. Eine dieser Autofahrten Pfrötzschners endete im Dezember 1948 mit einem schweren Verkehrsunfall.[156] Mit dem Düsseldorfer Manager Hentschel pflegte er geschäftsübliche Umgangsformen, z.B. mit dem Empfang von Geschenken oder abendlichen Einladungen zum Essen, was ihm aber die LPKK 1950 negativ auslegte.

Der Umfang der Tätigkeiten und Verantwortlichkeiten wirkte sich auf die Position des Werkleiters aus. Er stand häufig in der Kritik, wurde bis 1950 aber nicht als Verantwortlicher zur Rechenschaft gezogen. Die Funktion des Werkleiters erforderte

153 BArch, DY 30/IV 2/4/206. Gesprächsprotokoll betr. Pfrötzschner, ZPKK-Kaderabt., 18.4.1950. Vgl. ausführlich Kap. V, 1.1.

154 Vgl. Fink, S. 274.

155 BArch DY 30/IV 2/4/206, fol. 433–439. Vertragsunterlagen [1949].

156 BArch DY 30/IV 2/4/206, diverse Quellen [1949/50]; Fink, S. 275.

vor allem soziale Kompetenzen wie die Fähigkeit zur Aushandlung von Konflikten oder die subtile Steuerung betriebsinterner Abläufe. Bereits 1949/50 hatten sich langfristig für die Betriebsleitung in der DDR-Planwirtschaft kennzeichnende Elemente entwickelt, die die Werkleiter in eine doppelte Logik einbanden: Einerseits standen sie im Rechtfertigungszwang nach oben, sahen sich aber andererseits von unten, d.h. von den Belegschaften, einer ständigen Erwartungshaltung ausgesetzt. Um ihre Rolle auszufüllen, mussten sie einen technokratischen Arbeitsstil entwickeln, der sich von dem früheren Tätigkeit der Werkdirektoren deutlich unterschied. Da es ihrer Arbeit an unternehmerischen Aspekten fehlte, wurde sie zum Sachwalter einer möglichst effizienten Erfüllung der an sie gestellten Aufgaben. In der Praxis bedeutete das eine enge Anbindung an die Leitlinien der SED-Politik und die Pflege eines möglichst guten Kontakts zu allen Ebenen der Parteihierarchie.

Eine Person, die dieses Konzept noch weitaus mehr verinnerlicht hatte als die Werkleiter Bochow und Pförtzschner, war der bereits präsentierte Leiter der Maxhütte Helmut Hensel. Er wurde im Februar 1950 von der Maxhütte abberufen und als Nachfolger Bochows in Hennigsdorf eingesetzt. Bochow wurde im Dezember 1949 auf die Landesparteischule delegiert und kehrte nicht mehr auf den Posten des Werkleiters zurück.[157] Dramatischer verlief die Entmachtung Pfrötzschners, die in Kapitel IV, 1 gesondert zu betrachten ist.

3.2 Technische Leitung in der Engpassökonomie

Bei der Überprüfung der Stahlwerke Hennigsdorf, Riesa und der Maxhütte im Herbst 1948 wurden die technischen Leitungen als besonderes Problemfeld identifiziert. Im Falle Hennigsdorfs beklagte der brandenburgische SED-Landesvorstand, dass die Partei keinen Fuß in die technischen Büros bekomme. Nach dem Bericht der Prüfungskommission waren „der größte Teil der Techniker und Ingenieure [...] ehemalige nominelle Pgs und Schumacherleute“.[158] Diese Ansicht wurde auch in die regionale Presse getragen, als z.B. das Zentralsekretariatsmitglied Willi Stoph zur Begründung der Störungen im Produktionsablauf schrieb, „daß in den Werken nicht genügend oder z.T. den Aufgaben nicht gewachsene technische Kräfte vorhanden sind.“[159] Deshalb müssten „politisch geeignete Werktätige für die Verstärkung der Arbeit“ herangezogen werden. Stoph appellierte an alle Stahl- und Walzwerkfachleute, die nicht in ihrem Beruf tätig seien, sich für die Arbeit zur Verfügung zu stellen, insbesondere

157 BLHA, Rep. 532, Nr. 646. Protokoll der Betriebsgruppenleitungssitzung im Kulturhaus SWH, 30.11.1949.

158 BLHA, Rep. 333, Nr. 475. Bericht der ZS-Prüfungskommission, Walter Pfaff, Abt. Wirtschaft des SED-Landesvorstandes, 3.11.1948.

159 BLHA, Rep. 333, Nr. 475. Zeitungsartikel Willi Stoph „Die Grundlage unserer Industrie“, Märkische Volksstimme, 16.11.1948.

für die Maxhütte. Diese Analyse brachte das Argument der fehlenden Qualifikation und Motivation mit demjenigen der politischen Zuverlässigkeit und SED-Orientierung in Verbindung.

Der Analyseweg war typisch: Für die technischen Mängel und die permanent auftretenden Engpässe wurde nach persönlich Schuldigen gesucht, die mittels einer politischen Argumentation haftbar zu machen waren. Dies brachte die technischen Direktionen, die ohnehin als politisch belastet eingestuft wurden, dauerhaft in eine prekäre Lage. In diesem Abschnitt ist nicht vorgesehen, alle technischen Probleme der SBZ-Stahlwerke zu erörtern. Im Wesentlichen ergaben sie sich aus der Engpassökonomie, denn durch das Ausbleiben von Rohstoffen musste nach Ersatzlösungen und Improvisationen gesucht werden. Die Mehrzahl der auftretenden Schwierigkeiten war demnach nicht den technisch Verantwortlichen anzulasten. Dennoch war das Anprangern angeblicher Verfehlungen, das bis zum Vorwurf der Sabotage reichte, ein Mittel, um von der Verantwortung der SED abzulenken. Auch dieses Spezifikum muss betont werden: Die SED übernahm die politische Verantwortung für die wirtschaftlichen Ergebnisse, denn es gehörte ja zu ihrer Propaganda, dass die Aufbauerfolge ihrer Planung zu verdanken seien. Die Besatzungsmacht für Rückschläge verantwortlich zu machen, verbot wiederum die zeitgenössische politische Räson, die auf absolute Loyalität zur Sowjetunion setzte. Wie sich dieses Problemgeflecht auf die Ebene der technischen Direktion niederschlug, wird im Folgenden untersucht.

Wie bereits gesehen, entwickelten sich spezifische innerbetriebliche Konfliktlagen in der Maxhütte früher als in den beiden anderen Stahlwerken. Das Prinzip der persönlichen Haftbarmachung wurde bereits für den 1948 entlassenen und verhafteten technischen Leiters Peters angewandt, in dessen Fall man strukturelle Probleme in persönliches Versagen umdeutete. Zu den weiterhin häufig auftretenden technischen Störungen gehörten die sog. Hochofenhavarien sowie die Folgewirkungen der Engpässe in der Koks- und Schrottzufuhr. Wenn Probleme nicht betriebsintern oder durch direkte Anordnungen des Wirtschaftsministeriums zu beseitigen waren, versuchte man sie durch den Einsatz von Prüfungskommissionen oder die Anforderung fachlicher Gutachten zu lösen. In dem Konflikt um die Personalie Peters regte der Freiberger Professor Ernst Diepschlag die Bildung eines Kuratoriums unter Einbeziehung von Fachleuten an, u.a. von der Bergakademie, sowie die Wiedereinstellung des promovierten Ingenieurs Hahnel, der 1937 bis 1942 Hochofenchef in Unterwellenborn war.[160] Obwohl die Landesregierung beteiligt werden sollte, konterkarierte der thüringische Ministerialangestellte Frommhold die Expertenlösung, indem er noch vor Abschluss der Untersuchung die Kampagne gegen Peters in die Wege leitete.

In Hennigsdorf blies man schon kurz nach Beginn der Überprüfung durch die Zentralsekretariats-Kommission im November 1948 in dasselbe Horn. Neben der Beschaffung war auch die Verladung von Schrott ein neuralgischer Punkt, den die

160 ThHStA Weimar, LAW, Nr. 451. Bericht des Ingenieurs Georg Juretzek, Bergakademie Freiberg, 1.9.1947.

ZS-Kommission als „Krankrankheit“ identifizierte.[161] Teile der Verladeanlage fielen immer wieder aus, sodass manchmal ein Kran mehrere Öfen bestücken musste. Folgerichtig führte die Werkleitung die Verfehlung des Plansolls im ersten Quartal 1949 auf schlechte Kohle aus dem Senftenberger Revier (bis zu 25 Prozent Wassergehalt), die mangelhafte Schrottzufuhr und zu langsam laufende Kräne zurück.[162] Vor Ort schien allein das Kranproblem leicht lösbar zu sein.

Die Anschuldigungen in dieser Frage konzentrierten sich auf Rudolf Stoof, dessen persönliche Demontage als technischer Leiter mit dem Auftritt der ZS-Kommission einsetzte. Bereits im November 1948 stellte die Abteilung Wirtschaft des SED-Landesvorstandes seine Position in Frage, als sie anzweifelte, dass er jemals technischer Direktor gewesen sei.[163] Bei einer Befragung durch den SED-Landesvorstand wies Hans Benedix, der zu diesem Zeitpunkt als Betriebsparteisekretär bereits ausgeschieden war, Stoof die Verantwortung für die „Krankrankheit“ zu. Der technische Leiter habe bereits im Sommer 1948 bei der Planung der Kranausrüstung versagt, als er die Einplanung eines Portalkrans vergaß.[164] Diese persönliche Schuldzuweisung missachtete zahlreiche Besprechungen und Planungen, die in der Kranfrage, u.a. unter Einbeziehung der sowjetischen Fachoffiziers Rogalin, abgehalten wurden.[165] Die technischen Berichte legten vielmehr die Einschätzung nahe, dass die gesamte Krananlage unter einem erheblichen Verschleiß litt, weil andernorts demontierte Kräne in Hennigsdorf wieder aufgebaut worden waren.[166] Nichtsdestotrotz schoss sich die SED auf Stoof ein und auch die Betriebsparteigruppe machte sich die negative Meinung zu eigen.[167] Weitere Kritikpunkte an Stoof betrafen seine Kooperation im Werk. Statt an den seit März 1949 regelmäßig in der Werkleitung stattfindenden Produktionsbesprechungen teilzunehmen, hielt er gesonderte Treffen mit den Ingenieuren ab. Im Mai 1949 verfügte die Betriebsparteileitung, dass das Sekretariatsmitglied Röhl, Mitarbeiter der PPA, zu diesen Zusammenkünften einzuladen sei.[168] Gleichzeitig hatte er Cha-

---

161 BLHA, Rep. 333, Nr. 475. Sitzung der ZS-Kommission im SWH, 7.3.1949.

162 BLHA, Rep. 333, Nr. 475. Teilbericht der Überprüfungskommission zu wirtschaftlichen und wirtschaftspolitischen Fragen, Max Friedemann, ZS-Abt. Wirtschaft, 18.3.1949.

163 BLHA, Rep. 333, Nr. 475. Bericht der Abt. Wirtschaft des SED-Landesvorstandes Brandenburg, 3.11.1948. In der Tat sind die Bezeichnungen im Aktengang widersprüchlich, auch wenn es viele und sogar gedruckte Quellen gibt, die ihn als „Direktor“ betiteln, z.B. SA Hgdf, A 3/I, Nr. 002. Bericht zur Sitzung im Essraum der Werksküche (Reussner), 23.12.1947. Eine weitere Bezeichnung für seine Position war „technischer Oberleiter“.

164 BLHA, Rep. 333, Nr. 475. SED-Landesvorstand, Abt. Wirtschaft, Aktennotiz zur Vorstandsitzung, 9.2.1949.

165 Vgl. z.B. SA Hgdf, A 3/I, Nr. 003. Besprechung zum Kranaufbau mit Teilnehmern Rogalin und Stoof im LEW Hennigsdorf, 17.4.1948.

166 SA Hgdf, A 3/II, Nr. 005. Berichte über Aufbau der Kräne, Dezember 1947–März 1948; A 3/II, Nr. 004. Aktenvermerk über Betriebsstörung in Stahlwerk und Stahlgießerei, 9.6.1948.

167 BLHA, Rep. 532, Nr. 646. Protokoll der Sekretariatssitzung der SED-Betriebsgruppe SWH, 22.4.1949.

168 BLHA, Rep. 532, Nr. 646. Protokoll der Sekretariatssitzung der SED-Betriebsgruppe SWH, 30.5.1949.

rakteristiken der leitenden Ingenieure zu erstellen, aus denen hervorgehen sollte, für welche Aufgabengebiete sie zuständig waren. Das Misstrauen zog weite Kreise und richtete sich gegen zu machtvolle Positionen innerhalb der technischen Leitung, z.B. wurde der abgesetzte Walzwerkchef Güttner bezichtigt, sich in seiner Abteilung als „Kaiser" aufgeführt zu haben.[169]

Jedoch ist bei der Demontage des technischen Leiters Stoof noch eine andere Lesart zu berücksichtigen. In seinem Bericht an das kleine Sekretariat des SED-Landesvorstandes bemerkte Hans Pfeiffer als Leiter der Wirtschaftsabteilung, dass Stoof „nicht als fähig für die Stellung angesehen" werde.[170] In der Tat hatte Stoof kein metallurgisches Studium durchlaufen, sondern war als Absolvent des Polytechnischen Instituts Strelitz für bauliche Projektierungen ausgebildet. Für die Demontage ernannte ihn die sowjetischen Werkskommission als vormaligen Leiter des Technischen Büros und der Bauabteilung zum Verantwortlichen. Nachdem diese Aufgabe endete, wurde seine Tätigkeit unterbrochen, doch gehörte er als technischer Planer der Werksdelegation im März 1947 an, die mit der SMAD Verhandlungen zum Wiederaufbau des Werkes aufnahm.[171] Als die Arbeiten ein halbes Jahr später einsetzten, verblieb Stoof auf seiner Leitungsposition. Von Seiten des SED-Landesvorstandes wurde als Alternative der Ingenieur Janssen benannt, der seit der Demontage als zweite Kraft und Berater Stoofs galt. Obwohl Janssen aktives NSDAP-Mitglied war, habe er unter Beweis gestellt, dass er für den Wiederaufbau arbeite.[172] Als weiterer Kandidat wurde wenig später der Ingenieur Hans Kurda diskutiert, der vor 1945 als stellvertretender Walzwerkschef „vorbildliche Arbeit im Aufbau des Werkes und in Verbesserungen der Produktion geleistet" habe. Nachdem er noch im August 1945 dem Stab des Demontageregimes angehörte, wechselte er 1946 zur DZVI in die Abteilung Operative Lenkung der Industrie.[173] Wenn man die beiden Stellenanwärter mit Stoof vergleicht, war Janssen wegen seiner NS-Vergangenheit vielleicht als politisch unzuverlässiger einzustufen und sollte darum auf seiner Position als Leiter der technischen Planung verbleiben. Kurda wiederum verließ die DWK nicht, obgleich er auch dort als „nicht günstig" beurteilt wurde.[174]

---

169 BLHA, Rep. 532, Nr. 646. Protokoll der Sekretariatssitzung der SED-Betriebsgruppe SWH, 3.5.1949.

170 BLHA, Rep. 333, Nr. 475. SED-Landesvorstand, Abt. Wirtschaft (Hans Pfeiffer), Bericht für das kleine Sekretariat zur Entwicklung der Produktion im SWH vom 19.4. bis 25.4.1949. Zur Biografie Pfeiffers, vgl. Sattler, Bd. 2, S. 866 u. 952.

171 Vgl. Kap. III, 3.3.

172 BLHA, Rep. 333, Nr. 475. Bericht für das kleine Sekretariat (Pfeiffer), April 1949. Zu Janssen, Kap. II, 2.1.

173 BLHA, Rep. 333, Nr. 476. Tätigkeitsbericht der Personalkommission des SWH, 18.6.1949. BArch, DG 2/1314. DZVI (Kurda). Bericht über Fahrt nach Unterwellenborn und Thale (mit SMAD-Ingenieur Boleuch), 6.6.1946.

174 BLHA, Rep. 333, Nr. 476. Ergänzung zum Monatsbericht über das SWH, SED-Landesvorstand, PPA (Schlohaut), [16.–19.] Juli 1949.

Schließlich gab die obere Personalleitung der SED mit der Delegierung des Ingenieurs Wolfgang Küntscher von Leuna nach Hennigsdorf einer auswärtigen Lösung den Vorzug. Allen drei Kandidaten war gemeinsam, dass sie im Vergleich mit Stoof über eine gründlichere Ausbildung und Berufserfahrung verfügten. Insofern kann die Beurlaubung Stoofs im Juli 1949 nicht als politische Entscheidung eingestuft werden. Der ihm wohlgesonnene Werkleiter Bochow stellte ein Zeugnis aus, das seine Verantwortung für die Planung und Überwachung des technischen Aufbaus herausstellte.[175] Anfang 1950 wurde Stoof zum Leiter der Projektierungsabteilung des Zentralen Konstruktionsbüro Metallurgie in Berlin ernannt.[176] Dort erwarb er sich durch Mitwirkung an den Planungen des Stahlwerks Brandenburg und des Eisenhüttenkombinats Ost in Eisenhüttenstadt große Meriten, die ihm 1952 die Auszeichnung mit dem Nationalpreis einbrachten.[177]

Dass sich Stoof so lange als technischer Leiter halten konnte, verdankte er wohl der Protektion durch die SMAD, die ihn als langjährigen Ansprechpartner schätzte und sich seiner Abberufung vor der Fertigstellung zweier Walzstraßen entgegenstellte. Dennoch bleibt bemerkenswert, dass der Fall über längere Zeit in einem politischen Jargon diskutiert wurde. Warum erfolgte die Entscheidung für eine qualifiziertere Kraft auf der Position des technischen Direktors, die für die Entwicklung des Werks entscheidend war, nicht geräuschloser, d.h. ohne langwierige Personaldebatte? Die Abteilung Wirtschaft des SED-Landesvorstandes schloss sich erst April 1949 der Einschätzung der ZS-Kommission an, dass Stoof nicht länger tragbar sei. Trotz des anfänglichen Disputs um die technische Frage der Chargierkräne dominierten in der folgenden Auseinandersetzung politische Einschätzungen, z.B. hieß es in einem Kommentar vom 18. März 1949: „Charakteristisch ist es, dass an einem Ausspracheabend der technischen Intelligenz und der Aktivisten [...] Herr Stoof als einziger sich in einer negativen, überheblichen und im Grunde genommen parteifeindlichen Form äusserte, während alle anderen Diskussionsredner, insbesondere aber ein neuer metallurgischer Mitarbeiter, Herr Dr. Küntscher, sowie die Aktivisten, diesen Abend als erste Brücke zum verständnisvollen Bündnis zwischen Arbeiterschaft und technischer Intelligenz begrüßten."[178] Zu der negativen Einschätzung wurde hinzugefügt, dass Stoof durch Vorenthaltung von Bewerbungsschreiben Personalpolitik betrieben habe, den Produktionsbesprechungen fernbleibe und der Kammer der Technik nicht beigetreten sei.[179] Somit bietet sich als Erklärung an, das die Berichte schreibenden SED-Kader politisch hoch sensibilisiert waren, es ihnen aber durchweg

---

175 StA Hennigsdorf, A 3/III, Nr. 10. Werkleiter Bochow. Interimszeugnis für Oberingenieur Stoof, 24.10.1949.

176 Kinne, S. 126.

177 Zum Lebenslauf vgl. Nationalpreisträger 1952, Berlin 1953, S. 24–26.

178 BLHA, Rep. 333, Nr. 475. Teilbericht der Überprüfungskommission zu wirtschaftlichen und wirtschaftspolitischen Fragen, ZS-Abt. Wirtschaft (Max Friedemann), 18.3.1949.

179 BLHA, Rep. 532, Nr. 646. Protokolle der Sekretariatssitzungen der SED-Betriebsgruppe SWH, 11.5., 14.5. und 30.5.1949.

an Kompetenz zur Beurteilung fachlicher Qualifikationen fehlte, sodass sie auf den politischen Jargon auswichen.

Wie das Zitat andeutet, folgte die anfängliche Beurteilung des designierten technischen Direktors Wolfgang Küntscher demselben Schema. Obwohl er 1947 in den FDGB und die DSF eintrat, konnte er politisch keineswegs ein sicherer Kantonist gelten. Schon drei Jahre vor der Machtübernahme war er der NSDAP beigetreten und blieb bis Kriegsende Parteigenosse. Bis 1939 war bei verschiedenen chemischen Werken im Bereich Metallurgie tätig, dann übernahm er jeweils Abteilungsleitungen in zwei oberschlesischen Stahlwerken. Seine Karriere setzte sich in den besetzten Gebieten fort: In Italien leitete er 1943 das Stahlwerk Cogne (Aosta), und 1944 war er leitender Metallurge sämtlicher Reichswerke in Lothringen und schließlich in Österreich. Dort verblieb er auch nach der Kapitulation, bis er 1946 zu den Leunawerken, nahe der alten Heimat, zurückkehrte. Für die Auswahl Küntschers sprachen keine politischen Argumente, sondern allein seine Berufserfahrung, die er im Krieg dank der häufigen Wechsel auf neue Führungspositionen sogar ausweiten konnte. In den Leuna-Werken war er bis 1949 als Entwickler von Hochdruckstählen tätig.

Als Küntscher im März 1949 nach Hennigsdorf wechselte, setzte ihn die SED zunächst als Leiter der Werksabteilung Metallurgie ein.[180] Als Chefmetallurge sollte er nicht nur technisch beraten, sondern auch die Produktion überwachen. Er führte sich politisch geschickt ein und arbeitete Versäumnisse auf, die Stoof sich immer wieder geleistet hatte. Hierzu gehörte z.B. die Teilnahme an den Sitzungen der Aktivs des Stahlwerks und des Walzwerks, die er im Beisein von Stahlwerkschef Kurt Steinheisser oder Aktivisten wie dem National- und Hennecke-Preisträger Richard Schmidt auf das Erreichen von Bestleistungen einschwor.[181] Von Beginn an bewegte er sich im Sinne der SED in den betriebspolitischen Strukturen, sodass sich seine weitere Karriere abzeichnete, die ihn noch auf einen Lehrstuhl an der Bergakademie Freiberg führen sollte.

Die SED begegnete dem Antagonismus zwischen den Ingenieuren und der Aktivistenbewegung mit einem Integrationskonzept. Im Stahlwerk Hennigsdorf fanden ab April 1949 monatliche Termine zur Zusammenführung der Aktivisten und der technischen Intelligenz statt. Die Annäherung an diesen Abenden, sofern sie dokumentiert wurde, beschränkte sich allerdings auf das Halten von Referaten zu allgemeinen Fragen, z.B. von Betriebsparteisekretär Hähnel zu „Wie sichert der Aktivist und die technische Intelligenz die Erfüllung des Zweijahrplanes" oder von Herbert Dönitz (Zentralvorstand IG Metall) zu „Organisierung von Qualitäts- und Normbrecherbrigaden in allen Abteilungen".[182] Das geeignete Mittel zur Annäherung sah die

180 BLHA, Rep. 333, Nr. 476. Ergänzung zum Monatsbericht über das SWH, SED-Landesvorstand, PPA (Schlohaut), [16.–19.] Juli 1949.

181 BLHA, Rep. 333, Nr. 476. Protokolle der Sitzungen des Walzwerk- und des Stahlwerk-Aktivs, 4. u. 7.6.1949.

182 BLHA, Rep. 532, Nr. 646. Protokolle der Sekretariatssitzungen der SED-Betriebsgruppe SWH, 3.5. u. 30.11.1949.

organisierende BGL offensichtlich in der Propagierung zentraler SED-Positionen zum sozialistischen Wettbewerb.

Hinter dem Gegensatz zwischen Ingenieuren und Arbeitern verbarg sich indes ein strukturelles Problem, das in den von Stoof gemiedenen Produktionsbesprechungen zum Tragen kam. Wenn dort Inhalte der täglichen Produktionsarbeit festgelegt oder Kennziffern für die Planung erörtert wurden, dominierte die Präsenz der Arbeiterschaft. Dasselbe galt für die Abteilungs- und Vorplanausschüsse. SED-Vertreter und insbesondere die Aktivisten spielten eine führende Rolle, während die Ingenieure tendenziell abseits standen, zumindest in der Frühphase der Existenz dieser Gremien.[183] Hieraus ergab sich eine paradoxe Situation: Die Werktätigen bestimmten über wichtige Fragen des Arbeits- und Produktionsablaufs, und die Ingenieure mussten für die Resultate gerade stehen und die Verantwortung tragen. Nicht anders war die Situation in der Plan- und Kontrollkommission des Werkes Hennigsdorf, deren Februarsitzung des Jahres 1949 hier beispielhaft präsentiert werden kann. Anwesend waren 26 SED-Funktionäre, darunter die Werkleitung, exklusive des technischen Direktors, die Leiter der einzelnen Werksabteilungen, Vertreter der BPO und BGL sowie ein Vertreter der DWK und zwei Mitglieder des brandenburgischen Landesvorstandes. Die sog. technische Intelligenz fehlte, obwohl auf der Sitzung an die Ingenieure Nietzschke und Herbst Aufträge mit Fristsetzung erteilt wurden, u.a. zur Verlegung einer Pressluftanlage, zur Errichtung von Arbeitspodesten an der Hauptgasleitung, zur Mechanisierung der Heißgasventile, zur Konstruktion einer Wassertrasse und zur Fertigstellung eines Krans in der Stahlgießerei. Tendenziell wurde die technische Elite des Stahlwerks zum Befehlsempfänger der parteilich organisierten Arbeiterfunktionäre.

Da Engpässe und technische Fehlschläge angesichts der wirtschaftlichen Rahmenbedingungen unvermeidlich waren, gerieten die Ingenieure und Techniker zwangsläufig ins Kreuzfeuer der Kritik. Stoof entzog sich dem, indem er bis erste Halbjahr 1949 die Sitzungen eines Ingenieurszirkels weiterführte. Dies brachte ihm von Seiten der PPA des SED-Zentralsekretariats den Vorwurf ein, er schare „die reaktionären Kräfte des Betriebes um sich".[184] Zu lösen war dieser Konflikt nur, wenn man sich wie Küntscher im Sinne der SED konform verhielt: Im Gegensatz zu Stoof, dessen verbale Radikalität des Silvestertags 1945 vergangen war,[185] nahm er die gegebenen Strukturen hin und zeigte dadurch seine „positive Einstellung zum antifaschistisch, demokratischen Staat".[186] Mit seiner Besetzung bewegte sich die technische Leitung

183 Zur Zusammensetzung der ersten Produktionsbesprechung der Abt. Stahlwerk im SWW Riesa sowie für Hennigsdorf, Kap. IV, 2.2.

184 BLHA, Rep. 333, Nr. 475. Bericht ZS der SED, PPA (Kätel), über Personalpolitik im Hüttenwerk Hennigsdorf, 17.3.1949.

185 Vgl. Kap. III, 2.2.

186 BLHA, Rep. 333, Nr. 475. Bericht ZS der SED, PPA (Kätel), über Personalpolitik im Hüttenwerk Hennigsdorf, 17.3.1949.

des Stahlwerks Hennigsdorf in ein ruhigeres Fahrwasser. Dennoch mussten sich die in der Governance erfahrenen Ingenieure als Funktionsträger ohne ausreichende Verfügungsrechte vorkommen. Die abendlichen Treffen mit den Aktivisten waren kein probates Mittel zu ihrer Einbindung. Ein Anreiz für die Fortsetzung ihrer Tätigkeit lag in der Möglichkeit, eine DDR-spezifische Karriere anzustreben. Ein weiterer Anreiz lag in den Gehaltszahlungen, wie die folgende Tabelle 12 mit uns bekannten Werksangehörigen illustriert.

Tab. 12: Monatliche Bruttogehälter und Prämienzahlungen im Stahlwerk Hennigsdorf (Juli/August 1948)

	Position	Brutto-Gehalt	Steuerfreie Prämie
Rudolf Stoof	Technischer Leiter	1.500	750
Jakob Boulanger	Direktor Nebenbetriebe	1.500	750
Ernst Drögemüller	Kfm. Direktor	1.500	750
Kurt Steinheisser	Stahlwerkschef	1.200	434
Max Lemm	Personalleiter	1.200	300
Alfred Kersten	Bauingenieur	850	212,50
Nitzschke	Ingenieur (techn. Büro)	800	220
Friedrich Erdmann	Lohnbüro	750	187,50
Paul Herbst	Ingenieur	600	150
Ernst Niemann	Meister	450	190
Müller	Meister (mechanische Werkstatt)	450	112,50
Zanzig	Techniker	400	100
Kempfer	Buchhalter	400	100

Quelle: BLHA, Rep. 333, Nr. 475. Abschrift der Gehaltslisten, 5.11.1948.

Die Ingenieurgehälter hoben sich deutlich von den unteren Lohngruppen ab, z.B. lag der durchschnittliche Arbeiterlohn in den VEB des Landes Sachsen 1948 bei 184 Mark.[187] Gleichzeitig sie lagen im oberen Bereich der Einkommen, die Ingenieure überhaupt in der SBZ erzielen konnten. In der volkseigenen Industrie Sachsens ging die Spanne von 400 Mark für Ingenieure in der Metallwarenbranche bis zu 850 Mark für Textilingenieure.[188] In Hennigsdorf erzielten nur die Angehörigen der Werkleitung deutlich höhere Einkommen als die Ingenieure. Das Gehalt des Stahlwerkchefs erreichte wieder das Niveau der 1930er Jahre, doch die Direktorengehälter lagen niedriger.[189]

187 Halder, Modell, S. 587.

188 SächsHStA Dresden, 11384/4515. Sächsisches Ministerium für Wirtschaft, HA Industrie [Okt. 1948].

189 Vgl. Kap. II, 4.2.

4 Geschiedene Wege? Private und volkseigene Betriebe im Textilsektor

Nach dem „Schlag“ gegen die Textilindustrie verkündete Ulbricht im Juli 1948 auf einer staatspolitischen Konferenz in Werder, dass keine weiteren Enteignungen geplant seien, sondern der volkseigene Sektor künftig mit dem „privatkapitalistischen“ Sektor in einen „Wettbewerb“ eintreten solle.[190] Dieser Interpretation folgend, lieferte die DDR-Historiografie eine statistische Grundlage für Ulbrichts Vorstellungen: Die „privatkapitalistische Industrie“ habe 1950 mit 547.800 Arbeitern und Angestellten noch knapp ein Viertel aller industriell Beschäftigten umfasst, davon waren 117.500 oder 21,4 Prozent der im Privatsektor Beschäftigten in der Textilindustrie tätig.[191] Die Darstellung erweckt den Anschein, als seien vor allem im Textilsektor unternehmerische Inseln verblieben, auf denen weiterhin „Profit“ gemacht wurde. Zwar wird eingeräumt, dass der importabhängige Industriezweig seine Kapazitäten nicht voll auslasten konnte, doch ein abwertender Verweis auf den „illegalen Unternehmerring“ von Glauchau-Meerane und die Höhe der Verschiebungen von 8,5 Millionen Mark erwecken den Eindruck, dass sich erkleckliche Gewinne erwirtschaften ließen. Diese Vorstellungen sollen für die beiden Leipziger Spinnereien, von denen die Wollgarnfabrik Tittel & Krüger über 1948 hinaus als „Privatbetrieb“ galt, näher untersucht werden. Im betrieblichen Vergleich ist zu erforschen, ob sich die Governance Mitte 1948 von der Mitte 1950 markant unterschied, was man aufgrund der unterschiedlichen Eigentumsformen – hier Privatbetrieb, dort VEB – erwarten könnte.

4.1 Unterschiedliche Rechtsformen der Spinnereien

Die Wollgarnfabrik „Tittel & Krüger und Sternwoll-Spinnerei AG“ firmierte auch nach der Enteignungswelle im sächsischen Textilsektor weiterhin unter ihrem alten Namen. Obgleich sie als „Privatunternehmen“ galt, änderten sich die Führungsstrukturen, als am 31. Mai 1948 ihr Aufsichtsrat zu seiner letzten dokumentierten Sitzung in Leipzig zusammentrat.[192] Nachdem drei Monate zuvor noch eine Sitzung in Bremen stattgefunden hatte, reiste zum letzten Treffen des Leitungsgremiums kein westdeutscher Vertreter mehr an. Neben dem Vorstand Karl Haebler und dem Betriebsrat Schulera nahmen nur noch der ortsansässige Bankier Johannes Scharrer in Vertretung für den Vorsitzenden sowie der frühere Leipziger Commerzbankdirektor Robert Gebhardt teil. Noch wenige Tage zuvor, am 25. Mai 1948, hatte Vorstand Haebler in Hannover Gespräche mit dem Aufsichtsratsvorsitzenden Carl Jagemann über die personelle Umbesetzung des Leipziger Vorstandes geführt. Bei diesem Treffen kam man

190 Braun, Zentrale Kommission für Staatliche Kontrolle, S. 173.

191 Mühlfriedel/Wießner, Geschichte der Industrie, S. 131f.

192 SächsStA Leipzig, Nr. 20941/042. Protokoll der Aufsichtsratssitzung, 31.5.1948.

überein, dass nach dem Wegfall des stellvertretenden Vorstandsvorsitzenden Stiepel eine Erweiterung des Kreises der Vorstände erfolgen müsse: Neu aufgenommen wurden Hans Neddermann, ehemaliger Hauptbuchhalter mit Prokura sowie Arthur Bergel, vormals Leiter der Abteilung Verkauf. Als sich Haebler im Oktober 1948 aus dem Vorstand zurückzog, übernahmen die neu bestellten Vorstände als Doppelspitze für knapp zwei Jahre die Leitung der Wollgarnfabrik. In einer Besprechung mit dem Berliner Ministerium für Leichtindustrie wurden beide als kaufmännische Direktoren bezeichnet. Im Betrieb existierte eine Betriebsgewerkschaftsleitung, doch fehlt es an Hinweisen, dass sie auf die Governance einen markanten Einfluss nahm. Ihre Rolle bei der Berliner Besprechung legt vielmehr den Schluss nahe, dass eine hohe Interessengleichheit mit der Werkleitung bestand.[193]

Eine scheinbar konträre Entwicklung nahm die Kammgarnspinnerei Stöhr nach der Verhaftung ihres Vorstandes Fritzludolf Koch Anfang Juni 1948.[194] Im Juli 1948 wurde sie in den VEB Mitteldeutsche Kammgarnspinnerei (Mika) überführt.[195] Als Treuhänder wurde der verdiente Leipziger Kommunalpolitiker Kurt Kieß eingesetzt, der wie Fritzludolf Koch wirtschaftspolitisch relevante Positionen in der Stadtverwaltung einnahm. Sein Engagement begann nach Kriegsende in der Liberaldemokratischen Partei (LDP), zu deren sächsischen Gründungsmitgliedern er nach eigener Aussage gehörte.[196] Im Oktober 1946 verließ er jedoch die LDP, blieb aber bis 1948 ohne Parteizugehörigkeit Bürgermeister des ersten Leipziger Bezirks, d.h. der Innenstadt. 1949 schloss er sich der SED an und leitete ab Anfang 1950 den Ausschuss für Wirtschaft und Verkehr der Leipziger Stadtverordnetenversammlung. Zu diesem Zeitpunkt leitete er die Mitteldeutsche Kammgarnspinnerei schon seit anderthalb Jahren. Während seiner vierjährigen Tätigkeit standen ihm seit 1949 der technische Direktor Klenk und in kaufmännischen Angelegenheiten Direktor Burkhardt zur Seite.[197]

Während in der Betriebsführung der Stahlwerke Ende der 1940er Jahre eine starke Präsenz der SED zu erkennen war, kamen die offiziellen Partei- und Gewerkschaftsvertreter in den Produktionsbesprechungen der Mika überhaupt nicht zur Geltung, wie 1950 ein Sample von Sitzungen belegt.[198] Im September begrüßte Werkdirektor Kieß den erstmals anwesenden SED-Betriebsgruppensekretär, der ihm offenbar vorher unbekannt war.[199] Nur wenig früher waren im gleichen Jahr die BGL-Vertreter der Werksteile Plagwitz und Markkleeberg zu den Produktionsbesprechungen ein-

193 SächsStA Leipzig Nr. 20941/481. Prüfungsprotokoll laut Arbeitsplan der HA Materialversorgung, Ministerium für Leichtindustrie, 11.11.1949.

194 Vgl. Kap. IV, 1.

195 Formaljuristisch erst zum 1. Januar 1949.

196 SächsStA Leipzig Nr. 20943/115. Brief Kieß an Hans Küllmer, Wandersleben bei Erfurt, 13.2.1948.

197 Erstnachweise: Klenk: 13.9.1949, vgl. SächsStA Leipzig Nr. 20943/543. Produktionsbesprechung, 13.9.1949. Burkhardt 1.12.1949, vgl. SächsStA Leipzig Nr. 20943/144. Schreiben VEB Mika an Ministerium für Leichtindustrie, Personalabteilung HV Textil, 13.2.1953.

198 SächsStA Leipzig Nr. 20943/560. Protokolle verschiedener Produktionsbesprechungen 1950.

199 SächsStA Leipzig Nr. 20943/560. Protokoll der Produktionsbesprechung, 26.9.1950.

geladen worden. Auf diesen Treffen lag das Heft eindeutig in der Hand des Werkdirektors, der in technischen und kaufmännischen Fragen von den jeweiligen Betriebsdirektoren bzw. den Abteilungsleitern unterstützt wurde. Eine Einflussnahme der Arbeiterfunktionäre, auch der regelmäßig anwesenden Aktivisten und Aktivistinnen, geht aus keinem der Protokolle hervor. Im Gegenteil empfing die BGL Aufträge von Seiten der Werkleitung, z.B. sollte sie bei der IG Textil auf einen Stopp des Abzugs von Arbeitskräften hinwirken, eine Sozialkommission zur Krankenbetreuung einsetzen und ihre Kräfte im Hinblick auf die Planerfüllung bündeln.

Über die Position der SED-Betriebsgruppe in der Betriebshierarchie gibt folgende Begebenheit Aufschluss: Bei einem Arbeitsunfall des Spulenfahrers Krause, der als Brillenträger durch Sonnenlicht geblendet gegen eine Waage gefahren war, wandte sich die SED-Betriebsgruppe schriftlich an die Werkleitung.[200] Sie ermahnte das Anbringen eines Sonnenschutzes, um derartige Unfälle zu vermeiden, und wies außerdem auf die Notwendigkeit einer längeren Anlernzeit als die im Betrieb üblichen acht Tage hin. Dabei warf das Schreiben die prinzipielle Frage auf, wer für die Festlegung der Anlerndauer zuständig sei. Zum Schluss regten die SED-Vertreter die Aufstellung von Garderobenschränken an, weil Diebstähle vorgekommen seien. Dieses Beispiel belegt, wie sich die SED-Betriebsgruppe auf die Vertretung von Arbeiterinteressen beschränkte und weit vom Streben nach einer führenden Rolle im Betrieb entfernt war. Unabhängig von der Eigentumsform kann für beide Leipziger Spinnereien festgestellt werden, dass der Einfluss der offiziellen SED-Instanzen ausgesprochen gering war. Dies galt im übrigen auch für den sporadisch an Produktionsbesprechungen der Mika teilnehmenden Vertreter des Leipziger Amtes für Wirtschaft.[201] Die Kammgarnspinnereien hatten nicht den gleichen Stellenwert wie die Schwerpunktbetriebe der Stahlindustrie und waren daher viel weniger von der Durchdringung durch die SED betroffen. Allerdings schienen ihre personellen Möglichkeiten der betrieblichen Arbeitervertretungen angesichts der hohen Personalfluktuation auch eingeschränkter zu sein.

4.2 Ressourcenallokation und Strategieentscheidungen

In diesem Abschnitt werden verschiedene Felder der Ressourcenallokation wie Kapitalausstattung, Finanzierung und Rohstoffbelieferung im Zusammenhang mit dem erwünschten planvollen Produktionsablauf behandelt. Markant war eine strategische Finanzierungsentscheidung, mit der sich der Aufsichtsrat der Wollgarnspinnerei Tittel & Krüger auf seiner letzten Sitzung vor seiner Auflösung am 31. Mai 1948 auseinandersetzte. Besprochen wurden betriebliche Bauprojekte sowie als Vorausset-

200 SächsStA Leipzig Nr. 20943/438. Schreiben der SED-Betriebsgruppe Mitteldeutsche Kammgarnspinnerei Leipzig an die Betriebsleitung, 26.9.1949.

201 SächsStA Leipzig Nr. 20943/560. Protokolle der Produktionsbesprechungen, 14.11. u. 26.9.1950.

zung die Frage ihrer Finanzierung.[202] Um die kriegsbedingte Zerstörung des Werkes zu kompensieren, wurde die Neuanlage von 3.000 Quadratmetern Lagerfläche und Büroräume geplant. Des weiteren war kurz zuvor der Speisesaal in den Versammlungsraum verlegt worden, sodass hier ein Neubau als notwendig erachtet wurde. Für diese betrieblichen Erweiterungen war die Genehmigung der SMA erforderlich, ohne die auch ein Privatbetrieb keine Bauinvestitionen vornehmen konnte. Dass diese Pläne im Sande verliefen, lag vor allem an der finanziell angespannten Situation, in der sich Tittel & Krüger befand.

Nach Aufnahme von Krediten in der Nachkriegszeit, u.a. wegen der defizitär arbeitenden Kohlegrube, konsolidierte sich die Lage bei Tittel & Krüger, sodass 1947 ein Jahresüberschuss von 402.000 RM erwirtschaftet werden konnte. Durch diesen Bilanzgewinn reduzierte sich der Schuldenstand von knapp 1,1 Millionen auf 689.000 RM.[203] Die Liquidität blieb aber bis in die fünfziger Jahre angespannt, sodass der Betrieb – anders als behauptet – keine Gewinnentwicklung verzeichnete. Wenn für 1947 dennoch von einem Betriebsgewinn gesprochen wurde, handelte es sich um eine Verringerung des Schuldenstandes bei einer weiterhin passiven Bilanz. Die Gründe für die Verluste lagen in der Preis- und Lohnpolitik.

Die Preisbildung erfolgte von zentraler Stelle und den Führungskräften des Werkes gelang es lediglich partielle Erfolge mit ihren Anträgen zur Preisanpassung zu erzielen. Allerdings waren die festgesetzten Preise nicht ausreichend, um Gewinne zu erzielen. Als die Firma Stöhr die Preise von 1944 als Berechnungsgrundlage nahm, ermittelte sie bei einer angenommenen Planproduktion von 100.000 kg Garn einen monatlichen Verlust von 150.000 RM. Daher erwirkte der Betrieb eine Ausnahmeregelung zur Erhöhung der Marge um 70 Prozent. Eine vergleichbare Preisanpassung wurde auch Tittel & Krüger gewährt, als das Preisamt erlaubte, in der betriebseigenen Kämmerei einen Aufschlag von 40 Prozent auf die festgesetzten Preise zu berechnen.[204] Die verbleibenden Verluste wurden durch Subventionen kompensiert. Als im Juli 1947 eine Erhöhung des Textilarbeitertarifs anstand, errechnete Prokurist Dettloff dadurch entstehende Mehrkosten von rund 20 Prozent, die erneut durch Subventionen aufzufangen waren.[205]

Die Schwierigkeiten bei der Ressoucenallokation lassen sich bei der Belieferung mit Kohle und Zellwolle nachvollziehen. Für Tittel & Krüger fiel der privilegierte Zugang zur Kohle nach Enteignung der Kohlegrube „Gottes Segen“ im Mai 1947 weg. Danach bezog man das Brennmaterial über den Mitteldeutschen Kohlen-Verkaufskontor, unterlag somit dessen Planung der Rohstoffe und hatte keinen Einfluss mehr auf Zuliefermengen. Ein Problem stellte auch die mangelhafte Qualität der zugeteilten Ammendorfer Kohle dar, die eine geringe Heizkraft und einen hohen Mineralgehalt

202 Vgl. SächsStA Leipzig Nr. 20941/042. Protokolle der Aufsichtsratssitzungen, 16.2. u. 31.5.1948.
203 SächsStA Leipzig Nr. 20941/042. Protokoll der Aufsichtsratssitzung, 31.5.1948.
204 SächsStA Leipzig Nr. 20941/042. Protokoll der Aufsichtsratssitzung, 16.2.1948.
205 SächsStA Leipzig Nr. 20943/378. Aktennotiz Konstantin Dettloff, 19.7.1947.

aufwies. Zuweilen traten Produktionsstörungen als unliebsame Folge auf.[206] Die Zellwollanlieferung wurde nur phasenweise als befriedigend angesehen, z.B. 1947, doch konnte sich das schnell wieder ändern, wie im September 1949 vermerkt wurde.[207] Als zu diesem Zeitpunkt durch die Leipziger Wollkämmerei nur noch 2 t statt der erforderlichen 7 t täglich geliefert werden konnten, stand eine größere Anzahl Spindeln still und die Erfüllung des Produktionsplans geriet in Gefahr. Das eigentliche Problem lag bei den bei Zellwollwerken, bei denen erhebliche Stockungen in der Belieferung der Kämmerei auftraten.

Am 13. Juni 1949 entstand als erste zonale Großhandelsorganisation die Deutsche Handelszentrale (DHZ) Textil, die relativ schnell den größten Teil des Zulieferhandels an sich zog.[208] Aber selbst nach der Zentralisierung wurde weiterhin über „Schwierigkeiten bei der Realisierung des Rohmaterials" berichtet.[209] Als Improvisationslösung unterhielt die Fabrik eine eigene Kämmerei, die in drei Schichten arbeitete, aber unter den Engpässen in der Rohstoffzulieferung litt. Dem Betrieb blieb nur die Möglichkeit, Anträge auf Erhöhung der Zellwollkontingente zu stellen. Diese Zustandsbeschreibung zeigt, dass es kaum Möglichkeiten der freien Ressourcenbeschaffung gab. Obwohl Tittel & Krüger als Teil der Privatwirtschaft galt, war der Betrieb allein von den Zuteilungen abhängig. Somit waren die in das Zuteilungssystem einbezogenen Privatbetriebe ein Annex des Plansystems. Für den von Ulbricht beschworenen „Wettbewerb" fehlte es völlig an einer Grundlage.

Auch die finanzielle Lage der Mika war seit der VEB-Gründung angespannt, weil sie vom „kapitalistischen Vorgängerbetrieb" einen Sonderkredit von rund drei Millionen Mark übernahm, den die Kammgarnspinnerei Stöhr bei der Sächsischen Landesbank zur Finanzierung des Wiederaufbaus aufgenommen hatte. In der Folgezeit entspannte sich die Situation kaum, weil sich bei der Kundschaft eine langsamere Zahlungsweise einstellte. Von Seiten des Betriebs wurden die Ausstände der Kunden als Folgeerscheinung der anlaufenden Planwirtschaft gedeutet. Bei allen Betrieben herrschte Unklarheit bezüglich des Verfahrens der Planauflagen und Freigaben, sodass häufig Absatzverzögerungen und Warenstaus auftraten. Schließlich wies ein weiterer Situationsbericht für das erste Halbjahr 1950 auf einen Umsatzrückgang in Höhe von 1,5 Millionen Mark wegen unzureichender Rohstoffbelieferung hin, weil das zuständige Amt Kontingentfreigaben für ungültig erklärt hatte.[210] Deshalb konnten in

---

206 SächsStA Leipzig Nr. 20941/027. Treuhänder Tittel & Krüger an Arbeitsamt, Monatlicher Situationsbericht, 20.12.1950.

207 SächsStA Leipzig Nr. 20941/042. Protokoll der Aufsichtsratssitzung, 16.2.1948. Nr. 20941/328. Tittel & Krüger an das sächsische Ministerium für Industrie und Verkehr, 26.9.1949.

208 Zank, Wolfgang: Wirtschaftliche Zentralverwaltungen und Deutsche Wirtschaftskommission (DWK), in: Broszat/Weber, SBZ-Handbuch, S. 273.

209 SächsStA Leipzig Nr. 20941/481. Prüfungsprotokoll laut Arbeitsplan der HA Materialversorgung, Ministerium für Leichtindustrie, 11.11.1949.

210 SächsStA Leipzig Nr. 20943/560. Mika, Rechenschaftsbericht für das erste Halbjahr 1950, 18.7.1950.

der Mika die Maschinenkapazitäten nicht voll ausgelastet werden, und es musste auf Kurzarbeit umgestellt werden.

Um die betriebliche Zahlungsfähigkeit zu erhalten, wurde im April/Mai 1950 die Aufnahme eines sog. Richtsatzplankredits bei der Deutschen Notenbank Leipzig über 800.000 M notwendig. Diese mit der Planwirtschaft neu eingeführte Kreditform war zur Sicherung der Ausstattung mit Umlaufmitteln bestimmt. Hiernach wurde die Liquidität wieder eingeschränkt, weil die Notenbank Kundenüberweisungen an die Mika zur Kredittilgung einbehielt. In Verhandlungen der Geraer VVB mit den zuständigen Regierungsstellen konnte die Mika die Freigabe des zur Aufrechterhaltung der Produktion notwendigen Geldes erwirken. Finanzielle Engpässe blieben für den Staatsbetrieb aber an der Tagesordnung, wie sich wenig später im Juni/Juli 1950 zeigte, als größere Mengen Zellwolle angeboten wurden und kurzfristig alle verfügbaren Mittel für die Finanzierung der Einkäufe aufgebracht werden mussten.

Man sieht, dass der Zusammenhang zwischen prekärer finanzieller Situation, Engpässen in der Ressourcenallokation und die Einschränkung der Produktion bei der Mika ebenso wie bei Tittel & Krüger auftrat. Der volkseigene Betrieb schien von diesen Einschränkungen allerdings noch stärker betroffen zu sein als die gleichfalls kreditbelastete „private“ Wollgarnfabrik, deren Verbindlichkeiten allerdings niedriger lagen. Hinsichtlich der Gewinnerzielung wirkte sich eine weitere staatliche Maßnahme auf die Spinnfabriken negativ aus: Anfang 1950 wurden die Margensätze für bunte Garne um 20 Prozent und diejenigen für weiße Garne um zehn Prozent herabgesetzt.[211] Hintergrund war der staatliche Wille, Textilwaren für die Verbraucher möglichst erschwinglich anbieten zu können.

Mit der Ausweitung der zentral gelenkten Governancebereiche erhöhte sich der Wille zur Intervention, z.B. wenn das Ziel der betrieblichen Liquidität der staatlichen Garantie einer Grundversorgung mit erschwinglichen Textilien untergeordnet wurde. In Ergebnis wurden die Führungskräfte beider betrachteten Textilbetriebe in ihren unternehmergleichen Funktionen immer mehr eingeschränkt. Selbst wenn auf alte Konfliktpunkte mit neuen Lösungen reagiert wurde, wie z.B. mit dem Richtsatzplankredit, bedeutete das letzten Endes nur eine weitere zentrale Aneignung vormals auf Betriebsebene angesiedelter Felder der Governance.

4.3 Warenabsatz und Produktionsprofil

Für die Spinnereien bestand ein enger Zusammenhang zwischen dem Warenabsatz und dem Produktionsprofil. Wollten sie ihre traditionelle Ausrichtung als Produzenten spezialisierter Handelsgarne behalten, mussten sie ihre Aufmerksamkeit vor allem auf den überregionalen Absatz richten. Die für Reparationszwecke zunächst

211 SächsStA Leipzig Nr. 20943/560. Mika, Rechenschaftsbericht für das erste Halbjahr 1950, 18.7. 1950.

favorisierte Herstellung von Fabrikationsgarnen, die unbearbeitet an Webereien geliefert wurden, gefährdeten bei Tittel & Krüger den Bestand der betriebseigenen Färberei und der Tapisserie. Als Ausgangspunkt kann bei der als Privatbetrieb geltenden Wollgarnfabrik die Zusammensetzung der Umsätze betrachtet werden. Die Umsätze der Stichmonate Mai und Oktober 1948, in denen mit jeweils mehr als 900.000 Mark günstige Ergebnisse erzielt wurden, setzten sich zu 46,9 bzw. 49,4 Prozent aus Garnverkäufen, zu 46,7 bzw. 39,7 Prozent aus Lohnveredelungsgeschäften, zu 4,2 bzw. 5,7 Prozent aus Verkäufen der Tapisserie sowie zu 2,2 bzw. 5,2 Prozent dem Absatz anderer Geschäftszweige zusammen.[212] Diese Zahlen zeigen, dass sich die Lohnveredelung als neue Form der Produktionsgestaltung etabliert hatte, während z.B. die traditionelle Tapisserie nur noch einen bescheidenen Raum einnahm. Die mit dem Ausland oder den westlichen deutschen Besatzungszonen geschlossenen Geschäften kamen, gemessen an den herrschenden Handelsverhältnissen, den Firmeninteressen durchaus entgegen: Die Umsätze wurden zu 70 Prozent mit Handelsgarnen erzielt, was den betrieblichen Präferenzen entsprach, denn diese Produktionsart entsprach dem traditionellen Fertigungsmuster. Möglicherweise ermöglichten die Lohnveredelungsaufträge sogar die Ausnutzung der Kapazitäten der nachgelagerten Verarbeitungsstufen, d.h. der Färberei und der Tapisserie bei Tittel & Krüger.

Durch die Berlin-Blockade und die westdeutsche Reaktion einer Gegenblockade trat ab Juni 1948 eine erhebliche Verschlechterung des überregionalen Absatzes ein. Insbesondere kam der 1946/47 begonnene Interzonenhandel durch die Krise praktisch zum Erliegen.[213] Eine Verbesserung der innerdeutschen Handelsbeziehungen trat erst mit dem Ende der Blockade im Mai 1949 wieder ein. Die Leipziger Spinnereien blieben außerdem fest in das Reparationsregime eingebunden, das ihnen über die Mittlerstellung der Handelsorganisationen der sowjetischen Streitkräfte (GSOW) wie Exportljon und Rasno eine Teilhabe am Exportgeschehen ermöglichte.[214] Bis Mitte 1950 war es den Leipziger Spinnereien gestattet, auf diese Weise Exporte zu tätigen.

Als der Interzonenhandel 1949 darnieder lag, unterhielten die GSOW im Textilbereich vor allem Handelsverbindungen nach England. Die dortigen Partnerunternehmen stellten Forderungen hinsichtlich der Qualität der Spinnware, die die sowjetische Handelsorganisation bei ihren deutschen Lieferanten durchzusetzen suchte. Im Mai 1949 wurden Vertreter von Tittel & Krüger mit anderen beteiligten Betrieben, z.B. Färbern, Webern und Ausrüstern, nach Berlin zur DWK einbestellt, um Fragen der Qualitätsverbesserung zu erörtern.[215] Die Leipziger Spinnerei wurde aufgefordert,

212 SächsStA Leipzig Nr. 20941/243. Monatsberichte des Aufsichtsrates über den Produktionsstand, Mai und Okt. 1948.

213 Fäßler, Peter: Durch den „Eisernen Vorhang“. Die deutsch-deutschen Wirtschaftsbeziehungen 1949–1969, Köln 2006, S. 19.

214 SächsStA Leipzig Nr. 20941/364. Schreiben Tittel & Krüger an IHK Sachsen in Dresden, 21.5.1948.

215 SächsStA Leipzig, Nr. 20941/481. Aktennotiz Bergel, Besprechung in der DWK am 10.5.1949.

nur noch beste Rohstoffe zu verarbeiten und erteilte Aufträge ansonsten abzulehnen. Ferner müssten scharfe Qualitätskontrollen durchgeführt werden.

Der Vorstand von Tittel & Krüger, namentlich der kaufmännische Direktor Bergel, sah die Erfüllung der sowjetischen Wünsche als überlebenswichtig an: „Von dem Ausfall unserer künftigen Lieferungen hängt nicht nur der Ruf unseres Werkes, sondern letzten Endes überhaupt seine Existenz ab."[216] Jedoch wollte er die Wahrung von Qualitätsstandards bzw. die Rückkehr zu denselben nicht auf die GSOW-Geschäfte beschränkt sehen, sondern allen Teilen der Produktion „gleiche Aufmerksamkeit" widmen. Werksintern leitete er Maßnahmen ein, um die gewünschten Zielstellungen zu erreichen, u.a. die monatlichen Zusammenkünfte der Meister zwecks einer nachdrücklichen Beseitigung der Fehlerquellen. Dass die Erfolge auf diesem Gebiet zu wünschen übrig ließen, lag an den strukturellen Bedingungen des Reparationsregimes: Noch immer überwog bei Tittel & Krüger die Fertigung von Fabrikationsgarnen bei weitem, denn sie machten 85 Prozent des inländischen Absatzes im Gegensatz zu 15 Prozent in Handelsgarnen aus.[217] Anders war das Verhältnis bei den Lohnaufträgen, die sich zu knapp 80 Prozent aus Handelsgarnen zusammensetzten. Weil diese Warensorte dem alten Produktionsprofil des Unternehmens entsprach, räumte Direktor Bergel der Annahme solcher Aufträge einen hohen Stellenwert ein und versprach sich darin die zukünftige Ausrichtung der Wollgarnfabrik.

In Bezug auf die Bewahrung der Produktqualitäten lag der Teufel im Detail. Angesichts wechselnder Präferenzen bei den englischen Abnehmern war vielfach eine flexible Anpassung der Produktion gefragt, die Tittel & Krüger nicht zu leisten imstande waren. Von den Sowjets erzielte Übereinkünfte waren zwar in einem Bradforder Protokoll vereinbart, aber häufig hatte die Spinnfabrik kurzfristige Umdisponierungen zu berücksichtigen. Unter diesen Bedingungen misslang die Lieferung gleichbleibender Qualitäten, zumal das Vorgespinst oft Mängel aufwies, die auf der Ungleichmäßigkeit der Vorproduktion beruhten. Tittel & Krüger bezogen das Vorprodukt von drei verschiedenen Zellwollwerken, nämlich Wolfen, Schwarza (Thüringische Zellwolle) und Glauchau (Sächsische Zellwolle), deren Kammzüge jeweils unterschiedlich gefertigt waren.[218]

Letztlich machte sich die mangelnde betriebliche Ausstattung negativ bemerkbar, denn bei Tittel & Krüger wurde man nicht müde zu betonen, dass man wegen des Fehlens von Selfaktor-Spinnmaschinen kein optimal produziertes Webgarn liefern könne. Dem von englischen Abnehmern geäußerten Wunsch, das Haspeln erst nach der Wollwäsche zu vollziehen, konnte man in Leipzig ebenfalls nur mit Mühe nachkommen. Da ein Waschen am Strang üblich war, bedeutete eine Berücksichtigung

216 Ebd.

217 SächsStA Leipzig, Nr. 20941/481. Tittel & Krüger. Verkaufsstatistik des Jahres 1948, 11.1.1949. Mit Inland muss zu diesem Zeitpunkt der Absatz in der SBZ gemeint sein.

218 SächsStA Leipzig, Nr. 20941/481. Tittel & Krüger, Bergel an Neddermann, 23.7.1949; Aktennotiz Bergel, Besprechung in der DWK, 10.5.1949.

des Kundenwunsches eine Kostenerhöhung, weil weitere unübliche Arbeitsgänge einzubinden waren, für die es auch an Maschinen und ausgebildeten Arbeitskräften fehlte.[219] Unter diesen Prämissen arbeitete Tittel & Krüger im Exportbereich defizitär, d.h. die Produktions- und Arbeitskosten überstiegen die erzielten Absatzpreise. Folgerichtig nahm das Volumen dieser Exportgeschäfte, die während der Berlin-Blockade die einzige Form der Kontaktwahrung mit Kunden außerhalb der SBZ darstellten, stark ab.[220]

Auch als die Berlin-Blockade im Mai 1949 endete, blieben die Möglichkeiten zur Aufnahme von Handelskontakten mit den Westzonen wegen bürokratischer Hürden zunächst bescheiden. Größere Hoffnungen auf eine Verbesserung der Handelssituation versprach erst das zeitlich limitierte Frankfurter Abkommen, das am 8. Oktober 1949, d.h. einen Tag nach der DDR-Staatsgründung, unterzeichnet wurde.[221] Es handelte sich um eine Verrechnungs- und Zahlungsregelung, die zugleich Lieferkontingente für die beiden deutschen Staaten festlegte. Während auf östlicher Seite beispielsweise ein größeres Interesse an Kohleimporten bestand, erkannten die Leipziger Spinnereien in dem Abkommen eine Möglichkeit zur Intensivierung ihrer westlichen Handelskontakte. Diese sind für den VEB Mitteldeutsche Kammgarnspinnerei, d.h. frühere Firma Stöhr, besonders gut dokumentiert.[222] Zu den Absichten der Betriebsleitung gehörte es, gegenüber den früheren Kunden in Westdeutschland den Anschein einer Kontinuität zu erwecken. Die kaufmännische Abteilung der Mika schrieb im November 1949 einem West-Berliner Geschäftspartner, dass „auch unsere Firma ab 1.1.49 in die Hände des Volkes überführt worden ist, was aber keineswegs eine Änderung in dem guten Verhältnis zu unseren früheren Abnehmern bedeutet."[223] An anderer Stelle war vom Wunsch nach Reaktivierung der Kontakte in den „Westen des Reichs"[224] die Rede.

Die Überlieferung zeigt, dass sich der volkseigene Betrieb nicht anders als das formal private Partnerunternehmen Tittel & Krüger um die Westkontakte bemühte. In seltenen Fällen bot sich auf der Leipziger Messe die Gelegenheit für direkte Gespräche,[225] doch in der Mehrzahl der Fälle entstand ein Schriftverkehr, für dessen Aufnahme auch die früheren, nun in der Bundesrepublik gelegenen Handelspart-

219 SächsStA Leipzig, Nr. 20941/481. Tittel & Krüger, Bergel an Neddermann, 2.8.1949.

220 Nachdem im Mai 1948 noch von einem „erheblichen Umfang" der Geschäfte mit den sowjetischen Handelsorganisationen die Rede war, wies die Statistik des ersten Halbjahres 1949 keinerlei Auslandsabsätze mehr aus. Vgl. SächsStA Leipzig, Nr. 20941/364. Schreiben an die IHK Sachsen, 21.5.1948; Nr. 20941/481. Versandstatistik 1.1.1949–30.6.1949.

221 Vgl. Fäßler, Durch den „Eisernen Vorhang", S. 89–99.

222 Vgl. den Schriftverkehr SächsStA Leipzig, Nr. 20943/659 [1949/50].

223 SächsStA Leipzig, Nr. 20943/659. Mika an die Firma Kurt Briske, Berlin-Charlottenburg, 25.11.1949.

224 Vgl. für die Formulierung: SächsStA Leipzig Nr. 20943/659. Mika an Gebrüder Heinemann Mönchengladbach, 26.1.1950.

225 SächsStA Leipzig, Nr. 20943/659. Mika an Firma F.W. Brügelmann Köln-Deutz, 12.9.1949.

ner verantwortlich zeichnen konnten.[226] Fast immer richtete sich das Interesse von westdeutscher Seite auf die Lieferung von Wollgarnen, insbesondere die in der Vergangenheit geschätzten Spezialqualitäten wie z.B. Handstrick- und sog. Perlsowie Punktwollgarne.[227] In den Schreiben nach Westen betonte die kaufmännische Abteilung der Mika den „langersehnten Wunsch auf die Wiederanfertigung unseres alten Sortiments“[228], bedauerte aber in allen vorliegenden Fällen, nicht dem Kundenwunsch entsprechen zu können, weil es an entsprechenden Rohmaterialien fehlte. Anbieten konnte Mika nur aus reiner Zellwolle hergestelltes Garn, mit den für den Englandhandel beschriebenen qualitativen Einbußen. Für diese Ware, die an die Ersatzstoffproduktion der Kriegszeit erinnerte, gab es in der Bundesrepublik 1949/50 jedoch kein Käuferinteresse mehr, wie einige der alten Handelspartner herausstellten.[229]

Die Mika bot allen bundesdeutschen Firmen, mit denen sie Kontakte unterhielt, Vertragsabschlüsse über Lohnveredelungsgeschäfte an. Der westliche Vertragspartner lieferte dabei Wollkammzüge in die SBZ und erhielt das Gespinst zurück. Entweder wurde diese Arbeit entlohnt, oder der ostdeutsche Handelspartner behielt einen Teil der gelieferten Rohstoffe ein. Für diese Geschäftsform hatte das Frankfurter Abkommen ein größeres Kontingent eingeräumt.[230] Die Mika konnte bei ihren Angeboten auf Kenntnisse des westdeutschen Marktes zurückgreifen. Zum Beispiel wusste sie die Kölner Firma Brügelmann auf einen Bremer Wollimporteur hinzuweisen.[231] Doch nur in zwei Fällen kam es mit bayrischen Unternehmen zu längeren Verhandlungen über Lohnveredelungsgeschäfte. Mit der Adolf Tröger AG hatte sich einer der Betriebe erst kurz zuvor im oberfränkischen Marktredwitz nahe der Grenze zu Sachsen niedergelassen und erbat einen „Fingerzeig“, wo sich im Westen geeignete Woll- oder Zellwollkammzüge besorgen ließen. Schließlich scheiterte dieses Geschäft aber an der zu spät beantragten Interzonenzahlungsgenehmigung, obwohl Mika versuchte, mit den ihr zur Verfügung stehenden Mitteln eine Hilfestellung zu leisten.[232] In den meisten hier untersuchten Fällen des Samples lehnten die kontaktierten westdeutschen Händler und Produzenten das Lohnveredelungsgeschäft mit dem Hinweis auf den hohen bürokratischen Aufwand und die dadurch verursachte lange Bindung von

226 SächsStA Leipzig, Nr. 20943/659. Georg Völker Textilien Lollar an Mika, 29.7.1950.

227 SächsStA Leipzig, Nr. 20943/659. Mika an Arbeitsgemeinschaft von Großhandelsfirmen Köln, 1.11.1949, an Maximilian Fischer Textil Ulm, 4.1.1950, an Strumpffabrik Jentsch & Söhne Bremen, 23.1.1950.

228 SächsStA Leipzig Nr. 20943/659. Mika an Brügelmann Köln-Deutz, 1.11.1949.

229 SächsStA Leipzig, Nr. 20943/659. Rheinlandwolle Köln-Niehl an Mika, 29.11.1949, Mika an Kurt Briske Berlin-Charlottenburg, 25.11.1949, Maximilian Fischer Textil Ulm an Mika, 12.12.1949.

230 Artikel „Die erste Ausschreibung“, in: Textil-Zeitung vom 5.11.1949. Für November 1949 wurden Veredelungsgeschäfte in einer Maximalhöhe von sechs Millionen Mark festgelegt.

231 SächsStA Leipzig, Nr. 20943/659. Mika an Firma F.W. Brügelmann Köln-Deutz, 12.9.1949.

232 SächsStA Leipzig, Nr. 20943/659. Adolf Tröger Arzburg/Marktredwitz an Mika, 17.11.1949 u. 19.8.1950.

Umlaufkapital ab.[233] Entgegen der pauschalen Annahme eines größeren Interesses mittelständischer Westunternehmen am Interzonenhandel[234] bewegte sich ihr Engagement für Lohnveredelungsgeschäften auf einem bescheidenen Niveau.

Ebenso wie die Englandexporte waren für die Leipziger Spinnereien Geschäfte mit Unternehmen in der Bundesrepublik interessant, weil sie den Erhalt der Kernkompetenz in der spezialisierten Wollgarnspinnerei versprachen. Zudem nährten sie die Hoffnung, den Kontakt zu internationalen Standards nicht abreißen lassen. Trotz beiderseitiger Überbürokratisierung boten die angestrebten Geschäftskontakte die Möglichkeit zur Bewahrung direkter Handelsverbindungen über Zonengrenzen hinaus. Dieses Verfahren endete jedoch mit dem Ablauf des Frankfurter Abkommens (30. Juni 1950),[235] als die Lohnveredelungsgeschäfte wie andere Produktions- und Dienstleistungsverträge mit dem Ausland in den staatlichen Außenhandelsplan einbezogen wurden. Fortan waren die Geschäfte mit ihren wirtschaftlichen Rahmendaten an die Industrie- und Handelskammer Sachsens zu melden.[236] Doch bereits zuvor sorgten die aufwändigen Genehmigungsverfahren in der von beiderseitigem Misstrauen geprägten Atmosphäre dafür, dass der Abschluss von Handelsverträgen in der Praxis selten gelang. Aufgrund der anzusetzenden Festpreise, die seit 1944 unverändert blieben, und der gleichzeitig gestiegenen Produktionskosten ließen sich auf ostdeutscher Seite ohnehin kaum Gewinne erzielen. Das dennoch erkennbare Interesse belegt, dass die Führungskräfte beider Betriebe, die im Vergleich mit den Stahlwerken noch weitaus kaufmännischer orientiert waren, ihre Kräfte für die Fortführung des traditionellen Produktionssortiments einsetzten.

Die Textilbetriebe unterlagen 1948/49 zwar wie die Stahlwerke immer mehr planwirtschaftlichen Regularien, doch schritt der Führungskräftewechsel aufgrund der fehlenden SED-Präsens im Betrieb viel langsamer voran. Dadurch hielten sich alte Geschäftsmuster und die Verfolgung pfadabhängiger Strategien erheblicher länger, wie z.B. die Gespräche des Tittel & Krüger-Vorstandes Bergel mit der DWK belegen. Gleichwohl zeigt die vorgenommene Analyse der verbliebenen Governance, dass die Abtretung unternehmerischer Funktionen weit vorangeschritten war. Insbesondere ist es falsch, wenn man auf diesem Feld einen Vorteil für Privatbetriebe gegenüber staatlichen Betrieben vermutet. Die komparative Analyse zeigt vielmehr, dass die betriebseigenen Strukturen über das Ausmaß an Handlungsspielräumen stärker entschieden als die formalrechtliche Eigentumsform.

---

233 Vgl. insbesondere die Reaktion von Großhändlern: SächsStA Leipzig, Nr. 20943/659. Textilgroßhandlung Arnold Becker München an Mika, 23.11.1949. Arbeitsgemeinschaft von Großhandelsfirmen Köln an Mika, 25.11.1949.

234 Roesler, Jörg: Momente deutsch-deutscher Wirtschafts- und Sozialgeschichte 1945 bis 1990. Eine Analyse auf gleicher Augenhöhe, Leipzig 2006, S. 83.

235 Kruse, Michael: Politik und deutsch-deutsche Wirtschaftsbeziehungen von 1945 bis 1989. Berlin 2005, S. 20 u. 27. Der Gesamtumsatz bis zu diesem Zeitpunkt erreichte 450 Millionen Mark.

236 SächsStA Leipzig Nr. 20941/364. Exportmarktanalyse der IHK Sachsen, 28.6.1950.

V Governance und Kader in der Planwirtschaft (1950–1958)

1 Revisionen der Stahlwerke 1950/51

Die Aufdeckung persönlicher Verfehlungen von Parteimitgliedern dienten der ZPKK ab Mitte 1950 als Anlass, die drei wichtigsten Stahlwerke der DDR erneut einer gründlichen Durchleuchtung zu unterziehen. Diese vornehmlich auf Personenkontrollen zielende Kampagne wird als letzte ihrer Art untersucht, weil sie den Weg für ein neues Verständnis der Kaderpolitik in der Planwirtschaft bereitete. Zugleich etablierte sich ab Februar 1950 das Ministerium für Staatssicherheit als weitere Instanz für die Kontrolle der Wirtschaft. Es führte seine Recherchen wesentlich geräuschloser und dennoch umfassender als die ZPKK oder ZKSK durch. Die Überwachungstätigkeit des Jahres 1950 stand im Zeichen der SED-Beschlüsse gegen mehrere, meist jüdische West-Emigranten. Die Anklagen wurden insbesondere um den Agentenprozess gegen den US-Staatsangehörigen Noel Field und einen um ihn konstruierten Zirkel erhoben. Prominentestes Opfer dieser Kampagne war das Zentralsekretariats- und Politbüromitglied Paul Merker. Zudem begannen im Sommer 1950 die Waldheim-Prozesse, in denen die verbliebenen Insassen der sowjetischen Internierungslager durch eine Sondergerichtsbarkeit abgeurteilt wurden. Schließlich bildeten die Jahre 1950/51 einen Höhepunkt im Bestreben der SED, die eigene Partei von „feindlichen Elementen" zu säubern.[1] In diesen Kontext fügte sich auch die Überwachungs- und Kontrollarbeit in den Stahlwerken Riesa, Unterwellenborn und Hennigsdorf ein.

1.1 Riesa: Absetzung des Werkleiters Pfrötzschner

Am 18. April 1950 fanden sich als SED-Werksvertreter der Kulturdirektor Walter Steidten, der Betriebsgruppensekretär Helmut Krause, der BGL-Vorsitzende Kurt Renner und der Personalleiter Curt Zschukelt zu einer vertraulichen Aussprache bei der LPKK Sachsen ein, in der sie kritisch zu Werkleiter Pfrötzschner Stellung nahmen.[2] Steidten äußerte als Wortführer der Gruppe den Verdacht, das Werk Riesa befinde sich „in der Hand der alten Flickleute und anderer westlicher Feinde". Zum Beleg seines Misstrauens führte er „Symptome" an, beruhend auf Mutmaßungen und Verdächtigungen, die sich in der Mehrzahl gegen den Werkleiter richteten. Aufgrund der geschäftlichen Kontakte nach Düsseldorf durch Bestellung eines Rohrwalzwerksanlage bei der Firma Schloemann denunzierte er ihn als „westlichen Agenten", eine Meinung,

1 Zur weiteren Interpretation der politischen Säuberung: Boldorf, Brüche oder Kontinuitäten.

2 BArch DY 30/IV2/4/206. Gesprächsprotokoll betr. Pfrötzschner, LPKK Sachsen, Kaderabt., 18.4. 1950.

von der sich Zschukelt als langjähriger Weggefährte Pfrötzschners absetzte. Als Beleg führte Steidten an, dass Pfrötzschner von den Düsseldorfer Managern eingeladen worden sei, einmal habe er selbst einem solchen Abendtermin beigewohnt. Darüber hinaus zog er die Begleitumstände des schweren Verkehrsunfalls Pfrötzschners im Rheinland in Frage. Weitere Kritikpunkte bezogen sich auf Pfrötzschners Aktivitäten in der betrieblichen Personalpolitik, z.B. dass er auf die Wiedereinstellung der früheren Führungskraft von der Osten drängte, der noch vor Ort „in einer Einzelvilla" wohne und „dessen Flickgebundenheit außer Zweifel" stehe. Auch habe der vor 1933 in Riesa tätige Ingenieur Schlickau eine Woche im Werk gearbeitet, ohne dass jemand anderes als Lacour und der Werkleiter davon wussten. Weitere Verdachtsmomente richteten sich gegen die Sekretärin Nieswand, die bereits im Dritten Reich unter Betriebsdirektor Konrad Gehlofen im Werk beschäftigt war. Dieses Gespräch brachte die Demontage des Werkleiters Pfrötzschner ins Rollen, war aber nicht der Startpunkt der Verdachtskonstruktion. Die LPKK hatte im Vorfeld der Befragung die „Vorgänge 1945/47" auf Aktenbasis recherchiert, u.a. Pfrötzschners Kontakte zum Flick-Manager Kaletsch Ende 1945 oder mit dem „gefährlichen Flick-Agenten" Burkart beim vermeintlichen Komplott des September 1946.[3] Die Schlussfolgerung, dass sich Pfrötzschner damals „völlig in der Hand der alten ‚Fachleute'" befand, wurde durch die erneut vorgebrachten belastenden Verdachtsmomente wirkungsvoll ergänzt.

Die Arbeit der LPKK bestand in der summarischen Aufnahme wirtschaftlicher Probleme und Engpässe, die sie mit dem politischen Hintergrund zentraler Führungskräfte in Zusammenhang setzte.[4] Spekulativ wurde z.B. eine Verbindung zwischen dem Planrückstand des Stabwalzwerkes und der SA-Vergangenheit seines Leiters Barthel konstruiert, was zu dessen Entlassung führte. Zuvor beschuldigte der Walzwerkschef noch den Betriebsleiter in der Maschinenabteilung Erich Mantzsch, den die LPKK als „besonderen Vertrauten Pfrötzschners" ansah, gegen ihn gearbeitet zu haben. Dies brachte Mantzsch in Bedrängnis, sodass er sich bald nach Westen absetzte. Industrieminister Selbmann äußerte gegenüber ZPKK-Vorsitzenden Matern die Absicht einer umfassenden Säuberung in Riesa:[5] Beispielsweise müsse der Stahlwerkschef Woytt – eventuell durch Umsetzung nach Brandenburg – durch seinen Assistenten abgelöst werden, weil jener „fortschrittlichen Gedanken zugewandter" sei. Woytt sei „ein zu respektierender Theoretiker, mehr aber nicht und als Chef eines grossen Stahlwerkes wahrscheinlich für dauernd ungeeignet." Zu einem späteren Zeitpunkt purzelte Woytt jedoch die Karriereleiter nach oben und ließ sich auf der Position des Sekretärs des Kollegiums im Ministerium für Schwerindustrie nachwei-

---

3 Vgl. Kap. II, 3.2 und Kap. III, 3.2. BArch DY 30/IV 2/4/206. Aktennotiz zu „Pfrötzschner-Riesa", Kling (LPKK Sachsen), 4.4.1950.

4 BArch DY 30/IV2/4/206. LPKK Sachsen, Bericht über Ursachen des Zurückbleibens des Stahlwerkes Riesa hinter dem Plan, 20.6.1950.

5 BArch DY 30/IV2/4/206. Selbmann an Matern betr. Zusammenstellung der Personen, die in Riesa „durchleuchtet werden müssen", 6.7.1950.

sen.[6] Hieran schließt sich die Frage nach dem Umgang des Staatsapparates mit der sog. technischen Intelligenz an, die an späterer Stelle systematisch zu verfolgen ist.[7]

Die Aktivitäten zur Überprüfung des Werkes Riesa rissen nicht ab. In dieser Phase versah Walter Ulbricht einen Bericht über die Betriebsdelegiertenkonferenz mit dem Kommentar, dass im Werk eine „Atmosphäre der Intrige" herrsche.[8] Einen weiteren Höhepunkt erlebten die betriebsinternen Auseinandersetzungen, als „Schädlingsarbeit" innerhalb der BGL aufgedeckt wurde. Aus dem Kreis der führenden Gewerkschaftsfunktionäre kam die Anschuldigung der Unterschlagung auf, die zu einer kurzzeitigen Verhaftung des BGL-Vorsitzenden Kurt Renner führte. Auf Veranlassung der BPO wurde Renner, der sich ja noch im April 1950 an der Steidten-Initiative beteiligt hatte, bald wieder aus der Haft entlassen. Postwendend geriet die gegnerische Fraktionen bei einer Sitzung am 11. August 1950 unter Verdacht, eine „Pogromstimmung gegen die Gewerkschaftsleitung und führende Genossen der Partei zu entfalten."[9] Dies wirke sich nicht nur störend auf die Partei- und Gewerkschaftsarbeit, sondern auch auf die Produktion aus. Die „reaktionäre Propaganda" der Parteifeinde diene den deutschen Handlangern des anglo-amerikanischen Imperialismus „sowie den davongejagten Herren des Flick-Konzerns". Sie sei gegen die demokratische Ordnung und den wirtschaftlichen Wiederaufbau gerichtet. Nachdem im Riesaer Werk eine Gruppe von „Klassenfeinden" identifiziert war, schob man ihr die Verantwortung für die fehlende „kameradschaftliche Zusammenarbeit zwischen der Betriebsparteileitung, den Genossen in der Direktion und [...] in der BGL" zu. Es erfolgten Parteiverfahren gegen die Beschuldigten und eine Überprüfung der Parteiunterlagen aller „Parteiarbeiter" durch die Personalleitung. Die Betriebsparteileitung ließ ihre Analyse in eine Selbstkritik münden, sonderte einige leitende Funktionäre aus, beschloss eine eine Reihe von organisatorischen Veränderungen und erlegte sich eine „erhöhte Wachsamkeit" auf.

Durch die andauernde „Schädlingsarbeit" erklärten sich die betrieblichen SED-Funktionäre eine Reihe zurückliegender Störfälle, die nun zu Sabotageakten umgedeutet wurden. Von Seiten der Berliner Parteileitung wurde die Riesaer BPO angehalten, eine Resolution zu verabschieden, die alle im letzten Abschnitt genannten Argumente enthielt. Sie diente als Grundlage für die Beschlüsse des Politbüros des ZK und eine nachfolgende legitimierende Pressearbeit. Am 19. September 1950 wurde

---

6 BStU, MfS Zentralarchiv, An 293/56. Untersuchungsvorgang Richard Zibat. Leitungsstruktur des Ministeriums für Hüttenwesen und Erzbergbau, 7.3.1953.

7 Vgl. Kap. V, 3.2.

8 BArch, DY 30/IV2/4/206. Walter Ulbricht an Hermann Matern zum Instrukteursbericht über die Betriebsdelegiertenkonferenz vom 4. Juni 1950, 20.6.1950.

9 Auch die weiteren Zitate dieses Absatzes: BArch, DY 30/IV 2/2/109. Entschließung zur Erklärung des ZK und der ZPKK der SED vom 24.8.1950 in Verbindung mit den parteifeindlichen Umtrieben und Schädlingsarbeit trotzkistischer Gruppen in Stahl- und Walzwerk Riesa, Betriebsparteileitung SWW Riesa, Anlage zum Protokoll der 9. Sitzung des Politbüros des ZK, 19.9.1950, tags darauf in der Sächsischen Zeitung publiziert.

schließlich Pfrötzschner aus dem Stahlwerk Riesa abberufen und auf die Verwaltungsakademie Forst Zinna geschickt. Der entlassene Werkleiter, der noch kurz zuvor mit dem Stalinpreis dekoriert worden war, beugte sich dem Parteibeschluss. Im Jahr 1952 bemühte er sich wiederholt bei der Landes- bzw. Bezirksparteikontrollkommission um seine Rehabilitierung und die Würdigung seiner Verdienste.[10] Offensichtlich bekam Pfrötzschner, der inzwischen in der Aufbauleitung des VEB Schwermaschinenbau „Heinrich Rau" in Wildau (Brandenburg) arbeitete, aber keinen Fuß mehr in die Tür.

1.2 Maxhütte: Flucht des technischen Direktors Sedlaczek

Schon als Herbert Sedlaczek in der Maxhütte eintraf, war er umstritten. Seine dortige Anstellung als technischer Berater ging vermutlich auf eine Anordnung des Hüttenfachmanns Alexander S. Boleuch zurück, den Leiter der SMAD-Abteilung Metallurgie, der die Stelle mit dem Gießereifachmann Naumann für fehlbesetzt hielt.[11] Die Durchführung der personellen Änderung nahm der Leiter der DWK-Hauptverwaltung Metallurgie Willy Becker (LDP) ohne Abstimmung mit dem Werk vor. Die Verantwortlichen der Maxhütte erhielten lediglich den Auftrag, Sedlaczek am 13. Juli 1948 mit dem Auto in Freiberg abzuholen. Am Tag nach seiner Ankunft setzten die vier wichtigsten SED-Funktionäre der Maxhütte – Werkleiter Hensel, Personalleiter Grau, Betriebsratsvorsitzender Tesch und Betriebsgruppensekretär Berendonk – ein Protestschreiben an den SED-Landesvorstand auf, um ihre politischen Bedenken gegen die Einsetzung Sedlaczeks auszudrücken. Im Zentrum der Kritik stand nicht nur die Verfahrensweise zur Durchsetzung der Personalentscheidung, sondern vor allem die politische Vergangenheit des designierten technischen Leiters.

Wie andere technische Direktoren[12] hatte Sedlaczek in der Kriegswirtschaft des Dritten Reichs Karriere gemacht und in rascher Folge mehrere berufliche Stationen in exponierten Stahlwerken durchlaufen. Seit seiner Breslauer Promotion im Jahre 1924 konnte er als Walzwerkspezialist gelten und setzte dies in der Industrie, zuletzt als Oberingenieur bei dem Wetzlarer Edelstahlwerk Röchling-Buderus, bei seiner beruflichen Tätigkeit um. 1937 trat er in die NSDAP ein und erhielt im gleichen Jahr einen Ruf als Professor an die Technische Hochschule Aachen.[13] Zugleich gehörte er seit 1938 dem Aufsichtsrat des Eisen- und Hüttenwerks Thale an. Im Krieg kehrte er 1940

10 BArch, DY 30/IV2/4/206. Ullrich (BPKK Dresden) an ZPKK (Laufer). Vorsprache des Genossen Pfrötzschner, 11.11.1952.

11 ThHStA Weimar, LAW, Nr. 452. Schreiben der SED-Führungskräfte der Maxhütte an den SED-Landesvorstand Weimar über den SED-Kreisvorstand Saalfeld, 14.7.1948.

12 Vgl. Biografien im Anhang dieses Buchs, z.B. W. Küntscher, F. Franz u.a.

13 Kalkmann, Ulrich: Die Technische Hochschule Aachen im Dritten Reich (1933–1945), Mainz 2003, S. 523f., 536.

als ordentliches Vorstandsmitglied der Eisen- und Hüttenwerke Köln in die Praxis zurück. Ab 1944 war er bis zur Kapitulation Vorstandsvorsitzender der Vereinigten Oberschlesischen Hüttenwerke in Gleiwitz, einem Konzern mit über 50.000 Beschäftigten. In dieser Zeitspanne wurde er als Wehrwirtschaftsführer ausgezeichnet. 1945 zog er sich nach Sachsen an das Eisenhütteninstitut der Technischen Hochschule Freiberg zurück. In dieser Position setzte er dem Flick-Gewährsmann in der sächsischen Landesverwaltung Rohner Pläne zur Wiederingangsetzung kleinerer Industriebetriebe auseinander.[14] In Freiberg unterhielt er ein eigenes Büro für die Konstruktion und den Bau von Industrieanlagen.[15] Der örtliche „Sonderausschuss der antifaschistischen Parteien" bestätigte im April 1946 seine Rehabilitierung.[16] Da er intensiv mit sowjetischen Wirtschaftsstellen zusammenarbeitete, verpflichtete ihn die SMAD im Juli 1948 für die Maxhütte.

Als sich Sedlaczeks Anstellung in Unterwellenborn anbahnte, warnten die leitenden SED-Funktionäre der Maxhütte mit Verweis auf den Maxhütten-Prozess gegen Chefdirektor von Babo und auf die international angespannte Lage davor, dass „die Zöglinge der Monopolkapitalisten in unserem Werk wieder die technische Verantwortung in der Hand halten, wir als Parteigenossen die politische und gesamte Verantwortung für das Werk tragen und es nur eine Frage der Zeit sein wird, wenn neue Sabotagefälle in der Maxhütte zu verzeichnen sein werden."[17] Höhere Stellen, insbesondere in der Berliner DWK-Hauptverwaltung Metallurgie, ignorierten die Argumente der Wachsamkeit, die die SED-Funktionäre der Maxhütte vorbrachten, ebenso wie die NS-Belastung Sedlacezks. Ob unter sowjetischem Druck oder nicht, erkannten sie in der Verpflichtung Sedlaczeks die Möglichkeit, einen der wenigen verfügbaren Fachmänner als Verantwortlichen für die Aufbauarbeit im damals wichtigsten Eisen- und Stahlwerk der SBZ zu gewinnen.

Herbert Sedlaczek, bei dessen Namensnennung im SED-Schriftverkehr der Titel „Professor" nie fehlte, ließ sich darauf ein, und zum Lohn wurde er hofiert oder „gehätschelt", wie die in der US-amerikanischen Zone erscheinende Neue Zeitung nach seiner Flucht schrieb.[18] Binnen kürzester Zeit sammelte er eine ganze Palette von Ehrenämtern und Auszeichnungen. 1949 wurde er in die nach der DDR-Gründung einberufene Volkskammer gewählt. Er war Mitglied der Akademie der Wissenschaf-

14 BArch, R 8122/1047. Übersendung einer Niederschrift über Besprechung mit Präsident Rohner. Sedlaczek, Eisenhütteninsitut Freiberg, an Direktor Faust, Sächsische Gussstahlwerk Döhlen, 5.9.1945.

15 Vgl. BArch, R 8122/1051. Lieferanfrage von Paul Schulze, Fabrik für Feuerungs- und Heizanlagen an Sächsische Gussstahlwerke Döhlen betr. Bau eines Porzellan-Rundofens durch die „Werkgemeinschaft Freiberg GmbH" (Sedlaczek), 2.11.1945.

16 BStU, MfS Zentralarchiv, HA IX/11, AK 1290/69. Abschrift eines Lebenslaufs Sedlaczeks vom 21.3.1947.

17 ThHStA Weimar, LAW, Nr. 452. Schreiben der SED-Führungskräfte der Maxhütte an den SED-Landesvorstand Weimar über den SED-Kreisvorstand Saalfeld, 14.7.1948.

18 BArch, DY 30/IV 2/4/204, fol. 53. Artikel von Richard Liesegang in der „Neuen Zeitung" (USBZ), 8.11.1950.

ten und des Präsidialrates des Kulturbundes zur Erneuerung Deutschlands. Für seine wissenschaftlichen Verdienste zeichnete man ihn mit dem Nationalpreis aus. Zudem ließ ihn das Politbüro der SED an einer 34-köpfigen „Maidelegation nach der Sowjetunion" teilnehmen.[19] Der Personalleiter der HA Metallurgie des Ministeriums für Industrie schlug der VVB Vesta im Juni 1950 vor, Sedlaczek eine großzügige Personalpension zu gewähren, denn als „als Aktivist und Nationalpreisträger gibt er uns die Garantie, daß er unbedingt zu den hervorragenden Wissenschaftlern der Metallurgie gehört."[20] Noch im August 1950 verbrachte er mit seiner Frau und seinen Kindern den Sommerurlaub im Ferienheim der DDR für die schaffende Intelligenz im mecklenburgischen Bad Heiligendamm. Für 1951 war für ihn der Bezug eines sog. Intelligenzhauses ebenso eingeplant wie ein erneuter Urlaub in dem Ostseebad.[21]

Auf einer Sitzung des Präsidialrates lernte Sedlaczek den Romanisten Victor Klemperer kennen. In dessen bekannten Tagebüchern wird er charakterisiert als „Mann von genau 50 Jahren, Typ eines blonden Polen".[22] Auf einer gemeinsamen Autofahrt von Potsdam nach Halle, zu der Klemperer eingeladen wurde, machten sich beide näher bekannt. Der Eintrag zu Sedlaczek war positiv: „Hüttendirektor, der ‚rote Direktor'. Sozial. Überzeugt, daß die großen Werke nur nach dem Wirtschaftsprincip des Marxismus florieren können." Aus den weiteren Aufzeichnungen geht hervor, dass Rias Berlin über den markanten Fall eines Wehrwirtschaftsführers als technischem Leiter der Maxhütte im Sommer 1950 berichtet hatte. In seiner letzten Aufzeichnung über Sedlaczek stellte Klemperer im November 1950 lapidar fest, dass sich der „Präsidialrat" nach Westen abgesetzt habe.[23]

Obgleich hier nicht der Ort ist, um die Kontroll- und Staatsschutzarbeit in der frühen DDR im Detail nachzuzeichnen, zeigte die Aufdeckung des Falls Sedlaczek in beachtenswerter Weise, welch weite Kreise die Flucht einer so wichtigen Führungspersönlichkeit ziehen konnte. Am Montag den 23. Oktober 1950 versäumte der Maxhüttendirektor eine Besprechung in der HA Metallurgie des Berliner Ministeriums für Industrie und fehlte auch am Vormittag darauf bei einer Sitzung im Magdeburger Krupp-Gruson Werk. Werkleiter Steinwand informierte am Dienstagnachmittag die Staatssicherheit in Saalfeld. Am Mittwoch 25. Oktober erhielt Ulbricht eine Meldung zu Sedlaczek von der ZS-Abteilung Wirtschaftspolitik, die wiederum vom Personalleiter Adolf Buchholz der DWK-Hauptabteilung Metallurgie informiert worden war.[24] Gewissheit über die Westflucht verschaffte ein Bericht der Weimarer Dienststelle des

19 BArch, DY 30/IV 2/2/13. Sitzung des Politbüros der SED, 29.3.1949.

20 SächsStA Leipzig, Nr. 20673/996. Vorschläge von Adolf Buchholz, HA Metallurgie des Ministeriums für Industrie, zur Gewährung von Personalpensionen, 7.6.1950.

21 BStU, Zentralarchiv MfS, AP 891/56. Vernehmung von Professor Otto Emicke (vormals Schlesien, jetzt Freiberg) durch die Kriminalpolizei Freiberg, 30.11.1950.

22 Klemperer, Victor: So sitze ich denn zwischen allen Stühlen. Tagebücher 1950–1959, 3. Aufl., Berlin 1999, S. 35.

23 Ebd., S. 107.

24 BArch, DY 30/IV 2/4/205, fol. 44. Hausmitteilung Stoph an Ulbricht, 25.10.1950.

MfS. Laut Aussage eines operativen Mitarbeiters sei Sedlaczek am fraglichen Montag gesehen worden, wie er an der Sperre des amerikanischen Sektors beim Anhalter Bahnhof in Berlin seine beiden Töchter mit Koffern und Gitarre in Empfang nahm.[25] Gegen Ende der Woche, am Freitag 27. Oktober, sandte Werkleiter Steinwand ein fünfseitiges Schreiben an Ulbricht, in dem er über die Vorgeschichte des Falls und den Stand der bisherigen Ermittlungen berichtete sowie ein Stimmungsbild über die technische Intelligenz des Werkes zeichnete. Am 31. Oktober erging die Anweisung des ZK-Politbüros an den designierten Minister für Staatssicherheit Zaisser, binnen drei Tagen eine Presseerklärung vorzubereiten, die zur „Flucht", wie die Westmigration genannt wurde, Stellung bezog.[26]

An der Verifikation der Westflucht und sodann an der Aufklärung ihrer Begleitumstände beteiligten sich die beiden entscheidenden „Organe der staatlichen Sicherheit", die ZPKK und das MfS. Ulbricht und andere Protagonisten der Parteispitze waren in den Vorgang frühzeitig eingeschaltet, was seine Brisanz unterstrich. Von SED-Seite suchte man der Skandalisierung rasch entgegen zu steuern. Denn die Reaktion der westlichen Presse ließ nicht lange auf sich warten: „Sedlaczek ist tot – der Max lebt! Paradepferd der ostzonalen Industrie setzte sich nach dem Westen ab."[27] In polemischer Form nahm der Autor der Neuen Zeitung aufs Korn, dass ehemalige Nationalsozialisten in der technischen und wissenschaftlichen Leitung der Maxhütte wieder Oberwasser gewonnen hätten und die Flucht Sedlaczeks ein Ergebnis der anhaltenden Bespitzelung und seiner Furcht vor einem Schauprozess gewesen sei. Damit trat er der inzwischen publizierten Haltung der „Presse der Ostzone" entgegen, die Sedlaczeks Flucht als einen Betrug an den werktätigen Massen bezeichnete.

Die Einschätzung der „Neuen Zeitung" deckte sich weitgehend mit der Erklärung Sedlaczek zu seinen Fluchtmotiven. Ein an seine Sekretärin Hilbig gerichtetes Schreiben wurde von der Staatssicherheit konfisziert und zirkulierte im Kreis der Parteikontrolleure.[28] Darin sprach Sedlaczek von einer „Verzweiflungstat", zu der ihn gewisse „Herren" getrieben hätten, und einem Verdruss, der sich vor allem in den vorangegangenen Wochen angesammelt habe. Zudem befürchtete er, das gleiche Schicksal wie sein Freund Trost zu erleiden, der als Direktor des Walzwerkes Hettstedt im Mansfelder Revier, einem Betriebsteil der SAG Marten, verhaftet worden war.

Einerseits fügten sich Sedlaczeks Äußerungen in das Klima der Angst ein, das die verschiedenen Verhaftungen im Bereich der Metallurgie, z.B. in der Maxhütte von Babo und Peters, sowie die Prozesswelle des Sommers 1950 erzeugt hatten. Andererseits existierte neben den angedeuteten schwelenden Konflikten mit der Betriebs-

25 BStU, MfS Zentralarchiv, AP 891/56. Bericht der MfS-Abt. III Weimar, Leiter Eggert, 26.10.1950.

26 BArch, DY 30/IV 2/2/116. Politbüro des ZK der SED, Protokoll der 16. Sitzung, 31.10.1950.

27 BArch, DY 30/IV 2/4/204, fol. 53. Artikel von Richard Liesegang in der „Neuen Zeitung" (USBZ), 8.11.1950.

28 BStU, MfS Zentralarchiv, AP 891/56. Sedlaczek an Hilbig, handgeschriebener Brief („Kurz eine Erklärung"), abgesandt in Berlin-Adlershof, 23.10.1950.

parteileitung eine andauernde Auseinandersetzung mit dem stellvertretenden Leiter HA Metallurgie Heinrich Kraemer, auf die Werkleiter Steinwand Ulbricht besonders hinwies. Der promovierte Ingenieur im DDR-Industrieministerium wurde von der führenden Ingenieuren der Stahlwerke, allen voran Kurt Säuberlich und Wolfgang Küntscher, nicht hoch geschätzt.

Nach der Flucht Sedlaczeks führte die ZPKK in Zusammenarbeit mit der thüringischen LPKK umgehend eine erneute Überprüfung der Maxhütte durch.[29] Die erstellte Werkscharakteristik setzte in der Zeit vor 1933 an und postulierte, dass die Hütte von einem „Gelben Werkverein" dominiert gewesen sei, der im Stahlhelm und der SA aufging. Einige exponierte Spezialisten und Fachleute arbeiteten noch heute als Meister und Obermeister im Betrieb, besonders im Walzwerk, dem Hauptbetätigungsfeld Sedlaczeks. Die ZPKK konstruierte politische Kontinuitätslinien, die weiterhin den kommunistischen Zielen entgegenstünden. Der befragte Betriebsgruppensekretär Götzl gab an, dass rund ein Zehntel der Belegschaft frühere Mitglieder der NSDAP seien: 486 Arbeiter sowie 159 Techniker und Angestellte. Ideologisch stünden, so Götzl weiter, zwei Drittel der Belegschaft auf Seiten der SED, während der Rest „passiv, rückständig, feindlich" sei. Zur Abrundung des Bildes stellte die LPKK eine Palette vermeintlicher Sabotagefälle des Jahres 1950 zusammen. Sedlaczeks Flucht wurde als Ausdruck einer negativ überzeichneten Betriebskultur beschrieben. Das Konstrukt konnte gleichzeitig für eine Exkulpierung der führenden SED-Kader hinsichtlich feststellbarer Mängel und Missstände, z.B. in der Planerfüllung, dienen.

Die aktuelle Kritik der Parteikontrolleure richtete sich im ersten Schritt auf die BPO. Bemängelt wurde, dass der Betriebsparteileitung zu wenige Arbeiter aus der Produktion und zu viele Führungskräfte angehörten, z.B. der Werkleiter, der BGL-Sekretär, der Kulturdirektor und der Personalleiter. Damit wurde de facto die verkappte Funktion der Parteileitung als Leitungsgremium des Werks in Frage gestellt.[30] Daneben mahnte der LPKK-Bericht eine rationellere Arbeitsweise an, die u.a. durch die Verschriftlichung von Vorschlägen oder die spezifische Aufgabenzuteilung an Sekretariatsmitglieder zu verwirklichen sei. Die Sekretariatsarbeit dürfe sich nicht in Reden erschöpfen. Diese Form der Kritik, die eine Art Professionalisierung der Parteiarbeit anmahnte, kehrte ständig wieder und fußte in der Vorstellung, dass eine effiziente Leitung die Hauptvoraussetzung für eine Optimierung der Produktion darstelle. Quelle der Erkenntnis waren ausgedehnte Befragungen der leitenden Kräfte der Betriebsparteileitung, um die werksinternen Kommunikationsmuster zu rekonstruieren.

Im zweiten Schritt stand die technische Intelligenz im Visier der Parteikontrolle. Die leitenden Ingenieure leisteten in den Tagen nach Sedlaczeks Flucht Treueschwüre zum DDR-Sozialismus. In besonders eindrucksvoller Form tat sich der Ingenieur

---

29 BArch, DY 30/IV2/4/204. Überprüfung Maxhütte vom 8. bis 10. November 1950, Bericht Eyermann (Vorsitzender LPKK Thüringen). BArch, DY 30/IV2/4/205. Betr. Maxhütte. Bericht Laufer.
30 Vgl. Kap. IV, 2.

Niemann, Leiter der Wärmestelle, hervor, der es als „höchstes Mass der Verwerflichkeit“ bezeichnete, dass der Geflohene „bei seiner neuen Tätigkeit im Dienst der von den Monopolkapitalisten versklavten westdeutschen Industrie in irgend einer Form mithelfen wird, Kriegswerkzeuge herzustellen, die im Kriegsfalle der Vernichtung der von ihm im Stich gelassenen deutschen Menschen, ihrer Heimat und ihrer friedlichen Wirtschaft bestimmt sind.“[31] Die Abschrift dieses Bekenntnisses eines der „fortschrittlichsten Intelligenzler“ übersandte Werkleiter Steinwand an Ulbricht zum Beleg, dass die Arbeit im Werk ohne Störung weitergehe.[32] Die Stellungnahmen anderer leitender Ingenieure, z.B. Hochofenchef Karl-Heinz Zieger oder Stahlwerkschef Karl Jacobsen, fielen weniger euphorisch aus, verurteilten aber ebenfalls den Vertrauensbruch gegenüber der DDR-Regierung.[33] Ein maßvolleres Urteil gab Walzwerkschef Herbert Grünn ab, der Sedlaczek seit 25 Jahren aus Breslauer Studientagen kannte und als seinen Lehrer bezeichnete: „Ich bin jedoch der Ansicht, daß Professor Sedlaczek in seinem Zukunftsstreben die weise Beschränkung vermissen ließ, die man von einem Manne seines geistigen Formats erwarten muß.“[34] Gleichwohl warf er ihm vor, er habe sein Ziel, das Walzwerk im im Fünfjahrplan durch eine Breitbandstraße auszubauen, preisgegeben. Damit habe er „einen Verrat an der eigenen Sache begangen“. Wie seine Ingenieurkollegen endete er mit dem Bekenntnis, am Aufbau weiterzuarbeiten zu wollen. Eine Anmerkung fehlte in den Stellungnahmen der technischen Führungskräfte indes: die Kritik an Sedlaczeks Tätigkeit als technischer Direktor, wie sie die Parteiaktivisten, z.B. Betriebsgruppensekretär Götzl oder Personalleiter Markowitsch, vorbrachten. Diese Funktionäre boten eine Revision der Parteiarbeit im bekannten Rahmen an, spielten aber den erlittenen Personalverlust herunter. Da Männer wie Sedlaczek angesichts des Fachkräftemangels der frühen DDR aber keineswegs einfach zu ersetzen waren, wirkten sich die Lehren aus diesem Fall auf die Staats- und Parteipolitik gegenüber der technischen Intelligenz aus, wie Abschnitt 3 dieses Kapitels zeigen wird.

1.3 Hennigsdorf: Demontage des SED-Betriebssekretärs Hähnel

Auch das Stahlwerk Hennigsdorf stand im Blickpunkt einer staatlichen Kontrollaktion. Die LPKK führte im Oktober 1950 eine Überprüfung durch, die zu wesentlich anderen Ergebnissen kam als ein Jahr später der für die Personalpolitik maßgebliche

---

31 BArch, DY 30/IV2/4/205. Erklärung Ingenieur Niemann an die Werkleitung der Maxhütte, 28.10.1950.

32 BArch, DY 30/IV2/4/205. Schreiben Steinwand, WL Maxhütte, an Ulbricht, 1.11.1950.

33 BArch, DY 30/IV 2/4/205. Schriftliche Aufzeichnungen der Stellungnahmen zur Flucht Sedlaczeks, 26. u. 28.10.1950.

34 BArch, DY 30/IV 2/4/205. Stellungnahme zur Flucht Sedlaczeks, Walzwerkschef Herbert Grünn, 26.10.1950.

Vorgang, den die übergeordnete ZPKK steuerte.[35] Die letztgenannte Überprüfung bezog wiederum Material ein, das im Laufe des Jahres bei zwei weiteren Kontrollvorgängen gesammelt wurde: Im März 1951 bezog sich eine Maßnahme der Abt. Wirtschaftspolitik des Landesvorstandes Brandenburg (nach Anordnung des ZK der SED) auf den Komplex der SED-Parteiarbeit; im August 1951 führte die Landeskommission für Staatliche Kontrolle (LKSK) eine Wirtschaftlichkeitsprüfung durch.[36] Im Folgenden soll rekonstruiert werden, wie sich in dieser Serie von insgesamt vier Werksprüfungen die Verdachtsmomente verschoben und wie sich die veränderten Machtkonstellationen auf die betriebliche Governance des Stahlwerkes Hennigsdorf niederschlugen.

Anlass für die initiale zweitägige Überprüfung der LPKK im Oktober 1950 waren andauernde Differenzen zwischen Werkleitung und Betriebsparteileitung.[37] Basierend auf Aussagen des Betriebsparteisekretärs Hermann Hähnel sowie verschiedener Mitglieder des Betriebssekretariates, z.B. Personalleiter Mickinn und Aktivist Rudolf Schmidt, wurden die festgestellten Konflikte dem Werkleiter Helmut Hensel angelastet, der keine Bindung zur SED-Betriebsgruppe suche. Er führe Parteibeschlüsse nur zögerlich durch, ordne Prämienzahlungen ohne Wissen der BPL an und drücke sich von der Teilnahme an den Sekretariatssitzungen. Hensel verliere sich in „Praktizismus" und versuche, ein Gegengewicht aufzubauen, indem er nach seinem Übertritt von der Maxhütte politisch fragwürdige Kräfte nach Hennigsdorf gezogen habe. Dieser Personenkreis sei „Hensel-hörig" und bilde „bereits einen Ring gegen das Parteisekretariat". Die LPKK riet der ZPKK zu einer genauen Überprüfung der gesamten Betriebsorganisation und der technischen Einrichtungen des Werkes. Eine Einsicht in die Kaderakte Hensel fehle ihr, weil dieser als Werkleiter der Nomenklatur des ZK unterlag. Es solle überprüft werden, ob die durch ihn veranlasste personelle „Konzentration" mit Wissen des Zentralkomitees erfolgt sei. Die LPKK empfahl eine „Zerschlagung" und Neubesetzung der entscheidenden Positionen in Hennigsdorf. Zudem gab der Bericht einen Hinweis auf die zu dieser Zeit als suspekt angesehene „westliche Emigration", in der Hensel Kontakte zu Adolf Buchholz pflegte, dem Personalleiter der HA Metallurgie im Ministerium für Schwerindustrie.[38]

Die kompromittierenden Ermittlungen blieben folgenlos, bis die ZPKK rund ein Jahr später eine eigene Werksüberprüfung durchführte. Die LPKK hatte sich ja eindeutig auf die Seite der Betriebsparteigruppe geschlagen, weil ihr Leiter Hähnel auch als heimlicher Parteisekretär des Kreises Osthavelland galt, bis im Juli 1951 mit Norbert

---

35 BArch, DY 30/IV 2/4/207.

36 BLHA, Rep. 333, Nr. 477. Bericht über die Parteiarbeit im SWH, SED-Landesvorstand Brandenburg, Abt. Wirtschaftspolitik, Sektor Grund- und Schwerindustrie, 23.3.1951. Bericht von der LKSK-Überprüfung des SWH, 3.8.1951.

37 BArch, DY 30/IV 2/4/207. Bericht zur Lage im SWW Hennigsdorf, Vorsitzender der LPKK Brandenburg Heinrich Mosler, 28.10.1950.

38 Vgl. Brie, Horst: Davids Odyssee: Eine deutsche Kindheit, eine jüdische Jugend, Erinnerungen, Berlin 1997. Fleischhacker, Alfred/Stoecker, Holger (Hrsg.): Das war unser Leben, Erinnerungen und Dokumente zur Geschichte der Freien Deutschen Jugend in Großbritannien 1939–1946, Berlin 1996.

Katz ein junger Absolvent der Landesparteischule die Leitung übernahm.[39] Die ZPKK kam jedoch in ihrem Abschlussbericht zu einem völlig anderen Schluss. Sie bezog gegen den Betriebsgruppensekretär Hähnel Stellung, weil dieser in prinzipiellen Fragen eine falsche Haltung zeige und vor „rückständigen Auffassungen in der Belegschaft" zurückgewichen sei.[40] Diese Einschätzung basierte auf der Überprüfungsserie mittels Befragung der führenden Kräfte. Die vierköpfige Instruktionsgruppe verließ sich nicht allein auf die Aussagen von Angehörigen der SED-Betriebsgruppe, sondern bezog die Kreisparteileitung ein und befragte die Führungskräfte der Werkleitung, der technischen Intelligenz sowie der Personalleitung. Entscheidend vorbereitet wurde die Hennigsdorfer ZPKK-Überprüfung im September 1951 durch eine Instrukteur-Brigade des SED-Zentralkomitees, deren Bericht sich zuerst der wirtschaftlichen Lage des Betriebs und an zweiter Stelle der Lage der Parteiorganisation widmete.[41]

Bei ihrer Evaluierung der Produktionsergebnisse erkannte die ZK-Brigade, dass in vielen Bereichen das Normensoll zwar erfüllt wurde, bei dessen Ermittlung aber die Regeln der „technisch begründeten Arbeitsnormen" (TAN) missachtet worden seien. Das zugrunde liegende ökonomische Problem der ungleichen Kapazitätsauslastung wurde am Beispiel der Maxhütte bereits erläutert.[42] Die ZK-Brigade stellte fest, dass die Normen zu niedrig gesetzt seien und ihre Überschreitung daher die Regel bilde. Der betriebliche Wettbewerb konzentrierte sich auf die freiwillige Normübererfüllung, was sich in verbesserten Arbeiterlöhnen niederschlug. Dieser Zustand wurde vor allem als Versagen der Betriebsparteileitung interpretiert, die die „TAN-Arbeit" vollkommen vernachlässige. Die SED-Funktionäre schlössen sich der Haltung in der Belegschaft an, dass zwar die Normen erhöht, aber die Löhne nicht verändert werden sollten. Als Folge dieser Arbeitsweise wurde eine hohe Zahl von 400.000 Überstunden im Produktionsbereich sowie eine Überschreitung des Stellenplans um 300 Beschäftigte identifiziert. Die ZK-Brigade bezifferte die aufgrund des Beschäftigungsüberhangs zu leistende zusätzliche Lohnsumme auf rund 900.000 Mark pro Jahr. Aus diesen Punkten resultierten zwei Hauptforderungen, die sich prinzipiell gegen die Arbeiterinteressen richteten: a) die Entwicklung leistungsgerechter TAN und eine entsprechende Anpassung, sprich Reduktion, der Löhne, b) die Senkung der Beschäftigtenzahl, v.a. durch Vermittlung minderqualifizierter Belegschaftsmitglieder in andere Stellen.

39 BArch, DY 30/IV 2/4/207. Max Sens (ZPKK). Besprechung der ZPKK-Kommission mit dem SED-Kreissekretariat Osthavelland, 27.10.1951. Zur Verjüngung der Kreisparteileitung Osthavelland, vgl. Sattler, Bd. 2, S. 801.

40 BArch, DY 30/IV 2/4/207. Vorlage zur Sitzung der ZPKK. Überprüfung SWW „Wilhelm Florin" Hennigsdorf durch die Kommission Max Sens (ZPKK), Paul Laufer (ZPKK), Heinrich Mosler (Kandidat ZPKK, Vorsitzender LPKK Brandenburg), Rudolf Held (Vorsitzender KPKK, Kreis Osthavelland), 28.11.1951.

41 BArch, DY 30/IV 2/4/207. Bericht der II. Instrukteur-Brigade des Zentralkomitees, 3.9.1951.

42 Vgl. Kap I, 2.4.1.

Bereits dieser Bericht der ZK-Brigade äußerte eine scharfe Kritik an der Betriebsparteileitung, die sich nicht ausreichend mit bindenden zentralen SED-Beschlüssen beschäftige, selbst keine klaren Beschlüsse fasse und keine Arbeitspläne aufstelle und letztlich von einer Clique dominiert werde, die loyale, „persönliche Freunde" des Parteisekretärs Hähnel seien.[43] Mit der Werkleitung herrsche ein Stillhalteabkommen, um Konflikten aus dem Weg zu gehen. In seiner Schlussfolgerung empfahl der Bericht die sofortige Entbindung des Betriebsparteisekretärs Hähnel von seiner Funktion. Die persönlichen Schuldzuweisungen wurden durch die Ermittlungen der ZPKK wesentlich ergänzt. Durch die Anschuldigungen des Werkleiters Hensel und des Personalleiters Mickinn konzentrierte sich die Debatte weiter auf Hähnel: Diesem wurden ein unmoralischer Lebenswandel, eine Verschleuderung von Werks- und Parteimitteln, Unklarheit in der politischen Haltung und vor allem das Versagen in der Durchsetzung der ökonomischen Parteiziele vorgeworfen.

Im Bericht an die ZPKK verdichtete sich die Kritik am Fehlverhalten Hähnels auf zwei Punkte: a) seine Unklarheit über den Charakter der volkseigenen Wirtschaft, insbesondere den fehlerhaften Gebrauch des Begriffs „Ausbeutung", b) seine Unkenntnis über die Schaffung technisch begründeter Arbeitsnormen als Voraussetzung für die Hebung der Arbeitsproduktivität. Hintergrund war eine mehrfach kolportierte Äußerung Hähnels, die im Ergebnis zusammenfasst wurde: Als Werkleiter Hensel auf einer Konferenz der Aktivisten für Personalabbau eintrat, sei ihm Hähnel entgegen getreten und habe die „volkswirtschaftlich notwendigen Entlassungen als kapitalistische Methoden" bezeichnet. Dies wurde ihm als „Zurückweichen vor rückständigen Auffassungen in der Belegschaft" ausgelegt.[44] Zur Begründung der Anklage im nachfolgenden Parteiverfahren dienten folgende Punkte: die Rekonstruktion seines früheren Fehlverhaltens, der unmoralische Lebenswandel als Sinnbild für seinen „Charakter", das Verprassen von Geld, was seine mangelnde Leitungsfähigkeit unter Beweis stelle.

Zusammenfassend betrachtet, waren die Untersuchungsvorgänge in den drei Stahlwerken durch ein markantes politisches Vorgehen geprägt. Dabei spielte ausgerechnet im dem Fall des NS-Wehrwirtschaftsführers die Vergangenheitsbelastung kaum eine Rolle, während Pfrötzschner und Hähnel zurückliegendes Fehlverhalten stark angekreidet wurde. Der instrumentelle Umgang mit belastenden Vorwürfen, wie er für die geheime Vergangenheitspolitik des Ministeriums für Staatssicherheit kennzeichnend werden sollte,[45] stellte sich bereits früh ein. In den Fällen stand angebliches parteischädigendes Verhalten oder „Agententätigkeit" im Zentrum der

43 BArch, DY 30/IV 2/4/207. Bericht der II. Instrukteur-Brigade des Zentralkomitees Teil 2: Zur Lage der Parteiorganisation im SWH, 3.9.1951.

44 BArch, DY 30/IV 2/4/207. Bericht zur Überprüfung der Parteiorganisation im SWW Hennigsdorf durch ZK-Kommission (Sens, Laufer, Mosler, Held), 28.11.1951.

45 Leide, Henry: NS-Verbrecher und Staatssicherheit. Die geheime Vergangenheitspolitik der DDR, Göttingen 2005.

Argumentation, was auch oft unter der Phrase des „Trotzkismus" behandelt wurde. Obgleich eine Absetzung des Werkleiters auch fachlich hätte begründet werden können, hatten die konstruierten politischen Verdachtsmomente einen hohen legitimatorischen Stellenwert.

Die Logik der Überhöhung des politischen Fehlverhaltens sollte vom Wirtschaftsversagen sowie dem dafür verantwortlich gemachten Parteiversagen ablenken. Die SED knüpfte ihre Legitimität in starkem Maße an die Planwirtschaft, die sie als überlegenes wirtschaftliches System postulierte. Die auftretenden Engpässe und Hortungstendenzen, die Inkonsistenzen des Preissystems und sogar technisches Zurückfallen waren keine Folgen eines fehlerhaften Wirtschaftssystems, sondern durch menschliches Versagen zu erklären. Damit wurde die wirtschaftspolitische Argumentation eine Gefangene ihrer selbst: Sie musste immer wieder auf die Überlegenheit des sozialistischen Wirtschaftens hinweisen, die durch widrige Einflüsse – Sabotage, Schädlingstätigkeit – zunichte gemacht wurde. Die daraus resultierende Entlassung von Personen war häufig auch ein politisches Opfer, um von den ursächlichen ökonomischen oder systemischen Schwächen abzulenken. Diese Grundkonstellation zeichnete den Weg für die Kader- und Personalpolitik der fünfziger Jahre vor. Die leitenden Kräfte verstanden das System immer mehr, sie wussten, dass der einzelne Funktionsträger eine „Linie" zu verfolgen, gewisse Erwartungen zu erfüllen hatte. Unklar war mitunter, wie dieser Anforderung begegnet werden konnte, wie die „Linie" auszugestalten war, die „im Allerheiligsten" besprochen zu werden schien.[46]

2 Governancefelder bei der Leitung der Stahlwerke

2.1 Positionierung der Werkleitungen

Bereits die Definition der „Werkleitung" wirft bestimmte Probleme auf, weil es zwar in allen Betrieben einen Werkleiter gab, aber der für die Leitung relevante Personenkreis nicht genau umrissen war. Um die Kräftekonstellation auf der Führungsebene der Stahlwerke Anfang der 1950er Jahre zu erfassen, ist der Rückgriff auf das Bild eines Kräfteparallelogramms geeignet. An seinen vier Eckpunkten befanden sich die für die betriebliche Governance wichtigsten Instanzen, wobei sich entlang der parallel verlaufenden Linien besonders gut Interessenbündnisse entwickeln konnten.

46 So die Aussage eines ehemaligen SPK-Mitarbeiters vor der Enquete-Kommission des Deutschen Bundestages vgl. Schenk, Fritz: Entscheidungsstrukturen in der SED-Führung – Verknüpfung von Partei und Staat in der DDR – Mittel und Wege der sowjetischen Einflußnahme in den fünfziger Jahren, in: Deutscher Bundestag (Hrsg.): Materialien der Enquete-Kommission „Aufarbeitung von Geschichte und Folgen der SED-Diktatur in Deutschland" (12. Wahlperiode des Deutschen Bundestages), Bd. II/1: Machtstrukturen und Entscheidungsmechanismen im SED-Staat und die Frage der Verantwortung, Baden-Baden/Frankfurt am Main 1995, S. 433.

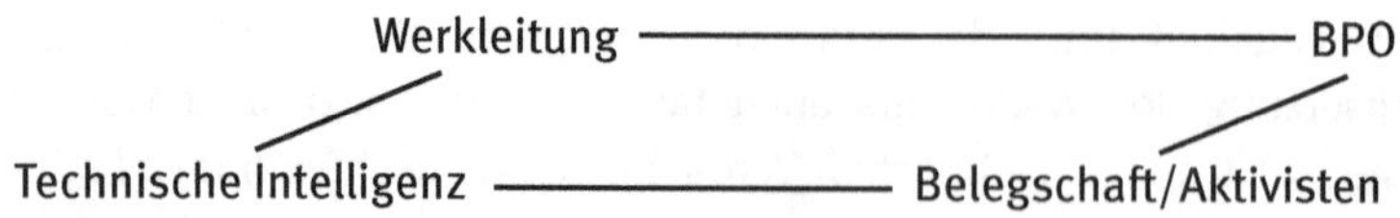

Idealtypisch können zwischen den Instanzen an den Eckpunkten folgende Beziehungen angenommen werden: a) Über die Produktionsbesprechungen konnte der Werkleiter mit der technischen Direktion bzw. der dahinter stehenden technischen Intelligenz ein Bündnis eingehen, sofern er regelmäßig an den Sitzungen teilnahm. b) Mit der BPO war ein Bündnis über die gemeinsame Parteizugehörigkeit denkbar, denn in den 1950er Jahren gab es keine Stahlwerke mehr, die nicht von SED-Mitgliedern geleitet wurden. c) Antagonistisch standen sich hingegen die Werkleitung und die Belegschaft gegenüber, vor allem die herausgehobene Gruppe der Aktivisten, die um 1950 meist eigene Büros unterhielt.[47] Beide Seiten verfolgten grundsätzlich unterschiedliche Interessen in der Mittelverteilung, v.a. in Lohn- und Prämienfragen. Die BGL mochte eine vermittelnde Position einnehmen. d) Ein weiteres unwahrscheinliches Bündnis war dasjenige der technischen Intelligenz und der Betriebsparteiorganisation. In vielen Fällen wandten sich die Betriebsfunktionäre entschieden gegen die parteilosen Ingenieure, die – insbesondere wenn NS-belastet – als Reaktionäre bezeichnet wurden. e) Besonders eng war das Verhältnis zwischen BPO und den Aktivisten, rekrutierte sich die betriebliche Parteileitung doch sehr häufig aus diesem Kreis. f) Schließlich gab es noch die Unterscheidung zwischen der oberen regierenden Seite des Parallelogramms, bestehend aus Werkleitung und BPO, und der unteren Seite der Weisungsempfänger, d.h. Belegschaft, Aktivisten und technische Direktion. Es war das erklärte Ziel, das Bündnis zwischen Aktivisten und technischer Intelligenz zu stärken, wie im vorangehenden Kapitel gesehen. Jedoch war das Standesdenken bei den Ingenieuren recht verbreitet, das der gewünschten Annäherung häufig entgegenstand. Selbstverständlich fügten sich nicht alle realen Konfliktkonfigurationen in dieses Schema ein, doch kann es für die auftretenden Konflikt- und Bündniskonstellationen als Orientierungshilfe dienen.

In das Schema ist der Werkleiter als Einzelperson aufgenommen. Um die Zerfaserung der Governance auf der betrieblichen Leitungsebene zu verstehen, lohnt ein Blick auf das brandenburgische Stahlwerk Hennigsdorf. Über die gesamte Periode der Werkleitung durch Hensel fanden keine Sitzungen statt, auf denen die Direktoren regelmäßig zusammenkamen. Die Befragung durch die ZPKK vom 31. Oktober 1951 eröffnete, dass sich Hensel in wesentlichen Fragen nur mit dem Kulturdirektor Mickinn besprach, während zur Betriebsparteileitung unter Leitung von Hähnel, wie im vorangehenden Abschnitt geschildert, ein angespanntes Verhältnis bestand.[48]

---

47 BLHA, Rep. 333, Nr. 477. Schreiben der BGL, SWW Hennigsdorf, an den Werkleiter, die SED-Betriebsgruppe und den SED-Landesvorstand Brandenburg, 10.5.1950.

48 BArch, DY 30/IV 2/4/207. Max Sens (ZPKK). Befragung Werkleiter Hensel durch die ZPKK-Kommission, 31.10.1951.

Dem Betriebsparteisekretariat gehörten acht Mitglieder an: Neben dem Parteisekretär Hähnel und seinem Stellvertreter Schott waren dies der Werkleiter, der Kulturdirektor Mickinn, der BGL-Vorsitzende Preuß, der Aktivist Rudolf Schmidt, der Personalleiter und ein weiteres Mitglied. Somit umfasste es zwar die Mehrzahl der Führungskräfte, schloss aber die kaufmännische sowie die technische Direktion aus. Weil sich Werkleiter Hensel zudem den Treffen entzog und „monatelang keine Leitungssitzungen besuchte“[49], war er isoliert und die betriebliche Governance zerfiel zusehends. Dieser Zustand verhinderte nicht, dass die SED-Leitung ihm Aufträge erteilte, z.B. die Umsetzung der neu einzuführenden technischen Arbeitsnormen (TAN). Solche auf das SED-Zentralsekretariat zurückgehenden Anweisungen setzte Hensel zögerlich um und zog dadurch die Kritik der ZPKK und der kontrollierenden Organe auf sich.

Im Februar 1953 merkte eine ZKSK-Werksprüfung zur Verwendung des Direktorenfonds kritisch an, dass die Werkleiterbesprechungen nur zur Klärung dieses spezifischen Punktes dienten. Eingeladen waren aber jeweils ein Vertreter der BGL und der Kulturdirektion, während Hensel nicht nur den Vorsitz innehatte, sondern auch die Personalleitung vertrat.[50] Als Hennigsdorf ein Jahr später zum Objekt einer umfassenden Sonderprüfung wurde, analysierte die ZKSK die andauernd kritisierte Leitungsstruktur genauer. Dem Werkleiter warf sie eine „detaillierende Arbeitsweise“ vor, was den früher erhobenen Vorwurf des „Praktizismus“ wieder aufnahm.[51] Statt eine straffe Leitung des Werkes zu gewährleisten, verliere sich Hensel in vielen Einzelfragen, was der Entfaltung der Kader abträglich sei. Zudem kreidete ihm der Bericht Verstöße gegen das Prinzip der Sparsamkeit an, die sich – wie schon 1946 in Riesa[52] – an der prestigeträchtigen Benutzung des repräsentativen werkseigenen PKW festmachen ließen. Ein jährlicher Verbrauch von 7.000 Litern Benzin mit dem Dienstfahrzeug wies zwar auf einen beachtlichen Mobilitätsradius des Werkleiters hin, wurde aber von der Kommission als Geldverschwendung gebrandmarkt.

Auch die Besetzung des Werkleitersekretariates wurde in vergleichbarer Weise gedeutet: Mit sechs Mitarbeitern sei es personell überbesetzt. Neben einer Sekretärin und zwei Hilfskräften beschäftigte Hensel einen 78-jährigen Werksrentner als Pförtner, der nur als Aufsicht in seinem Vorzimmer saß. Der kaufmännische Assistent werde vorrangig für politische Aufgaben eingesetzt, der technische Assistent erledige den Publikumsverkehr, kleinere persönliche Angelegenheiten sowie Kraftfahreraufgaben. Die Größe des Mitarbeiterstabes liege über der aller anderen metallurgischen Betriebe. Die ZKSK erkannte in der Existenz des Sekretariats keinen Sinn, weil es dem Werkleiter angesichts seiner „bedeutenden grundsätzlichen Aufgaben“ unmög-

49 BLHA, Rep. 333, Nr. 477. Bericht über die Parteiarbeit im SWH, SED-Landesvorstand Brandenburg, Abt. Wirtschaftspolitik, Sektor Grund- und Schwerindustrie, 23.3.1951.

50 BArch, DC 1/1738. ZKSK-Bericht zur Überprüfung der Ministerratsverordnung über den Direktorenfonds vom 20. März 1952 im Stahlwerk Hennigsdorf, 17.2.1953.

51 Siehe Abschnitt 1.3 in diesem Kapitel.

52 Vgl. Kap. III, 2.1.

lich sei, allen Kräften „in ausreichendem Maße Aufgaben mit den entsprechenden Anleitungen“ zu erteilen.[53] Diese Zustandswahrnehmung der Werkleitung belegt eindrucksvoll den Mangel an unternehmerischen Governance-Aufgaben in einem Stahlwerk wie Hennigsdorf. In dem Betrieb mit rund 5.000 Beschäftigten fehlte es in einer Weise an Leitungsaufgaben, dass die vermeintlichen Assistenten der Geschäftsführung als unterbeschäftigt gelten mussten. Statt dessen pflegte Hensel weiterhin den schon einige Jahre zuvor kritisierten Separatstil in seiner Leitung, den er inzwischen mit einem repräsentativen Habitus verband. Es verging kein weiteres Jahr, bis er 1955 von seinem Posten abgezogen wurde und danach eine Existenz fernab einer Führungsposition fristete.

In der Maxhütte Unterwellenborn gab es ebenfalls Betriebsassistenten, die dem Werkleiter zugeordnet waren. Im Mai 1949, noch unter Werkleiter Hensel, wurde Karl Eichhorn – ein gelernter Maschinenkonstrukteur – als technischer Assistent eingesetzt. Mit seinem Abschluss rangierte er unter den Ingenieuren, stieg aber unter Werkleiter Steinwand zum Leiter der Abt. Investitionen im Technischen Büro auf. Über sein Tätigkeitsfeld ist wenig bekannt, doch bedeutete die Versetzung des 32-Jährigen auf die Abteilungsleitung eine deutliche gehaltliche Aufbesserung, was darauf schließen lässt, dass er zuvor eine weniger qualifizierte Tätigkeit ausübte.[54] Steinwand bestellte 1950 den an der Verwaltungsakademie „Walter Ulbricht“ promovierten Volkswirt Karl-Heinz von Hof zum kaufmännischen Betriebsassistenten. Mittels seiner ökonomischen Qualifikation sollte er den Betriebsablauf „günstig beeinflussen“, insbesondere auf dem Gebiet der Arbeitsvereinfachung. Diese Tätigkeitsbeschreibung deutete auf Optimierung von Arbeitsabläufen, nicht aber auf die Gestaltung anderer Governance-relevanter Entscheidungen hin. In von Hofs Karriere gab es 1950 eine Irritation durch einen Fluchtversuch nach Westen, doch kehrte er auf seine Position zurück und bekleidete sie unter Werkleiter Buchholz nachweislich bis 1958.[55] Das Werkleitersekretariat ähnelte einer kleinen betrieblichen Bastion, die hinsichtlich der personellen Besetzung durchaus mit ihrem Hennigsdorfer Pendant vergleichbar war.

Die komfortable Stellung der Werkleiter oder Werkdirektoren, wie sie seit den frühen 1950er Jahren genannt wurden, schlug sich auch in ihrer Entlohnung nieder. Bis auf wenige Ausnahmen[56] bezogen sie im Werk die höchsten Gehälter und machten, gemessen an ihrer Ausbildung und ihrem früheren Lohn, einen gewaltigen

53 BArch, DG 2/3738. Sonderprüfung (17.2. bis 20.3.1954) des VEB SWW „Wilhelm Florin“ Hennigsdorf, Bericht der Kommission des Industrieministeriums. Der Kommissionsleiter Stemmle (kfm. Dir. in Kirchmöser) wurde später selbst kaufmännischer Direktor des Stahlwerks Hennigsdorf, vgl. BLHA, Rep. 502, SWH, Nr. 695, 27.2.1957.

54 ThStA Rudolstadt, Maxhütte Unterwellenborn, Nr. 2271. Maxhütte, Werkleiter Steinwand an den technischen Direktor Lindner, 27.6.1951.

55 ThStA Rudolstadt, Maxhütte Unterwellenborn, Nr. 2272. Personalleitung Maxhütte, Biografie Karl-Heinz von Hof, 10.7.1959. Im September 1959 floh von Hof – dieses Mal definitiv – in die Bundesrepublik.

56 Vgl. zur technischen Direktion: Kap. IV, 3.

Sprung. Nachweisbare Werkleitergehälter betrugen 1.700 M (Hensel, Hennigsdorf) im Juni 1950, 2.000 M (Steinwand, Maxhütte) im Dezember 1950, 2.000 M (Buchholz bei seinem Wechsel vom Eisenhüttenkombinat Ost zur Maxhütte) im August 1952, Markowitsch 3.000 M (als Leiter des EKO) im Juli 1954 und schließlich 3.500 M (Buchholz, Maxhütte) im Jahr 1959.[57] Erich Markowitsch, der vor 1945 bestenfalls einen Arbeiterlohn bezogen haben dürfte, durfte sich jährlicher Gehaltssprünge erfreuen: Noch im Dezember 1950 verdiente er als Personalleiter der Maxhütte trotz überdurchschnittlicher Entlohnung lediglich die Hälfte seines Werkleitergehaltes von 1954. Aber auch der Schneidergeselle Hensel, der vor 1945 kaum regelmäßige Einkünfte hatte, war binnen weniger Jahre zum Spitzenverdiener geworden. Dasselbe galt für den SED-Betriebssekretär in der Maxhütte Peter Götzl, dessen Einkommen von 750 M (Dezember 1950) auf 2.000 M stieg, als er zum Leiter des Stahlwerks Brandenburg avancierte.

Interpretiert man den Begriff der Werkleitung als Direktorenebene, wird man den kaufmännischen und den technischen Direktor, aber auch den Sozial- bzw. Kulturdirektor hinzurechnen müssen. Berücksichtigen könnte man außerdem noch den Personalleiter und den für die planwirtschaftliche Rechnungsführung wichtigen Hauptbuchhalter. Um die Existenz eines kollektiven Agierens auf Direktorenebene zu testen, würde sich eine Analyse der bereits in der SBZ, aber auch z.B. 1953 an verschiedenen Stellen erwähnten Werkleiterbesprechungen bzw. Direktorensitzungen anbieten.[58] Protokolle solcher Sitzungen sind aber lediglich für den VEB Walzwerk Kirchmöser überliefert.[59] Für die hier schwerpunktmäßig analysierten Werke Hennigsdorf, Riesa und die Maxhütte weisen die Findmittel für die 1950er Jahre keine entsprechende Quellengruppe aus.[60] Wie für Hennigsdorf gesehen, ist es somit zweifelhaft, ob ein solches koordinierendes Leitungsgremium auf Dauer tagte und gemeinsame Governance-Entscheidungen auf der Direktorenebene herbeiführte. In Hennigsdorf und Riesa nahmen 1949/50 die Sitzungen der Betriebsparteisekretariates eine vergleichbare Funktion wahr, inkludierten aber nur SED-Mitglieder, d.h. den Werkleiter, aber nicht die technische Leitung.[61]

57 BArch, DG 2/486. Gehalt WD Markowitsch, 30.6.1954. SächsStA Leipzig, Nr. 20673/996. Gewährung einer Personalpension an WL Hensel, 7.6.1950; ThStA Rudolstadt, Maxhütte Unterwellenborn, Nr. 2270. Gehaltsangabe für WD Buchholz (1959).

58 Zur SBZ vgl. Maxhütte 1947/48, Kap. III, 3.1. BArch, DC 1/556. Bericht des ZKSK-Beauftragten Rolf Winner über die Maxhütte (August 1953), 4.9.1953. Bericht (ZKSK-Oberkontrolleur Dirk von Rickelen) über die Arbeit des Beauftragten Winner in der Maxhütte, 29.10.1953. Bericht (Oberkontrolleur v. Rickelen) über die Arbeit des Beauftragten Kalb im Stahlwerk Riesa, 13.11.1953. In beiden Fällen wurde betont, dass keine Protokolle der Werkleiterbesprechungen bzw. Direktorensitzungen vorlagen.

59 BLHA, Rep. 502, SWB, Nr. 625. Werkleiterbesprechungen 1950–1953. Zur Interpretation dieser Quellen, Kap. V, 4.

60 Für das Stahlwerk Brandenburg weist das Findbuch „Werkleiterbesprechungen“ aus, vgl. BLHA, Rep. 502, SWB, Nr. 1 u. 16. Es handelt sich jedoch im ersten Fall um Betriebsleiterbesprechungen (in den einzelnen Teilbetrieben des Stahlwerks) und im zweiten Fall um eine Werkleitertagung, die im Juni 1952 von Industrieminister Selbmann geleitet wurde.

61 Vgl. Kap. IV, 2.2. Vgl. Bestand: SächsHStA Dresden, Nr. 11856/A 675.

Daneben gab es die für die technische Governance entscheidenden Produktionsbesprechungen, die von den Ingenieuren und der technischen Direktion dominiert waren und an denen der Werkleiter als Einzelperson teilnehmen konnte. Diesem Muster entsprachen auch die Betriebsleiterbesprechungen, die sich auf die einzelnen Abteilungen – auch als „Betriebe" bezeichnet – erstreckten. In Brandenburg standen sie unter Leitung des technischen Direktors Franz, während der Werkleiter nicht daran teilnahm.[62] Die Besprechungen wurden im Dezember 1952 durch die Einrichtung eines Technischen Rates abgelöst. Daneben gab es in den Werken eine Fülle mehr oder weniger dauerhaft und regelmäßig tagender Kommissionen. Wenn der Werkleiter es für notwendig hielt, konnte er an diesen innerbetrieblichen Koordinationsorganen teilnehmen, übte hinsichtlich der Governance aber nirgendwo eine dominierende Funktion aus. Seine Rolle war vielmehr diejenige eines Moderators zwischen den verschiedenen Machtpolen des Betriebes, wie das Kräfteparallelogramm illustriert. In der Maxhütte wurden monatliche Werkleiterkollektivsitzungen, welche die „Einheit von Politik, Ökonomik und Technik" sichern sollten, erst 1959 erwähnt. Diese „Innovationsleistung" rechtfertigte die Verleihung des Vaterländischen Verdienstordens in Silber an Werkleiter Adolf Buchholz.[63] An späterer Stelle werden Thesen entwickelt, warum die Existenz eines zentralen betrieblichen Leitungsgremiums im SED-Staat womöglich unerwünscht war.[64]

Dennoch bestand der Wunsch, den Werkleiter aus der verschiedentlich festgestellten Umklammerung durch die SED-Betriebsgruppe zu lösen. Wie in diesem Kapitel eingangs beschrieben, entschied sich die ZPKK im Konflikt zwischen Werkleiter Hensel und Betriebsparteisekretär Hähnel für die Position des ersteren, wofür allerdings vor allem sachliche Gründe sprachen. Auch in der Maxhütte vermerkte ein ZPKK-Bericht zur Position des neuen Werkleiters Steinwand, dass er trotz seiner engen Verbindung zur Partei manchmal „in produktions-technischen Dingen" Aufträge durch die SED-Betriebsparteileitung erhielt. Hier müsse die „Verantwortlichkeit als Werkleiter [...] stärker gewahrt bleiben."[65] In gleicher Weise äußerte sich eine Kommission des Industrieministeriums anlässlich der Prüfung des Werks Hennigsdorf zur Rolle des Werkdirektors. Dieser habe „im Interesse der straffen Leitung des Betriebes die revolutionäre Zusammenarbeit innerhalb der Werkleitung auf der Grundlage dieser Kollektivarbeit, durch Zusammenwirken mit den mittleren und

62 BLHA, Rep. 502, SWB, Nr. 1. Betriebsleiterbesprechungen des Jahres 1952.

63 ThStA Rudolstadt, Maxhütte Unterwellenborn Nr. 2270. Begründung des Vorschlags zur Auszeichnung des Werkdirektors A. Buchholz, erster Sekretär der BPO der SED, Maxhütte, 18.6.1959. Die Überlieferung der Protokolle setzt im Bestand „Maxhütte Unterwellenborn" erst in den 1960er-Jahren ein.

64 Vgl. Abschnitt 4 in diesem Kapitel.

65 BArch, DY 30/IV2/4/204. Bericht der thüringischen LPKK (Vorsitzender Eyermann) zur Überprüfung der Maxhütte, 8. bis 10. 11.1950.

unteren Kadern, sicherzustellen, damit die erforderliche grundlegende Veränderung der ökonomischen Verhältnisse des Betriebes erreicht wird."[66]

Einen Einblick in die Weisungsbefugnisse des Werkleiters gewähren die Werkleiteranordnungen, die z.B. Hensel bereits im November 1948 in der Maxhütte als Machtinstrument gegen die technische Leitung eingeführt hatte.[67] Währung seiner Leitung des Stahlwerks Hennigsdorf lässt sich im Stichjahr 1954 exemplarisch ein Sample von 30 Werkleiteranordnungen analysieren. Ein Drittel dieser an einen größeren Adressatenkreis im Stahlwerk gerichteten Weisungen betrafen entweder die Konkretisierung von Ministerialdirektiven oder Maßnahmen zum Erreichen der Planziele, d.h. die Weiterleitung der Vorgaben einer übergeordneten Bürokratie. Ein weiteres knappes Drittel bezog sich auf Umstrukturierungen im Betrieb oder arbeitsorganisatorische Änderungen. Von diesen neun Anordnungen kann angenommen werden, dass sie in betrieblicher Autonomie entschieden wurden. Die übrigen elf Anordnungen lassen sich folgenden disparaten Themenfeldern zuordnen: zwei betrafen den Brand- und Unfallschutz, zwei die betrieblichen sozialen Dienste, drei die Lohn- und Prämienregelung sowie vier die Einsetzung von Personal. Auch die letztgenannten Bereiche dürften – mit Ausnahme der Einsetzung der Führungskräfte und der Rahmenrichtlinien für Löhne und Prämien – einer internen Entscheidungsfindung unterlegen haben.[68]

Die Durchsetzung der Vorgaben von oben bezog sich in einem Fall auf die Direktive zur Verbesserung der Arbeits- und Lebensbedingungen. Es wurden Kontrollbücher zum Festhalten von Mängeln eingeführt.[69] In einem zweiten Fall wurde die Vertretungsbefugnis bei Verhandlungen mit anderen Betrieben gemäß dem Statut der zentralgeleiteten Betriebe der volkseigenen Industrie vom 7. August 1952 geregelt: Direktoren erhielten Entscheidungsbefugnis bis zu einer Auftragshöhe von 50.000 Mark, bei höheren Summe war die Zustimmung des Werkdirektors erforderlich.[70] Zur Förderung der Ziele der Planerfüllung und nationalen Kampagnen dienten folgende Anordnungen: 1. Verringerung von Überstunden durch Reduktion des innerbetrieblichen Schriftverkehrs, 2. Erhöhung der Arbeitsleistung durch Erstellung eines Brigadeleistungsbuchs, 3. Verbesserung der wirtschaftlichen Rechnungsführung durch (a) Modifikation der Lohnabrechnung in der Eisengießerei, (b) standardisierte Begutachtung der Investitionsvorhaben, (c) Beseitigung der Doppelführung von Statistiken, 4. Vorbereitung der Normensetzung des kommenden Jahresplans durch Dokumentation der erreichten Verbesserungen in der jeweiligen Betriebsabteilung, 5. Reduktion des Krankenstandes durch Einführung eines Anmeldeverfahrens für die betriebliche

66 BArch, DC 1/1841. Sonderprüfung 17.2. bis 20.3.1954. VEB SWW „Wilhelm Florin" Hennigsdorf. Bericht der HV Eisenhüttenindustrie an die ZKSK, 19.5.1954.

67 Vgl. Kap. III, 3.1.

68 Die Personalpolitik wird im Abschnitt 4 dieses Kapitels im Hinblick auf die Alternative zwischen zentraler oder betrieblicher Governance exemplarisch untersucht.

69 BLHA, Rep. 502, SWH, Nr. 695. Werkleiteranordnung vom 9.4.1954.

70 BLHA, Rep. 502, SWH, Nr. 695. Werkleiteranordnung vom 30.12.1954.

Poliklinik.[71] Interessant war die Regelung des hier an erster Stelle genannten Punktes, der sich auf die Berechtigung zur Führung innerbetrieblicher Korrespondenz bezog. Meister und Brigadiere mussten sich zur Verschriftlichung ihrer Anliegen an den Leiter der Blockstraße wenden, der wiederum der Oberleitung Meldung zu erstatten hatte. Mit Hilfe einer Reihe weiterer Einzelvorschriften zur Konzentration der Schreibkräfte hoffte der Werkleiter, rund 10.000 Arbeitsstunden jährlich einzusparen. In diesem wie in den anderen Fällen wird deutlich, dass die maßgebliche Governance-Komponente auf überbetrieblicher Ebene lag, während lediglich der Erlass der konkretisierenden Ausführungsbestimmungen im Werk erfolgte.

Auf betriebliche Gestaltungsspielräume deuteten fünf Anordnungen des Werkleiters Hensel zur Erstellung von Urlaubsplänen, Verfahrensweise bei Personalentlassungen, Abwicklung interner Aufträge, Durchführung von Gefälligkeitsleistungen und Erteilung von Lohnauskünften.[72] Diese an die Abteilungsleiter gerichteten Anweisungen lassen keine unmittelbare Bezugnahme zu zentralen Weisungen erkennen. Dasselbe galt für drei Anordnungen zur Restrukturierung von Betriebsabteilungen, im Einzelnen die Unterstellung der Lichtpauserei unter das Betriebsarchiv, die Lösung der Rechnungsstelle von der kaufmännischen Direktion sowie der Aufsichtswechsel der Kraftfahrzeugreparatur von der technischen zur kaufmännischen Direktion.[73] Im Ermessensspielraum des Werkleiters dürften auch die Bestimmungen zum Unfall- und Brandschutz sowie die Gestaltung sozialer Dienstleistungen, z.B. die Verlegung des Konsum-Geschäfts außerhalb des Werkgeländes, gelegen haben.[74]

Wenn man die stärker der zentralen Governance unterliegenden Punkte mit den betriebsintern gesteuerten Vorgängen vergleicht, erkennt man, dass die Erstgenannten eher den wirtschaftlichen Prozess, die Zweitgenannten aber die Betriebs- oder Arbeitsorganisation betrafen. Diese Verteilung befand sich durchaus im Einklang mit den Vorstellungen der zentralen Planung. Dass manche Felder im Dialog zwischen den beteiligten inner- und außerbetrieblichen Instanzen entschieden wurden, zeigt sich deutlich in der Prämien- und in der Personalpolitik. Diese Governancefelder werden daher gesondert im Abschnitt 4 dieses Kapitels untersucht.

2.2 Der neue Werkleitertypus

Es folgt eine typologische Untersuchung der Frage, welche Qualitäten den Werkleiter auszeichnen mussten, damit er dem obrigkeitlichen Wunsch einer „kollegialen Zusammenarbeit" mit den übrigen verantwortlichen Funktionären des Werkes nach-

71 BLHA, Rep. 502, SWH, Nr. 695. Werkleiteranordnungen vom (1) 11.3. u. 6.4.1954, (2) 8.6.1954, (3) 9.8. u. 26.11.1954, (4 u. 5) 7.9.1954.

72 BLHA, Rep. 502, SWH, Nr. 695. Werkleiteranordnungen vom 20.1., 13.4., 20.4., 31.5. u. 6.6.1954.

73 BLHA, Rep. 502, SWH, Nr. 695. Werkleiteranordnungen vom 12.1., 6.4. u. 2.7.1954.

74 BLHA, Rep. 502, SWH, Nr. 695. Werkleiteranordnungen vom 30.3., 16.11. u. 17.12.1954.

kommen konnte. Bereits aus der folgenden tabellarischen Übersicht gehen signifikante Merkmale des „neuen Typus“ Werkleiter hervor, der die „Übergangsleiter“ aus der SBZ-Phase ersetzte.

Tab. 13: Der neue Werkleitertypus in der Phase der Etablierung der Planwirtschaft

	Vorherige Tätigkeit	Zeit als Werkleiter	Perspektive (Aufstieg)
Riesa			
Max Friedemann * 1905	1948/49 Leiter Presseabteilung der DWK, 1949/50 ZK der SED, Fachabt. Metallurgie	1950–53	1953–58 Stellv. Minister und Staatssekretär im Ministerium für Bergbau und Hüttenwesen
Karl Kempny * 1908	1948–50 Werkleiter Walzwerk Finow 1950–53 Technischer Direktor Riesa	1953–56	1956–58 Stellv. Minister für Bergbau und Hüttenwesen
Eugen Lacour * 1903	1945–47 Dolmetscher 1947–49 Abteilungsleiter Verwaltung 1949–51 Leiter Sekretariat der Werkleitung 1951–56 Produktionsleiter im SWW Riesa	1956–67	Ruhestand
Hennigsdorf			
Helmut Hensel * 1910	1947–50 Werkleiter Maxhütte	1950–55	Nach Entlassung in untergeordneter Position
Erich Heller * 1910	1948/49 Personalleiter der DWK-HV Maschinenbau und Elektroindustrie 1949–55 Direktor in der Deutschen Handelszentrale Metallurgie (DHZ)	1955–72	1969–72 Generaldirektor des VEB Qualitäts- und Edelstahlkombinates Hennigsdorf
Maxhütte			
Rudolf Steinwand * 1906	1946–50 Personalleiter der HV Landeseigener Betriebe, Landesregierung Thüringen 1948/49 Mitglied des Plenums der DWK	1950–52	1952–55 HA-Ltr. im Min. für Erzbergbau u. Hüttenwesen; Staatssekretär u. Stellv. Minister für Schwermaschinenbau 1955–58 Minister für Berg- und Hüttenwesen
Adolf Buchholz * 1913	1947–49 Journalist Junge Welt und Sowjetisches Nachrichtenbüro, 1949–51 Personalleiter in der HV Metallurgie der DWK bzw. der HA des Ministeriums für Schwerindustrie, zeitweise auch Sekretär der dortigen SED-BPO 1951/52 Werkdirektor im EKO Fürstenberg	1952–60	1960/61 SPK Sektorenleiter 1962 Abteilungsleiter Schwarzmetallurgie im Volkswirtschaftsrat

Quellen: siehe biografischer Anhang dieses Buchs.

Trotz der anfänglichen Heroisierung fehlte es dem Schneidergesellen Hensel letztlich wohl doch an der Eignung für die Position an der Werkspitze. Er war der einzige Werkleiter im Laufe der 1950er Jahre, der aus dieser Position unehrenhaft entlassen wurde, wie zuvor z.B. auch Pfrötzschner in Riesa. Weitaus häufiger wurde die Werkleiterposition nun zu einem Sprungbrett für eine Karriere in dem jeweils für die Stahlindustrie zuständigen Industrieministerium der DDR. Die Riesaer Werkleiter Friedemann und Kempny stiegen zu stellvertretenden Ministern, Steinwand als Leiter der Maxhütte sogar zum Minister für Berg- und Hüttenwesen auf. Zwischen diesen beiden Extremen bewegten sich die Karrieren der Leiter des Hennigsdorfer Stahlwerks Erich Heller sowie seines Unterwellenborner Kollegen Adolf Buchholz, die hier aufgrund ihrer langen Verweildauer im Betrieb als Idealtypen für den Werkdirektor der 1950er Jahre zu präsentieren sind. Etwas abseits ihrer Karrierewege lag die hausinterne Laufbahn des Riesaer Werkdirektors Eugen Lacour, der in der SBZ-Phase zwar noch mit den „alten Kräften" kooperiert hatte, aber seine langjährige Parteiloyalität und Kenntnisse der Situation vor Ort als Pfund in die Waagschale zu werfen wusste.

Wenn man Hensels Profil mit demjenigen seines Nachfolgers Erich Heller vergleicht, werden die Qualifikationsdefizite des 1955 entlassenen Werkleiters deutlich. Als Heller im August 1946 aus der englischen Emigration zurückkehrte, nahm er eine Beschäftigung als Personalleiter der Industriewerke Halle in der Provinz Sachsen an. 1948 stieg er zum Personalleiter der HV Maschinenbau und Elektroindustrie der DWK auf. Diese Tätigkeit führte ihn teils fachlich an die Stahlindustrie heran, bot ihm aber darüber hinaus eine praktische Einführung in das Geflecht der Personalpolitik dieser Jahre. Die Schlüsselstellung der personalpolitischen Abteilung im entstehenden personellen Überwachungssystem bot ihm die Gelegenheit, sich als linientreues Parteimitglied zu beweisen. Während der folgenden sechsjährigen Tätigkeit als Hauptdirektor der Deutschen Handelszentrale Metallurgie baute Heller seine Leitungsqualitäten aus. In Bezug auf die Stahlbranche vermittelte ihm diese Aufgabe zumindest Einsichten in die Möglichkeiten des Vertriebs, des Warensortiments und des Außenhandels, vorrangig mit der Sowjetunion und der Volksrepublik Polen. Ohnehin konnte Heller wegen seiner beruflichen Herkunft als Werkzeugmacher auf seine Fachnähe verweisen. Seine Arbeiterherkunft verlieh ihm zugleich die Eintrittskarte in die Leitungsposition, die er als 45-jähriger übernahm. Im gleichen Jahr schloss er ein 1947 begonnenes Fernstudium der Wirtschaftspolitik an der Verwaltungsakademie Potsdam-Babelsberg als Diplom-Wirtschaftler ab. Damit gehörte er zur ersten Generation der vollständig im DDR-System ausgebildeten Leitungskader. Bemerkenswert ist ferner, dass er in seiner Position als Werkleiter 1961 die Zeit fand, ein weiteres Fernstudium mit einem Ingenieur-Diplom abzuschließen. Die wissenschaftliche Vertiefung seiner Fachkenntnisse kann seinen langen Verbleib auf der Werkdirektorstelle erklären, war aber 1955 keine Voraussetzung für seine Berufung darauf. Dies wirft auf die Position aber noch ein anderes Licht: Als Funktionärsstelle eröffnete sie – im Vergleich zum westlichen Managertypus – bemerkenswerte zeitliche Freiräume.

Der Lebenslauf von Adolf Buchholz glich demjenigen Hellers in wesentlichen Punkten.[75] 1913 geboren, war er drei Jahre jünger als sein Hennigsdorfer Werkleiterkollege. Dank seiner 1932 abgeschlossenen Ausbildung als Eisenformer verfügte er über ein Grundwissen in der Produktion von Modellplatten, übte den Beruf aber nur kurz aus, weil er aufgrund kommunistischer Tätigkeit 1934 für zwei Jahre ins Gefängnis kam. Nach Haftentlassung und Interimstätigkeit als Former in Berlin-Mariendorf emigrierte er 1937 zunächst nach Prag, dann nach London. Aus der Emigration zurückgekehrt, stieg er 1946 in den journalistischen Bereich ein. Bis 1947 war er Chefredakteur der FDJ-Zeitung Junge Welt und arbeitete anschließend bis 1949 im sowjetischen Nachrichtenbüro Berlin. Genau wie Heller agierte er dann bis 1951 als Personalleiter im DDR-Ministerium für Hüttenwesen und Erzbergbau. Ab Herbst diesen Jahres leitete er als erster Werkdirektor des Eisenhüttenkombinats Ost das Aufbauprogramm, wechselte aber bereits im August 1952 zur Maxhütte Unterwellenborn, wo er als 39-jähriger Rudi Steinwand in der Leitungsfunktion ablöste. Auf dieser Position verblieb er bis 1960, als er eine Stellung in der Zentralen Plankommission übernahm.

West-Emigranten wie die beiden präsentierten Werkleiter Heller und Buchholz boten sich für eine Karriere auf der zweiten Hierarchieebene des SED-Staates an.[76] In ihrem Fall kam noch hinzu, dass sie im Prager Exil politisch zusammenwirkten und Kontakte mit dem späteren Industrieminister Heinrich Rau pflegten. Vor allem prädestinierte sie ihre verantwortliche Tätigkeit in den personalpolitischen Abteilungen der Industrieministerien für die Funktion des Werkleiters. In gewisser Weise bildeten sie, da sie auf eine Reihe weiterer positiv bewerteter Eigenschaften verweisen konnten, für die Mitte der 1950er Jahre eine Art Idealtypus für die Leitung eines industriellen Großbetriebs, obgleich sie nicht als KPD-Aktivisten im Widerstand einzustufen waren. In dieser Beziehung ist noch auf die Karriere eines weiteren ehemaligen Personalleiters, Erich Markowitsch von der Maxhütte, zu verweisen. 1954 stieg er zum Betriebsdirektor des Eisenhüttenkombinats Ost (EKO) auf, nachdem er ein vierjähriges Fernstudium an der Parteihochschule der SED erfolgreich absolviert hatte.[77] Schließlich war er 1963 bis 1967 noch Vorstandsvorsitzender der Wismut AG.

75 Zum Folgenden: ThStA Rudolstadt, Maxhütte Unterwellenborn, Nr. 2270. Lebenslauf Adolf Buchholz, 30.9.1952.

76 Danzer, Doris: Zwischen Vertrauen und Verrat. Deutschsprachige kommunistische Intellektuelle und ihre sozialen Beziehungen (1918–1960), Göttingen 2012, S. 447ff. S. auch Foitzik, Jan: Die stalinistischen Säuberungen in den ostmitteleuropäischen Parteien. Ein vergleichender Überblick, in: Weber, Hermann/Staritz, Dietrich (Hrsg.): Kommunisten verfolgen Kommunisten. Stalinistische Terror und „Säuberungen" in den kommunistischen Parteien Europas seit den dreißiger Jahren, Berlin 1992, S. 401–423.

77 Karlsch, Uran für Moskau, S. 147f.

3 Zwischen Beharrung und Anpassung: die technischen Direktionen

3.1 Personalfluktuation

Angesichts der starken Abwanderung von Ingenieuren und leitenden technischen Angestellten aus der SBZ/DDR ist die Motivation derer, die vor Ort verblieben, nur schwer zu ermitteln, weil es diesbezüglich an persönlichen Äußerungen fehlt. Wie am Beispiel Sedlaczek gesehen, wurde allenfalls der gegenteilige Fall, d.h. das Verlassen der DDR, aktenkundig. Im Folgenden wird versucht, Licht in das Agieren der Gruppe der Ingenieure und vor allem der technischen Direktoren, eine hervorstehende Gruppe innerhalb der technischen Intelligenz, zu bringen. Im Blickpunkt stehen dabei die DDR-Karrieren, die sich häufig als eine Fortführung des Aufstiegs in der Kriegszeit darstellten.

Die technischen Direktoren der 1950er Jahre in den DDR-Stahlwerken gehörten in der Mehrzahl der relativ geschlossenen Alterskohorte der Geburtsjahrgänge zwischen 1900 und 1908 an. Älter waren lediglich die 1896 bzw. 1889 geborenen Alfred Oehme (Riesa) und Friedrich Franz (Brandenburg). Entsprechend schlossen die hier aufgenommenen Führungskräfte ihr Studium in den 1920er und frühen 1930er Jahren ab. Im Dritten Reich bekleideten sie Stellungen als leitende Ingenieure in rheinisch-westfälischen und oberschlesischen Stahlwerken, jedoch nur in zwei Fällen bei den Mitteldeutschen Stahlwerken. Außer bei Paul Höpfner und Alfred Oehme, der explizit als „konzernverbundenes Element" bezeichnet wurde,[78] waren häufige Arbeitsstellenwechsel üblich, was einigen Ingenieure zu Führungspositionen in den annektierten und besetzten Gebieten verhalf. Wie bei anderen in der SBZ/DDR ansässigen Metallurgen kann eine Mitgliedschaft im Verein Deutscher Eisenhüttenleute (VDEh) oder eine Nähe zu dessen nationalkonservativer Ausrichtung angenommen bzw. festgestellt werden.[79] Aus fachlichen und persönlichen Gründen versuchten die technischen Direktoren, die Kontakte in der Nachkriegszeit weiter zu pflegen. In einigen Fällen lassen sich „Westverbindungen" bis in die 1950er Jahre nachweisen.[80] Jedoch waren die fraglichen Ingenieure wiederum so jung, dass sie im Dritten Reich keine Führungspositionen im VDEh einnahmen – mit Ausnahme von Friedrich Franz, dem

78 So das Urteil der MfS-Kreisstelle Riesa, vgl. BStU, MfS BV Dresden, AOP 76/55. Beschluss über das Anlegen des Gruppenvorgangs „Stern", 26.8.1953.

79 Maier, Helmut: Der VDEh als technisch-wissenschaftlicher Verein im Nationalsozialismus, in: Ders./Zilt, Andreas/Rasch, Manfred (Hrsg.): 150 Jahre Stahlinstitut VDEh, 1860–2010, Essen 2010, 174f.; Kinne, Helmut: Ostdeutsche Hüttenvereine in der Montanindustrie 1945–1991, in: Ebd., S. 242.

80 Vgl. für Alfred Oehme: BStU, MfS BV Dresden, AOP 76/55. Sachstandsbericht Gruppenvorgang „Stern", 28.4.1954. Kontakte zu Ehemaligen der Studentenverbindung „Landsmannschaft Bavaria", dort als „Spionageorganisation" bezeichnet; für Karl Jacobsen: BStU, MfS BV Gera, AOP 122/59. Zusammenfassender Bericht zum Ü-Vorgang 53/58 der MfS-Kreisstelle Saalfeld, 19.3.1958. Kontakte u.a. zu Herbert Sedlaczek (Aachen), Karl Eichel (München) u.a. Ingenieuren in der Bundesrepublik.

ältesten technischen Direktor im vorliegenden Sample, der 1944 aus Lothringen zur Maxhütte Unterwellenborn wechselte.[81] 1938 war er sowohl Vorsitzender des Arbeitsausschusses des VDEh-Stahlwerksausschusses als auch Leiter der Vierjahresplan Arbeitsgruppe Manganwirtschaft dank seiner Zugehörigkeit zum Vorstand der Gutehoffnungshütte Oberhausen.[82]

Die meisten in die folgende Tabelle 14 aufgenommenen technischen Leiter bzw. Direktoren gehörten der NSDAP an. Neben der ausführlich geschilderten Biografie des ehemaligen Wehrwirtschaftsführers Herbert Sedlaczek galt dies nachweislich für Wolfgang Küntscher (Eintritt in die NSDAP 1930), Alfred Oehme und Friedrich Franz (beide Parteieintritt 1933) sowie Alfred Dreschel und Paul Höpfner im Stahl- und Walzwerk Gröditz (beide Parteieintritt 1937).[83]Andere Parteimitgliedschaften bzw. NS-Belastungen konnte selbst das MfS nicht endgültig klären, z.B. die Rolle von Karl Jacobsen als Stahlwerkschef in der Leipziger Hugo Schneider AG (1941–1944), einem Unternehmen, das tief in die NS-Rüstungspolitik und Zwangsarbeiterrekrutierung verstrickt war. Der MfS-Überprüfungsvorgang Mitte der fünfziger Jahre enthüllte im Gegensatz zu anderen biografischen Quellen seine Tätigkeit als Hilfsarbeiter 1945/46 im thüringischen Hildburghausen, was als Indiz für eine berufliche Deklassierung im Zuge der Entnazifizierung gelten kann.[84] Der überlieferte Lebenslauf Friedrich Linders im Archiv der Maxhütte enthält zwar keinen Hinweis auf seine NSDAP-Mitgliedschaft, jedoch wurde diese in der Kaderstatistik des Ministeriums für Schwerindustrie vermerkt.[85]

Während die Werkleiter und -direktoren auf positive Lebensmerkmale im Sinne der SED-Erwartungen verweisen konnten, war dies für die technischen Leiter nicht der Fall. Die meisten in der DDR arrivierten technischen Direktoren hatten eine steile Kriegskarriere mit mehreren beruflichen Aufstiegen erlebt. Die Vielfalt der Kriegserfahrungen mochte angesichts der in der DDR geforderten Fähigkeit zur Improvisation von Vorteil sein. Da in dem Sample nur eine Person auf eine längere werksinterne Karriere zurückblickte, unterschied sich die Stellenbesetzung ab 1950 markant von den in der SBZ-Periode feststellbaren hausinternen Kontinuitätslinien. Die folgende Tabelle 14 bettet die Laufbahn der technischen Direktoren in ihre Qualifikation für diese Position nach 1945 und ihre berufliche Perspektive nach Verlassen der Stelle ein.

Die ersten technischen Leiter der SBZ-Periode, namentlich Stoof in Hennigsdorf, Dreschel in Riesa sowie Franz, Peters und Naumann in der Maxhütte schieden bis

81 Vgl. Kap. II, 2.1 zu Franz' Lebenslauf und biografischer Anhang.

82 Maier, VDEh im Nationalsozialismus, S. 158.

83 Quellen vgl. biografischer Anhang.

84 BStU, MfS BV Gera, AOP 122/59. Zur HASAG vgl. Schneider, Michael: Der Fall Hugo Schneider AG (Hasag), in: Bähr, Johannes: Die Dresdner Bank in der Wirtschaft des Dritten Reichs (Die Dresdner Bank im Dritten Reich, Bd. 1), München 2006, S. 371–382.

85 BArch, DG 2/2721. Ministerium für Schwerindustrie. Statistischer Berichtsbogen, 15.12.1953.

Tab. 14: Technische Leiter und Direktoren in den DDR-Stahlwerken (1950–1958)

	Ausbildung – vorherige Tätigkeit	Zeit als TD	Perspektive (Aufstieg)
Stahl- und Walzwerk Riesa			
Kempny, Karl * 1908	1946–48 TL Hoffmann&Motz, Finow 1948–50 WL Walzwerk Finow	1950–53	1953–56 Werkdirektor SWW Riesa
Alfred Oehme * 1896	Bis Jan. 1950 interniert 1950–53 SWW Riesa Ingenieur Investabt., Mai 1953– Hauptmechaniker des Werkes (Oberingenieur)	1953– mind. 1957	keine Angaben
Stahl- und Walzwerk Hennigsdorf			
Wolfgang Küntscher * 1902	1945/46 Stellv. Leiter der Versuchs anstalt der Eisenwerke in Linz/Öster reich 1946–49 Metallurge in den Leuna-Werken	Juli 1949– 1953	1953–56 Professor für Eisenhüttenkunde Bergakademie Freiberg
Maxhütte			
Herbert Sedlaczek * 1900	1945–48 Selbstständige Tätigkeit als Konstrukteur (Zusammenarbeit mit der sowjetischen Besatzungsverwaltung)	1948–50	1950 Westabgang 1951–55 freier Ingenieur Aachen 1955– Professor TH Aachen
Friedrich Linder * 1908	1946/47 Gießereileiter in Arnstadt 1947–49 Maxhütte Planungsleiter 1949/50 Produktionsleiter	1950–55	1955–57 technischer Direktor EKO 1957–59 technischer Direktor in Brandenburg
Karl Jacobsen * 1901	1951/52 Produktionsleiter 1952–55 Chefdispatcher und Stahlwerkschef	1956–64	Ab 1964 evtl. Ruhestand
Stahl- und Walzwerk Brandenburg			
Friedrich Franz * 1889	1944–47 Betriebsleiter und technischer Direktor der Maxhütte Unterwellenborn 1947/48 Stahlwerk Thale 1949 Zentrales Konstruktionsbüro	1950–56	Ab 1956 Ruhestand

Quellen: siehe biografischer Anhang dieses Buchs.

spätestens 1950 aus. Die um diesen Zeitpunkt neu eintretenden Ingenieure Küntscher, Linder oder Kempny hatten sich seit Kriegsende in den ostdeutschen Stahlwerken bewährt. Mit Franz in Brandenburg kehrte außerdem einer der ersten Aufbauleiter in die betriebliche Praxis zurück, nachdem er nach seiner Entlassung in der Maxhütte zunächst bei der sowjetischen Aktiengesellschaft Thale beschäftigt und dann im Zentralen Konstruktionsbüro (ZKB) an der Projektierung des Stahlwerks Brandenburg beteiligt war.

Die Situation, in der sich die technischen Direktoren befanden, war von anhaltenden Konflikten mit den in der SED organisierten Arbeiterfunktionären geprägt. Beispielsweise entschloss sich mit Alfred Dreschel der letzte Nachkriegsaufbauleiter im Januar 1950, das Werk Riesa zu verlassen. Ein Angebot des Personalleiters der HA Metallurgie Buchholz zur Versetzung ins ZKB ignorierte der ehemalige technische Direktor und setzte sich ins Rheinland ab, wo er kurzzeitig noch als Spezialreferent bei der Stahltreuhändervereinigung wirkte, bevor er nach Erreichen der Altersgrenze an seinem neuen Wohnsitz Düsseldorf in den Ruhestand trat.[86] Zur Begründung dieses Schritts formulierte er seine abschließenden Eindrücke von seiner Riesaer Tätigkeit: Einerseits empfand er die Zusammenarbeit in der Werkleitung als unbefriedigend, andererseits fühlte er sich bei „nahezu allen wichtigen Werksangelegenheiten" ausgeschaltet.[87] Diese mehrfach bestätigte ungünstige Situation für die technischen Leiter wirft die Frage auf, welche Anreize für die in die Tabelle aufgenommenen genannten Ingenieure überhaupt bestanden, die Position eines technischen Direktors in einem der DDR-Stahlwerke zu übernehmen.

Ohne Zweifel bemühte sich die SED-Spitze angesichts des anhaltenden Fachkräftemangels, der größtenteils ein Resultat der Fluchtbewegung nach Westen war, um die Schaffung eines günstigen Klimas für die technischen Direktoren. Wie eingangs dieses Kapitels gesehen, hatte mit Sedlaczek einer der wichtigsten Repräsentanten der technischen Intelligenz, das „Paradepferd"[88], wie er auch bezeichnet wurde, der DDR den Rücken gekehrt. Die politische Einbindung gestaltete sich deshalb so schwierig, weil die Ingenieure vor allem den betrieblichen SED-Funktionären als politische Feinde galten. Entsprechend folgten staatliche Kampagnen zur Aufwertung der technischen Intelligenz, deren „schöpferische Initiative" nicht immer die notwendige Unterstützung und Förderung seitens der Betriebsleiter, der Betriebs- und Gewerkschaftsleitungen sowie der Ministerien erfahre. Bei den SED-Genossen herrschten noch „rückständige und schädliche Ansichten über die technische Intelligenz [vor], die Mißtrauen gegenüber der Intelligenz erwecken und eine kameradschaftliche Zusammenarbeit der gesamten Belegschaft zum Wohle des gesamten Volkes verhindern."[89] Gegenüber der ZPKK brachte der Personalleiter der Maxhütte Markowitsch diese

86 SMR, SWW Riesa, K 23. Schreiben Dreschel an Personalabteilung SWW Riesa, 8.1.1950. Zur Tätigkeit im Rheinland: Stahl und Eisen 71 (1951), S. 487, 73 (1953), S. 524. Vgl. zur Stahltreuhändervereinigung Budraß, Lutz: „Kalorienjäger", Physiker und Betriebswirte. Von der Wärmestelle zum Betriebsforschungsinstitut des Vereins Deutscher Eisenhüttenleute, in: Maier/Zilt/Rasch, 150 Jahre Stahlinstitut VDEh, S. 659–661.

87 Ebd.

88 BArch, DY 30/IV 2/4/204, fol. 53. Artikel von Richard Liesegang in der „Neuen Zeitung" (USBZ), 8.11.1950.

89 Präambel der Durchführungsbestimmungen zur 2. Kulturverordnung, 24.5.1951, Gesetzblatt der DDR 1951, S. 485.

Einstellung 1950 auf einen kurzen Nenner: „Hinter jeden Intelligenzler einen Polizisten."[90] Als praktische Maßnahme gegen die „rückständige Haltung" luden die Werkleitungen zu den Zusammenkünften mit den Aktivisten ein.[91] Mit diesen Gesellschaftsabenden verband man nicht nur die Hoffnung, die Intelligenz auf Betriebsebene politisch einzubinden, sondern auch die Innovationsleistungen durch Intensivierung des Neuererwettbewerbs zu steigern. In der Theorie sollten Schulungsarbeit und ideologische Überzeugung das Bündnis zwischen Arbeiterschaft und Führungskräften schmieden. In der Praxis fruchte diese Propagandaarbeit aber kaum, in Hennigsdorf hieß zum Beispiel, dass alles mit Hilfe materieller Vorteile geregelt werden müsse.[92] Insofern kamen monetären Anreizen und auch immateriellen Vergünstigungen eine große Bedeutung zu.[93]

3.2 Materielle und immaterielle Anreize

Die Berufskarrieren leitender Ingenieure im Zweiten Weltkrieg waren mit gehaltlichen Aufbesserungen verbunden, doch mussten sie nach 1945 nachweislich Kürzungen von 75 Prozent und mehr hinnehmen. Die folgende Übersicht illustriert, dass die Gehälter bis 1948/49 wieder eine Höhe erreichten, die mit dem Vorkriegsniveau vergleichbar war. Die Gehaltsaufzeichnungen beziehen sich auf Alfred Dreschel, den 1950 ausgeschiedenen technischen Direktor des Stahlwerks Riesa, und Herbert Grünn, der seit 1935 Walzwerkschef in Freital-Döhlen war, dort ab 1945 die Demontage leitete und dann ab 1947 wieder dem Walzwerk der Maxhütte vorstand.[94] Dreschel bezog als technischer Direktor im Januar 1949 z.B. wieder das Bruttogehalt, das er im Juli 1937 als „Maschinendirektor", d.h. Verantwortlicher für die Reparatur- und Maschinenbetriebe des Stahlwerks Riesa, erhalten hatte.[95] Aus dem Blickwinkel der Ingenieure ließen die raschen Gehaltserhöhungen in der wirtschaftlichen Rekonstruktionsphase auf eine weitere positive Entwicklung hoffen.

Eine für Dezember 1950 überlieferte Übersicht der Gehälter auf der Maxhütte zeigte, dass das Gehaltsniveau von Dreschel und Grünn für Leitungskräfte durchaus repräsentativ war. Das Gehalt des technischen Direktors lag mit 1.500 M nur geringfügig über dem der Leiter der drei betrieblichen Kernabteilungen: Jeweils 1.400 M verdienten der Hochofenchef Karl-Heinz Zieger, der Stahlwerkschef Karl Jacobsen und Herbert Grünn

90 BArch, DY 30/IV 2/4/204. Bericht der Kommission zur Überprüfung der Parteiorganisation in der Maxhütte, ZPKK (Laufer), 11.11.1950.

91 Vgl. Kap. IV. 3.2.

92 BArch, DY 30/IV 2/4/207. Ergebnisse der ZKSK-Besprechung mit dem SED-Kreissekretariat Osthavelland über die Zustände im SWH „Wilhelm Florin", 27.10.1951.

93 Wilczek, Annette: Einkommen, Karriere, Versorgung. Das DDR-Kombinat und die Lebenslage seiner Beschäftigten, Berlin 2004, S. 55–57.

94 BStU, MfS BV Gera, AGI 345/56. Abschrift Lebenslauf Herbert Grünn, 27.2.1950.

95 SMR, SWW Riesa, K 23. Gehaltsmitteilungen Alfred Dreschel für 1935–1949.

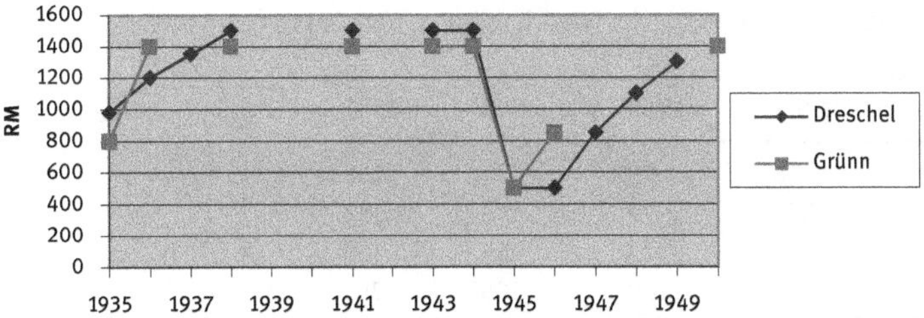

Abb. 1: Bruttonominalgehälter (ohne Prämien) der Ingenieure Dreschel und Grünn (1935–1950)

als Walzwerksleiter. Darüber hinaus erhielten einige ausgewählte und erfahrene Ingenieure, darunter der Leiter der Forschungsstelle Kurt Säuberlich, dieses Höchstgehalt. In der nächsten Gehaltsgruppe um 1.200 M befand sich mit Karl Eichel auch der 1945 entlassene technische Direktor, der aber 1947 wieder angestellt worden war. Die üblichen Gehälter für Abteilungsleiter lagen bei 1.000 M, für Betriebsingenieure bei 800 bis 900 M und für Obermeister bei 600 bis 700 M. Verglichen mit den im Juli/August 1948 in Hennigsdorf gezahlten Beträgen, rückte das Niveau in allen Gehaltsgruppen leicht nach oben, doch blieben die Differenzen in etwa gleich. Von diesem Gehaltsgefüge wich lediglich Sedlaczek als technischer Leiter der Maxhütte erheblich nach oben ab, denn er erhielt bereits 1949 ein Nettogehalt von 1.500 M, d.h. brutto gut 3.000 M. Damit lag sein Bruttogehalt rund 1.000 M über demjenigen des Werkleiters Hensel. In der Folge wurde aber darauf geachtet, dass das Werkleitergehalt innerhalb des Betriebes am höchsten rangierte.

In der SBZ-Phase waren für die leitenden Ingenieure neben der Gehaltshöhe noch Faktoren wie außertarifliche Vergünstigungen, Wohnraumstellung oder die Schwierigkeit eines Umzugs für den Verbleib vor Ort und in ihrer beruflichen Stellung ausschlaggebend. Um 1950 rückten aber Einkommensfragen stärker in den Vordergrund. Ein umfassender Vergleich der west- und ostdeutschen Direktorengehälter kann an dieser Stelle nicht geleistet werden. Er würde eine gesonderte Analyse voraussetzen, weil die methodischen Probleme erheblich sind: Insbesondere fehlen für die DDR-Stahlwerke Gehaltsabrechnungen, die das tatsächliche Nettoeinkommen erfassen. Zudem wurde es bereits in den 1950er Jahren schwierig, die Profile der Stellungen wie Betriebsdirektor o.ä. miteinander zu vergleichen, was aber von Bedeutung ist, wenn man die Möglichkeiten eines ostdeutschen Ingenieurs abschätzen möchte, in die westdeutsche Industrie zu wechseln.

Deshalb soll es hier bei einigen Bemerkungen bleiben, die sich auf die Anreizwirkung des spätestens ab 1950 sichtbaren westdeutschen Wirtschaftsaufschwungs beziehen. Entscheidender als die absolute Höhe der Nettogehälter dürfte deren Bewegungsrichtung gewesen sein. Die Bruttogehälter auf der Direktorenebene im Essener Kruppwerk entsprachen der folgenden Indexreihe (S. 218):

Tab. 15: Bruttonominalgehälter der Direktoren im Friedrich-Krupp-Werk Essen (1948=100)

	Geburtsjahr	1949	1951	1953
Betriebsdirektor	1898	99	124	168
Abteilungsdirektor	1895	99	112	138
Abteilungsdir. Dr. ing.	1902	122	159	189
Direktor Dr. rer. pol.	1902	100	205	205

Quelle: Historisches Archiv Krupp, WA 131/9800. Gehaltsabrechnungen leitender Angestellter (1948–1953).

Die zum Teil starken Gehaltserhöhungen betrafen insbesondere die Gruppe der promovierten Hochschulabsolventen, vor allem wenn sie ökonomische Funktionen inne hatten (letzte Zeile). Die teilweise schon 1951 erreichten Bruttogehälter in einer Höhe von 4.000 bis 5.000 DM (West) lagen für die Ingenieure der DDR-Stahlwerke außerhalb ihrer Reichweite. Allerdings dürften in der DDR die Information darüber beschränkt gewesen sein, weil die Gehaltsangaben ja nicht veröffentlicht wurden. Neben punktuellen Informationen, z.B. aus persönlichen Kontakten über den VDEh, dürfte den Ingenieuren in Brandenburg, Thüringen oder Sachsen vor allem die Entwicklungsrichtung der Gehälter aus Pressemeldungen u.ä. bekannt gewesen sein. Durch die deutsch-deutsche Systemkonkurrenz verfügten Ingenieure wie auch Hochschullehrer oder Mediziner allerdings über „beispiellos gute Marktbedingungen."[96] Die beiden Teile Deutschlands warben in einem Wettbewerb besonders um naturwissenschaftlich-technische Spitzenkräfte.

Auf diese Herausforderung reagierte die DDR-Staatsführung mit der Einführung von Einzelverträgen für wissenschaftlich-technische Spitzenkräfte. Diese garantierten ab 1951 durch individuelle Einzelvereinbarungen außertarifliche Gehaltszahlungen und darüber hinausgehende Vergünstigungen, wie etwa Wohnungen oder Urlaubsfahrten zu begehrten inländischen Zielen, z.B. den Ostseebädern. Ende 1953 besaßen auf Direktorenebene alle Führungskräfte der DDR-Stahlwerke solche Verträge.[97] Allerdings waren Einzelverträge bis zur mittleren Leitungsebene üblich, wie aus Tabelle 16 hervorgeht:

In der Mehrzahl der Fälle handelte es sich bei den Einzelvertragsinhabern um Hoch- und Ingenieurschulabsolventen. Tabelle 16 zeigt, dass die Leiter der technischen Betriebsabteilungen, z.B. der Stahlwerks- und der Walzwerkschef oder der technische Planungsleiter, wesentlich häufiger Einzelvertragsabschlüsse als die Verwaltungsleiter erzielten. In den ausgewählten Stahlwerken erkennt man, dass üblicherweise die Übernahme einer Leitungsfunktion Grundbedingung für die Zubilligung eines Einzel vertrags

96 Jessen, Ralph: Akademische Elite und kommunistische Diktatur. Die ostdeutsche Hochschullehrerschaft in der Ulbricht-Ära, Göttingen 1999, S. 214.

97 Zu den vier „Direktoren" gehörten der Werkdirektor (Werkleiter), der kaufmännische Direktor, der technische Direktor und der Arbeitsdirektor.

Tab. 16: Abgeschlossene Einzelverträge in vier DDR-Stahlwerken (Dezember 1953)

	Riesa	Maxhütte	Hennigsdorf	Gröditz
Direktoren	4 (100 %)	4 (100 %)	4 (100 %)	4 (100 %)
Verwaltungsleiter	15 (56 %)	11 (55 %)	2 (14 %)	5 (12 %)
Leiter Betriebsabteilungen	18 (86 %)	7 (64 %)	16 (76 %)	15 (79 %)
Übrige Angestellte	16 (1,5 %)	20 (2,5 %)	42 (5,4 %)	10 (1,6 %)
Gesamtzahl Einzelverträge	53	42	64	34

Quelle: BArch, DG 2/2721. Statistischer Berichtsbogen A, Kaderabteilung des Ministeriums für Schwerindustrie, 15.12.1953.

war. Die hohe Gesamtzahl in Hennigsdorf beruht auf den Einzelvertragsabschlüssen in der Gruppe der Angestellten ohne höhere Leitungsfunktion. Eventuell war die Privilegierung vieler Angestellter ein Ergebnis des laxen Lohnregimes in dem Werk.[98]

Mit der gesetzlichen Regelung vom 28. Juni 1952 konnten Einzelverträge für hochqualifizierte Wissenschaftler, Ingenieure und Techniker bis zu einer gesetzlichen Höchstgrenze von 4.000 M abgeschlossen werden. Daneben existierten noch Sondergehälter für „hervorragende Spezialisten", die aber DDR-weit nur 72 Personen erreichten.[99] Die Riege der Spitzenverdiener mit einem Monatsgehalt von 15.000 M führte ein renommierter Metallurge an, der Berliner Professor und Leiter des Eisenforschungsinstituts Hennigsdorf Eduard Georg Maurer. Aber auch Kurt Säuberlich, Leiter der Forschungs- und Entwicklungsstelle der Maxhütte, bezog seit Anfang 1953 ein monatliches Bruttogehalt von 7.500 Mark, das den Vergleich mit den westdeutschen Direktorengehältern nicht zu scheuen brauchte.[100] Damit hatten sich seine bereits 1950 stattlichen Bezüge von 1.400 M mehr als verfünffacht. Sein Fall zog die Missgunst besonders auf sich, weil er nicht nur 1930 in die NSDAP eingetreten war, sondern seit 1937 auch der SS angehört hatte. Im Zuge seiner NS-Parteikarriere hatte er 1943 einen Lehrstuhl an der Bergakademie Freiberg erhalten.[101] Der Fall zeigte, in welchem Dilemma sich die SED beim Wettbewerb um Führungskräfte Anfang der 1950er Jahre befand. Durch die Sondergehaltsregelung waren gesellschaftliche und innerbetriebliche Spannungen vorprogrammiert.

Zu der auserlesenen Gruppe der Bezieher von Sondergehältern zählten fast ausschließlich Naturwissenschaftler und Ingenieure im wissenschaftlichen Dienst. Die seit Mitte 1951 abgeschlossenen Einzelverträge der Direktoren in den Stahlwerken erreichten die Höchstgrenze von 4.000 Mark für „hochqualifizierte Techniker und

98 Vgl. Kap. V, 1.3.

99 Jessen, Akademische Elite, S. 210. Kowalczuk, Ilko-Sascha: Geist im Dienste der Macht. Hochschulpolitik in der SBZ/DDR 1945–1961, Berlin 2003, S. 359.

100 ThStA Rudolstadt, Maxhütte Unterwellenborn, Nr. 2274. Kaufmännischer Direktor Schmidt an Lohnbüro betr. Beschluss des Ministerrates, 6.1.1953.

101 Kowalczuk, Geist im Dienste der Macht, S. 359.

Ingenieure“ nicht. Punktuell ermittelte Bruttogehälter bewegten sich sogar deutlich darunter: Friedrich Linders Gehalt als kommissarischer technischer Direktor der Maxhütte wurde z.B. noch vor Abschluss eines Einzelvertrages auf 1.800 M aufgebessert. Diese Angabe lässt aber die Prämien unberücksichtigt, die eine erhebliche Einkommenskomponente darstellten.[102] Die Gehaltsentwicklung des promovierten Ingenieurs Eichel, der bis 1945 technischer Direktor der Maxhütte war und wieder Aufnahme ins Werk gefunden hatte, verdeutlicht für die DDR ein Zurückbleiben: Sein Grundgehalt von 1.200 M wurde im August 1952 lediglich auf 1.500 M aufgebessert, womit er den westdeutschen Standard kaum erreichte.[103]

Für die DDR-Karriere eines durchschnittlichen Ingenieurs auf Einzelvertragsbasis mag die Betriebskarriere des 1928 geborenen Rolf Kleinschmidt stehen. Erst nach seinem Eintritt in die Maxhütte 1946 wurde er parallel zum Diplom-Ingenieur ausgebildet. Er durchlief eine werksinterne Laufbahn als Assistent und stellvertretender Leiter des Elektrostahlwerks, bis er am 1. Oktober 1955 die Leitung dieser Betriebsabteilung übernahm. Zur Begründung des Einzelvertragsabschlusses hieß es 1956, er habe durch „eigene vorbildliche Arbeit und fachliche Schulung der Belegschaft“ die Produktionsleistungen verbessert, durch Anwendung einer Sauerstofftechnologie Einsparungen (Senkung Schmelzzeiten und Stromverbrauch) erzielt und sei damit Vorbild in der „Rationalisatoren- und Erfinderbewegung“.[104] Sein monatliches Bruttogehalt betrug 1.100 M und blieb auch nach Abschluss des Einzelvertrages auf dieser Höhe. Damit lag es nur 100 M über dem Gehalt des Leiters der Abteilung Elektro-Stahlwerk im Jahr 1950. Der Fall Kleinschmidt zeigt, wie der Gehaltsdruck nach der erfolgreichen Ausbildung der ersten Kohorten eigener Nachwuchsingenieure merklich nachließ. Dennoch blieb der Westen nicht zuletzt aus politischen Gründen als Abwanderungsoption attraktiv.

Der Fall Sedlaczek markierte nicht nur in der Gehaltsfrage einen Aufbruch, sondern setzte auch einen Meilenstein hinsichtlich der politischen Integration der technischen Intelligenz. Teilweise durften dieselben Personen, die sich im Nationalsozialismus als Wehrwirtschaftsführer o.ä. auszeichnen ließen, die nächste staatliche Auszeichnung in Empfang nehmen. Die Palette der Auszeichnungen in der DDR reichte vom Aktivisten, verdienten Aktivisten, Helden der Arbeit bis zum Nationalpreisträger. Wie in den Biografien der technischen Direktoren zu sehen, strichen sie multiple Auszeichnungen aus dieser Liste ein, wobei die niedrigste Stufe des Aktivisten bald Alltagsstatus besaß und entsprechend großzügig vergeben wurde.[105] Neben Sedlaczek wurden aus dem Sample auch der erste Hennigsdorfer Aufbauleiter Rudolf

102 ThStA Rudolstadt, Maxhütte Unterwellenborn, Nr. 2273. Werkleiter Steinwand an Linder, 27.3.1951. Linder erhielt z.B. im November 1950 eine Sonderprämie wegen Planübererfüllung, im März 1951 eine TAN-Prämie.

103 Vgl. auch Nachruf Eichel, in: Stahl und Eisen 99 (1979), S. 494.

104 ThStA Rudolstadt, Maxhütte Unterwellenborn, Nr. 2272. Antrag für den Abschluss eines Einzelvertrages, 30.10.1956.

105 BArch, DG 2/1424, fol. 799. Statistik Volkswirtschaftsplan 1950–1954, Stahlwerk Gröditz [1954]. Beispielsweise wurden in den sächsischen Werk im Laufe der ersten vier Jahre des Fünfjahrplans

Stoof, allerdings 1952 als technischer Direktor des VEB Metallurgieprojektierung, und sein Nachfolger Wolfgang Küntscher mit dem Nationalpreis ausgezeichnet. Letzterer wurde bereits zur Ehrung des Jahres 1950 vorgeschlagen, aber nicht berücksichtigt, was bei ihm eine nachhaltige Verstimmung hinterließ. Laut Werkleiter Hensel beklagte er, dass statt seiner zwei Arbeiter als verdiente Erfinder ausgezeichnet worden seien, „die noch nie einen Verbesserungsvorschlag gemacht" hätten.[106] Ein Jahre später wurde ihm die erhoffte Ehre der Verleihung des Nationalpreises III. Klasse zuteil. Nach der Publikation eines Lehrbuchs zur Stahlherstellung erhielt er 1954 den Vaterländischen Verdienstorden in Silber.[107] Gleichzeitig wurde der Hennigsdorfer Stahlwerkschef Kurt Steinheisser, der mit Küntscher zusammenarbeitete, als „verdienter Erfinder" ausgezeichnet. Diese wie andere Fälle zeigen, dass das DDR-Auszeichnungssystem mit seinem Hang zu multiplen Ehrungen durchaus Wirkungen hinterließ. Die häufigen Dekorationen leisteten eine zusätzliche Anreizsetzung für die Führungskräfte der technischen Leitungen.

3.3 Selbstbehauptung der technischen Direktoren

Aus der Feder des technischen Direktors des Stahlwerks Brandenburg Friedrich Franz ist eine Art Denkschrift erhalten, die sich zum Jahreswechsel mit einer Voraussicht auf seine „Aufgaben im Jahre 1953" befasste. Sie kann als Manifest für das Selbstbild der ersten Generation der technischen Direktoren in den DDR-Stahlwerken gelesen werden. Hauptingenieur Franz, seit 1930 NSDAP-Mitglied und 1938 Funktionsträger in der Vierjahresplanbehörde, inzwischen im Oktober 1952 als „Held der Arbeit" dekoriert, beschrieb seine Aufgaben beim kommenden Aufbau des Sozialismus: „Meine Arbeit wird nur Erfolg haben, wenn ich die führende Kraft im technischen Kollektiv bin. Die sozialistische Disziplin im Betrieb muß weiter gestärkt werden. Die Meister müssen nicht nur fachlich geschult werden, sondern ihre Autorität ist mit allen Mitteln zu erhöhen [...] Ich werde die Organisation der Arbeit auf technischem Gebiet verbessern, indem ich die Arbeitsgebiete der einzelnen Betriebsabteilungen schärfer gegeneinander abgrenze und den Abteilungsleitern stärker als 1952 die persönliche Verantwortung für die Lösung ihrer Aufgaben auferlege."[108] Die Aufgaben, die Franz beschrieb, bezogen sich nicht auf das Kollektiv, sondern auf das Individuum. Er for-

ausgezeichnet: ein Nationalpreisträger, fünf Helden der Arbeit, 23 verdiente Aktivisten und 2.812 Aktivisten. Vgl. auch die Biografien im Anhang, z.B. Karl Jacobsen oder Eugen Lacour.

106 BArch, DY 30/IV 2/4/207. ZPKK-Protokoll der Befragung des Werkleiters Hensel, 31.10.1951; bestätigt durch: Aktennotiz über die Unterhaltung mit dem parteilosen technischen Direktor Dr. Küntscher, 8.11.1951.

107 Küntscher, Wolfgang/Kilger, Hans/Biegler, Hans: Hilfs- und Nachschlagebuch Technische Baustähle. Eigenschaften, Behandlung, Verwendung, Prüfung., Halle (Saale) 1952.

108 BLHA, Rep. 502, SWB, Nr. 1. Aktennotiz des technischen Direktors Franz (SWW Brandenburg), 27.12.1952.

derte eine stärkere Hierarchisierung im Betrieb und reklamiert für sich, „führende Kraft" zu sein. Auch für nachgeordnete Funktionsträger wollte er das Prinzip der persönlichen Verantwortlichkeit verankert sehen. Schulungen stellte er sich nicht politisch, sondern fachlich vor. An der Basis dieses technokratischen Leistungsethos stand die „sozialistische Disziplin", die in seinen Vorstellungen nicht allzu weit von den NS-Erziehungsidealen entfernt schien.

Die Umsetzung seiner Ziele erfordere die „stärkste Konzentration" seiner Arbeit, weshalb er seine Teilnahme an Versammlungen und Besprechungen künftig auf das Nötigste beschränken wollte. Damit bliebe ihm mehr Zeit, die Abteilungen anzuleiten, zu kontrollieren und „die Einwirkung meiner 33-jährigen Praxis im Eisenhüttenwesen auf die perspektivische Entfaltung unseres Werkes [zu] sichern". Er bekannte sich zur Einführung leistungsfördernder Neuerermethoden, u.a. auch aus der Sowjetunion, zum innerbetrieblichen Wettbewerb und zur Unterstützung des Arbeitsdirektors bei der Einführung der technisch begründeten Arbeitsnormen. Gleichzeitig wollte er seine Mitspracherechte bei der Auswahl neuer Kader stärker als bisher gewahrt wissen. Der technische Direktor Franz trat nicht nur als selbstbewusster Akteur auf, sondern forderte Freiheiten und Kompetenzen für sich selbst wie für andere ein.

Die für Franz feststellbare Attitüde, die er als ältester unter den hier behandelten technischen Direktoren zeigte, stand Pate für den Eigensinn der alten Führungskräfte in der werdenden Planwirtschaft. Auch manche seiner Kollegen waren sich ihrer Stellung durchaus bewusst und zu Kritik und Eigeninitiative bereit. Beispielsweise wusste Wolfgang Küntscher vom Beschluss des ZK der SED, in Hennigsdorf Massenstähle herzustellen und Freital-Döhlen zum „Edelstahlwerk" auszubauen. Dennoch setzte er sich für die Errichtung eines 40-Tonnen Ofens für Qualitätsstähle ein.[109] Über die Knüpfung eigener Kontakte zur Staatlichen Plankommission versuchte er – wie andere am Hennigsdorfer Aufbau beteiligten Experten vor ihm – die Traditionslinie des Werkes als Feinblechproduzent zu bewahren. Es war aber auch Küntscher, der zwei Jahre zuvor bei der Ablösung des technischen Leiters Stoof die geforderte Mitbestimmung auf den Produktionsbesprechungen im Sinne der SED vorbildlich umgesetzt hatte und entsprechend lobend hervorgehoben worden war.[110]

4 Betriebliche Governance und Verfügungsrechte in der Planwirtschaft

Es gehörte zu den Charakteristika der planwirtschaftlichen Ordnung, dass sie den verstaatlichten Betrieben Verfügungsrechte entzog. Der Staat eignete sich auch die wirtschaftlichen Erlöse an, jedoch verblieben bestimmte „Positionskompetenzen" bei

109 BArch, DY 30/IV 2/4/207, fol. 91. Protokoll der Befragung des Werkleiters Hensel durch die ZPKK, 31.10.1951.

110 Kap. IV, 3.2.

betrieblichen Akteuren, d.h. sie konnten nie vollständig zentralisiert werden.[111] Im Verlauf des Planungsprozesses kam es zur Rückübertragung von Verfügungsrechten auf die betriebliche Ebene. Die Notwendigkeit dazu rührte daraus, dass die Planungsbürokratie unmöglich über alle zur wirtschaftlichen Lenkung notwendigen Informationen verfügen konnte und deshalb auf die Mitarbeit der VEB angewiesen war. Dadurch erhielt der Informant, also die betriebliche Werkleitung, Handlungsspielräume, mit denen er die Planvorgaben beeinflussen konnte. Ökonomisch betrachtet entstand aus dieser Konstellation ein Principal-Agent-Konflikt, weil der Agent (die Werkleitung) gegenüber dem Principal (der Planbehörde) einen Informationsvorsprung hatte, den er zu seinen Gunsten ausnutzen konnte. Aus dieser Konstellation lässt sich ableiten, dass die Betriebe nach „weichen Plänen" strebten. Darunter versteht man das Bestreben der Werkleitungen, die Planvorgaben möglichst niedrig zu halten, damit die Pläne leicht erfüllbar waren, und gleichzeitig hohe Ressourcenzuweisung zu erhalten, um das Erreichen des Planziels nicht zu gefährden.[112] In betrieblicher Logik war es daher sinnvoll, Vorräte zu verschleiern und vorhandene Kapazitäten zu verbergen. Im Folgenden soll untersucht werden, wie sich in der DDR-Wirtschaft die Governance zwischen der Makroebene der zentralen Planungs- und Lenkungsbehörden und der betrieblichen Mikroebene verteilte.

Im Einzelnen handelte es sich um folgende Verfügungsrechte, die in einer Marktwirtschaft Unternehmen wahrnehmen, in der Planwirtschaft jedoch der betrieblichen Autonomie entzogen waren: a) die Gründung, Schließung und Erweiterung von Betrieben, b) das Produktionsprofil und dessen Änderung, c) die Allokation von Inputs (insbesondere Ressourcen), d) die Aufteilung zwischen Verbrauch und Investition sowie die Investitionsverteilung, e) einzuführende technische Neuerungen, f) Teilnahme an der Außenwirtschaft (Ex- und Importe), g) Preisgestaltung, h) Finanzierung.[113] Konkret können diese Punkte in den Entscheidungen und Arbeitsfeldern der Staatlichen Plankommission im Bereich der Metallurgie nachvollzogen werden:[114] Als Beispiel für die Neuanlage von Betrieben ist zuvorderst die Standortfestlegung für das Eisenhüttenkombinat Ost (1950–52) in Fürstenberg (Spree) zu nennen, daneben aber z.B. auch die Wahl des Werks Riesa für die Erweiterung um ein Rohrwalzwerk. Administrative Entscheidungen zur Änderung des Produktionsprofils betrafen die DDR-eigene Produktion von Edelstahlrohren zwecks Senkung der Importe oder die Umsetzung des Politbürobeschlusses vom 29. Juli 1958 über eine sortiments- und qualitätsgerechte Produktion von Walzwerk- und Gießereierzeugnissen. In der Frage der

111 Steiner, André: Die DDR-Wirtschaftsreform der sechziger Jahre. Konflikt zwischen Effizienz und Machtkalkül, Berlin 1999, S. 32.

112 Vgl. Buchheim, Christoph: Die Wirtschaftsordnung als Barriere des gesamtwirtschaftlichen Wachstums in der DDR, in: Vierteljahrschrift für Sozial- und Wirtschaftsgeschichte 82 (1995), S. 194–210.

113 Steiner, DDR-Wirtschaftsreform, S. 32.

114 Vgl. den Bestand der SPK: BArch, DE 1. Schwerindustrie, Sektor Berg- und Hüttenwesen, Bereich Schwarzmetallurgie 1949–60.

Ressourcenallokation verfügte die SPK 1957/58 über die Versorgung der Schwarzmetallurgie mit Spezialstählen und legte Perspektiveinschätzungen zur Erz- und Eisenversorgung der Stahlwerke vor. Dass auch die Innovationseinführung der Planlenkung unterlag, zeigte z.B. die Anordnung zur Einführung technischer Neuerungen in der Maxhütte (1957/58). In der Außenwirtschaft stimmte die SPK ab 1955 Walzstahlproduktion und -import mit der UdSSR ab, während eigene Produktionsstätten zur Vermeidung von Importen ausgebaut wurden. Die Preise wurden administrativ unter Berücksichtigung von Kostenaspekten festgelegt. Die Subventionen zeigten, dass die Stahlindustrie im Besonderen vom Staat finanziert wurde. Somit belegt die Quellenüberlieferung der Staatlichen Plankommission für die späten 1950er Jahre eindrucksvoll, wie sich ihre expandierende Bürokratie immer mehr betriebliche Verfügungsrechte aneignete. Andere Beispiele ließen sich aus den bisherigen Ausführungen dieser Studie hinzufügen.

Die aufgezählten Verfügungsrechte betrafen die Unternehmerfunktion der Betriebsleitung. In den genannten Bereichen, die ökonomisch betrachtet am wichtigsten waren, gingen die betrieblichen Handlungsspielräume stetig zurück, obwohl die Betriebe die oben erwähnten Positionskompetenzen behielten. Es stellt sich die Frage, inwiefern es angesichts solch weitreichender bürokratischer Eingriffe in die betriebliche Selbstverwaltung überhaupt lohnt, nach eigenständigem Handeln der Akteure auf der Mikroebene zu fragen. Inspiriert von den historischen Forschungen der 1990er Jahre um den Eigensinn der Individuen in der DDR ging aber eine Hallenser Forschergruppe genau dieser Frage nach, indem sie sich der Unternehmens- und Sozialgeschichte der Leunawerke zuwandte. Mit stärker soziologischem als ökonomischem Interesse betrachteten sie die industriellen Beziehungen zwischen Akteuren und Akteursgruppen in der Wirtschaft sowie „die aus diesen Interaktionen resultierenden Normen, Verträge und Institutionen."[115]

Dieser an die neue Institutionenökonomik erinnernde Ansatz interessierte sich allerdings weniger für die ökonomischen Kernaspekte des Wirtschaftens, z.B. die Ressourcenallokation, die Investitionsverteilung oder das Innovationsverhalten, sondern für institutionelle Regelungen, die Verteilungsfragen zweiter Ordnung, z.B. die innerbetriebliche Prämienverteilung oder das betriebliche Miteinander betrafen. Im Folgenden sollen zwei Bereiche im Hinblick auf die Governanceverteilung zwischen Makro- und Mikroebene, d.h. der bürokratisch-staatlichen und der betrieblichen Ebene, untersucht werden: a) die Verteilung der „Direktorenfonds", d.h. der Mittel, die den Betrieben für soziale und kulturelle Zwecke zur Verfügung standen, b) die Zuständigkeit für die betriebliche Personalauswahl und Personalpolitik.

115 Sattler, Friederike: Zum Konfliktverhalten von Arbeitern in der Chemieindustrie der DDR, in: Brenner, Christiane/Heumos, Peter (Hrsg.): Sozialgeschichtliche Kommunismusforschung: Tschechoslowakei, Polen, Ungarn, DDR 1945–1968, München 2005, S. 36.

Direktorenfonds

Der Direktorenfonds wurde in den VEB durch eine gemeinsame Verordnung der Ministerien für Industrie und für Finanzen am 10. Dezember 1949 eingeführt.[116] Der Volkswirtschaftsplan 1950 legte fest, dass dem Fonds drei Prozent der Bruttolohn- und ein Prozent der Bruttogehaltssumme zuzüglich eines bestimmten Prozentsatzes (in der Regel 20 Prozent) der Selbstkostensenkung zufließen sollten.[117] Als Zweck der Fondsbildung wurden nicht nur die soziale und kulturelle Betreuung der Werktätigen genannt, sondern auch die Verbindung mit betrieblichen Sozialmaßnahmen als Leistungsanreize nach sowjetischem Vorbild. Der Fonds bestand aus zwei Teilen, von denen der erste vorrangig für die Prämienverteilung an die Belegschaft, der zweite für den sozialen Betriebsausbau, z.B. die Werkskantine, den Betriebskindergarten, den Erwerb eines Ferienheims oder den Ausbau dem Werk angegliederter Sportstätten, vorgesehen war.

Als in den drei Stahlwerken Riesa, Hennigsdorf und Maxhütte die projektierten Zahlen für den Fonds erstmals vorlagen, verfügte eine Dienstanweisung des Industrieministeriums eine generelle Kürzung der Mittel auf rund 57 Prozent der errechneten Beträge.[118] Dies geschah mit dem Hinweis, dass die auf Basis der Verordnung ermittelten Werte eine Höhe erreicht hätten, die an der Schwelle des Fünfjahrplanes nicht zu vertreten sei. Daraufhin musste zum Beispiel das Stahlwerk Riesa gut eine halbe Million der eigentlich vorgesehenen 1,2 Millionen Mark auf ein Sonderkonto der Deutschen Notenbank abführen. Dagegen hatten die Maxhütte und Hennigsdorf den Fonds zum Zeitpunkt der Verfügung bereits geringfügig überzogen.[119] Dadurch verringerte sich für sie die abzuführende Summe, weil die Deckung der Prämien, die zum Tag der Aktivisten am 13. Oktober 1950 zu verteilen waren, auf jeden Fall gewährleistet sein musste. Wenn die Gelder ausgeschöpft waren, konnten die für den sozialen Betriebsausbau vorgesehenen Summen des zweiten Fondsteils für die Prämierung verwendet werden. In allen untersuchten Fällen kam es zu einer Verschiebung der verfügbaren Mittel zugunsten der Förderung des beginnenden sozialistischen Wettbewerbs und zu Lasten der sozialen Betriebseinrichtungen. Beim Werben um Verständnis für die Kürzungen, die aus Sicht der Betriebe und Belegschaften ein Ärgernis darstellten, verwies die VVB VESTA auf die zukünftig zu erwartende Überlegenheit des sozialistischen Wirtschaftssystems.

---

116 Hübner, Peter: Konsens, Konflikt und Kompromiß. Soziale Arbeiterinteressen und Sozialpolitik in der SBZ/DDR 1945 bis 1970, Berlin 1995, S. 43. Vgl. auch: Schuhmann, Annette: Kulturarbeit im sozialistischen Betrieb. Gewerkschaftliche Erziehungspraxis in der SBZ/DDR 1946 bis 1970, Köln 2006, S. 58–61.

117 SächsStA Leipzig, Nr. 20763/996, Vesta-Rundschreiben 29/1950 zur Dienstanweisung Nr. 110 des Industrieministeriums, 22.5.1950.

118 SächsStA Leipzig, Nr. 20763/551. Industrieministerium an alle HA, Vereinigungen und Betriebe, 31.7.1950.

119 SächsStA Leipzig, Nr. 20763/551. Übersicht der VVB Vesta zur Entwicklung des Direktorenfonds, 4.10.1950.

Der Direktorenfonds blieb ein Zankapfel, z.B. führte die Werkleitung Hennigsdorf mit der VVB Vesta einen Disput, welcher Anteil der Fondsmittel für betriebliche Sozialausgaben einzusetzen war.[120] Auf der Verwendungsseite wurden die Sozial-, Kultur- und Prämienausgaben noch einige Male umgeschichtet. Schließlich existierten noch andere Fonds, die ähnlichen Zwecken dienten, z.B. der Fonds für gesellschaftliche Organisationen oder der Kulturfonds. Diese Umstände führten zu einer Unsicherheit bezüglich der Verwendung der Fondsmittel, obgleich der Ministerrat in die Verteilungsfrage immer wieder auf dem Verordnungswege einzugreifen suchte.[121] Insbesondere pochten die SED-Kontrollorgane darauf, dass die BGL „bei der richtigen Verteilung und Ausnutzung des Direktorenfonds" mitwirkte, wie es das Gesetz der Arbeit vom 19. April 1950 vorschrieb.[122] Im Resultat führte dies zum Zustand, dass von vielen Seiten Begehrlichkeiten auf die Fondsmittel entstanden und einzelne Akteure versuchten, sich die Zugriffsrechte zu sichern.

In einigen Fällen lassen sich privilegierte Entnahmen von Fondsmitteln aufzeigen, wenn z.B. bei der Vergabe von Stipendien in Hennigsdorf 1949/50 als einziger Nutznießer der Sohn des später entlassenen Betriebsparteisekretärs Hähnel zum Zuge kam. Überhaupt sah sich Hähnel immer wieder dem Vorwurf ausgesetzt, Geld zu verprassen, weil er für die Gruppe der Parteiaktivisten, als deren Kopf ihn Werkleiter Hensel bezeichnete, eine große Feier mit Darreichung von Gänsen, Truthähnen und Wein veranstaltete.[123] Solche Feiern wiederholten sich aber auch nach der Entlassung Hähnels, z.B. im Februar 1952, als bei einem Ausspracheabend des Betriebsfriedenskomitees mit Westberlinern in den Festsälen der Gemeinde Velten 760 Schnäpse und 630 Biere konsumiert wurden.[124] Die großzügige Auslegung des Begriffs „kulturelle Veranstaltung" belegte einerseits, dass der Zugriff auf den Direktorenfonds nicht eindeutig geklärt war. Andererseits wurde deutlich, dass die Kontrollorgane genau diese Art der Gefährdung des Vorbildcharakters der Führungskräfte besonders kritisch verfolgten und im Nachhinein Konsequenzen folgen ließen. In Hennigsdorf wurde 1951 der kaufmännische Direktor aufgrund von Fehlern bei der Verwendung des Direktorenfonds entlassen.[125] Auch der alte KPD-Aktivist Hans Mickinn geriet im Zuge von

120 BArch, DY 30/IV 2/4/207. Max Sens (ZPKK). Befragung WL Hensel durch die ZPKK-Kommission, 31.10.1951.

121 BArch, DC 20-I/3/97. Verordnung des Ministerrates der DDR über die Bildung und Verwendung des Direktorenfonds vom 20.3.1952.

122 GBl. der DDR 1950, S. 350 (§ 7, Abs. 2), vgl. auch: Werum, Stefan: Gewerkschaftlicher Niedergang im sozialistischen Aufbau. Der Freie Deutsche Gewerkschaftsbund 1945 bis 1953, Göttingen 2005, S. 332.

123 BArch, DY 30/IV 2/4/207. Bericht über Betriebsgruppensekretär Hähnel, ZPKK (Walter), 4.10.1951. Befragung des Werkleiters Hensel durch die ZPKK-Kommission, 31.10.1951.

124 BArch, DC 1/1738, Bd. 2. ZKSK-Bericht zur Überprüfung der Verwendung des Direktorenfonds, 17.2.1952.

125 BLHA, Rep. 333, Nr. 477. Bericht von der Überprüfung des SWH durch die Brandenburgische Landeskommission für Staatliche Kontrolle (LKSK), 3.8.1951.

beanstandeten Mittelzuweisungen aus dem Direktorenfonds in die Kritik, was zu seiner Entlassung als Kulturdirektor des Stahlwerks Hennigsdorf beitrug.[126]

Trotz dieser Extravaganzen verfügten die Führungskräfte aber keineswegs über sämtliche Freiheiten bei der Verwendung der Mittel, denn der unrechtmäßige Gebrauch wurde von den Wirtschaftskontrollorganen bei Überprüfungen ständig beanstandet. Der Direktorenfonds führte keineswegs zur finanziellen Autonomie der Werkleitungen, denn das Netz der Anordnungen, in dessen Rahmen die Mittel einzusetzen waren, war eng gestrickt. In den meisten Fällen vermochte der Werkleiter, wie es seinen Aufgaben entsprach, lediglich den Prozess der Mittelverteilung zu moderieren und auf einen Ausgleich unterschiedlicher Akteursinteressen hinzuwirken. Hinzu kamen die drastischen Mittelkürzungen, die die Spielräume für eigenständiges Handeln stark einschränkten. Da gleichzeitig Forderungen von vielen Seiten aufkamen, v.a. auch für den Betriebssport, war die Governance des Direktorenfonds – vor allem in den Anfangsjahren der Planwirtschaft – vielfach ein Balanceakt der Verwaltung knapper Ressourcen.

Personalpolitik

Die bisherigen Ausführungen zur Personalpolitik lieferten ein beredtes Zeugnis von dem Kompetenzgerangel um die Einsetzung betrieblicher Führungskräfte. Der Beginn der zentral gesteuerten Kaderpolitik wird im Juli 1948 mit einer Konferenz in Weder/Havel angesetzt.[127] Im betrieblichen Kontext lag der Hauptfokus auf der personellen Besetzung der Direktorenebene, die der Nomenklatur des SED-Zentralkommittees unterlag.[128] Allein die Treuhändereinsetzung unmittelbar nach Kriegsende war gewerkschaftlich mitbestimmt und von der sowjetischen Besetzungsmacht legitimiert.[129] Das Streben der deutsche Kommunisten richtete sich darauf, in diesen Fällen das Sagen zu erhalten. Schon 1947 setzte die SED die ersten Werkleiter durch: Hensel löste in der Maxhütte von Babo ab, und mit Bochow versetzte das Brandenburgische Wirtschaftsministerium einen seiner Ministerialdirigenten als Aufbauleiter

126 BArch, DC 1/1738, Bd. 2. ZKSK-Bericht zur Überprüfung der Verwendung des Direktorenfonds, 17.2.1952; DY 30/IV 2/4/207. Charakteristik Kulturdirektor Mickinn, ZPKK, [Okt. 1951]. Vgl. auch: Prokop, Siegfried: Intellektuelle im Krisenjahr 1953. Enquete über die Lage der Intelligenz der DDR. Analyse und Dokumentation, Schkeuditz 2003, S. 67.

127 Boyer, Christoph: Wirtschaftsfunktionäre. Das Personal der wirtschaftslenkenden Apparate in der formativen Phase der SBZ/DDR (1945–1961), in: Kössler, Till/Stadtland, Helke (Hrsg.): Vom Funktionieren der Funktionäre. Politische Interessenvertretung und gesellschaftliche Integration in Deutschland nach 1933, Essen 2004, S. 114.

128 Amos, Heike: Politik und Organisation der SED-Zentrale 1949–1963. Struktur und Arbeitsweise von Politbüro, Sekretariat, Zentralkomitee und ZK-Apparat, Münster 2003, S. 99. Vgl. auch die Bemerkung der LPKK Brandenburg, keine Einsicht in die Kaderakte des Werkleiters Hensel zu haben, weil dieser der Nomenklatur des ZK unterlag, BArch, DY 30/IV 2/4/207. Bericht zur Lage im SWW Hennigsdorf, Mosler (LPKK), 28.10.1950.

129 Kap. II, 2.1.

nach Hennigsdorf. Allein Pfrötzschner in Riesa verblieb in dieser Phase auf seiner Position und ging immer stärker mit den Parteiansprüchen konform. Schwieriger gestaltete sich die Auswahl der technischen Direktoren, denn die fachlich am besten geeigneten Kräften standen der SED meist fern. Speziell die Besetzung von Leitungsfunktionen mit NS-belasteten Ingenieuren sorgte auf der Werksebene für Konflikte, die auch Absetzungen nach sich zogen. Dennoch besetzten – insbesondere in den wissenschaftlichen Forschungsabteilungen, z.B. Kurt Säuberlich in der Maxhütte – ehemalige NSDAP-Mitglieder häufig die Spitzenpositionen. Die Lenkung dieses Personalprozesses oblag SED-dominierten Stellen: Mehrere Typen von zentralen Kontrollkommissionen, die sich nach unten hierarchisch auffächerten, sorgten schon vor der Gründung des Ministeriums für Staatssicherheit für die Überwachung des Einsatzes von Führungskräften. In Bezug auf die Kaderauswahl auf Direktorenebene überragte die zentrale Governance die Möglichkeiten der betrieblichen Einflussnahme bei weitem.

Auf einem anderen Blatt standen die Personalangelegenheiten innerhalb des Werkes. Hier waren personalpolitische Querelen an der Tagesordnung, die sich in dem oben beschriebenen Kräfteparallelogramm abspielten.[130] Einzelne Personalentscheidungen gerieten immer wieder zum Zankapfel, weil sich unterschiedliche Akteursinteressen entgegenstanden: Die SED-Personalpolitik tendierte dazu, verlässliche Personen einzusetzen, die der Parteilinie entsprachen. Dagegen orientierten sich z.B. die technischen Direktionen stärker fachlich, auch wenn man sich hier zuweilen alter Seilschaften bediente. Exemplarisch belegt der Fall der Wiederanstellung des 1945 ausgeschiedenen Riesaer technischen Direktors Karl Eichel, dass Kandidaten für qualifizierte Positionen mitunter aus einem begrenzten Reservoir an „Belasteten" ausgewählt werden mussten. Häufiger kam es allerdings zur umgekehrten Situation, in der sich die Frage stellte, ob man einem qualifizierten Kandidaten gegenüber einem Parteiaktivisten den Vorzug geben solle. In diesen Konfliktfällen setzte sich meist der SED-Kandidat durch, was tendenziell zum Aufstieg minderqualifizierter Personen in leitende Stellungen führte.[131]

Allgemeingültige Aussagen über die Kompetenzabgrenzung in der betrieblichen Personalpolitik sind kaum zu treffen. Sicherlich liefen die Fäden in den personalpolitischen Abteilungen zusammen, die meist – wie für Markowitsch in der Maxhütte gesehen – mit linientreuen Kommunisten besetzt waren. Mitunter war der Stellenwert des Personalleiters aber umstritten: Anlässlich der Überprüfung des Hennigsdorfer Werkes betonte die Kaderabteilung des SED-Landesvorstandes Brandenburg, dass er dem Kulturdirektor zu unterstellen sei.[132] In diesem Kontext ist es erneut schwierig, den Stellenwert des Werkleiters einzuordnen. In den Überprüfungen der Jahre 1950

130 Vgl. Abschnitt 2.1 in diesem Kapitel.

131 Hübner, Durch Planung zur Improvisation, S. 212; Boldorf, Austausch Führungskräfte, S. 68.

132 BLHA, Rep. 333, Nr. 477. Aktennotiz zum SWW Hennigsdorf, SED-Landesvorstandes Brandenburg, Leiter der Kaderabteilung (Werner Schwarz), 30.11.1949.

bis 1954 war Hensel als Hennigsdorfer Werkleiter für die Einhaltung des Arbeitskräfteplans verantwortlich. Gleichzeitig wies er selbst auf die kontraproduktive Rolle der SED im Personalbereich hin, die er im Februar 1950 bei seinem Stellenantritt in Hennigsdorf vorfand: Auf Drängen der Partei seien „tausende [sic] von Menschen" eingestellt worden, ohne hierbei „die Erfordernisse des Werkes" zu beachten.[133] Zudem bemängelte er, dass sich die SED-Betriebsparteileitung Entlassungen selbst bei schweren Verfehlungen entgegensetze. Insgesamt wird man für die Werkleiter eine eingeschränkte Autonomie in Personalentscheidungen annehmen können. Die zum Ende der vierziger Jahre noch feststellbare starke Dominanz der BPO in Personalfragen ging in der Folge allerdings zurück. In den frühen 1950er Jahren bildete sich die Vorstellung einer „ordnungsgemäßen Kaderpolitik"[134] heraus. Auf Betriebsebene wurden die Arbeitsdirektoren, die die früheren Kulturdirektoren ersetzten, zu zentralen Figuren.

Die Belegschaft des Hennigsdorfer Stahlwerkes bewegte sich 1953 um die Marke von 6.000 Beschäftigten. Die Zeit größerer Einstellungskampagnen war vorüber, doch ließ sich eine erhebliche Fluktuation der Arbeitskräfte feststellen. Im Verlauf des Jahres wurden 1.117 Arbeiter eingestellt und 1.316 entlassen; relativ noch etwas höher lagen die Wechsel bei den Angestellten: 286 Abgängen standen 247 Einstellungen gegenüber.[135] Diese starke Fluktuation reflektiert die bekannten Anreizprobleme der DDR-Betriebe. Wenn man in der Planwirtschaft von einem Markt sprechen konnte, dann handelte es sich um den Arbeitsmarkt.[136] Arbeitsplatzwechsel gehörten zu den Möglichkeiten der Arbeitskräfte, ihre materielle Situation zu verbessern oder sonstige Vergünstigungen zu erlangen. Markant war in diesem Kontext aber insbesondere der Aderlass bei den leitenden Kräften, denn 33 Abgängen standen nur 19 Neueinstellungen gegenüber. Diese Bilanz führt uns zum Kernelement der Personalpolitik: der Herausbildung von Kadern, die „den goldenen Fonds für die fortschrittliche Entwicklung im Sozialismus"[137] bildeten.

Während die sog. Entwicklung der Kader meist außerhalb des Betriebes lag, v.a. in Parteischulen und anderen Schulungseinrichtungen, erfolgte die Einschätzung zur Entwicklungsfähigkeit und -würdigkeit vor Ort. In diesem Bereich agierte der Arbeitsdirektor um die Mitte der 1950er Jahre federführend, mit entsprechender Unterstützung der SED-Funktionäre auf verschiedenen Führungspositionen im Werk. Wichtiges ausführendes Organ war die Personalabteilung, die Charakteristiken

133 BArch, DY 30/IV 2/4/207. Max Sens (ZPKK). Befragung WL Hensel durch die ZPKK-Kommission, 31.10.1951.

134 BLHA, Rep. 333, Nr. 477. Bericht von der Überprüfung des SWH durch die Brandenburgische Landeskommission für Staatliche Kontrolle (LKSK), 3.8.1951.

135 Statistische Angaben dieses Absatzes vgl. BArch, DG 2/3738. Bericht über die Sonderprüfung (17.2. bis 20.3.1954) des VEB SWW „Wilhelm Florin" Hennigsdorf, Industrieministerium, HV Eisenhüttenindustrie (Zibat).

136 Steiner, Wirtschaftsreform, S. 280.

137 BArch, DG 2/3738. Bericht über die Sonderprüfung (17.2.–20.3.1954) des VEB SWW „Wilhelm Florin" Hennigsdorf, Industrieministerium, HV Eisenhüttenindustrie (Zibat).

erstellte und Informationen für die zentral geführten Kaderakten lieferte. Auf diesem Terrain beschränkten sich die betrieblichen Handlungsspielräume auf die Selektion von Wissen und der Auswahl von Informationen, die den übergeordneten Ebenen zur Verfügung gestellt wurden.

Wesentlich mehr Einfluss vermochten die betrieblichen Instanzen auf die Fluktuation der Kader zu nehmen, die als gravierendes Problem wahrgenommen wurde. Die Untersuchungskommission des Industrieministeriums ging in Hennigsdorf den Gründen nach, indem sie die Entlassungsfälle untersuchte. Die folgende Übersicht gibt Aufschluss über die 33 Abgänge des Jahres 1953.

Tab. 17: Gründe für den Abgang leitender Kräfte im Stahlwerk Hennigsdorf (1953)

Grund	Anzahl
Eigener Wunsch	10
Versetzungen, Abruf, Studium	9
Westberliner, Republikflucht	7
Entlassungen, Kündigungen	4
Sterbefälle, Verrentung	3

Quelle: BArch, DG 2/3738. Bericht über die Sonderprüfung (17.2.–20.3.1954) des VEB SWW „Wilhelm Florin" Hennigsdorf durch Industrieministerium, HV Eisenhüttenindustrie (Zibat).

Über die vier Entlassungen von Seiten des Betriebes wurde nichts Näheres bekannt, und die drei Abgänge durch Tod oder Renteneintritt gehörten zu den natürlichen Ursachen für Personalwechsel. Die neun Versetzungen zeigten, dass die Nachfrage nach Führungskräften hoch war und diese zum Teil durch Studium qualifiziert werden mussten. Die Kategorie „Westberliner, Republikflucht" erklärte sich einerseits durch den Standort Hennigsdorf am nordwestlichen Stadtrand Berlins. 1953 war das Stadtzentrum noch mit der S-Bahn erreichbar, und eine Reihe von Arbeitskräften hatte den Wohnsitz im Westen der geteilten Stadt. Andererseits wurde der Umzug in den Westen bereits in den frühen fünfziger Jahren als Flucht gewertet. West-Berlin wirkte insbesondere in den nahegelegenen Kreisen Brandenburgs als Magnet auf qualifizierte Arbeitskräfte.[138] Das Hauptaugenmerk der Kommission lag auf den zehn Abgängen auf eigenen Wunsch. Eine nähere Analyse zeigte, dass es sich vor allem um Leitungskräfte in der Hauptbuchhaltung des Stahlwerks handelte. In einem Fall reagierte ein Gruppenleiter beim Hauptbuchhalter – als „Kontierer" bezeichnet – auf einen Verweis des Werkdirektors, weil er die Urlaubsfahrten leitender Kräfte mit werkseigenen Fahrzeugen zusammengestellt und damit die Belastung des Direktorenfonds dokumentiert hatte. In anderen Fällen wechselten die Buchhalter zur ört-

138 Vgl. Lemke, Michael: Vorwort, in: Ders. (Hrsg.): Konfrontation und Wettbewerb. Wissenschaft, Technik und Kultur im geteilten Berliner Alltag (1948–1973), Berlin 2008, S. 8.

lichen Konkurrenz, dem VEB Lokomotivbau Elektrotechnische Werke Hennigsdorf, und verzeichneten eine Aufbesserung ihres Bruttogehalts um ein Viertel oder sogar ein Drittel. In allen Fällen äußerten sich die von der Kommission Befragten negativ über die „Spannungen im Werk“, die sie zum Arbeitsplatzwechsel bewogen. Hier lag der Ansatzpunkt für die betriebliche Personalpolitik, für die Bindung der leitenden Kräfte ans Werk Sorge zu tragen.

Aus der Sicht des Betriebes bedeutete ein Gelingen der Kaderpolitik nicht allein den Schulungserfolg, d.h. die außerbetrieblichen Formierung neuer Kader, sondern auch die „Kaderpflege“, d.h. die Bindung der vorhandenen qualifizierten Führungskräfte an den Betrieb. Letzter Punkt war mehr als die Kaderentwicklung von der Steuerung vor Ort abhängig und somit ein strukturierendes Element der betrieblichen Governance. Um der Fluktuation Herr zu werden, musste die Kaderpolitik auch etwas Bewahrendes haben. Die Aufgabe, an der Atmosphäre zu arbeiten, stellte sich nicht nur für den Arbeitsdirektor, sondern für die gesamte Direktionsebene: „Jeder Angehörige des Werkes muß zugleich die Überzeugung haben, daß seine persönliche Initiative und seine vorgebrachte Kritik bei den übergeordneten Stellen bis zur Werkleitung Gehör findet und nach Abstimmung mit den Gesamtbelangen des Werkes für die betriebliche Weiterentwicklung zur Auswertung gelangt.“[139] Eines der Ziele der Personallenkung war der betriebsgebundene Mensch, dessen Lebensmittelpunkt im Stahlwerk lag. In diese Richtung zu wirken und den Eindruck flacher Hierarchien zu vermitteln, war ein wesentliches Moment der betrieblichen Personalpolitik.

Auf beiden untersuchten Testfeldern – der Verteilung des Direktorenfonds und der betrieblichen Personalpolitik – konnte man a priori ein hohes Maß an Verfügungsrechten auf der betrieblichen Ebene vermuten. Wie die Analyse zeigt, wurde es sogar zum Ziel der betrieblichen Kaderpolitik, den Eindruck hervorzurufen, dass jeder Arbeiter in der Betriebspolitik mitentscheide. Auch bei Verteilungsaspekten bezüglich des Direktorenfonds war eine innerbetriebliche Demokratie in der Form anzustreben, dass die Mitspracherechte der Betriebsgewerkschaftsleitung gegenüber der Werkleitung gestärkt wurden. Das Problem bestand allerdings darin, dass in beiden Bereichen obrigkeitliche Verfügungen der betrieblichen Aushandlung recht schnell klare Grenzen setzen konnten. Zum einen unterlag der Direktorenfonds erheblichen Kürzungen, die die Spielräume völlig einengten und in den frühen 1950er Jahren den betrieblichen Sozialausbau erheblich einschränkten. Zum anderen unterlagen die betrieblichen Personalentscheidungen einer starken Kontrolle der SED und ihrer speziell dafür eingerichteten Organe. Insbesondere entzog sich aber die Besetzung von Führungspositionen der betrieblichen Einflussnahme.

In theoretischer Perspektive besteht das Hauptproblem bei der Bestimmung der Governance jedoch darin, dass sich die sog. Aushandlungsprozesse nicht eindeutig einer Makro- oder Mikroebene zuordnen lassen, zwischen die sich eine vermit-

139 Vgl. BArch, DG 2/3738. Statistische Analyse, in: Bericht über die Sonderprüfung Hennigsdorf (17.2.–20.3.1954).

telnde Mesoebene, d.h. mittlere Parteiinstanzen bzw. die Vereinigung volkseigener Betriebe, einschalten konnte.[140] Es war ein Charakteristikum des DDR-Systems, dass „ganz oben" getroffene Entscheidungen sich auf die unterste Betriebsebene beziehen konnten. Sicherlich besaßen Aushandlungsprozesse einen Stellenwert, denn – wie einleitend in diesem Abschnitt erklärt – war es ja ein integraler Bestandteil der Planwirtschaft, die zentralen Planvorgaben mittels Informationen von unterer Ebene zu erarbeiten. Wann immer es opportun erschien, konnten auf Betriebsebene gefällte Entscheidungen jedoch revidiert werden. Insofern gab es – institutionenökonomisch gesprochen – im „Aushandlungssystem der Planwirtschaft" keine Vertragssicherheit. Auf der Mikroebene fehlte es an Möglichkeiten zur Vertragsdurchsetzung (*contract enforcement*). Selbst installierte Institutionen oder ausgehandelte Normen unterlagen permanent der Gefahr, durch Beschluss vorgesetzter Ministerien, der staatlichen Plankommission oder einer SED-Parteiinstanz außer Funktion gesetzt zu werden. Ein wichtiger Schluss hieraus ist, dass sich die Geschichte der DDR-Betriebe nicht isoliert von ihrer ordnungspolitischen und planwirtschaftlichen Einbindung schreiben lässt und das Wirtschaftssystem eine klare Hierarchisierung aufwies.

5 Textilsektor in der Planwirtschaft der 1950er Jahre

5.1 Betriebliche Umstrukturierung und Personalwechsel

Wie zwei Jahre zuvor bei der Kammgarnspinerei Stöhr, die nun VEB Mitteldeutsche Kammgarnspinnerei hieß, diente auch bei Tittel & Krüger eine Anklage wegen „Wirtschaftsvergehen" zur Einleitung der Enteignung. Am 20. Juli 1950 wurde das geschäftsführende Direktorenduo Hans Neddermann und Arthur Bergel verhaftet und Ende September rückwirkend zum 21. Juli 1950 fristlos entlassen.[141] Die laufenden Ermittlungen dienten als Vorwand, um die Wollgarnfabrik einem Treuhänder zu unterstellen. Am 5. August 1950 übernahm Henry Domke übergangsweise diese Funktion, der zu diesem Zweck aus der benachbarten Leipziger Wollkämmerei abgestellt wurde. Domke verblieb jedoch nur für kurze Zeit auf der Position, denn schon im November 1950 kehrte er zur Wollkämmerei zurück.[142] Noch unter seine Ägide fiel eine richtungsweisende Besprechung im Amt für Wirtschaft der Stadt Leipzig am 21. September 1950. Dieses Treffen leitete umfangreiche betriebliche Umstrukturierungsmaßnahmen in der treuhänderisch verwalteten Wollgarnfabrik ein.

140 Sattler, Konfliktverhalten, S. 36.

141 SächsStA Leipzig, Nr. 20929/177. Treuhandbetrieb Tittel & Krüger an die Sozialversicherungskasse Leipzig, 10.10.1950.

142 SächsStA Leipzig, Nr. 20941/435. Domke an den Hauptdirektor Hofmann der VVB Kamm- und Streichgarnspinnereien Gera, Schreiben vom 8.8., 17.8. u. 9.10.1950.

Die fragliche Septembersitzung brachte die Firma Tittel & Krüger in eine neue Lage, weil erstmals seit 1945 ein direktes behördliches Eingreifen in die Personalpolitik erfolgte.[143] Alle bisherigen Personalfragen waren innerbetrieblich entschieden worden, obwohl der personelle Aderlass durch Kündigungen in Folge der anhaltenden wirtschaftlichen Restriktionen erheblich war. Am 21. September 1950 saßen sich vier Vertreter außerbetrieblicher Instanzen, nämlich zwei vom Leipziger Amt für Wirtschaft und jeweils einer von der Landesregierung Sachsen und dem FDGB Zentralvorstand, sowie acht betriebliche Vertreter gegenüber. Für Tittel & Krüger nahmen der eingesetzte Treuhänder Domke, ein Vertreter der SED-Betriebsgruppe, vier der BGL sowie der Jugendleiter und der Spinnereileiter Spange teil. Allein die personelle Zusammensetzung der Werksvertretung stand stellvertretend für markante personelle Diskontinuitäten. Sie betrafen nicht nur die durch Verhaftung aus dem Weg geräumten Direktoren, sondern auch den langjährigen Spinnereileiter Theodor Brüggemann, der das Werk z.B. noch im Mai 1950 bei der Sitzung des zentralen Arbeitsausschusses der Kammgarnspinnereien vertreten hatte.[144] Offensichtlich war das erklärte Ziel, einen bewussten Bruch auf der betrieblichen Führungsebene herbeizuführen.

In sämtlichen Abteilungen des Betriebs waren angesichts der finanziell angespannten Lage Einsparungsmöglichkeiten aufzuzeigen. Dabei fanden die alten Strategiekonzepte keine Fürsprecher mehr, insbesondere diejenigen zur Entwicklung des Werkes entlang der bislang verfolgten Produktions- und Geschäftsziele. Die zur Veredelung der Handgarne wichtige Färberei und die Tapisserie wurden nur noch unter dem Kostenaspekt und hinsichtlich der Arbeitseffizienz durchleuchtet. Ihre Funktion als Zugpferd des Betriebes wurde nicht mehr erwähnt. Der planwirtschaftlichen Logik gemäß wurde die Situation allein innerhalb des Rahmens betrachtet, den das aktuelle Preisgefüge absteckte. Deshalb kam die Runde für die Tapisserie zu dem Schluss, dass sie geschlossen werden müsse, wenn sich nicht binnen Jahresfrist „ein besseres Arbeitsergebnis“ erzielen ließe. Die Produktion „freier Garnnummern“, also einer kundenorientierten Produktion spezialisierter Garne, wurde als „Hauptverlustquelle“ bezeichnet. Auch diese Einschätzung brach mit den Produktionsvorstellungen, wie sie bis zu diesem Zeitpunkt alle Vorstände von Tittel & Krüger vertreten hatten. Der von den neuen Leitungskräften vorgenommene Wechsel des strategischen Denkens fügte die Wollgarnfabrik in die Logik des planwirtschaftlichen Systems ein.

Die versammelte Runde stellte fest, dass der Verwaltungsapparat zu groß sei. Das Misstrauen gegen kaufmännische Kräfte bezog sich vor allem auf den Hauptkassierer, die Mitarbeiter der Hauptbuchhaltung sowie Angestellte der zwei Betriebsabteilungen Berechnung und Arbeitsverteilung. Nachdem die beiden kaufmännischen

143 SächsStA Leipzig, Nr. 20941/026. Protokoll über die Besprechung mit dem Amt für Wirtschaft, 21.9.1950.

144 SächsStA Leipzig, Nr. 20941/128. Sitzung in der Kammer der Technik Crimmitschau, 11.5.1950.

Direktoren kurz vor der Entfernung standen,[145] sah der Vertreter der Landesregierung Schäch weitere „Säuberung" als notwendig an. Damit bewegte er sich auf einer Linie mit dem für die Stahlwerke beschriebenen Misstrauen gegen kaufmännischen Kräfte. Zum Beispiel wurde im Verkauf dem Mitarbeiter Floss gekündigt, weil dort eine „politisch klare Arbeitskraft eingebaut werden" müsse, die man mit dem Mitarbeiter Spaar in einer anderen Betriebsabteilung fand.

Der SED-Logik folgend interpretierte man die betriebliche Misere in erster Linie als persönliches Versagen verantwortlicher Kräfte. Einzelne Personalersetzungen wurden erwogen, die sich aber in der Mehrzahl – offensichtlich wegen eines Mangels an personellen Alternativen – als nicht durchführbar erweisen. Für Matussek, den Leiter der Materialabteilung, wollte das Leipziger Amt für Wirtschaft einen geeigneten Nachfolger bestellen. Als Sofortmaßnahme musste der als zuverlässig eingestufte Kollege Spaar die Abwicklung der Interzonengeschäfte wahrnehmen. Weil die Personalsuche dem Amt offensichtlich misslang, war Matussek noch 1954 in der verantwortlichen Position als Leiter der Materialabteilung tätig. Außerdem wurde die Arbeit des Angestellten Nagel im Lohnbüro in Zweifel gezogen, doch blieb auch diese Fachkraft dem Betrieb zumindest bis 1953 erhalten.[146] Der designierte neuer Hauptbuchhalter Holececk wollte in die volkseigene Industrie wechseln, blieb dann aber der Wollgarnfabrik Tittel & Krüger erhalten. Andererseits gab es politisch sensibel eingestufte Bereiche wie die Personalleitung, in denen man auf eine personelle Neubesetzung drang. Das „Fräulein Brosse" sei „nicht länger tragbar", weil die Personalarbeit eine „rein politische Arbeit" sei. Als neuer Personalleiter wurde Bernhard Busch (SED) positioniert, der seit 1945 Organisationsleiter der bislang kaum in Erscheinung getretenen SED-Betriebsgruppe war.[147] Hinsichtlich seiner Qualifikation schrieb Treuhänder Gutmann an die VVB, er sei „von der Richtigkeit unserer neuen Gesellschaftsordnung überzeugt und bringt somit Verständnis für die Planwirtschaft mit."[148] Als vordringliche Aufgabe musste er 1951 den Aufbau einer betrieblichen Planabteilung vorantreiben, die bislang noch gar nicht existierte. Ferner wurde die Hinzuziehung eines Arbeitskräfteplaners erwogen. Diese Lücke wurde endgültig im November 1952 geschlossen, als Erich Pfaff auf die Position des Arbeitsdirektors rückte.

Gutmann vom Leipziger Amt für Wirtschaft, der die für den Betrieb richtungsweisende Sitzung im September 1950 leitete, wurde dann im November 1950 persönlich zum Treuhänder der Wollgarnfabrik Tittel & Krüger bestellt.[149] Er übte diese Funktion

---

145 Der Fall Bergel wurde auf der Sitzung lediglich als Kandidat erwähnt, dem „eventuell" gekündigt werden solle.

146 SächsStA Leipzig, Nr. 20941/258. Arbeitsanweisung der kaufmännischen Leitung an Abt. Finanzen, 7.1.1953.

147 SächsStA Leipzig, Nr. 20941/460. Treuhänder Gutmann an Amt für Wirtschaft der Stadt Leipzig, 11.11.1950.

148 SächsStA Leipzig, Nr. 20941/435. Treuhänder Gutmann an VVB Gera, 3.3.1951.

149 SächsStA Leipzig, Nr. 20941/027. Situationsberichte vom 19.2.1951; Nr. 20941/435, Schreiben Domke an VVB (Hofmann), 9.10.1950.

interimsweise für einige Monate aus und wechselte dann werksintern auf die Stelle des kaufmännischen Leiters.[150] Zum Betriebsleiter wurde mit Hans Müller ein auswärtiger Kandidat bestellt, der mit zwei Kollegen einer sächsischen Kammgarnspinnerei im Oktober 1951 den Nationalpreis für die Entwicklung eines Kurzspinnverfahrens erhielt. Diese Verfahrensinnovation brachte eine starke Kostenreduktion und eine geringfügig verbesserte Rohstoffnutzung in der Zellwollspinnerei. Müller blieb nach der Umwandlung in den VEB Leipziger Wollgarnspinnerei für mehrere Jahre als Werkleiter tätig.

Im VEB Mika war keine solche personelle Umstrukturierung mehr nötig, weil der Betrieb eine vergleichbare Entwicklung bereits durchlaufen hatte, als er im Juli 1948 verstaatlicht wurde. Der einzige spektakuläre Wechsel ereignete sich an der Werkspitze. Der 1948 in die Verantwortung genommene Werkleiter Kurt Kieß wurde am 1. Juli 1952 auf unehrenhafte Weise entlassen. Davon zeugt eine Besprechung, die anlässlich von Mängeln bei der Verwendung von Mitteln des Direktorenfonds anberaumt wurde.[151] Der Revisor Conrad vom Berliner Ministerium für Leichtindustrie führte den Nachweis, dass der gegen den neuen Werkleiter Kretzschmar vorgebrachte Vorwurf der Veruntreuung von Geldern nicht haltbar sei und wandte die Anschuldigung gegen Kieß um. Dabei stieß er auf den Beifall der anwesenden SED-Betriebsgruppe, deren Vorsitzender Richter sich für die Einleitung eines Parteiverfahrens gegen Kieß aussprach: „Ein solcher Mensch ist für die Volkseigene Wirtschaft nicht mehr tragbar, und es bleibt der HV Textil überlassen, den Kieß wahrscheinlich seines jetzigen Postens zu entheben." Letztlich, so schloss die Sitzung, handele es sich um eine Frage der Wachsamkeit, „denn durch solche Elemente wird unsere Aufbauarbeit nur sabotiert."

Der im Juli 1952 eingesetzte Werkleiter Gerhard Kretzschmar hatte seine Berufstätigkeit im April 1938 als kaufmännischer Lehrling der Weissthaler Spinnerei Mittweida begonnen.[152] Nach dem Kriegsdienst setzte sich seine betriebliche Karriere fort, und er stieg nach der Umwandlung in einen VEB im März 1949 zum Betriebsleiter auf. Vor der Versetzung nach Leipzig nahm er für ein gutes Jahr die Funktion eines Abteilungsleiters im Berliner Ministerium für Leichtindustrie wahr. Für seine Karriere war förderlich, dass er im Januar 1946 über die SPD den Weg in die SED fand und frühzeitig gewerkschaftlich organisiert war. Wie gleichzeitig in den Stahlwerken zu beobachten, setzten sich mit Müller und Kretzschmar nun Werkleitertypen durch, die einerseits fachlich qualifiziert waren und andererseits ein ausreichendes Maß an politischer Zuverlässigkeit in Aussicht stellten.

An der Seite Kretzschmars herrschte langfristige personelle Kontinuität: Erich Burkhardt, der am 1. Dezember 1949 als kaufmännischer Leiter in den VEB Mika

150 SächsStA Leipzig, Nr. 20941/052. Jahresabschlussbesprechung, 24.12.1954.
151 SächsStA Leipzig, Nr. 20943/144. Niederschrift der außerordentlichen Dienstbesprechung, 19.12.1952.
152 SächsStA Leipzig, Nr. 20943/144. Lebenslauf Kretzschmar, 12.2.1953.

eintrat, bekleidete diese Stellung nachweislich bis mindestens Februar 1959.[153] Auch der Ingenieur Klenk entwickelte als technischer Leiter eine lang andauernde Beharrungskraft: Seine Präsenz in der Funktion lässt sich erstmals 1949 belegen und dauerte mindestens bis Ende 1957 an.[154] Lediglich in der politisch sensiblen Personalarbeit wurde die Leiterin Burgdorff 1952 hausintern durch Walter Roßinsky ersetzt, der dann auch die Position des Arbeitsdirektors wahrnahm.[155] Überhaupt herrschte auch auf der mittleren technischen Leitungsebene eine bemerkenswerter personeller Stillstand: Von den elf Leitungskräften (Abteilungsleiter, Obermeister und Meister) der einzelnen Werksabteilungen, die ein Prüfungsbericht im April 1956 nannte, hatten nachweislich bereits acht im September 1948 im VEB Mika eine vergleichbare Leitungsposition.[156]

5.2 Wandlungen der betrieblichen Governance-Struktur

Im Folgenden soll für die beiden Leipziger Kammgarnspinnereien, nachdem sie in VEB umgewandelt waren, auf Beispielfeldern die Entwicklung der betrieblichen Governance vorgeführt werden. Die behandelte Zeitspanne reichte bis zur Mitte der fünfziger Jahre, als sich die Planwirtschaft etablierte. Im Blickpunkt stehen Aspekte, die sich entweder mit vormaligen unternehmerischen Funktionen in Verbindung bringen lassen oder bei der bisherigen Untersuchung eine Rolle spielten, z.B. die im ersten Teilabschnitt erneut zu thematisierenden Lohnveredelungsgeschäfte. Insgesamt soll ein facettenreiches Bild einer weiterhin fortschreitenden Transformation bzw. der Absicherung bereits vollzogener Umstrukturierungen gezeichnet werden.

5.2.1 Tittel & Krüger: Ende der betrieblichen Autonomie (1950/51)

Als Tittel & Krüger zum Treuhandbetrieb wurde, strebte Interimstreuhänder Domke eine günstige Lösung für die Fortführung der Lohnveredelungsgeschäfte an. Zu diesem Zwecke führte er schon eine Woche nach Antritt seiner Position Verhandlun-

---

153 SächsStA Leipzig, Nr. 20943/144. Schreiben VEB Mika an Ministerium für Leichtindustrie, Personalabteilung HV Textil, 13.2.1953. Nr. 20943/036. Protokoll Abteilungsleiterbesprechung, VEB Mika, 17.2.1959.

154 SächsStA Leipzig Nr. 20943/543. Produktionsbesprechung des VEB Mika, 13.9.1949. Nr. 20943/131. Sitzungsprotokoll des Technischen Rates, 27.12.1957.

155 SächsStA Leipzig, Nr. 20943/144. Mitteilung des Werkleiters und der Personalabteilung an das Lohnbüro, 13.2.1953. Roßinsky war noch im Juli 1955 nachweisbar.

156 SächsStA Leipzig Nr. 20943/144. Prüfungsbericht [April 1956]; Nr. 20943/438. Verzeichnis der Meister, Personalabteilung des VEB Mika, 24.9.1948.

gen bei der VVB Kamm- und Streichgarnspinnereien in Gera.[157] Dort wurde der Wollgarnfabrik der Abschluss entsprechender Verträge über die VVB in Aussicht gestellt. Diese Geschäftsvorschläge umfassten aber erneut Fabrikationsgarne, auf deren Herstellung die Maschinen von Tittel & Krüger immer noch nicht eingestellt waren. Somit gefährdete das Angebot die bislang favorisierte Option auf Fortführung der Handstrickgarnproduktion. Obwohl die Produktionsvorschläge nicht kostendeckend zu gestalten waren, drang der Treuhandbetrieb auf die Erteilung der Aufträge. Als der nachfolgende Treuhänder Gutmann von der Möglichkeit hörte, sog. Fachmaschinen für Fabrikationsgarn in Gera auszuleihen, erkundigte er sich danach, doch wurde seine Anfrage abschlägig beantwortet.[158]

In der Folgezeit wurde der Wollgarnfabrik der Weg für eigene Verhandlungen versperrt: Als Tittel & Krüger Kontakte zum Paderborner Unternehmen Panthier & Co. aufnahm, untersagte die VVB im Februar 1951 die Fortführung der Verhandlungen, weil sie als Störung für die Anbahnung eigener Interzonengeschäfte bzw. innerdeutscher Handelsaktivitäten angesehen wurden.[159] Tittel & Krüger gingen die Handlungsspielräume in diesem Bereich verloren, und der Betrieb war von den Auftragszuweisungen der VVB abhängig, in denen aber Handstrickgarne kaum mehr eine Rolle spielten. Die skizzierten Entscheidungen hingen mit der immer stärkeren Einbindung ins planwirtschaftliche System zusammen und ließen die Wollgarnfabrik Tittel & Krüger ihr altes Produktionsprofil verlieren.

In der Frage der Rohstoffbelieferung und Materialzuweisung war die Wollgarnfabrik ebenfalls von der VVB Kammgarnspinnereien Gera abhängig. Im Dezember 1950 trat eine „Rohstofflücke" auf, weil zum Jahresende sämtliche ausgeschriebenen Verkaufsberechtigungen verfielen. Die Folge war, dass die Vorspinnerei nicht mehr voll ausgelastet war.[160] Die Zulieferungskrise hielt im Januar 1951 an, sodass die Produktion wegen mangelnden Rohstoff- und Kammzugeingangs um ein Viertel sank. Die 200 Arbeiter der Kernabteilungen Vorbereitung und Spinnerei konnten nur mit Hilfstätigkeiten beschäftigt werden. Am 22. Januar ging der Betrieb zur Kurzarbeit über, nachdem das örtliche Arbeitsamt hierfür die Genehmigung erteilt hatte. Im Februar 1951 kamen Engpässe bei der Lieferung von Spinnpapier und Kammnadeln hinzu, die sich über das ganze Jahr 1951 hinzogen. Ständig musste das Werk mit dem Stillstand ganzer Produktionsabschnitte rechnen.

Durch die Einbindung in das System der staatlichen Zuteilung war an eigenständige Lösungen nicht mehr zu denken. Tittel & Krüger, die weiterhin als „Privatspinner"

---

157 SächsStA Leipzig, Nr. 20941/435. Treuhänder Domke an Hauptdirektor Hofmann, VVB Kammgarnspinnerei Gera, 12.8.1950.

158 SächsStA Leipzig, Nr. 20941/435. Treuhänder Gutmann an die VVB Kammgarnspinnerei Gera, 29.12.1950.

159 SächsStA Leipzig, Nr. 20941/435. Treuhänder Gutmann an Hothorn, VVB Kammgarnspinnerei Gera, 14.2.1951.

160 SächsStA Leipzig, Nr. 20941/027. Monatlicher Situationsbericht des Treuhänders Gutmann, 20.12.1950.

galten, erhielten von der Geraer VVB die Mitteilung, dass sie nicht auf die Zuteilung von Spinnpapier aus den Beständen des Landes Sachsen hoffen durften.[161] Die Zuteilung von DM-Beträgen für die Beschaffung des dringend benötigten Tuchs im Interzonenhandel blieb dem Betrieb ebenfalls verwehrt. Als Kernprobleme des Betriebs verblieben die Absatzfrage und die nicht rechtzeitig zugewiesenen Versandanweisungen.[162] Im weiteren Verlauf des Jahres 1951 kam es immer wieder zu Kurzarbeit, weil Lieferungen der Zellwollwerke aufgrund von Chemikalienmangel ausblieben. Resultat dieser Zustände war eine hohe Fluktuation der Arbeitskräfte – insbesondere Facharbeiterinnen verließen den Betrieb.[163] Da die Spinnfabrik ihr Produktionspotential für veredelte Garnsorten immer mehr einbüßte, musste die defizitär arbeitende Abteilung Tapisserie Ende 1950 geschlossen werden. Obwohl der Mehrzahl der Arbeitskräfte bereits gekündigt war, wurde die Produktion aus „sozialen Gründen", wie es hieß, noch bis Ende 1952 mit stark verminderter Belegschaft weiter betrieben.[164] Derselbe Effekt lässt sich für den VEB Mika bezüglich der Stilllegung der Flügelspinnerei beobachten, der es auf Dauer ebenfalls an geeigneten Strickgarnaufträgen fehlte.[165] Für beide Kammgarnspinnereien endete mit dem Übergang zur Planwirtschaft ihre Existenz als Produzenten arbeitsintensiver Qualitätsware.

5.2.2 Mika: Reorganisation und Öffnung der betrieblichen Leitung (1952)

Am 19. Juli 1952 lud der neue Mika-Werkdirektor Kretzschmar einen Kreis von 16 betrieblichen Führungskräften zu einer ersten Leitungssitzung ein, darunter den technischen Leiter Klenk, den kaufmännischen Leiter Burkhardt und die Arbeitsdirektorin Burgdorff.[166] Anlass war ein in der Sitzung verlesener Revisionsbericht, der Mängel in der Werksführung offenlegte. Eine Formalisierung wichtiger werksinterner Governancevorgänge sollte für eine Verbesserung der zentralen Betriebslenkung sorgen. Für die Überprüfung der termingerechten Erfüllung der nunmehr persönlich erteilten Arbeitsaufträge wurde der Hauptbuchhalter verantwortlich gemacht. Zugleich waren regelmäßig Berichte an das Berliner Ministerium für Leichtindustrie

161 SächsStA Leipzig, Nr. 20941/435. Treuhänder Gutmann an die VVB Kammgarnspinnereien Gera, 11.4.1951.

162 SächsStA Leipzig, Nr. 20941/435. Treuhänder Gutmann an die VVB Kammgarnspinnereien Gera, 28.4.1951.

163 Vgl. SächsStA Leipzig, Nr. 20941/027. Diverse Situationsberichte des Jahres 1951.

164 SächsStA Leipzig, Nr. 20941/460. Treuhänder Gutmann an Stadt Leipzig, Dezernat Industrie und Verkehr, Treuhandverwaltung, 31.1.1951; Stadt Leipzig, Dezernat Wirtschaft und Arbeit, Örtliche Industrie an VEB Leipziger Wollgarnfabrik, 25.11.1952.

165 SächsStA Leipzig, Nr. 20943/104. Schreiben des VEB Mika an das Ministerium für Leichtindustrie Berlin, 25.7.1951.

166 SächsStA Leipzig, Nr. 20943/023. Protokoll der ersten Leitungssitzung vom 19. Juli 1952, 21.7.1952.

abzufassen. Die Reformierung der Werkleitung sollte auf dem Wege ihrer Bürokratisierung erfolgen.

Für mehr Sparsamkeit, z.B. bei notwendigen Dienstfahrten, sollte die Genehmigungspflicht des Werkleiters Kretzschmar sorgen. Den Führungskräften wurden außerordentliche Zuwendungen, z.B. Überstundenvergütungen, gestrichen. Für die Vergangenheit forderte die neue Werkleitung einige Geldbeträge zurück, die der ausgeschiedene Werkdirektor Kieß für Handwerker- und Gärtnerdienste, Repräsentationsanlässe und private Autofahrten verwendet hatte. Gleichzeitig erfolgte ein harter personeller Schnitt zur Straffung der Verwaltung, denn binnen zwei Monaten waren 35 Verwaltungsangestellte zu entlassen. Dieser ersten Sitzung, die von Kretzschmar noch als „provisorisch" bezeichnet wurde, folgten in kurzen zeitlichen Abständen weitere „ordentliche Dienstbesprechungen". Damit entstand in der volkseigenen Kammgarnspinnerei eine technokratisch-formalisierte Art der Leitung, die in den Stahlwerken aufgrund ihrer Größe nicht zur Anwendung kam.

Die Themenfelder der folgenden Dienstbesprechungen umfasste drei miteinander verzahnte Schwerpunkte: Arbeitsorganisation, Technikanwendung und Kostensenkung. Zur Ermittlung „wissenschaftlicher Produktionslaufzeiten" hatten die einzelnen Werksbereiche Richtsatzpläne aufzustellen. Auf diesem Wege waren „technisch-wissenschaftliche Kennziffern" für einzelne Arbeitsplätze zu ermitteln, die als Grundlage für die Errechnung Technischer Arbeitsnormen (TAN) dienten.[167] Zur Überwachung dieser Vorgänge existierte in den VEB seit September 1949 eine Technische Kontrollorganisation (TKO), die auch speziell auf Gütevorschriften zu achten hatte.[168] Auf finanzieller Seite waren für die Einzelschritte des Produktionsablaufs sog. Kostenträgerabrechnungen zu erstellen. Jeder Betriebsteil hatte zudem eine Eigenverpflichtung zur Selbstkostensenkung zu übernehmen. Zur Förderung der Umsetzung all dieser Punkte diente die Rationalisatorenbewegung, die auf betrieblicher Ebene zu initiieren war.[169] An ihrer Basis standen die Rationalisatoren-Aktivs, die in der betrieblichen Rationalisierungskommission zusammenkamen; letztere wurde beim VEB Mika 1952 programmatisch in Technischer Rat umbenannt.[170] Die auf den Dienstbesprechungen diskutierten Konzepte waren auf übergeordneter, meist ministerieller Ebene entwickelt worden und mussten an die betriebliche Realität angepasst werden.

Während sich die Realisierung von Rationalisierungszielen in den Bereichen Finanzen und Technik besonders auf das Handeln betrieblicher Fachkräfte bezog,

167 Technisch-begründete Arbeitsnorm (TAN), in: Dowe, Dieter u.a. (Hrsg.): FDGB-Lexikon. Funktion, Struktur, Kader und Entwicklung einer Massenorganisation der SED (1945–1990), Berlin 2009 (Online: http://library.fes.de/FDGB-Lexikon/).

168 Verordnung über die Verbesserung der Qualität der Produktion, 24.11.1949, GBl. der DDR I. 1949, S. 73f.

169 Vgl. Jünger, Gerhard: Volkswirtschaftsplan 1952 und Rationalisatorenbewegung: Arbeitstagung der Aktivisten, Techniker, Ingenieure und Wissenschaftler am 5. Juli 1952 in Berlin, Berlin 1952.

170 Vgl. zu diesem Komplex: Abschnitt 5.2.5 dieses Kapitels.

erfasste der Bereich Arbeit die gesamte Belegschaft. Im vierten Quartal 1952 proklamierte die Leitung der Mika als organisatorische Neuerung öffentliche Sprechstunden des Werkdirektors.[171] Diese Veranstaltungen erlaubten es, anstehende Governanceprobleme auf direktem Wege mit den Mitarbeiterinnen und ihren männlichen Vorgesetzten – so die übliche Aufteilung der Geschlechterrollen in der Fabrik – zu diskutieren. Wesentliche Themen waren der Ablauf des sozialistischen Wettbewerbs und Maßnahmen zur Steigerung der Arbeitsproduktivität. Der Wettbewerb war auf zwei Stufen organisiert: Erstens trat die Mika im Herbst 1952 in den überbetrieblichen Wettbewerb mit anderen Kammgarnspinnereien ein, zweitens war der Wettbewerb innerbetrieblich zu organisieren. Für letzteren Punkt hatten die öffentlichen Besprechungen eine zentrale Stellung, zumal aus den Reihen der Spinnerinnen mitunter Unzufriedenheit über die Arbeitsweise geäußert wurde. Die kritisierten Punkte betrafen Fragen der Prämierung sowie einzelne Arbeitsabläufe. Hinsichtlich der Prämien herrschte z.B. bei älteren Spinnerinnen Unmut, weil ihre jüngeren Kolleginnen bevorzugt wurden. In Bezug auf den Arbeitsablauf stand vor allem die Organisationsform der Brigade zur Debatte. Die Werkdirektorbesprechungen gaben die Gelegenheit, Personalkritik z.B. an der Brigadeurin vorzubringen sowie einzelne Klagen zu besprechen.[172] Die Öffentlichkeit der Sitzung barg ein gewisses Motivationsmoment, weil sie der Belegschaft das Gefühl gab, auf die Arbeitsbedingungen durch direkten Kontakt mit der Betriebsleitung Einfluss nehmen zu können. Die eigentliche Umstellung der Arbeitsorganisation erfolgte aber an übergeordneter Stelle. Zudem ist eine dauerhafte Installation dieser Mitbestimmungsform nicht erkennbar: Weitere Besprechungen sind nicht belegt, sodass die Veranstaltungen kaum als Zeichen einer gestiegenen innerbetrieblichen Transparenz zu werten sind.

5.2.3 Jahresbilanz der VEB Wollgarnfabrik (Weihnachten 1954)

Auf der Jahresabschlussbesprechung des VEB Wollgarnfabrik Leipzig äußerte Betriebsleiter Müller Zuversicht, denn man habe seine „Pflicht in diesem Jahr getan".[173] Auf die Aufforderung, „im Telegrammstil über den Arbeitsablauf des vergangenen Jahres" zu berichten, reagierten die betrieblichen Leitungskräfte mit positiven Berichten, in denen die alten Problemlagen kaum mehr aufschienen. Der technische Leiter Kühne hob die Planerfüllung in allen Bereichen hervor, u.a. auch der Investitionspläne, zudem sei der „rohstoffmäßige Anlauf für 1955" gesichert. Zellwolle lag für vier bis sechs Wochen auf Lager und das „Wolleprogramm" laufe

171 SächsStA Leipzig, Nr. 20943/023. Schwerpunktarbeitsplan des VEB Mika für das Quartal IV/1952, 27.9.1952.

172 SächsStA Leipzig, Nr. 20943/023. Niederschrift der öffentlichen Besprechung des Werkleiters, 4.11.1952.

173 SächsStA Leipzig, Nr. 20941/052. Jahresabschlussbesprechung, 24.12.1954.

besser als bisher. Auch die „Kohlesituation“ war nicht „beängstigend“, obgleich auf die täglichen Eingänge immer wieder gewartet werden musste.[174] Allein die Engpässe in der Spinnpapierlieferung hielten an.[175] Wie Müller betonte auch Kühne die engen Kontakte zur Industriezweigleitung (IZL) Wolle und Seide in Meerane. Die IZL hatte im Sommer 1954 die VVB ersetzt, beschäftigte 100 Angestellte und leitete 45 Betriebe an.[176] In ihren Abteilungen Planung, Materialversorgung, Investitionen, kaufmännische Verwaltung, Absatz, Kader, Forschung und Technik lief die Aufsicht und Anleitung auf allen betrieblichen Governancefeldern zusammen. Die IZL war erste Anlaufstelle für die Anträge der VEB bei allen maßgeblichen betrieblichen Entscheidungen.

Im gleichen Tenor trug der kaufmännische Leiter Gutmann seinen Kurzbericht vor. Der Betrieb arbeite mit Gewinn, lediglich die Einhaltung des Finanzplans sei aufgrund der verspäteten Übermittlung einiger Kontrollziffern leicht verfehlt worden. Er drang auf die Einschaltung der BPO zur Ermittlung der Schuldigen. Zudem merkte er an, dass seine Abteilung mit Arbeit überlastet sei. Als Beispiel nannte er die Bildung des Direktorenfonds, die sich völlig verändert habe. Bezüglich der Mittelzuführung zum Fonds müsse mit der IZL geklärt werden, wie sich der „Operativgewinn“ zusammensetze, denn die von der HV Textil ausgearbeiteten Kontrollziffern seien nicht an die Betriebe weitergeleitet worden.[177] Diese beispielhaften Ausschnitte aus der Tätigkeit des kaufmännischen Leiters lassen erkennen, dass die eigene Planung und Governance durch eine Planorientierung ersetzt war, die in enger Abstimmung mit den übergeordneten Instanzen erfolgte. Die hohe Arbeitsbelastung resultierte vornehmlich aus der Berechnung eines umfangreichen Katalogs technisch-wirtschaftlicher Plankennziffern.[178]

Sowohl in technischen wie auch in der kaufmännischen Fragen waren dem Betrieb die wesentlichen Entscheidungsbefugnisse entzogen worden. In puncto Governance verblieb der Werkleitung lediglich die Durchführung organisatorischer Aufgaben und die Durchsetzung und teilweise Ausgestaltung zentraler Weisungen. Die Bilanz zur Weihnacht 1954 eröffnete, dass die Eingliederung des VEB Wollgarnspinnerei in die planwirtschaftliche Realität binnen zwei Jahren nach der Verstaatlichung vollzogen war. Allerdings hatte der Betrieb die drastischste Umstrukturierung bereits in der kurzen Treuhandphase erlebt. Im Kontrast zu den Stahlwerken durfte Tittel & Krüger für den Regelfall der Ausrichtung größerer Betriebe am System der Zentralplanwirtschaft stehen.

---

174 SächsStA Leipzig, Nr. 20941/052. Protokoll Dienstbesprechung, 20.12.1954.

175 SächsStA Leipzig, Nr. 20941/052. Protokoll Dienstbesprechung, 24.11.1954.

176 Heuer, Hellmut: Zur Organisation der Betriebsplanung in der volkseigenen Industrie des sowjetischen Besatzungsgebietes, Berlin 1958, S. 73f. u. 88.

177 SächsStA Leipzig, Nr. 20941/052. Protokoll Dienstbesprechung, 20.12.1954.

178 Vgl. Heuer, Zur Organisation, S. 45f.

5.2.4 Analyse der Arbeitsanweisungen im VEB Wollgarnfabrik (1954)

Als Testfeld für die betriebliche Integration in die Planwirtschaft werden in diesem Abschnitt die Werkleiteranordnungen des Jahres 1954 behandelt. Es handelte sich sowohl um Arbeitsanweisungen der Betriebsleitung als auch der kaufmännischen Leitung, der Personalleitung und des Hauptbuchhalters.

Die Kontrolle der Nachtschicht gehörte in den Verantwortungsbereich verschiedener betrieblicher Führungskräfte, wobei die Zuständigkeiten nach Wochentagen verteilt war: Montags oblag sie Betriebsleiter Müller persönlich, dienstags dem SED-Betriebssekretär Wawrzinek, mittwochs dem technischer Leiter Kühne, donnerstags der BGL und freitags dem Leiter der Abt. Arbeit Weise. Es konnten stellvertretend auch andere Kollegen eingesetzt werden, doch sollte die Delegation der Verantwortung möglichst gering gehalten werden. Bei besonderen Vorkommnissen war ein sofortiger Bericht an den Betriebsleiter Müller zu erstatten.[179] Vom personellen Zuschnitt her vergleichbar war die Regelung der Zeichnungsberechtigung, die sich aber auf den eigenen Zuständigkeitsbereich beschränkte und Geldangelegenheiten oder rechtsverbindliche Verträge ausschloss.[180] Die Kontrolle solcher werksinterner Prozeduren war relativ stark zentralisiert und entsprach der in der frühen DDR entwickelten starken Kontrolltendenz. Umgesetzt wurde ein Prinzip der beschränkten persönlichen Verantwortlichkeit.

Zur Verbesserung der Zusammenarbeit aller betrieblichen Abteilungen wurde eine Regelung für den Umgang mit Schadensersatz- und Reklamationsansprüchen von Lieferungsempfängern festgelegt. Die Verfahrensweise gab insbesondere eine Handlungsanleitung für den Leiter der werksinternen Technischen Kontrollorganisation (TKO) vor, koordinierte aber auch den Ablauf hinsichtlich der Einbeziehung der Abteilungen Absatz, Materialversorgung, TKO, TAN und der Buchhaltung.[181] Eine vergleichbare Regelung gab es für die Abwicklung von Regierungs- und Exportaufträgen. Vom Leiter des Dispatcherdienstes, d.h. dem Verantwortlichen für die Abstimmung von Produktionsprozessen, war auf Präferenzsetzungen bei diesen Aufträgen zu achten und die Werksabteilungen Materialversorgung und Gütekontrolle in die ordnungsgemäße Abwicklung einzubeziehen. Als Sanktionsmechanismus war ein Prämienentzug vorgesehen. Beide Anordnungen der betrieblichen Leitungsebene vermitteln eine Vorstellung von der Institutionalisierung der technokratisch-formalisierten Arbeitsabläufe.

---

179 SächsStA Leipzig, Nr. 20941/258, Arbeitsanweisung des Betriebsleiters Müller an die entsprechenden Abteilungen, 16.6.1954.

180 SächsStA Leipzig, Nr. 20941/258. Arbeitsanweisung des Betriebsleiters Müller an die Abteilungen, 9.6.1954.

181 SächsStA Leipzig, Nr. 20941/258. Gemeinsame Arbeitsanweisung der technischen und kaufmännischen Leiter an die Obermeister der entsprechenden Abteilungen, 18.1.1954.

Die beiden erläuterten Arbeitsanweisungen lassen sich noch unter einem anderen Blickwinkel interpretieren: Sie dienten zum einen der Durchsetzung staatlicher Verordnungen und zum anderen der Vermittlung nationaler Kampagnen. Im ersten Fall der Schadensersatzansprüche standen die von betrieblicher Seite ergriffenen Maßnahmen im Zusammenhang mit der Kampagne „Qualitätsverbesserung der Verbrauchsgüterindustrie".[182] Im zweiten Fall dienten sie zur Konkretisierung der Verordnung zur Durchführung von Regierungsaufträgen und der Exportverordnung vom 17. Dezember 1953.[183] Eine weitere nationale Wirtschaftskampagne war die Durchsetzung eines „strengen Sparsamkeitsregimes", die das ZK der SED im November 1952 ausrief.[184] Als Teil des umfassenden Programms oblag den Betrieben die Senkung ihrer Verwaltungskosten. Um dies zu erreichen, richtete man in der Wollgarnfabrik die Planstelle des Produktionsschreibers ein.[185] Diese Kontrolleure sollten in den verschiedenen Produktionsabteilungen das Verhältnis zwischen Soll und Ist der Produktion sowie entsprechende Lohndaten der Beschäftigten festhalten, „Ausfallstundenzettel" führen und die „Maschineneinheitsstunden", d.h. die Arbeitsstunden pro Maschineneinheit, errechnen. Die Durchsetzung der Prinzipien der Rechnungsführung und Buchhaltung war zugleich ein allgemeines Betriebsziel, um den reibungslosen Ablauf der Planwirtschaft zu erreichen. Koordinierend war hierfür die kaufmännische Leitung zuständig, die zum Erreichen eines „einwandfreien Waren- und Geldverkehrs" sog. Rohstoffspiegel erstellen ließ, eine Kombination der statistischen Erfassung der Einzelpläne vorschrieb sowie eine Preiskontrolle beim Wareneingang durchsetzte.[186]

Auch im Textilsektor wird sichtbar, dass die wenigsten dieser betriebsinternen Governanceentscheidungen originäre Entwürfe der beteiligten betrieblichen Führungskräfte waren. Vielmehr dienten sie – wie bereits für das Stahlwerk Hennigsdorf im Jahr 1954 gezeigt[187] – der Durchsetzung der auf höherer Ebene entworfenen Zielvorstellungen. In diesem Sinne genossen die Akteure auch in den untersuchten Kammgarnspinnereien wenig Gestaltungsfreiheit, sondern waren für die technokratische Durchführung der planwirtschaftlichen Ziele zuständig.

---

182 Zu dieser Kampagne vgl. unten Abschnitt 5.2.5.
183 GBl. der DDR I. 1953, S. 1307f. u. 1312f.
184 Staritz, Dietrich. Geschichte der DDR, 2. Aufl., Frankfurt am Main 1996, S. 100f.
185 SächsStA Leipzig, Nr. 20941/258. Arbeitsanweisung des kaufmännischen Leiters Gutmann an alle Abt., 22.4.1953.
186 SächsStA Leipzig, Nr. 20941/258. Kaufmännische Leitung an Abt. Materialversorgung und Absatz, 7.1.1953; an verschiedene Abt., 3.7.1953; an das Technische Büro, Abt. Materialversorgung, 9.3.1954.
187 Vgl. Kap. V., 2.1.

5.2.5 Mika: Aufgaben des Technischen Rates (1954/55)

Die Arbeitsweise der technischen Leitung folgte den Leitlinien der Rationalisierung und Normierung. Beide Aspekte standen mit der Rationalisatoren- und Neuererbewegung in Zusammenhang, die seit 1952 propagiert wurde und die Beteiligung der Arbeiterschaft bei der Suche nach Innovationen aktivieren sollte.[188] Entsprechend wurden im VEB Mika Rationalisatoren-Aktivs gebildet, denen auf Werksebene eine Rationalisatorenkommission übergeordnet war. Im Herbst 1952 wurde diese Kommission in „Technischer Rat“ umbenannt.[189] Anfangs standen fast ausschließlich Fragen des Verbesserungs- und Vorschlagswesens auf der Tagesordnung.[190]

Die Institutionalisierung eines Technischen Rates begleitete die Reorganisation der Betriebsleitung des VEB Mika im ausgehenden Jahr 1952. Der Quartalsplan IV/52 sah auch ein Technisches Kabinett vor, einen Raum, der der Institutionalisierung des Erfahrungsaustauschs im technischen Bereich dienen sollte. Der angesprochene Kreis bestand aus der technischen Intelligenz, den Meistern, Vorarbeitern, Aktivisten und sog. Bestarbeitern. Die Themen der Sitzungen seien monatlich wechselnd zu gestalten: Im Mittelpunkt sollten neben allgemeinen Verbesserungsvorschlägen insbesondere die Gütekontrolle stehen, die Erstellung technisch begründeter Arbeitsnormen (TAN), die Konkretisierung technischer Neuerungen sowie die Arbeitsorganisation.[191] Obgleich bereits von einer festlichen Einweihung die Rede war, fehlte es an Hinweisen auf die Realisierung des Projekts. Die Verfolgung der Aktivitäten des Technischen Rates ist hingegen in einem Sample von Sitzungen der Jahre 1954/55 möglich, das exemplarisch die Ausweitung der Kompetenzen des Gremiums dokumentiert.

Seit Anfang des Jahres 1954 fanden die Sitzungen des Technischen Rates regulär monatlich mit 13 bis 15 Teilnehmern statt.[192] Der neue Werkleiter Kretschmar nahm meistens teil, ebenso wie der Arbeitsdirektor Walter Roßinsky. Die Sitzungen standen unter der Leitung des technischen Leiters Klenk, dessen Stellvertretung im Falle der Abwesenheit der Spinnereileiter Ast wahrnahm. Die übrigen Teilnehmer waren Führungskräfte des technischen Bereichs, z.B. der Kämmereileiter Junghans oder der TKO-Leiter Homilius, zu denen situativ kaufmännische Fachleute, z.B. der „Betriebswirtschaftler“ Behrla hinzugezogen wurden. Inhaltlich führte das Gremium den für

188 Schröter, Harm G.: Perspektiven der Forschung: Amerikanisierung und Sowjetisierung als Interpretationsmuster der Integration in beiden Teilen Deutschlands, in: Schremmer, Eckart (Hrsg.): Wirtschaftliche und soziale Integration in historischer Sicht. Arbeitstagung der Gesellschaft für Sozial- und Wirtschaftsgeschichte in Marburg 1995, Stuttgart 1996, S. 283.

189 SächsStA Leipzig, Nr. 20943/023. Schwerpunktarbeitsplan des VEB Mika für das Quartal IV/1952, 27.9.1952.

190 SächsStA Leipzig, Nr. 20943/036. Protokoll der Sitzung des Technischen Rates, 20.11.1952.

191 SächsStA Leipzig, Nr. 20943/023. Schwerpunktarbeitsplan des VEB Mika für das Quartal IV/1952 (Pkt. 9), 27.9.1952.

192 SächsStA Leipzig, Nr. 20943/036. Sitzungsprotokolle des Technischen Rates [1954/55].

1952 umrissenen Aufgabenbereich fort,[193] wobei es naturgemäß als Hauptaufgabe technische Angelegenheiten behandelte, die sich auf sämtliche Fertigungsstufen erstreckten. Im Bereich der Zulieferung waren Abstimmungen mit dem wichtigsten Lieferanten für Zellwolle, dem Zellwollwerk in Schwarza, z.B. die Überwachung der technischen Güte des Flocketransports, das vorherrschende Thema.[194] Hinsichtlich des Produktionsablaufs stand z.B. das Problem der Kammzugfärbung im Februar 1954 im Vordergrund, nachdem dieser Produktionsschritt auf Weisung von oben wieder in den Betrieb aufgenommen worden war. Werkleiter Kretzschmar erbat Stellungnahmen der einzelnen Abteilungen zu dieser Maßnahme, die der Betrieb umsetzen musste.[195] Weitere an den Technischen Rat gerichteten Anforderungen betrafen die Schließung technischer Lücken, die Stimulierung technischer Verbesserungen sowie die Durchsetzung technischer Neuerungen.

Auch im Bereich der Investitionen fiel dem Technischen Rat eine nachrangige Funktion zu. Finanzierungsanträge waren als Bedarfsmeldung bei der IZL Meerane einzureichen, z.B. im November 1954 die Absaugvorrichtungen für Ringspinnmaschinen, wobei der Rat den Nachweis über deren „Rentabilität" zu erbringen hatte.[196] Im Bereich Forschung und Entwicklung war eine betriebliche Zuständigkeit für praktische handwerkliche Versuche vorgesehen, während die Lösung wissenschaftlicher Probleme auf höherer Ebene, vor allem in den zentralisierten Forschungsinstituten, angesiedelt war.[197] Daneben gab es einzelne Sitzungen des Technischen Rates, die sich speziellen Problemlagen widmeten, z.B. der Wasserzufuhr aus der Elster und der nachfolgenden Wasserreinigung oder der Aussprache mit der Zwirnerei wegen verwechselter Spinnpartien.[198] Der Technische Rat beurteilte schließlich noch die Urheberschaft von technischen Verbesserungsvorschlägen, was im Regelfall für die Frage der Zuerkennung von Prämien von Bedeutung war.[199]

Als durchgängige Problemlage des behandelten Zeitabschnitts lässt sich die Frage der Qualitätssicherung ausmachen.[200] Die Verbesserung der Qualität der Industrieerzeugnisse war gesetzlich festgelegt und eine der Hauptaufgaben sowohl des laufenden Volkswirtschaftsplanes als auch des 1956 folgenden zweiten Fünfjahrplanes.[201] Der Technische Rat des VEB Mika identifizierte nicht nur Mängel bei den gelieferten Roh- und Hilfsstoffen, v.a. der Zellwolle, sondern auch bei der „manu-

---

193 Vgl. Kap. V, 5.2.2.
194 SächsStA Leipzig, Nr. 20943/036. Protokoll der Sitzung des Technischen Rates, 5.11.1954.
195 SächsStA Leipzig, Nr. 20943/036. Protokoll der Sitzung des Technischen Rates, 18.2.1954.
196 SächsStA Leipzig. Nr. 20943/036. Protokoll der Sitzung des Technischen Rates, 5.11.1954.
197 SächsStA Leipzig, Nr. 20943/036. Protokoll der Sitzung des Technischen Rates, 18.3.1954.
198 SächsStA Leipzig, Nr. 20943/036. Protokolle der Sitzungen des Technischen Rates, 12.3. u. 24.5. 1954.
199 SächsStA Leipzig, Nr. 20943/036. Protokoll der Sitzung des Technischen Rates, 18.3.1954.
200 SächsStA Leipzig, Nr. 20943/036. Dienstbesprechung zur Verbesserung der Qualität, 26.4.1955.
201 Fuhrmann, Günter u.a.: Material- und Warenprüfung in der DDR. Anspruch und Wirklichkeit, Berlin 2009, S. 24–27.

ellen Arbeit“ im Betrieb. Im Sinne der SED-Logik wurden Arbeitsorganisation und -motivation als Haupthebel zur Behebung der Mängel und zur Qualitätsverbesserung bezeichnet. Insbesondere richtete sich der Appell an die Eigenverantwortlichkeit der Abteilungsleiter zur Qualifizierung der Arbeitskräfte sowie zur Überprüfung und Verbesserung der technologischen Verfahren. In diesem Sinne verabschiedete auch das „Mika-Kollektiv“ ein Zwanzigpunkteprogramm zur Verbesserung der Qualität der Kammgarngespinnste, das sich die genannten Punkte zueigen machte.[202] Immerhin tauchten Klagen über alte Probleme wie z.B. Materialengpässe kaum mehr auf, jedoch mehrten sich negative Einschätzungen zur Arbeitskräftesituation, weil deren Fluktuation anhielt und fachlich ausgebildete Arbeiter in Branchen abwanderten, die eine bessere Bezahlung boten.[203]

Das Regime der Zentralverwaltungswirtschaft fußte auf der Betonung von wissenschaftlichem und technischem Wissen, wie die skizzierten Bewegungen der Rationalisierung und Normierung sichtbar machten. In dem hier untersuchten Zeitraum des ersten Fünfjahrplans traten die Funktionsdefizite der zentralen Planung deutlich zu Tage, in den Kammgarnspinnereien z.B. die Qualitätsprobleme, die mit der Fixierung auf die Zellwolle zusammenhingen, oder die Aufgabe angestammter, früher erfolgreicher Produktionsbereiche. Angesichts dessen war ein technokratisches Handeln der Führungskräfte gefragt, d.h. das Finden von Lösungen im obrigkeitlich abgesteckten planwirtschaftlichen Rahmen. Die sich bietenden Handlungsalternativen lassen sich trefflich als technokratische Spielräume bezeichnen.[204] Die technokratische Kompetenz erforderte ein rationales Sachzwangdenken unter Ausblendung übergeordneter Zusammenhänge. Als Nebenkriterium stand immer wieder die politische Zuverlässigkeit auf dem Prüfstein, in den Textilbetrieben allerdings erheblich weniger als z.B. in der Stahlindustrie.

5.3 Verflechtungsgeschichte der Leipziger Kammgarnspinnereien

Mit der Betrachtung der Verflechtungsgeschichte wird ein neuer Weg beschritten, denn das zwischenbetriebliche Geschehen stand bisher kaum im Blickpunkt der betriebsgeschichtlichen DDR-Forschung.[205] Die wechselseitigen Transfers und gegenseitigen Einflussnahmen der beiden Leipziger Kammgarnspinnereien können hier nur ansatzweise analysiert werden, zu umfangreich erscheint dieses Themenfeld.

202 SächsStA Leipzig, Nr. 20943/036. Protokoll der Sitzung des Technischen Rates, 22.7.1955.

203 Ebd. u. SächsStA Leipzig, Nr. 20943/036. Meisterbesprechung im VEB Mika, 13.9.1956. Nr. 20943/147. Protokoll über Besprechung zur Planerfüllung, 30.8.1957.

204 Hübner, Peter: Menschen–Macht–Maschinen. Technokratie in der DDR, in: Ders. (Hrsg.): Eliten im Sozialismus. Beiträge zur Sozialgeschichte der DDR, Köln 1999, S. 325.

205 Abgesehen von der organisierten Arbeitervertretung, vgl. z.B. Hürtgen, Renate: Zwischen Disziplinierung und Partizipation. Vertrauensleute des FDGB im DDR-Betrieb, Köln 2005.

Um Vollständigkeit anzustreben, wäre nicht nur nach ökonomischen Kontakten zu fragen, sondern die betrieblichen Beziehungen in einem umfassenderen Sinne einzubeziehen, z.B. die Personalfluktuation, aber auch die politische und kulturelle Ausstrahlung beider Betriebe.

Dass die Kammgarnspinnereien im Mittelpunkt der öffentlichen Wahrnehmung standen, zeigte sich im Mai 1949 am Beispiel von Tittel & Krüger. Die Leipziger Stadtverordnetenversammlung tagte zum ersten Mal in einem Betrieb, und als angemessener Ort für die Plenarsitzung wurden die Räumlichkeiten der Wollgarnspinnerei ausgewählt.[206] Als Betriebe einer gewissen Größenordnung prägten sie gesellschaftliche Räume. Deshalb nahm auch die Organisation von Kulturveranstaltungen einen wichtigen Platz im betrieblichen Leben ein, der auch die Aufmerksamkeit der Betriebsleitung immer stärker beanspruchte.[207] Wegen ihrer Nähe innerhalb desselben Industriezweiges entwickelten sich zwischen den Kammgarnspinnereien rege Austauschbeziehungen, die es hier punktuell zu analysieren gilt. Im Folgenden sind auf wirtschaftlicher Ebene die Formen der Annäherung und Abgrenzung, des Wettbewerbs und der Kooperation zu betrachten.

Die ökonomischen Kontakte der beiden Betriebe bewegten sich in Richtung auf eine immer mehr zunehmende Kooperation. Während die Berührungspunkte beider Unternehmen auf dem Feld der Governance traditionell nicht ausgeprägt waren, änderte sich dies spätestens mit dem Zusammenbruch des Jahres 1945. Auf der Basis des sich abzeichnenden Modells der Leipziger Stadtökonomie entwickelte der bald darauf entlassene Tittel & Krüger-Vorstand Lemser im August 1945 einen Plan für die geschäftliche Kooperation der Kammgarnspinner.[208] Das Zusammenrücken auf lokaler Ebene lässt sich als Folge des zwangsweisen Abbruchs überregionaler Beziehungen deuten. In diesem Kontext erlebte insbesondere die internationale Ausrichtung der Stöhr AG einen jähen Abbruch. Manche Punkte der gewollten Kooperation realisierten sich in der Folge, wenn auch unter den Sachzwängen des sowjetisch dominierten Produktionsregimes: Die Leipziger Kammgarnspinnereien arbeiteten 1946/47 eng bei der Erfüllung von Reparationsaufträgen zusammen, z.B. im Bereich der Logistik, als man sich gegenseitig mit der Bereitstellung von LKW aushalf.[209] Die Unterauslastung der Kapazitäten von Maschinen zur Weiterverarbeitung des Garns, vor allem in der Färberei, führte zur gegenseitigen Überstellung von Aufträgen. Die Spinnereien führten auf dem Feld der Materialbeschaffung gemeinsame Verhandlungen mit den lokalen und regionalen Zellwollwerken, z.B. der Thüringischen Zellwolle

206 SächsStA Leipzig, Nr. 20943/199. Protokoll der 10. Plenarsitzung der Leipziger Stadtverordnetenversammlung, 18.5.1949.

207 Vgl. z.B. SächsStA Leipzig, Nr. 20941/258. Arbeitsanweisung Betriebsleiter Müller an BGL, BPO, Kulturkommission, 3.5.1954; kaufmännischer Leiter Gutmann an den Vorsitzenden der Kulturkommission Goldschmidt, 23.8.1954.

208 Kap. II, 4.3.2.

209 SächsStA Leipzig, Nr. 20943/377. Aktennotiz Dettloff für den Vorstand der Stöhr AG, 26.9.1946.

in Schwarza, die zum wichtigsten Rohstofflieferanten wurde.[210] Die vormals zur Stöhr AG gehörige Leipziger Wollkämmerei nahm für beide Betriebe eine zentrale Rolle als Zulieferer ein.[211] Ein weiterer Punkt, an dem sich die Betriebsinteressen trafen, waren seit 1946/47 die überregionalen Geschäfte oder die Lohnveredelungsgeschäfte, nach denen beide Leipziger Kammgarnspinnereien strebten.[212] Da die Handelsorganisationen der Besatzungsmacht eine gleichartige Geschäftsabwicklung forderten, gaben sie der betrieblichen Koordination einen Impuls.

Als die SMAD im August 1946 den Befehl Nr. 253 („Gleicher Lohn für gleiche Arbeit") erließ, bildeten die Textilfabriken eine Front gegen die dekretierte Lohnpolitik. Die an die Arbeiterinnen der Textilindustrie gezahlten niedrigen Löhne waren von der Reform speziell betroffen, denn für sie standen maßgebliche Erhöhungen im Raum.[213] Der Tittel & Krüger-Vorstand sperrte sich gegen die Ausführung der Vorschrift, weil die Finanzlage des Betriebs durch die Einfrierung der Altvermögen anhaltend prekär blieb. Die Angleichung des Lohnniveaus an die übrigen Industriebereiche bringe „uneinbringlichen hohen Verlust", der auf rund eine halbe Million RM pro Jahr beziffert wurde.[214] Als die Ringspinnerin Johanna Schmeisser mit Unterstützung des FDGB gegen ihre Entlohnung klagte, kam es zu einer Verurteilung des Betriebs zur Nachzahlung des rückständigen Lohns. Das Arbeitsgericht folgte in seinem Urteil vom 12. Juni 1947 der Darstellung der Klägerin, dass sie nicht nur Anspruch auf den Richtsatzstundenlohn von 48 Pfennig habe, sondern auf den für ihre männlichen Kollegen üblichen Akkordrichtlohn für Hilfsarbeiter von 55 Pfennig in der Stunde.[215] Der Aufsichtsrat von Tittel & Krüger verzichtete auf eine Berufung gegen das Urteil, lehnte eine sofortige Nachzahlung jedoch ab.[216] Durch Nachverhandlungen mit der Gewerkschaft erreichte man, dass über diesen Punkt später entschieden wurde.

Der Tittel & Krüger-Vorstand nahm Kontakt mit den übrigen großen Leipziger Textilfabriken auf und erfuhr, dass die Leipziger Baumwollspinnerei sich den Grundsätzen nach Befehl 253 ebenfalls anschloss, die Wollkämmerei noch in Verhandlung stand und die Kammgarnspinnerei Stöhr sich ebenfalls abwartend verhielt. Über die gemeinsame Problemlage rückten die betroffenen Betriebe näher zusammen. Eine Konkurrenz war kaum mehr erkennbar, sondern zwischen den Führungsetagen, in denen noch die alten leitenden Kräfte tätig waren, überwog die Interessengleichheit. In dieselbe Richtung wiesen die Ergebnisse einer Tagung der Kammgarnspinner, die

---

210 SächsStA Leipzig, Nr. 20943/377. Aktennotiz Weber für Vorstand und Abt. Einkauf, 27.8.1946.

211 Zur Leipziger Wollkämmerei (LWK), vgl. Kap. II, 4.1 und Kap. III, 4.1.

212 Kap. IV, 4.3.

213 Werum, Gewerkschaftlicher Niedergang, S. 39 u. 110; Hoffmann, Aufbau und Krise der Planwirtschaft, S. 196.

214 SächsStA Leipzig, Nr. 20941/329. Schreiben Tittel & Krüger an die IHK Leipzig betr. Lohnverhältnisse in der Textilindustrie, 10.9.1946.

215 SächsStA Leipzig, Nr. 20941/122. Aus dem Urteil des Arbeitsgerichts Leipzig, 12.6.1947.

216 SächsStA Leipzig, Nr. 20941/042, Protokoll der Aufsichtsratssitzung der Wollgarnfabrik Tittel & Krüger und Sternwoll-Spinnerei AG Leipzig im Gesellschaftsgebäude, 18.7.1947.

im Mai 1947 in Berlin stattfand.[217] Tittel & Krüger-Vorstand Haebler berichtete, dass dort die Fünf-Tage-Woche abgelehnt und ein gemeinsames Vorgehen bei der Verteilung der Rohstoffe vereinbart wurde. Man beklagte auch, dass Exportgeschäfte am zu hohen Lohnniveau, insbesondere im Verhältnis zur Schweiz, gescheitert seien. Die Lohnfrage zeigte, dass sich die Textilbetriebe in der Defensive befanden. Sie versuchten, die beengten Handlungsspielräume durch gemeinschaftlich abgestimmtes Agieren zu vergrößern.

Des Weiteren wurden die beiden Spinnereien durch überbetriebliche Konferenzen zusammengeführt, z.B. den seit 1949 nachweisbaren Betriebsleitertagungen. Bei diesen Treffen, an denen in der Regel auch die betrieblichen Arbeiterfunktionäre teilnahmen, standen meist betriebsrelevante gesellschaftliche Themen im Vordergrund, z.B. die politische Bedeutung des Betriebskollektivvertrags und seine Umsetzung im Textilsektor.[218] Konkretisiert wurden darüber entstehende Kontakte z.B. durch eine gemeinsame Feier der beiden Kammgarnspinnereien anlässlich der Unterzeichnung des Betriebskollektivvertrages.[219] Stärker auf den Produktionsbereich orientierten sich Institutionen wie der Zentrale Arbeitsausschuss Kammgarnspinnerei, der z.B. am 11. Mai 1950 in der Crimmitschauer Kammer der Technik tagte.[220] Klenk wurde als technischer Leiter der Mika zum Obmann der dort gebildeten „Mitarbeiterkreise" für Kammzug und für Buntgarne gewählt. Die überbetrieblichen Veranstaltungen intensivierten den fachlichen Austausch auf vielen Ebenen und schufen den Rahmen für konkrete Kooperationen.

Die Gleichartigkeit der beiden Betriebe wurde für ihre Führungskräfte immer mehr zum Bezugspunkt zur Abwägung ihres Handelns. Zum Beispiel orientierte sich die VEB Wollgarnspinnerei in der Frage der Gehaltseinstufung ihres Arbeitsdirektors Erich Pfaff an der Information seines Stellenkollegen in der Mika Walter Roßinski.[221] Um in der Frage, die einen gewissen Handlungsspielraum eröffnete, den richtigen Weg zu wählen, erschien eine Rückversicherung beim Nachbarbetrieb als der opportune Weg. Weitere Erfordernisse zur zwischenbetrieblichen Kommunikation ergaben sich aus den Anforderungen der zentralen Planung, denn die beiden Leipziger Spinnereien dienten im „sozialistischen Wettbewerb" einander als Bezugsgrößen. Ende 1954 beschäftigte die betrieblichen Leitungsgremien ein sog. Betriebsvergleich, der auf mehreren Ebenen stattfand. Im Produktionsbereich kam es zu direkten Kontakten, als z.B. die Wollgarnfabrik im November 1954 eine Aktivistendelegation der Mika

217 Ebd.

218 SächsStA Leipzig, Nr. 20943/104. Bericht über die Werkleitertagung in der Mechnischen Weberei Zittau, 11.6.1952.

219 Vgl. SächsStA Leipzig, Nr. 20943/144. Außerordentliche Dienstbesprechung im Hauptwerk der VEB Mika, 19.12.1952.

220 SächsStA Leipzig, Nr. 20941/128. Sitzung in der Kammer der Technik Crimmitschau, 11.5.1950.

221 SächsStA Leipzig, Nr. 20941/258. Mitteilung Werkdirektor Müller an Arbeitsdirektor Pfaff, 29.12.1952.

empfing, die Obermeister Köth betreute.[222] Im kaufmännischen Bereich wurde von der IZL eine Gegenüberstellung der betrieblichen Monatsergebnisse mit Vergleichsbetrieben verlangt.[223] Aufgrund desselben Produktionsprofils und der räumlichen Nähe boten sich die Kammgarnspinnereien jeweils als Referenzpunkt an, sodass dies zum Kern des Betriebsvergleichs wurde. Beispielsweise war die Verwendung der Gelder des Direktorenfonds gegenüberzustellen, was der BGL als spezieller Bereich zugeordnet wurde.[224]

Noch einmal intensiviert wurde diese Art der betrieblichen Kooperation Anfang 1955, als die Mika und Leipziger Wollkämmerei zu Vollbetrieben der IZL wurden. Vor allem sollte laut Aussage von Hans Müller, dem Betriebsleiter des VEB Wollgarnfabrik, eine Planflexibilität angestrebt werden, weil „innerhalb der Plandispositionen Freiheiten bestehen".[225] Angedacht war offensichtlich eine zwischenbetriebliche Auftragsweitergabe, um Lieferungslücken zu vermeiden und Planauflagen unter Berücksichtigung der beiderseitigen Kapazitätsauslastung besser zu erfüllen. Noch einmal zwei Jahre später fand diese Verfahrensweise unter der Obhut der VVB Anwendung.[226] Es wird deutlich, dass die Pflege direkter betrieblicher Kontakte sich als spezifisches Feld der Governance entwickelte, auf dem manche im Rahmen der starren zentralen Planung entstehende Lücke geschlossen werden konnte. Im Fall der Leipziger Kammgarnspinnereien wurde dieser Effekt zweifelsohne durch ihre geografische Nähe und ihre gleichartige Produktionsstruktur stark gefördert. Die Verflechtungsgeschichte zeigt die Evolution eines DDR-typischen Phänomens direkter betrieblicher Wirtschaftskontakte, die als Vorstufe des „grauen" Marktes der zwischenbetrieblichen Geschäftsbeziehungen deutbar sind.[227]

222 SächsStA Leipzig, Nr. 20941/283. Dienstbesprechung des VEB Wollgarnfabrik, 18.11.1954.

223 SächsStA Leipzig, Nr. 20943/036. Sitzungsprotokoll Technischer Rat des VEB Mika, 19.7.1954.

224 SächsStA Leipzig, Nr. 20941/052. Protokoll Dienstbesprechung, 20.12.1954.

225 SächsStA Leipzig, Nr. 20941/283. Dienstbesprechung des VEB Wollgarnfabrik, 3.1.1955.

226 SächsStA Leipzig, Nr. 20943/147. Besprechung bei der HV Wolle und Seide Meerane zur Weitergabe von Spinnaufträgen, 14.9.1957.

227 Vgl. Steiner, Wirtschaftsreform, S. 256. Ders.: Die Wirtschaftsreform der sechziger Jahre in der DDR: Vom Plan zum Markt?, in: Bender, Gerd/Kiesow, Rainer Maria/Simon, Dieter (Hrsg.).: Die andere Seite des Wirtschaftsrechts. Steuerung in den Diktaturen des 20. Jahrhunderts, Frankfurt am Main 2006, S. 112 u. 117.

VI Schluss

1 Entnazifizierung und personelle Umbrüche

Am Ausgangspunkt dieser Untersuchung stand die Frage nach dem Stellenwert der Entnazifizierung in Bezug auf die personelle betriebliche Reorganisation nach dem Zweiten Weltkrieg. Die Analyse hat gezeigt, dass beide Bereiche relativ stark getrennt waren. Dass sich Entnazifizierungsentscheidungen gegen den Pragmatismus durchsetzten, geschah äußerst selten, denn Techniker wurden unbedingt gebraucht. Lediglich die Absetzung des technischen Direktors der Maxhütte Franz lässt sich im März 1946 als ein politisch motivierter Fall einordnen. Jedoch fand die Berliner Zentralverwaltung für den erfahrenen Metallurgen rasch eine alternative Verwendung. Nach einem kurzzeitigen Einsatz in der SAG Eisenhüttenwerk Thale arbeitete er bei der Projektion des Brandenburger Stahlwerks mit und wurde 1950 zu dessen technischen Direktor ernannt. Als Leiter des Brandenburger Neuaufbaus erwarb er sich größte Meriten. Die anderen technischen Direktoren behaupteten sich länger auf ihren Positionen, z.B. Dreschel in Riesa, der 1950 freiwillig ausschied, oder Stoof aus Hennigsdorf, der aus der zweiten Reihe der Werkshierarchie stammte und auf seine frühere Position als Projektierer zurückkehrte – allerdings in wesentlich höherer Funktion als Gesamtplaner des Stahlwerks Brandenburg sowie des Eisenhüttenkomplexes Ost. Sehr schnell wurden kaufmännische Leitungskräfte ersetzt, deren Nutzen für die betrieblichen Geschicke von führenden KPD/SED-Wirtschaftspolitikern geringgeschätzt wurde. Auch hier erfolgten die Entscheidungen zur Aufgabe der Stellung und zur Abwanderung nach Westen meist freiwillig.

Die Werkleiter bzw. Treuhänder der sequestrierten Werke hatten bereits frühzeitig eine strategische Funktion im Hinblick auf die Garantie des betrieblichen Zusammenhalts. Deshalb wurden unter sowjetischer Ägide Gewerkschaftler oder Betriebsräte wie Wolgast oder Pfrötzschner eingesetzt. Mit Stärkung des SED-Einflusses erfolgte die Besetzung der Werkleiterstelle durch Delegation aus den Wirtschaftsministerien der Länder, z.B. Bochow in Hennigsdorf. Eindeutig politisch motiviert war die Einsetzung alter KPD-Aktivisten, z.B. des Spanienkämpfers Friedemann in Riesa. Die fachliche Qualifikation spielte in dieser Phase zuweilen eine untergeordnete Rolle wie z.B. auch im Fall des Schneidergesellen Hensel als Leiter der Maxhütte.[1] In den fünfziger Jahren traf man dann den Typus des „idealen" Werkleiters an, der die gewünschten Merkmale der fachlichen Kompetenz, der Sozialisation in der Arbeiterbewegung und der unbedingten Loyalität zur SED auf sich vereinigte. In diese Kategorie fielen z.B. Heller in Hennigsdorf und Buchholz in Riesa. In den untersuchten Textilbetrieben konnten sich selbst im Falle der Sequestrierung die alten Leitungskräfte als Vor-

1 Vgl. auch Müller, Institutionelle Brüche, S. 138. In der Leipziger Stahlbaufirma Grohmann & Frosch agierte 1947 ein Schriftsteller für zehn Wochen als Interimsleiter.

stände behaupten; dies galt vor allem für Haebler bei Tittel & Krüger sowie Koch bei der Stöhr AG. Dies hing damit zusammen, dass die politische Durchdringung der Betriebe erheblich langsamer als in den Stahlwerken vonstatten ging und sich die Kommunal- und Landesfunktionäre der SED weniger stark einmischten. Bei der Stöhr AG trat der personelle Bruch im Sommer 1948 mit der Umwandlung in den VEB Mitteldeutsche Kammgarnspinnerei ein. Bei Tittel & Krüger, die erst später verstaatlicht wurden, gelangten immer wieder kaufmännisch orientierte Kräfte auf die betriebliche Leitungsebene, bis mit der Sequestrierung 1950 ein bewusster personeller Bruch herbeigeführt wurde.

Die Entnazifizierung spielte nach ihrem öffentlichkeitswirksamen Abschluss im März 1948 eine geringere Rolle, endete aber nicht völlig. Bis in die fünfziger Jahre wurde die NS-Belastung zu Legitimationszwecken benutzt, um politisch erwünschte Personalwechsel durchzusetzen. Im vorliegenden Sample stammten die wegen NS-Verdachts ausgeschlossenen Werkleiter alle aus dem Textilsektor (Koch und Haebler), während in der Eisen- und Stahlindustrie kaum vergleichbare Fälle nachweisbar sind. Hier waren die kriegswichtigen Führungskräfte allerdings 1945 bereits von sich aus geflohen. Im Stahlsektor spielten politische Auswahlkriterien von vorn herein eine größere Rolle. Meist wurde das Konstrukt unerlaubter Westkontakte bemüht, um sich missliebig gewordener Führungskräfte zu entledigen. Auf der anderen Seite gab es in den Stahlwerken mehrere Fälle technischer Direktoren, die eindeutig der Kategorie der NS-Belasteten zuzurechnen waren, namentlich Franz, Küntscher, Sedlaczek und Oehme. Während diese Fachleute dringend für den Aufbau des Schwerpunktbereichs benötigt wurde, dienten die Entlassungen im Textilsektor dazu, um dessen Verstaatlichung zu legitimieren.

Neben der Einzelfallbetrachtung lässt sich der Führungskräftewechsel auch in den Prozess der Etablierung der SED-Alleinherrschaft einschreiben. Wenn man den Bruch des Jahres 1945 ausklammert, als Unternehmer und Manager in größerer Zahl westwärts abwanderten, herrschte in der Übergangsperiode weitgehend personelle Kontinuität vor. Wie an einigen betrieblichen Beispielen gezeigt, wirkte die SMAD auf den Führungskräftewechsel sogar bremsend ein. Nicht nur in den SAG-Betrieben war das Interesse der Besatzungsmacht an einer Umstrukturierung der betrieblichen Führungsetagen gering. Die von deutscher Seite vorangetriebene zweite Entnazifizierungswelle des Jahres 1947 brachte eine Intensivierung von Kontrolle, Gesinnungsüberprüfung und Verfolgung abweichenden Verhaltens. Sieht man von dem richtungsweisenden Maxhütten-Skandal ab, der mit der Verhaftung von Babos im Mai 1947 begann, war der Niederschlag auf die Betriebsleitungen abermals gering. Dies änderte sich 1948, als die Parteileitung der SED erfolgreich auf die Verstaatlichung der Industrie und die Einführung der Planwirtschaft hinwirkte. In den nunmehr volkseigenen Betrieben drang die SED durch Ausbau der Betriebsparteiorganisationen in die betriebliche Governance ein. Die Zeit nach April 1948 stand im Zeichen eines zweiten radikalen personellen Umbruchs, von dem alle hier untersuchten Betriebe erfasst wurden. Wie in der sächsischen Textilindustrie gezeigt, diente die wirtschaftspolitisch motivierte Verfolgung durch die ZKSK zur Legitimation einer Vielzahl weiterer Verstaatlichungen. Insgesamt lässt sich die Nachkriegsperiode bis zur deutschen Zweistaatlichkeit als ein Verdrängungsprozess deuten, in dem die Kommunisten bzw. ausgewählte SED-Mitglieder die Kommandostellen in der ostdeutschen Wirtschaft übernahmen – in der technischen Leitung freilich nur eingeschränkt.

2 Felder der Governance

Im Hinblick auf die Governance stellt sich die Frage nach dem Unterschied zwischen der Phase, in der die alten Kräfte dominierten, und der Periode nach der Einsetzung neuer Kader. Weil sich die etablierten Führungskräfte noch eine Weile behaupteten, lassen sich pfadabhängige Entwicklungen über das Jahr 1945 hinaus und teilweise bis in die fünfziger Jahre verfolgen. Die Persistenz traditioneller Unternehmensstrategien zeigte sich im Stahlsektor an den Bestrebungen zum Erhalt der Feinblechproduktion in Hennigsdorf und des Eisenkonstruktionsbaus in Riesa. Noch deutlicher traten solche Tendenzen im Textilsektor hervor, wo die Betriebsleitungen ihr strategisches Handeln auf die Weiterführung der Handelsgarnproduktion ausrichteten. Bei Tittel & Krüger suchte man damit die Existenz der Färberei und der angegliederten Tapisserie zu sichern; ganz vergleichbar handelte die Führungsebene der Stöhr AG. Erst als diese betrieblichen Ziele aufgegeben wurden, erfolgte das Umschwenken auf den neuen Wirtschaftskurs, der sich stark auf Autarkievorstellungen stützte. Dem folgten die Vorstellungen der staatlichen Planer, die sich anfangs wegen des sowjetischen Industrieleitbildes, später wegen des angestrebten extensiven Wachstums auf die Produktion von Massengütern orientierten. Für die Stahlindustrie bedeutete dies die Förderung der Produktion nach dem traditionellen Siemens-Martin-Verfahren. In der Textilbranche meinte es die Herstellung von Fabrikationsgarnen für die weiterverarbeitende Weberei der SBZ.

Die außenwirtschaftlichen Interessen waren in beiden untersuchten Branchen unterschiedlich gelagert. Während die Stahl- und Walzwerke wegen der Zulieferung von Koks und anderer Materialien stark von den Westzonen abhingen, orientierte sich die Kammgarnspinnerei traditionell auf einen weltweiten Absatz. Entsprechend gestaltete sich das Handeln der Führungskräfte, wobei sich auch hier Brüche zwischen der Persistenz alter Leiter und der Einsetzung neuer Kader aufzeigen lassen. Speziell die im Flickkonzern sozialisierten Direktoren wie Friedrich Franz ließen ihre alten Verbindungen zum Abschluss von Kompensationsgeschäften spielen. Alleiniges Ziel war die Verbesserung der Input-Bereitstellung für die Stahlwerke der SBZ. Erste Verhaftungen, wie im publizistisch stark beachteten Fall des Maxhüttendirektors von Babo, oder spätere Entlassungen wie diejenige des Riesaer Werkleiters Pfrötzschner wurden indes genau mit dem Abschluss solcher Geschäfte begründet. Folglich bestand für die nachrückenden Führungskräfte Anlass, im Hinblick auf Westkontakte besonders vorsichtig vorzugehen. Unter dieser Prämisse fiel ihnen die Orientierung auf das von der SED geforderte Autarkieregime leicht. Die von den Planern geforderte Nutzung von Ersatzstoffen oder Materialien geringer Qualität, z.B. das Wünschendorfer Dolomit, war somit trotz des entgegenstehenden Betriebsinteresses leichter durchsetzbar. Weil im Export angesichts des hohen zonalen Bedarfs – wie allerdings auch schon vor 1945 – keine Ambitionen bestanden, vollzog sich die außenwirtschaftliche Entkopplung der Stahlbranche relativ zügig.

Ganz anderes stellte sich die Situation im Textilsektor dar. Die Kammgarnspinnereien drängten auf Garnexporte, um mit den Deviseneinnahmen Wollimporte zu finanzieren. Diese Unternehmensstrategie prägte das Handeln der alten Führungsebene und hielt sich, vor allem bei Tittel & Krüger, bis in die frühen fünfziger Jahre. Das pfadabhängige Denken brach erst mit der Einsetzung neuer Leitungskräfte bzw. neuer Treuhänder ab. Erst zu diesem Zeitpunkt akzeptierte die betriebliche Führungsebene die Strategie der Verarbeitung synthetisch hergestellter Zellwolle. Im Ergebnis dieses Transformationsprozesses ging den Kammgarnspinnereien ihre außenwirtschaftliche Ausrichtung fast ganz verloren.

Das Zusammenspiel betriebspolitischer Machtverhältnisse und die Durchsetzung vermeintlicher technischer Innovationen wurde an anderer Stelle eingehend untersucht.[2] Im Gröditzer Stahlwerk kreisten die innerbetrieblichen Konflikte zwischen dem technischen Direktor Höpfner und dem Meister Hofmann, der als Held der Arbeit dekoriert worden war, um die Verbesserung des Temperverfahrens, einer Wärmebehandlung zur Veredelung des Gusseisens. In diesem Konflikt setzten sich nicht ökonomische Rationalitätserwägungen, sondern manifeste politische Interessen durch. An der vermeintlichen Innovation, die der Held der Arbeit vorgeschlagen hatte, hielt der Betrieb im Vertrauen auf die Innovationskraft der Arbeiterklasse über einige Jahre fest. Der skeptische technische Direktor wurde dagegen von der Staatssicherheit der Sabotage verdächtigt. Erst nach einigen Jahren setzte sich das Expertenwissen unter Hinzuziehung außerbetrieblicher Wissenschaftler durch. Im Ergebnis wird gezeigt, dass die geheimpolizeiliche Überwachung der Wirtschaft bereits in den fünfziger Jahren zu erheblichen Verzögerungen in der Innovationsimplementierung und zusätzlichen Ineffizienzen im Wirtschaftsablauf führen konnte. Die Governance des verantwortlichen technischen Direktors wurde durch das strategische Bündnis des ihm unterstellten Meisters mit der Staatssicherheit nachhaltig beeinträchtigt. Die Werkleitung erwies sich als unfähig, den Konfliktfall auf den betrieblichen Kontext zu reduzieren und intern einer Lösung zuzuführen.

Allgemein spielte die Durchsetzung von Innovationen in der hier untersuchten Phase eine untergeordnete Rolle, weil sich sowohl die Stahlwerke als auch die Kammgarnspinnereien auf veraltete Produktionsprozesse ausrichteten. Nicht anders kann die Umstellung der Mehrzahl der Stahlwerke auf die Produktion von Massenstählen nach dem Siemens-Martin-Verfahren gedeutet werden. Gleiches galt für die Leipziger

2 Boldorf, Marcel: Staatssicherheit und Schlitztöpfe. Konflikte um Innovationen im sächsischen Stahl- und Walzwerk Gröditz (1945–1957), in: Technikgeschichte 79 (2012), S. 11–28.

Spinnereien, die ihre Produktion von hochwertigem und veredeltem Handstrickgarn auf Fabrikationsgarne für Webereien umstellten. Die Entspezialisierung der Kammgarnspinnereien führte dazu, dass die Einführung von Innovationen unbedeutend wurde. Statt dessen mussten die betrieblichen Leitungsebenen die Produktionsmethoden den Anforderungen des Reparations- und später des Planungsregimes anpassen. Bei der Umstellung auf das zuvor seltener produzierte Fabrikationsgarn war zwar die Fähigkeit zur Improvisation gefordert, die aber keine echten produktivitätssteigernden Innovationen bzw. Verbesserungsinnovationen hervorbrachte. Allenfalls könnte man von Anpassungsinnovationen im Zuge der Umstellung auf das Autarkieregime sprechen, wenn z.B. die physikalische Beschaffenheit des erwähnten Wünschendorfer Dolomits für die Stahlherstellung verbessert wurde.[3]

Alle untersuchten Betriebe waren von Liquiditätsengpässen betroffen, die ursächlich auf die Kontensperrung im Sommer 1945 zurückgingen. Speziell betroffen waren die Leipziger Spinnereien, deren finanzielle Handlungsspielräume dadurch ausgesprochen beengt wurden. In den Aufsichtsratssitzungen der Tittel & Krüger AG zwischen 1946 und 1948 spielten Verhandlungen über mögliche Investitionen kaum eine Rolle. Das war einerseits ein Ausdruck der finanziell angespannten Situation, andererseits mussten aber selbst dem Privatsektor zugerechnete Unternehmen für Bauinvestitionen eine Genehmigung der SMA einholen.[4] Das gebremste Investitionsverhalten charakterisierte aber nicht nur die Textilbranche, sondern in der Treuhandphase herrschte allgemein eine Unsicherheit hinsichtlich der Finanzierung vor. Investitionsmöglichkeit wurden manchmal besprochen, ließen sich aber selten realisieren. Dies änderte sich erst mit der Einführung der zentralen Planung, als vor allem die untersuchten Stahlwerke großzügig mit Subventionen bedacht wurden. Als die Entscheidung für den Zweijahrplan mit der Prämisse des schwerindustriellen Ausbaus gefasst war, beschloss der SED-Vorstand erhebliche Investitionen in den Stahl- und Walzwerken Hennigsdorf, Riesa und der Maxhütte vorzunehmen. Die Berliner DWK gab die konkreten Vorgaben für den Werksausbau aus.[5] Von diesem Zeitpunkt an lagen fundamentale betriebspolitische Entscheidungen wie die Betriebsgründung, die Fusion, die Erweiterung, die Sanierung oder die Liquidation von Betrieben endgültig in den Händen der Planungsverwaltung.

Aus dem „Katalog echter Führungsentscheidungen“[6] blieben die Führungskräfte in der SBZ/DDR weitgehend ausgeschlossen. Es war ihnen kaum mehr möglich, die Unternehmenspolitik auf längere Sicht festzulegen oder geschäftliche Maßnahmen von außergewöhnlicher Bedeutsamkeit einzuleiten. Allerdings konnten sie betriebliche Teilbereiche bzw. Abteilungen nach ihren Vorstellungen koordinieren oder Störungen im laufenden Betriebsprozess beseitigen, was ihre Führungskompe-

3 Gerdesius, Maxhütte, S. 75.
4 Vgl. Kap. IV, 4.2.
5 Unger, Eisen und Stahl, S. 177.
6 Gutenberg, Unternehmensführung, S. 61.

tenzen herausforderte. Insofern war die meist als Auswahlkriterium vorherrschende politische Eignung, sprich das Bekenntnis zur SED-Linie, in der Mehrzahl der Fälle als fachliches Eignungskriterium unzureichend. Offensichtlich unterschätzte man von Seiten der SED anfangs auch die Erfordernisse betrieblicher Governance, was manche merkwürdig anmutende Personalentscheidung zu erklären vermag.

Biografischer Anhang

Werkleiter und technische Leiter (Direktoren) in der Eisen- und Stahlindustrie der DDR

(schwerpunktmäßig Stahlwerke Riesa, Hennigsdorf sowie Maxhütte Unterwellenborn)

Abkürzungen

Rubriken
S/V = Soziale Herkunft/Vaterberuf
A = Ausbildung
B = Berufstätigkeit
P = Parteizugehörigkeit
E = Ehrungen

Betriebliche Positionen
AR = Aufsichtsrat
BA = Betriebsassistent
BGL = Betriebsgewerkschaftsleitung
BL = Betriebsleiter
GD = Generaldirektor
KD = Kaufmännischer Direktor
Ltr. = Leiter
PL = Personalleiter
TD = Technischer Direktor
TL = Technischer Leiter
WL = Werkleiter
WD = Werkdirektor

Betriebsformen
EW = Eisenwerk
EHW = Eisen- und Hüttenwerk(e)
HW = Hüttenwerk(e)
SW = Stahlwerk(e)
SWW = Stahl- und Walzwerk
WW = Walzwerk,

Betriebe
EKO = Eisenhüttenkombinat Ost
GHH = Gutehoffnungshütte
Mepro = Metallurgieprojektierung

Andere Abkürzungen
Abg. = Abgeordneter
Bez. = Bezirk
Bez.-L = Bezirksleitung
DSF = Deutsch-Sowjetische Freundschaft
GB = Großbritannien
HH = Hamburg
KJVD = Kommunistischer Jugendverband Deutschlands
Min. = Minister/Ministerium
Mgl. = Mitglied
OS = Oberschlesien
Reg. = Regierung
SAJ = Sozialistische Arbeiterjugend
VVO = Vaterländischer Verdienstorden
ZK = Zentralkomitee

Heinrich von Babo

* 18.10.1897 Düsseldorf
† 18.9.1970 Düsseldorf
Chefdirektor SAG Maxhütte (9.3.1946–31.5.1947)

V/S: Vaterberuf unbekannt, Adelstitel erworben 1924
***A*:** Oberrealschule, Abitur (1916), Heeresdienst (1916–18), Maschinenbau, TH Darmstadt, ohne Abschluss (1922–25)
***B*:** Beschäftigung bei Rheinmetall Düsseldorf (1918–21), Opel Rüsselsheim (1921/22), Messeaufbau (1925/26), Berufsberater beim Arbeitsamt Düsseldorf (1927–33), Entlassung als angeblicher SPD-Sympathisant (1933), Werkzeugvertreter Gebr. Hässner, Gera (März 1933–37), Vertreter von Hasenclever, Düsseldorf (1937/38), Fa. Arnold Jungbluth, Trennmaschinenhersteller, Düsseldorf (1938–42), Zella-Mehlis, Thür. (1942–45), Chefdirektor Maxhütte (1946/47), Haft und Westmigration (1947/48), Sozialgericht Düsseldorf (1948–51), Fa. Jungbluth, Düsseldorf (1951/52), Sozialgericht Düsseldorf (1953–62)
***P*:** CDU-Ltr. Ortsgruppe Zella-Mehlis (1945), KPD (1945/46), SED (1946/47), SPD (Juni 1948–Sept. 1970)
E –

Willy Bochow

* 26.9.1898 Strausberg
† k.A.
WL SWW Hennigsdorf (15. Okt. 1947– Febr. 1950)

V/S: –
***A*:** Teilnehmer erster Lehrgang Wirtschaft an der Parteihochschule Liebenwalde (1947)
***B*:** Märkische Elektrizitätswerke (vor 1945), Aufbauhelfer in Strausberg (1945), Wirtschaftsministerium Brandenburg, Ltr. Abt. Brennstoffe u. Energetik (1946/47), Stellv. Ltr. Abt. Industrie (Mai 47–), verantwortlich für Wiederaufbau SW Hennigsdorf, WL SWW Hennigsdorf (1947–50)
***P*:** KPD/SED (1945–)
***E*:** Aktivist (1949)

Adolf Buchholz

* 5.7.1913 Berlin-Spandau
† 9.3.1978 Berlin
WD EKO (1.1.–31.7.1952)
WD Maxhütte (1.8.1952–1960)

V: Maurer
A: Volksschule, Lehre Dt. Industriewerke Spandau, Prüfung als Eisenformer (Modellplattenformen) vor Handwerkskammer Berlin (1932)
B: Jugendsekr. Einheitsverband Berliner Metallarbeiter (1932/33), Sekr. KJVD Groß-Berlin (1933/34), Haft (1934–36), Former Fa. Schmotter, Berlin-Mariendorf (1936/37), Emigration ČSR (1937), England (1938–46), Sekr. für Flüchtlingsfragen bei britischer Jugendorg. (1938–40), Internierung (1940), Modellformer u. Versuchstechniker in London, Fallschirmagent US-Geheimdienst (1944/45), Chefredakteur Junge Welt, Berlin (Sept. 1946–47), Journalist Sowjet. Nachrichtenbüro, Berlin (bis März 1949), PL Min. für Hüttenwesen und Erzbergbau, Berlin (bis Ende 1951), WD EKO Ost (1952), WD VEB Maxhütte (1952–60), Sektorenltr. in der SPK (1960/61), kommissar. Abt.-Ltr. (1961/62), Abt.-Ltr. für Schwarzmetallurgie im VWR, dann Dir. VEB Rationalisierungsbetrieb Berlin (1962–)
P: Jung-Spartakus-Bund (1926), Deutscher Metallarbeiterverband, KJVD (1928), Pol.-Ltr. des KJVD Berlin-Spandau, Jugendsekretär Einheitsverband Metallarbeiter Berlin, KPD (1932), Mitgl. der KJVD-Bez.-L Berlin, ZK des KJVD (1932), Organisations-Ltr. KJVD Berlin-Brandenburg, illegale politische Arbeit (Jan. 1933–März 1934), Parteiarbeit ČSR (1937), Vors. FDJ in GB, Mgl. d. KPD-Leitung in GB (1938–41), SED u. FDJ (1946–), Sekr. SED-BPO in der DWK (1949–51), Abg. des Bezirkstags, Mgl. des Rats des Bez. Gera (1952)
E: fünffacher Aktivist, Verdienter Aktivist (1958), Vaterländischer Verdienstorden in Silber (1959)

Alfred Dreschel

* 5.7.1887 Erfurt
† k.A.
Stellv. TD SWW Riesa (1942–)
Demontageleiter SWW Riesa (Juni 1945–Sept. 1946)
TD SWW Riesa (18.10.1946–31.1.1950)

V: Eisenbahn-Kanzlei-Sekretär
A: Schlosser, Maschinen-Ingenieur, Technische Fachschule Elberfeld (Ingenieurabschluss)
B: Mitteldt. SW Riesa (1923–45), Maschinen-Oberingenieur, Ltr. Nebenbetriebe SWW Riesa (1923–), Maschinendirektor (Dez. 1936), Stellv. TD, Prokura (Mai 1942), Demontageleiter SWW Riesa (1945/46), TD SWW Riesa (1946–50), Westmigration (1950), Spezialreferent Stahltreuhändervereinigung, Abt. Technik (1951), Ruhestand in Düsseldorf als Maschinendirektor a.D. (1953)
P: Mgl. Verein Dt. Eisenhüttenleute (1912), Stahlhelm (Ende 1933–Mitte 1934, Anklage der Gestapo), NSDAP (1.5.1937–1945), FDGB (Sept. 1945–)
E: Luftschutzehrenzeichen (1941)

Karl Heinrich Eichel

* 25.7.1890 Bad Kissingen
† 30.1.1979
TD Maxhütte (1942–45)
Stellv. TD Maxhütte (1.3.1948–Nov. 1952)

V/S: Forstmeister
A: Gymnasium München, Studium TH München u. Aachen Bergbau- u. Hüttenwesen, Ingenieur (1915), Promotion (1918)
B: Stahlwerksassistent Burbacher Hütte, Saarbrücken (1917–1926), Stahlwerkschef u. BD in Burbach (1926–), BD in Oberschlesien (im 2. Weltkrieg), TD Maxhütte, Unterwellenborn (1942–45), Ltr. Abt. Planung, Statistik u. Neulagen, Maxhütte (Juli 1947–März 1948), Stellv. TD Maxhütte (1948–52), Ruhestand, Westmigration nach München (Nov. 1952), Berater in der saarländischen Stahlindustrie
P: NSDAP; VDEh Stahlwerksausschuss, Stahlwerksausschuss Eisenhütte Südwest (Vorsitzender)
E: –

Friedrich Franz

* 25.8.1889 Olbernhau/Erzgebirge
† 15.10.1969 Brandenburg/Havel
BD Maxhütte (Nov. 1944–Mai 1945)
WL Maxhütte (Mai 1945–März 1946)
TD Maxhütte (März 1946–29.3.1947)
TD SWW Brandenburg (Feb. 1950–1956)

V/S: –
A: Studium der Hüttentechnik, Bergakademie Freiberg (–1917)
B: Stahlwerk Riesa (1918–22), Rheinland: Hamborn u. Düsseldorf (1922–26), Vorstand Gutehoffnungshütte Oberhausen (1926–40), BL Drahtwerk Gelsenkirchen (1940), BD Klöckner-Werk Kneuttingen (*Knutange*), Lothringen (1941–43), BD Rombacher Hütte bei Metz (1943–4), BD/WL Maxhütte Unterwellenborn (1944–46), SAG Hüttenwerk Thale (1947), Zentrales Technisches Konstruktionsbüro (1947–50), TD SWW Brandenburg (1950–56).
P: NSDAP (1933–44), SPD (1945–46), SED (1946–)
E: Held der Arbeit (1952)

Max Friedemann

* 13.02.1905 Orsoy
† 10.11.1986 Berlin
WD SWW Riesa (26.10.1950 – 16.11.1953)

V: Kaufhausbesitzer Simon Friedemann
A: Gymnasium, Abitur (1915–23), Studium Elektrotechnik TH Berlin-Charlottenburg (1925–30), Ingenieur (1930)
B: Konstruktionsingenieur, Montage- und BL, Berlin (1930–34), Emigration über Dänemark (1934), Begründer der Thälmann-Gruppe, dann Internationale Brigaden im Spanischen Bürgerkrieg (1936–39), französische Résistance (1940–44), Comité Allemagne libre pour l'Ouest (1945/46), Dt. Zentralverw. Brennstoffindustrie Berlin, HA Energie (1946/47), Ltr. Presseabt. der DWK (1947–49), ZK der SED, Abt. Wirtschaftspolitik (1949/50), Dt. Handelszentrale (1950), WD SWW Riesa (1950–53), Min. für Berg- und Hüttenwesen, stellv. Min. (1953–55), Staatssekretär für Berg- und Hüttenwesen (1955–58), Vors. Bez.-wirtschaftsrat Halle (1958–60), DDR-Botschaft Peking, Handelsabt. (1960–65), Kammer für Außenhandel, Berlin (1965–70)
P: KJVD (1929), KPD, Instrukteur Unterbezirksleitung (1930–33), SED (1946–86)
E: Held der Arbeit (1951), VVO Silber (1965), VVO Gold (1974), Karl-Marx-Orden (1980), Stern der Völkerfreundschaft (1985)

Eduard Götzl

* 18.2.1921 Petschau, Krs. Teplitz/ČSR
† 16.1.1986
Sekr. der SED-BPO Maxhütte (1950/51)
WD SWW Brandenburg (1951–54)

V: Arbeiter
A: Volksschule Petschau, Berufsschule Karlsbad; Ausbildung zum Mechaniker, Parteihochschule der SED (1949/50), Studium in der UdSSR (1954/55)
B: Wehrmacht (1943), Dienstverpflichtet im Flugzeugbau (1943–45); Dt. Volkspolizei (1946), Instrukteur d. SED-Landesltg. Thüringen (1946–49), Sekr. BPO Maxhütte (1950/51), WD SWW Brandenburg (1951–54), Sekr. für Wirtschaft SED-Bez.-Leitung Potsdam (1955), 1. Sekr. SED-Bez.-L Potsdam (1956/57), 1. Sekr. SED-Bez.-Leitung Frankfurt/Oder (1958–61), 1. stellv. Vors. des Rates des Bz. Potsdam (1961–63), Ltr. Arbeiter-und-Bauern-Inspektion (1963–70), 1. Sekr. SED-KL Rathenow (1970–79)

P: SAJ ČSR (1936), KPD/SED (1945–86), Mgl. SED-Bez.-Leitung Potsdam (1952), ZK der SED, Kandidat (1950–54), Mgl. (1954–63), Abg. Bez.-Tag Frankfurt/Oder (1958–61), Mgl. Volkskammer (1958–63), Abg. Bz.-Tag Potsdam (1963–76)
E: VVO Silber (1959)

Erich Heller

* 3.9.1910 Halle/Saale
† 28.3.1986 Glienicke/Nordbahn
WD SWW Hennigsdorf/GD Kombinat (1.8.1955–16.2.1972)

V: Schlosser
A: Volksschule (1918–25), Ausbildung Maschinenschlosser (1925–28), Maschinenbauschule Halle (1926–28), Abendfachschule Maschinenbau Leeds (1942–44), Fernstudium Verwaltungsakademie Potsdam (1947–55), Diplom-Wirtschaftler (1955), Ingenieur Walzwerktechnik, Ingenieurschule Riesa (1961)
B: Maschinenfabrik u. Eisengießerei Wegelin & Hübner AG, Halle/Saale (1929/30), Arbeitslosigkeit (1930–), Haft (1933–35), Emigration Prag (1935–39), GB (1939–46), Facharbeiter Fa. Light Sons & Williams, London (1940), Rüstungsbetrieb in Leeds (1940–46), Pers.-Ltr. Industriewerke Halle (Saale) (1946–48), Pers.-Ltr. HA Maschinenbau u. Elektroindustrie der DWK (1948/49), Direktor der DHZ Metallurgie (1949–55), WD SWW Hennigsdorf (1955–68), GD Edelstahl-Kombinat Hennigsdorf (1968–72)
P: KJVD, Deutscher Metallarbeiterverband (1925–), KPD (1929–), FDJ-Arbeit in England (1940–46), SED (1946–72)
E: Held der Arbeit (1965), Verdienter Metallurge der DDR, VVO in Gold

Helmut Hensel

* 8.3.1910 Jena
† k.A.
WL Maxhütte (1.7.1947–Feb. 1950)
WL SWW Hennigsdorf (20.2.1950–1955)

V/S: –
A: Volksschule (1916–20), Seminarschule (1920–24), Lehre als Zuschneider (1924–28)
B: Verschiedene Tätigkeiten (1928–33), illegale Parteiarbeit, Gruppe Magnus Poser Jena, Verhaftung (1933), Emigration CSR (1933–39), Polen (Mai–Juli 1939), England, Abt.-Ltr. Uniformfabrik (1939/40), Internierung (1940/41), Holzfäller in Wales (1941–45), Manager Lederfabrik (1945/46), Betriebsgruppensekr. Landesvorstand für landeseigene Betriebe

(Nov. 1946–Mai 1947), WL Maxhütte (1947–50), WL SWW Hennigsdorf (1950–55), nach Entlassung Tätigkeit in untergeordneter Position
P: SAJ (1924), Stadtteil-Ltr. (1925), Unterbezirksleiter (1926), Bez.-leitung SAJ (1928), Mitglied SPD (1928/29), KPD (1929–), Ltr. Org.-Abt. Agiprop Prag (1934), Parteiarbeit in England (1941–45), SED (1946–)
E: Nationalpreis II. Klasse (1949)

Karl Jacobsen

* 25.8.1901 Laurahütte, Kr. Kattowitz (OS)
† 14.8.1971 Saalfeld, Thüringen
Maxhütte, verschiedene Leitungspositionen (1.3.1946–1956)
TD Maxhüte (1.2.56–1964)

V: Sohn des Ingenieurs Adolf Jacobsen
A: Volksschule (1908–12), Oberrealschule Kattowitz (1912–23), Studium Eisenhüttenkunde TH Breslau (1925–30), Bergakademie Freiberg (1930–34), Diplom (1934)
B: Berufstätigkeit in oberschlesischen Stahlwerken (1920er Jahre), Betriebsingenieur GHH Oberhausen (1934–40), Stahlwerkschef Hugo Schneider AG, Tschenstochau (1941–44), Hilfsarbeiter Hildburghausen (1945/46), Maxhütte, BA Thomasstahlwerk (1946–48), Ltr. der Stahlwerke (1948–), Produktionsltr. (1951/52), Stahlwerkschef (1952/53) Chefdispatcher (1953/54), Stahlwerkschef (1954/55), TD Maxhütte (1956–64)
P: FDGB, IG Metall (Aug. 1945), BGL Maxhütte (1949), Aufnahmeantrag SED (29. Sept. 1949), später SED-Aufnahme
E: Aktivist (1949, 1951, 1952, 1955), verdienter Techniker (5. Dez. 1953)

Karl Kempny

* 25.9.1908 Kattowitz
† 14.1.1968 Berlin
TD SWW Riesa (1.10.1950 – 16.11.1953)
WL SWW Riesa (16.11.1953 – 15.6.1956)

V: Anlagentechniker Wasserwerke Gleiwitz
A: Volksschule (1915–23), Dreher, Draht- und Nagelwerke Gleiwitz (1923–27), Ingenieurschule Gleiwitz (1934–38)
B: Draht- und Nagelwerke Gleiwitz (1923–42), Mittlere Leitungsebene, Presswerk Laband (1943), Munitionsfabrik der Dt. Industriewerke AG, Spandau (1944–45), Arbeitsamtsltr. in Berlin (1945), TL Hoffmann&Motz, Finow (1946–48), WL WW Finow (1948–50), TD SSW Riesa (1950–53), WL SWW Riesa (1953–56), stellv. Min. für

Berg- und Hüttenwesen (1956–58), TD SWW Berlin (1958–64), Ltr. Abt. Internationale Zusammenarbeit SWW Berlin (1964–68).
P: KPD (1929–), SED (–1968)
E: Held der Arbeit (1951), Nationalpreis II. Klasse (1956)

Wolfgang Küntscher

* 27.5.1902 Zwickau
† 21.5.1966 Warnemünde
TD SWW Hennigsdorf (Juli 1949–Juni 1953)

V: Direktor in der Webstuhlfabrik Schönherr Chemnitz
A: Volksschule, Reformgymnasium, Bergakademie in Freiberg/Saale, Ingenieur, Promotion: „Der Einfluss verschiedener Mittel beim Glühen des Stahls" (Diss. Freiberg, 20. Nov. 1926)
B: Jungingenieur Meier&Weissel, Leipzig u. SW Riesa (1924), Metallurge IG Farben, Ludwigshafen u. Leuna, dort Ltr. des metallographischen Laboratoriums (1926–39); Ltr. Geschäftsstelle Baildan-Hütte Kattowitz (1940), TL/stellv. WL Presswerke Lablan bei Gleiwitz (1942), WL SW Cogne bei Aosta (1943), Chef sämtlicher Reichswerke in Lothringen (1944), Chefmetallurge aller Reichswerke in Österreich (1944), Stellv. Ltr. Versuchsanstalt EW Linz/Österreich (1945), Metallurge Leunawerke (1946–49), TD SSW Hennigsdorf (1949–53), Professor für Eisenhüttenkunde BA Freiberg (1953–56, Entpflichtung 1.11.1959), Chinaaufenthalt (1957–59), Eisenforschungsinstitut Hennigsdorf, Stellv. Dir. (1958/59) und Direktor (1960–64), Warnowwerft Warnemünde (1964–66)
P: NSDAP, u.a. politischer Ltr. (1930–45), FDGB (1947), DSF (1947)
E: Aktivist (1949), verdienter Aktivist (1950), Nationalpreisträger (1951), VVO Silber (1954), Freundschaftsmedaille der VR China

Eugen Lacour

* 3.5.1903 Perm/Russland
† k.A.
WD SWW Riesa (15.6.1956–4.6.1967)

V: Betriebsleiter
A: Oberrealschule in Nischni Nowgorod (1911–14), Schulabbruch wegen Internierung der deutschstämmigen Familie in Ufa: Privatunterricht (1914–19), Übersiedlung nach Deutschland, Ausbilder zum Dreher, SWW Riesa; Betriebsparteischule (1950), Ernennung zum Oberingenieur (1953)

B: Dreher u. Horizontalfräser, mechan. Werkstatt, Mitteldeutsches SW Riesa (1921–45), Betriebsrat, Dolmetscher (1945–47), Ltr. Abt. innere u. äußere Verwaltung (1947–51), Produktionsltr. (1951–56), WD SWW Riesa (1956–67)
P: SPD (1945/46), SED (1945–)
E: Neunmaliger Aktivist (1948–56), Verdienter Aktivist (1955) , Banner der Arbeit (1956), Held der Arbeit (1957)

Friedrich Linder

* 27.1.1908, Stettin
† 1987 (?)
TL, TD Maxhütte (Nov. 1950–1955)

V: Ingenieur Stettiner Schiffs- und Maschinenbau Vulkan
A: Abitur (1926), Diplom, Danzig [zw. 1930 u. 1933], Maschinenbauingenieur
B: Waggonfabrik Königsberg (1933–36), Friedrich-Alfred Hütte, Rheinhausen (1936–42), Oberingenieur Karwin Trzymietz AG, Teschen, Oberschlesien (1942–45), Schlosser, dann Gießerei-Ltr., Industriewerk Arnstadt (1945–47), Eintritt Maxhütte (Okt. 1947), Ltr. HA Erzeugung (bis Juli 1949), TL Maxhütte, erst kommissarisch (ca. Okt. 1950–März/Juni 1951), TL (–1955), TD EKO Stalinstadt (1955–57), TD SWW Brandenburg (1957–59), VEB Mepro Berlin (1959–68), Zentralinstitut der Metallurgie Berlin (1968–72), Ruhestand 1972
P: Ring Katholischer Deutscher Burschenschaften (1926), FDGB (Okt. 45), SED (Kandidat, Aug. 1949)
E: Aktivist 1950 (2 J. Plan), 1951, 1952, 1953; Verdienter Techniker des Volkes (1953)

Erich Markowitsch

* 9.4.1913 Berlin
† 9.4.1991 Berlin
PL Maxhütte (Mai 1949–März 1952)
WD EKO/GD Kombinat (Aug. 1952–1959 u. 1967–75)

V/S: Arbeiterfamilie, Vater: Zigarettenarbeiter
A: Volks- u. Oberschule, Frankfurt (Main), Fernstudium Parteihochschule SED (1950–54), Fernstudium Fachschule für Roheisen, Unterwellenborn (1957–),
B: Hafen- u. Lagerarb., Verhaftung (1933), Haft HH-Fuhlsbüttel (1933–39), KZ Sachsenhausen (1939–42), Zwangsarbeit IG-Farben-Lager Auschwitz-Monowitz (1942–44), KZ Buchenwald (1944/45); Polizeidienst HH (1946), Ltr. Kriminalamt Thür.-Ost (1947), Ltr. Polizeischule Erfurt (1947–49), PL Maxhütte (1949–52), Aufbaultr. Erzgruben

West, Badeleben (1952), WD EKO Ost (1952–59), Ltr. der Abt. Berg- u. Hüttenwesen der SPK (1959–61), Stellv. Vors. des Volkswirtschaftsrats (1961–65), Ltr. Staatl. Amt für Berufsausbildung (1965–67), WD EKO (1967–69), GD Bandstahlkombinat Eisenhüttenstadt (1969–75)
P: KJVD (1929), KPD (1930–), Rev. Gewerkschaftsopposition (1930–33), illegales Lagerkomitee Buchenwald, SED (1946–90), Mitgl. des Büros der SED-KL Stalinstadt (1956–59); Nationalrat der Nat. Front (1956–), Abg. Volkskammer (1958–63),
E: VVO Silber (1956), VVO Gold (1983), Banner der Arbeit (1963 u. 1965), Karl-Marx-Orden (1975)

Alfred Oehme

* 21.1.1896 Hainichen
† k.A.
TD SWW Riesa (Nov. 1953–mind. 1957 [Mai])

V/S: Arbeiterfamilie
A: Bürgerschule (1902–10), Abschluss Obere Mittelschule Mittweida (1910), Gesellenprüfung Bau- und Maschinenschlosser (1913), Hüttenschule Duisburg (1913/14), Ingenieurschule Mittweida (Jan. 1919–Juli 1921), Ingenieur (1921)
B: Maschinenschlosser Dt. Maschinenbau AG, Duisburg (1913/14), Autoschlosser Stettin (1914), Kriegsmarine (1914–18), Ingenieur Chemnitz, Fa. Heinicke (1921), Ing., Konstrukteur Wurzen (1921/22), Assistent der TL, Lauchhammerwerk Riesa (März 1922–1926), Abt.ltr. Rohrleitungsbau (1926), Mitteldt. SW Riesa (1926–45), Oberingenieur (1942), Internierung Speziallager des NKVD Mühlberg (Aug. 1945–Jan. 1950), SWW Riesa, Ingenieur Investabt. (27.2.1950–52), Hauptmechaniker des Werkes (1952/53), TD (Nov. 1953–)
P: Verein Dt. Ing. (1922), Bund der techn. Ang. u. Beamten (1922–33), NSDAP (1933–45), Mgl. Studentenverbindung „Landsmannschaft Bavaria“, Nürnberg (ab 1922, Nachweis für 1954), Kammer der Technik, DSF (1949–)
E: Aktivist (1952), Verdienter Techniker des Volkes (1957)

Erich Pfrötzschner

* 6.9.1899 Greiz
† 9.5.1957 Riesa
Treuhänder SWW Riesa
WL SWW Riesa (5.12.1945–26.10.1950)

V: Weber
A: Volksschule Greiz-Caselwitz (1906–14), Ausbildung zum Schweißer bei Mittelstahl Riesa
B: Handarbeiten (1914–17), Soldat (1917–19), Schweißer Mittelstahl, Riesa (1920–25), Schweißer- u. Montagestellen in Kötzschenbroda, Lommatzsch, Nünchritz (1926–33), Schutzhaft (1933–), Schweißer, Mittelstahl Riesa (1936–42), Angestellter (Bürohilfskraft), Selbstkosten-Abt. Mittelstahl Riesa (1942–45), Betriebsrat SWW Riesa (1945–), WL SWW Riesa (1945–50), Verwaltungsakademie Forst-Zinna (1951/52), Aufbauleiter VEB Schwermaschinenbau „Heinrich Rau“, Wildau (1952–)
P: ADGB (1921–), KPD (1930–), KPD/SED (1945–)
E: Nationalpreisträger (1949)

Herbert Sedlaczek

* 6.1.1900 Scharley, OS
† 7.10.1958 Nagoya (Japan)
Technischer Berater Maxhütte (Juli–Dez. 1948)
TL Maxhütte (1.1.1949–23.10.1950)

V/S: Bürgerlicher Herkunft (Vater war „Doktor“)
A: Volksschule (1906–10), humanistisches Gymnasium (1910–18), TH/Univ. Breslau (1918–22), Diplom (1922), Promotion: „Beiträge zur Lösung der Breitungsfrage“ (Diss., Breslau, 15. Febr. 1924)
B: Assistent TH Breslau (1922–25), Konstrukteur Schloemann AG, Düsseldorf (1925–27), BA Dt. Edel-SW, Bochum (1927–29), Oberingenieur Guss-SW Hagen u. Edel-SW Röchling-Buderus Wetzlar (1929–36/37), Professor TH Aachen (1936/37–40), Delegierter beim AR, EHW Thale (1938–40), ordentliches Vorstands-Mgl. EHW Köln (1940–43), Vorstandvorsitzender der Oberhütten, Vereinigte Oberschlesische HW Gleiwitz (1944–45), eig. Büro Industrieanlagenbau, Freiberg/Sachsen (1945–48), techn. Berater Maxhütte (1948), TD Maxhütte (1949–50), Westflucht (1950), freier Ingenieur, Aachen (1951–55), Professor u. Instituts-Ltr. TH Aachen (1955–58)
P: NSDAP (1937–44), SED, FDGB (1946–50)
E: Wehrwirtschaftsführer (1940er), Nationalpreisträger (1949), Kulturbund zur Erneuerung Deutschlands (Okt. 49–), Mitgl. des 2. Dt. Volksrates (provisorische Volkskammer)

Rudi Steinwand

* 2.8.1906 Boppard/Rhein
† 10.11.1982 Lehnitz
WL Maxhütte (4.4.1950–Juli 1952)

V/S: Lehrer
A: Volksschule, Gymnasium, Abitur (1928), Studium der Philologie an der Universität Bonn
B: Schutzhaft (1933), Haft wg. „Vorbereitung zum Hochverrat", KZ Esterwegen u. Sachsenhausen (1935–39), Buchhalter Weingroßhändlerei (1939), Wehrmacht (1941), Haft, Desertion zur Roten Armee, sowjetischer Kriegsgefangener (1945), Personalltr. HV landeseigene Betriebe, Landesreg. Thüringen (1946–50), Mitgl. Plenum der DWK (1948/49), WL Maxhütte (1950–52), HA-Ltr. Min. für Erzbergbau u. Hüttenwesen, Staatssekr. u. Stellv. Minister für Schwermaschinenbau (1952–55), Minister für Berg- u. Hüttenwesen (1955–58), Ltr. SPK-Abt. Grundstoffindustrie (1958/59), Vorstandsvorsitz der SDAG Wismut (1959), Ständiger Vertreter der DDR im RGW in Moskau (1960–66), Ruhestand (1968)
P: KPD (1930–), Mitgl. KPD-Unterbez.-Ltg. Chemnitz (1930), SED (1946–82), SED-Abg. in der Volkskammer (1950–54)
E: VVO Bronze (1955), Silber (1966), Gold (1971), Orden Stern der Völkerfreundschaft Silber (1981)

Rudolf Stoof

* 13.8.1899 Wadern (Reg.bez. Trier)
† k.A.
Demontageleiter, dann TL SWW Hennigsdorf (8.8.1945–Juni 1949)

V/S: –
A: Volks- und Mittelschule, Trier u. Heilbronn, Schlosserlehre Würzburg, Ingenieurabschluss Polytechn. Institut Strelitz, Mecklenburg (1918)
B: Technisches Büro in Kiel (1915/16), Ingenieur SWW Hennigsdorf, u.a. Ltr. Techn. Büro (1921–45), Demontageleiter SWW Hennigsdorf (1945–47), Aufbauplaner/TL Hennigsdorf (1947–49), Zentrales Konstruktionsbüro der metallurgischen Industrie, dann VEB Metallurgieprojektierung (Mepro) Berlin (1950–59), Hauptprojektamt für ges. Hüttenwesen, u.a. EKO, VEB Rationalisierungswerk Berlin (1959–)
P: NSDAP (1933–45)
E: Aktivist, Nationalpreisträger (1952)

Robert Wolgast

* 28.4.1903
† k.A.
WL SWW Hennigsdorf (Mai 1945–Mai 1947)

V/S: –
A: Stahlarbeiter
B: Arbeiter Mittelstahl Hennigsdorf (1922–), Betriebsrat/Obmann SWW Hennigsdorf, Treuhänder SW Hennigsdorf (1945/46), WL SWW Hennigsdorf (1945–47), Betriebsabt. Soziale Betreuung (ab Okt. 1947)
P: 1920–23 kommunist. Jugendbewegung, KPD/SED (1945–)
E: –

Quellen

Bähr u.a., Flick (Franz)
BArch DY 30/J IV 2/2/473 (Kempny)
BArch DY 30/IV 2/4/206 (Pfrötzschner)
BLHA Rep. 333, Nr. 477 (Küntscher, Bochow), BLHA, Rep. 532, Nr. 646 (Hensel)
BStU AP 891/58, AK 1290/69 (Sedlaczek)
BStU HA XX/5751 (Küntscher)
BStU MfS BV Dresden, AOP 76/55 (Oehme)
BStU MfS BV Gera, AOP 122/59 (Jacobsen)
BStU MfS BV Gera AOP 8/52 (Sedlaczek, Eichel)
Eisen und Stahl, versch. Jgg. (Dreschel, Eichel)
Foitzik, Kadertransfer. VfZ 1983, S. 327 (Götzl)
Gerdesius, Maxhütte, Bd. 3 (Babo, Eichel)
Kalkmann, Technische Hochschule Aachen (Sedlaczek)
Lück, Winfried: Strausberg um 1945. Erinnerungen eines Zeitzeugen, Strausberg 2014 (Bochow)
Korrespondenz Helmut Kinne mit Heinz Babo, Monheim/Rhein, Sept./Okt. 1999 (Babo)
Franz, Lothar: Friedrich Franz und der Wiederaufbau, in: Förderverein Stahlmuseum Brandenburg (Hrsg.): 90 Jahre Stahl aus Brandenburg – Zeitzeugen berichten, Bad Münstereifel 2005, S. 31–36 (Franz)
Maier, Helmut u.a. (Hrsg.): 150 Jahre Stahlinstitut VDEh 1860–2010, Essen 2010 (Franz)
Nationalpreisträger 1952, Berlin 1953, S. 24–26 (Stoof)
Neue Hütte, verschiedene Jgg. (Küntscher)
Neues Deutschland, verschiedene Jgg. (für VVO)
Priemel, Flick (Franz)
Riesa Stadtmuseum, Bestand SWW, K 23 (Oehme, Friedemann, Dreschel, Lacour, Pfrötzschner)
Röder, Werner/Strauss, Herbert A. (Hrsg.): Biographisches Handbuch der deutschsprachigen Emigration nach 1933, München 1980 (Buchholz, Friedemann); StA Hennigsdorf, A 3/III, Nr. 10 (Stoof), Stahl und Eisen, verschiedene Jgg. (Sedlaczek), Stahl und Eisen 71 (1951), S. 487, 73 (1953), S. 524 (Dreschel)
ThStA Rudolstadt, Bestand Maxhütte, Nr. 2270 (Buchholz), Nr. 2271 (Eichel), Nr. 2272 (Hensel, Jacobsen), Nr. 2273 (Linder)
THStA Weimar, LAW, Nr. 452 (Babo)
Müller-Enbergs, Helmut u.a.: Wer war wer in der DDR? Ein Lexikon ostdeutscher Biografien, 5. Aufl., Berlin 2010, Bd. 1, S. 186 (Buchholz), S. 414 (Götzl), Bd. 2, S. 844 (Markowitsch), S. 1271f. (Steinwand).

Außerdem konsultiert: Lebensbilder, erstellt von Helmut Kinne (1995–2014). Neben der Auswertung grauer Literatur und mancher archivalisch überlieferter Zeugnisse führte Kinne Interviews mit Familienangehörigen. Für die Überlassung dieser biografischen Studien, die in einigen Fällen ergänzend ausgewertet wurden, bin ich sehr dankbar.

Verzeichnis der Tabellen im Text

Quellen- und Literaturverzeichnis

1 Archive

Archiv der Behörde für die Unterlagen des Staatssicherheitsdienstes der ehemaligen Deutschen Demokratischen Republik (BStU)
- Zentralverwaltung
- Bezirksverwaltung (BV) Gera
- BV Dresden

Brandenburgisches Landeshauptarchiv (BLHA), Potsdam
- Repposituren (Rep.)
- Nr. 202 C Landesregierung Brandenburg, HA Wirtschaftsplanung
- Nr. 333 SED-Landesleitung Brandenburg
- Nr. 502 Stahl- und Walzwerke Hennigsdorf und Brandenburg
- Nr. 532 Betriebsparteiorganisationen der SED

Bundesarchiv (BArch) Berlin
- Bestände
- DC 1 Zentrale Kommission für staatliche Kontrolle (ZKSK)
- DC 20 Deutsche Wirtschaftskommission (DWK)
- DE 1 Staatliche Plankommission (SPK)
- DG 2 Ministerium für Schwerindustrie
- DG 3 Ministerium für Leichtindustrie
- DY 30 Stiftung Archiv Parteien und Massenorganisationen der SBZ/DDR (SAPMO)
- NL 4128 Nachlass Ulbricht
- R 8122 Flick-Konzern

Freie Universität (FU) Berlin, Universitätsarchiv
- Bestand Rektorat (R)

Historisches Archiv Krupp, Essen
- Bestand WA

National Archives and Records Administration (NARA), Washington D.C.

Sächsisches Hauptstaatsarchiv (SächsHStA) Dresden
- Bestand
- Nr. 11384 Sächsisches Wirtschaftsministerium
- Nr. 11856 SED-Landesleitung Sachsen
- Nr. 12235 SED-Grundorganisation VEB Stahl- und Walzwerk Riesa

Sächsisches Staatsarchiv (SächsStA) Leipzig
- Bestand
- Nr. 20673 VVB Vesta
- Nr. 20925 Stöhr & Co. AG
- Nr. 20941 Sächsische Wollgarnfabrik Tittel & Krüger/VEB Leipziger Wollgarnfabrik
- Nr. 20943 VEB Mitteldeutsche Kammgarnspinnerei (Mika), ehem. Stöhr AG

Stadtarchiv Hennigsdorf (SA Hgdf)

Stadtmuseum Riesa (SMR)
Bestand Stahl- und Walzwerk Riesa (SWW Riesa)

Thüringisches Hauptstaatsarchiv (ThHStA) Weimar
Bestand Landesamt für Wirtschaft (LAW)

Thüringisches Staatsarchiv (ThStA) Rudolstadt
Bestand Maxhütte Unterwellenborn

2 Literatur

Ahrens, Ralf: Die Dresdner Bank 1945–1957. Konsequenzen und Kontinuitäten nach dem Ende des NS-Regimes, München 2007.
Ders.: Von der „Säuberung“ zum Generalpardon: Die Entnazifizierung der westdeutschen Wirtschaft, in: Jahrbuch für Wirtschaftsgeschichte 2010/2, S. 25–45.
Amos, Heike: Politik und Organisation der SED-Zentrale 1949–1963. Struktur und Arbeitsweise von Politbüro, Sekretariat, Zentralkomitee und ZK-Apparat, Münster 2003.
Baar, Lothar/Karlsch, Rainer/Matschke, Werner: Kriegsfolgen und Kriegslasten Deutschlands. Zerstörungen, Demontagen und Reparationen, Berlin 1993.
Bähr, Johannes: „Corporate governance“ im Dritten Reich : Leitungs- und Kontrollstrukturen deutscher Großunternehmen während der nationalsozialistischen Diktatur, in: Abelshauser, Werner u.a. (Hrsg.): Wirtschaftsordnung, Staat und Unternehmen. Neue Forschungen zur Wirtschaftsgeschichte des Nationalsozialismus (Festschrift für Dietmar Petzina zum 65. Geburtstag), Essen 2003, S. 61–80.
Ders./Karlsch, Rainer: Die sowjetischen Aktiengesellschaften (SAG) in der SBZ/DDR, in: Lauschke, Karl/Welskopp, Thomas (Hrsg.): Mikropolitik im Unternehmen. Arbeitsbeziehungen und Machtstrukturen in industriellen Großbetrieben des 20. Jahrhunderts, Essen 1994, S. 214–255.
Ders./Drecoll, Axel/Gotto, Bernhard/Priemel, Kim/Wixforth, Harald: Der Flick-Konzern im Dritten Reich, München 2008.
Banken, Ralf/Bräu, Ramona: „Herrenloses Gut“. Raub und Verwertung mobilen polnischen Eigentums im Zweiten Weltkrieg, in: Kempe, Michael/Suter, Robert (Hrsg.): Res nullius. Zur Genealogie und Aktualität einer Rechtsformel, Berlin 2015, S. 153–174.
Bauerkämper, Arnd: Die Sozialgeschichte der DDR, München 2005.
Benz, Arthur u.a. (Hrsg.): Handbuch Governance. Theoretische Grundlagen und empirische Anwendungsfelder, Wiesbaden 2007.
Benz, Wolfgang: Deutschland unter alliierter Besatzung 1945–1949 (Gebhardt – Handbuch der deutschen Geschichte, Bd. 22), Stuttgart 2009.
Berghahn, Volker: Elitenforschung und Unternehmensgeschichte – Rückblick und Ausblick, in: Ders./Unger, Stefan/Ziegler, Dieter (Hrsg.): Die deutsche Wirtschaftselite im 20. Jahrhundert. Kontinuität und Mentalität, Essen 2003, S. 11–29.
Berghoff, Hartmut: Wozu Unternehmensgeschichte? Erkenntnisinteressen, Forschungsansätze und Perspektiven des Faches, in: Zeitschrift für Unternehmensgeschichte 49 (2004), S. 133–148.
Betriebsgeschichte VEB Rohrkombinat Stahl- und Walzwerk Riesa, Teil 1: Die antifaschistisch-demokratische Umwälzung, Riesa 1981.
Boldorf, Marcel: Sozialfürsorge in der SBZ/DDR 1945–1953. Ursachen, Ausmaß und Bewältigung der Nachkriegsarmut, Stuttgart 1998.

Ders.: Von der Entnazifizierung zur Stalinisierung. Kontinuitätslinien der politischen Säuberung in der SBZ/DDR (1945–1952), in: Historische Zeitschrift 288 (2009), S. 287–323.

Ders.: Austausch der wirtschaftlichen Führungskräfte in der SBZ/DDR nach dem Zweiten Weltkrieg, in: Jahrbuch für Wirtschaftsgeschichte 2010/2, S. 47–70.

Ders.: Staatssicherheit und Schlitztöpfe. Konflikte um Innovationen im sächsischen Stahl- und Walzwerk Gröditz (1945–1957), in: Technikgeschichte 79 (2012), S. 11–28.

Boyer, Christoph: Wirtschaftsfunktionäre. Das Personal der wirtschaftslenkenden Apparate in der formativen Phase der SBZ/DDR (1945–1961), in: Kössler, Till/Stadtland, Helke (Hrsg.): Vom Funktionieren der Funktionäre. Politische Interessenvertretung und gesellschaftliche Integration in Deutschland nach 1933, Essen 2004, S. 109–125.

Braun, Günter: Wahlen und Abstimmungen, in: Broszat, Martin/Weber, Hermann (Hrsg.): SBZ-Handbuch. Staatliche Verwaltungen, Parteien, gesellschaftliche Organisationen und ihre Führungskräfte in der Sowjetischen Besatzungszone Deutschlands 1945–1949, 2. Aufl., München 1993, S. 381–431.

Braun, Jutta: Die Zentrale Kommission für Staatliche Kontrolle. Wirtschaftsstrafrecht und Enteignungspolitik in der Gründungs- und Frühphase der DDR, in: Hoffmann, Dierk/Wentker, Hermann (Hrsg.): Das letzte Jahr der SBZ. Politische Weichenstellungen und Kontinuitäten im Prozeß der Gründung der DDR, München 2000, S. 169–184.

Brie, Horst: Davids Odyssee: Eine deutsche Kindheit, eine jüdische Jugend, Erinnerungen, Berlin 1997.

Broszat, Martin/Weber, Hermann (Hrsg.): SBZ-Handbuch. Staatliche Verwaltungen, Parteien, gesellschaftliche Organisationen und ihre Führungskräfte in der Sowjetischen Besatzungszone Deutschlands 1945–1949, 2. Aufl., München 1993.

Buchheim, Christoph (Hrsg.): Wirtschaftliche Folgelasten des Krieges in der SBZ/DDR, Baden-Baden 1995.

Ders.: Die Wirtschaftsordnung als Barriere des gesamtwirtschaftlichen Wachstums in der DDR, in: Vierteljahrschrift für Sozial- und Wirtschaftsgeschichte 82 (1995), S. 194–210.

Ders.: Unternehmen in Deutschland und NS-Regime 1933–1945. Versuch einer Synthese, in: Historische Zeitschrift 282 (2006), S. 351–390.

Ders./Scherner, Jonas: The Role of Private Property in the Nazi Economy: The Case of Industry, in: Journal of Economic History 66 (2006), S. 390–416.

Buck, Hannsjörg: Wohnungspolitik (SBZ), in: Wengst, Udo (Hrsg.): Geschichte der Sozialpolitik in Deutschland seit 1945, Bd. 2,1: Die Zeit der Besatzungszonen. Sozialpolitik zwischen Kriegsende und der Gründung zweier deutscher Staaten 1945–1949, Baden-Baden 2001, S. 891–915.

Budraß, Lutz: „Kalorienjäger", Physiker und Betriebswirte. Von der Wärmestelle zum Betriebsforschungsinstitut des Vereins Deutscher Eisenhüttenleute, in: Maier, Helmut/Zilt, Andreas/Rasch, Manfred (Hrsg.): 150 Jahre Stahlinstitut VDEh 1860–2010, Essen 2010, S. 639–670.

Bundesministerium für innerdeutsche Beziehungen (Hrsg.): DDR-Handbuch, Köln 1975.

Ciesla, Burkhard: „All das bremst uns, kann uns aber nicht aufhalten". Wohlstandsversprechungen und Wirtschaftswachstum: Grundprobleme der SED-Wirtschaftspolitik in den fünfziger Jahren, in: Hoffmann, Dierk/Schwartz, Michael/Wentker, Hermann (Hrsg.): Die DDR vor dem Mauerbau. Politik und Gesellschaft in der DDR der fünfziger Jahre, München 2003, S. 149–164.

Coase, Ronald H.: The Nature of the Firm, in: Economia 4 (1937), S. 386–405.

Damm, Veit/Schulz, Ulrike/Steinberg, Sven/Wölfel, Sylvia: Ostdeutsche Unternehmen im Transformationsprozess 1935 bis 1995. Ein neues Forschungsbild der modernen Unternehmensgeschichte, in: Zeitschrift für Unternehmensgeschichte 56 (2011), S. 187–205.

Danzer, Doris: Zwischen Vertrauen und Verrat. Deutschsprachige kommunistische Intellektuelle und ihre sozialen Beziehungen (1918–1960), Göttingen 2012.

Deutscher Bundestag (Hrsg.): Materialien der Enquete-Kommission „Aufarbeitung von Geschichte und Folgen der SED-Diktatur in Deutschland" (12. Wahlperiode des Deutschen Bundestages), Bd. II/1: Machtstrukturen und Entscheidungsmechanismen im SED-Staat und die Frage der Verantwortung, Baden-Baden/Frankfurt am Main 1995.

Dokumente der Kommunistischen Partei Deutschlands 1945–1956, Berlin (Ost) 1965.

Dowe, Dieter u.a. (Hrsg.): FDGB-Lexikon. Funktion, Struktur, Kader und Entwicklung einer Massenorganisation der SED (1945–1990), Berlin 2009 (Online: http://library.fes.de/FDGB-Lexikon/).

Echternkamp, Jörg/Müller, Rolf-Dieter (Hrsg.): Das Deutsche Reich und der Zweite Weltkrieg, Bd. 10: Der Zusammenbruch des Deutschen Reiches 1945, Handbd. 2: Die Folgen des Zweiten Weltkrieges, München 2008.

Eckart, Karl: Die Eisen- und Stahlindustrie in beiden deutschen Staaten, Stuttgart 1988.

Erker, Paul: Einleitung: Industrie-Eliten im 20. Jahrhundert, in: Ders./Pierenkemper, Toni (Hrsg.): Deutsche Unternehmer zwischen Kriegswirtschaft und Wiederaufbau. Studien zur Erfahrungsbildung von Industrie-Eliten, München 1999, S. 1–18.

Fäßler, Peter: Durch den „Eisernen Vorhang". Die deutsch-deutschen Wirtschaftsbeziehungen 1949–1969, Köln 2006.

Fink, Sebastian: Das Stahl- und Walzwerk Riesa in beiden deutschen Diktaturen 1933 bis 1963. Ein Vergleich, Leipzig 2012.

Fleischhacker, Alfred/Stoecker, Holger (Hrsg.): Das war unser Leben, Erinnerungen und Dokumente zur Geschichte der Freien Deutschen Jugend in Großbritannien 1939–1946, Berlin 1996.

Foitzik, Jan: Die stalinistischen Säuberungen in den ostmitteleuropäischen Parteien. Ein vergleichender Überblick, in: Weber, Hermann/Staritz, Dietrich (Hrsg.): Kommunisten verfolgen Kommunisten. Stalinistische Terror und „Säuberungen" in den kommunistischen Parteien Europas seit den dreißiger Jahren, Berlin 1992, S. 401–423.

Ders.: Sowjetische Militäradministration in Deutschland (SMAD) 1945–1949, Berlin 1999.

Ders.: Kadertransfer. Der organisierte Einsatz sudetendeutscher Kommunisten in der SBZ 1945/46, in: Vierteljahrshefte für Zeitgeschichte 31 (1983), S. 308–334.

Frei, Norbert/Ahrens, Ralf/Osterloh, Jörg/Schanetzky, Tim: Flick. Der Konzern. Die Familie. Die Macht, München 2009.

Friedrich, Thomas u.a. (Hrsg.): Entscheidungen der SED 1948. Aus den Stenographischen Niederschriften des Parteivorstandes der SED, Berlin 1995.

Fuhrmann, Günter u.a.: Material- und Warenprüfung in der DDR. Anspruch und Wirklichkeit, Berlin 2009.

Geertz, Clifford: Dichte Beschreibung. Beiträge zum Verstehen kultureller Systeme, Frankfurt am Main 1983.

Gerdesius, Günter: Die Maxhütte Unterwellenborn 1945 bis 1950. Vom schweren Anfang zum VEB Maxhütte, Teil 3, Berlin 2004.

Gieseke, Jens: Der Mielke-Konzern. Die Geschichte der Stasi 1945–1990, Stuttgart 2001.

Großbölting, Thomas: Zwischen „Klassenfrieden" und diktiertem Klassenantagonismus – Unternehmer und Belegschaft in Privatbetrieben der Sowjetischen Besatzungszone und der frühen DDR, in: Zeitschrift für Unternehmensgeschichte 47 (2002), S. 27–47.

Gutenberg, Erich: Unternehmensführung. Organisation und Entscheidung, Wiesbaden 1962.

Halder, Winfrid: „Modell für Deutschland". Wirtschaftspolitik in Sachsen 1945–1948, Paderborn 2001.

Handbuch der deutschen Aktiengesellschaften, Jg. 1944.

Handbuch der deutschen Textil- und Bekleidungs-Aktiengesellschaften, Leipzig 1940.

Hefele, Peter: Die Verlagerung von Industrie- und Dienstleistungsunternehmen aus der SBZ/DDR nach Westdeutschland. Unter besonderer Berücksichtigung Bayerns (1945–1961), Stuttgart 1998.

Heimann, Christian: Systembedingte Ursachen des Niedergangs der DDR-Wirtschaft. Das Beispiel der Textil- und Bekleidungsindustrie 1945–1989, Frankfurt/Main 1997.

Heintze, Beatrix: Walter Cramer (1886 bis 1944). Ein Leipziger Unternehmer im Widerstand. Eine Dokumentation, Köln 1993.

Henke, Klaus-Dietmar: Die amerikanische Besatzung Deutschlands, 2. Aufl., München 1996.

Heuer, Hellmut: Zur Organisation der Betriebsplanung in der volkseigenen Industrie des sowjetischen Besatzungsgebietes, Berlin 1958.

Heyl, Friedrich von: Der innerdeutsche Handel mit Eisen und Stahl 1945–1972. Deutsch-deutsche Beziehungen im Kalten Krieg, Köln 1997.

Hoffmann, Dierk: Aufbau und Krise der Planwirtschaft. Die Arbeitskräftelenkung in der SBZ/DDR 1945 bis 1963, München 2002.

Holzwarth, Klaus, Die Anfänge der zentralen Wirtschaftsplanung in der SBZ, in: Buchheim, Wirtschaftliche Folgelasten, S. 247–269.

Horstmann, Thomas: Logik der Willkür. Die Zentrale Kommission für Staatliche Kontrolle in der SBZ/DDR 1948–1958, Köln 2002.

Höschle, Gerd: Die deutsche Textilindustrie zwischen 1933 und 1939. Staatsinterventionismus und ökonomische Rationalität, Stuttgart 2004.

Hübner, Peter: Konsens, Konflikt und Kompromiß. Soziale Arbeiterinteressen und Sozialpolitik in der SBZ/DDR 1945 bis 1970, Berlin 1995.

Ders.: Durch Planung zur Improvisation. Zur Geschichte des Leitungspersonals in der staatlichen Industrie der DDR, in: Archiv für Sozialgeschichte 39 (1999), S. 197–233.

Ders.: Menschen–Macht–Maschinen. Technokratie in der DDR, in: Ders. (Hrsg.): Eliten im Sozialismus. Beiträge zur Sozialgeschichte der DDR, Köln 1999, S. 325–360.

Ders.: Betriebe als Träger der Sozialpolitik, betriebliche Sozialpolitik in der SBZ, in: Wengst, Geschichte der Sozialpolitik in Deutschland seit 1945, Bd. 2,1, S. 920–943.

Hürtgen, Renate: Zwischen Disziplinierung und Partizipation. Vertrauensleute des FDGB im DDR-Betrieb, Köln 2005.

Jajeśniak-Quast, Dagmara: Stahlgiganten in der sozialistischen Transformation. Nowa Huta in Krakau, EKO in Eisenhüttenstadt und Kunčice in Ostrava, Wiesbaden 2010.

James, Harold: Krupp. Deutsche Legende und globales Unternehmen, München 2011.

Jeschke, Hans-Joachim: Aus der Geschichte des Chemiewerkes Schwarzheide, Bd. 2: 1945 bis 1953, Schwarzheide 2005.

Jessen, Ralph: Akademische Elite und kommunistische Diktatur. Die ostdeutsche Hochschullehrerschaft in der Ulbricht-Ära, Göttingen 1999.

Joly, Hervé: Kontinuität und Diskontinuität der industriellen Elite nach 1945, in: Ziegler, Dieter (Hrsg.): Großbürger und Unternehmer. Die deutsche Wirtschaftselite im 20. Jahrhundert, Göttingen 2000, S. 54–72.

Judt, Matthias (Hrsg.): DDR-Geschichte in Dokumenten. Beschlüsse, Berichte, interne Materialien und Alltagszeugnisse, 2. Aufl., Berlin 1998.

Jünger, Gerhard: Volkswirtschaftsplan 1952 und Rationalisatorenbewegung: Arbeitstagung der Aktivisten, Techniker, Ingenieure und Wissenschaftler am 5. Juli 1952 in Berlin, Berlin 1952.

Kachel, Steffen: Ein rot-roter Sonderweg? Sozialdemokraten und Kommunisten in Thüringen 1919 bis 1949, Köln/Weimar/Wien 2011.

Kalkmann, Ulrich: Die Technische Hochschule Aachen im Dritten Reich (1933–1945), Mainz 2003.

Karlsch, Rainer: Die Garantie- und Kreditbank AG – Hausbank der Besatzungsmacht in der SBZ/DDR von 1946 bis 1950, in: Bankhistorisches Archiv 2 (1992), S. 69–84.

Ders.: Allein bezahlt? Die Reparationsleistungen der SBZ/DDR 1945–1953, Berlin 1993.

Ders.: Uran für Moskau. Die Wismut – eine populäre Geschichte, 3. Aufl., Berlin 2008.

Ders./Laufer, Jochen (Hrsg.): Sowjetische Demontagen in Deutschland 1944–1949, Berlin 2002.

Kinne, Helmut: Geschichte der Stahlindustrie der Deutschen Demokratischen Republik, Düsseldorf 2002.

Ders.: Ostdeutsche Hüttenvereine in der Montanindustrie 1945–1991, in: Maier/Zilt/Rasch, 150 Jahre Stahlinstitut, S. 229–265.

Kittner, Klaus: Die historischen Wurzeln für die Herausbildung der Aktivisten der ersten Stunde und ihre Entwicklung zur selbständigen gesellschaftlichen Kategorie während der antifaschistisch-demokratischen Ordnung, Dresden 1969.

Klawitter, Nils: Die Rolle der ZKK bei der Inszenierung von Schauprozessen in der SBZ/DDR: Die Verfahren gegen die „Textilschieber" von Glauchau-Meerane und die „Wirtschaftssaboteure" der Deutschen Continental-Gas-AG, in: Braun, Jutta/Klawitter, Nils/Werkentin, Falco (Hrsg.): Die Hinterbühne politischer Strafjustiz in den frühen Jahren der SBZ/DDR, 4. Aufl., Berlin 2006, S. 23–56.

Klemperer, Victor: So sitze ich denn zwischen allen Stühlen. Tagebücher 1950–1959, 3. Aufl., Berlin 1999.

Kowalczuk, Ilko-Sascha: Geist im Dienste der Macht. Hochschulpolitik in der SBZ/DDR 1945–1961, Berlin 2003.

Kruse, Michael: Politik und deutsch-deutsche Wirtschaftsbeziehungen von 1945 bis 1989. Berlin 2005.

Kuczynski, Jürgen: Geschichte der Arbeiter unter dem Kapitalismus Teil 1, Bde. 2 u.6, Berlin (Ost) 1953/1964.

Kukowski, Martin: Die Chemnitzer Auto Union AG und die „Demokratisierung" der Wirtschaft in der Sowjetischen Besatzungszone von 1945 bis 1948, Stuttgart 2003.

Küntscher, Wolfgang/Kilger, Hans/Biegler, Hans: Hilfs- und Nachschlagebuch Technische Baustähle. Eigenschaften, Behandlung, Verwendung, Prüfung., Halle (Saale) 1952.

Leide, Henry: NS-Verbrecher und Staatssicherheit. Die geheime Vergangenheitspolitik der DDR, Göttingen 2005.

Lemke, Michael (Hrsg.): Konfrontation und Wettbewerb. Wissenschaft, Technik und Kultur im geteilten Berliner Alltag (1948–1973), Berlin 2008.

Loose, Ingo: Kredite für NS-Verbrechen. Die deutschen Kreditinstrumente in Polen und die Ausraubung der polnischen und jüdischen Bevölkerung 1939–1945, München 2007.

Maier, Helmut: Der VDEh als technisch-wissenschaftlicher Verein im Nationalsozialismus, in: Ders./Zilt/Rasch, 150 Jahre Stahlinstitut, S. 139–175.

Marl, Stephan: Gibt es eine spezifische russische Wirtschaftskultur? Reflexionen über die administrative Kommandowirtschaft und ihre Nachwirkungen bis heute, in: Abelshauser, Werner/Gilgen, David A./Leutzsch, Andreas (Hrsg.): Kulturen der Weltwirtschaft, Göttingen 2012, S. 85–113.

Mellerowicz, Konrad: Unternehmenspolitik, Bd. 1, 2. Aufl., Freiburg/Breisgau 1963.

Michelmann, Jeannette: Aktivisten der ersten Stunde. Die Antifa in der sowjetischen Besatzungszone, Köln 2002.

Mielke, Henning: Die Auflösung der Länder in der SBZ/DDR. Von der deutschen Selbstverwaltung zum sozialistisch-zentralistischen Einheitsstaat nach sowjetischem Modell 1945–1952, Stuttgart 1995.

Mironenko, Sergej V. (Hrsg.): Sowjetische Speziallager in Deutschland 1945–1950. Teil 2: Sowjetische Dokumente zur Lagerpolitik, Berlin 1998.

Mühlfriedel, Wolfgang: SAG-Betriebe – Schulen des Sozialismus. Eine Skizze der historischen Entwicklung des staatlichen sowjetischen Eigentums an industriellen Produktionsmitteln in der sowjetischen Besatzungszone und in der Deutschen Demokratischen Republik, in: Jahrbuch für Wirtschaftsgeschichte 1980/4, S. 159–186.

Ders./Wießner, Klaus, Geschichte der Industrie der DDR, Berlin (Ost) 1989.

Müller, Rolf-Dieter: Der Zusammenbruch des Wirtschaftslebens und die Anfänge des Wiederaufbaus, in: Echternkamp, Jörg/Müller, Rolf-Dieter (Hrsg.): Das Deutsche Reich und der Zweite Weltkrieg, Bd. 10: Der Zusammenbruch des Deutschen Reiches 1945, Handbd. 2: Die Folgen des Zweiten Weltkrieges, München 2008, S. 55–200.

Müller, Armin: Institutionelle Brüche und personelle Lücken. Werkleiter in Volkseigenen Betrieben der DDR in der Ära Ulbricht, Köln 2006.

Müller, Rolf-Dieter: Der Manager der Kriegswirtschaft. Hans Kehrl: Ein Unternehmer in der Politik des Dritten Reichs, Essen 1999.

Müller, Uwe: Demontage, gesellschaftliche Transformation und industrieller Strukturwandel in Brandenburg (Havel), in: Karlsch, Rainer/Laufer, Jochen (Hrsg.): Sowjetische Demontagen in Deutschland 1944–1949, Berlin 2002, S. 371–402.

Müller-Enbergs, Helmut u.a.: Wer war wer in der DDR? Ein Lexikon ostdeutscher Biografien, 2 Bde., 5. Aufl., Berlin 2010. (Online: http://www.bundesstiftung-aufarbeitung.de)

Nationalpreisträger 1952, Berlin 1953.

Neues Deutschland, verschiedene Jahrgänge

Parak, Michael: Wissenstransfer durch Flucht und Vertreibung. Deutsche Hochschullehrer aus dem östlichen Mitteleuropa als Fachkräfte in der SBZ/DDR, in: Dahlmann, Dittmar/Reith, Reinhold (Hrsg.): Elitewanderung und Wissenstransfer im 19. und 20. Jahrhundert, Essen 2008, S. 55–94.

Possekel, Ralf: Einleitung: Sowjetische Lagerpolitik in Deutschland, in: Mironenko, Sergej V. (Hrsg.): Sowjetische Speziallager in Deutschland 1945–1950. Teil 2: Sowjetische Dokumente zur Lagerpolitik, Berlin 1998, S. 15–110.

Priemel, Kim: Eine Konzerngeschichte vom Kaiserreich bis zur Bundesrepublik, 2. Aufl., Göttingen 2008.

Ders.: Finis Imperii. Wie sich ein Konzern auflöst. Informationsströme und Verfügungsrechte im Flick-Konzern 1945/46, in: Vierteljahrschrift für Sozial- und Wirtschaftsgeschichte 95 (2008), S. 1–24.

Prokop, Siegfried: Intellektuelle im Krisenjahr 1953. Enquete über die Lage der Intelligenz der DDR. Analyse und Dokumentation, Schkeuditz 2003.

Roesler, Jörg: Momente deutsch-deutscher Wirtschafts- und Sozialgeschichte 1945 bis 1990. Eine Analyse auf gleicher Augenhöhe, Leipzig 2006.

Rößler, Ruth-Kristin (Hrsg.): Die Entnazifizierungspolitik der KPD/SED 1945–1948. Dokumente und Materialien. Goldbach 1994.

Sattler, Friederike: Wirtschaftsordnung im Übergang. Politik, Organisation und Funktion der KPD/SED im Land Brandenburg bei der Etablierung der zentralen Planwirtschaft in der SBZ/DDR 1945–52, 2 Bde., Münster 2001.

Dies.: Zum Konfliktverhalten von Arbeitern in der Chemieindustrie der DDR, in: Brenner, Christiane/Heumos, Peter (Hrsg.): Sozialgeschichtliche Kommunismusforschung: Tschechoslowakei, Polen, Ungarn, DDR 1945–1968, München 2005, S. 35–76.

Schäfer, Michael: Familienunternehmen und Unternehmerfamilien. Zur Sozial- und Wirtschaftsgeschichte der sächsischen Unternehmer 1850–1940, München 2007.

Scherner, Jonas: Das Verhältnis zwischen NS-Regime und Industrieunternehmen – Zwang oder Kooperation? In: Zeitschrift für Unternehmensgeschichte 51 (2006), S. 166–190.

Ders.: Die Logik der Industriepolitik im Dritten Reich. Die Investitionen in die Autarkie- und Rüstungsindustrie und ihre staatliche Förderung, Stuttgart 2008.

Ders./Streb, Jochen: Das Ende eines Mythos? Albert Speer und das so genannte Rüstungswunder, in: Vierteljahrschrift für Sozial- und Wirtschaftsgeschichte 93 (2006), S. 172–196.

Schevardo, Jennifer: Vom Wert des Notwendigen. Preispolitik und Lebensstandard in der DDR der fünfziger Jahre, Stuttgart 2006.

Schneider, Michael: Der Fall Hugo Schneider AG (Hasag), in: Bähr, Johannes (Hrsg.): Die Dresdner Bank in der Wirtschaft des Dritten Reichs (Die Dresdner Bank im Dritten Reich, Bd. 1), München 2006, S. 371–382.

Schröter, Harm G.: Perspektiven der Forschung: Amerikanisierung und Sowjetisierung als Interpretationsmuster der Integration in beiden Teilen Deutschlands, in: Schremmer, Eckart (Hrsg.): Wirtschaftliche und soziale Integration in historischer Sicht. Arbeitstagung der Gesellschaft für Sozial- und Wirtschaftsgeschichte in Marburg 1995, Stuttgart 1996, S. 259–289.

Schuhmann, Annette: Kulturarbeit im sozialistischen Betrieb. Gewerkschaftliche Erziehungspraxis in der SBZ/DDR 1946 bis 1970, Köln 2006.

Schulz, Frank: Elitenwechsel in Industrieunternehmen im Wirtschaftsraum Leipzig von 1945 bis Anfang der fünfziger Jahre, in: Bramke, Werner/Heß, Ulrich (Hrsg.): Wirtschaft und Gesellschaft in Sachsen im 20. Jahrhundert, Leipzig 1998.

Stadtland, Helke: Herrschaft nach Plan und Macht der Gewohnheit. Sozialgeschichte der Gewerkschaften in der SBZ/DDR 1945–1953, Essen 2001.

Stahl und Eisen, verschiedene Jgg.

Staritz, Dietrich. Geschichte der DDR, 2. Aufl., Frankfurt am Main 1996.

Steiner, André: Zwischen Länderpartikularismus und Zentralismus. Zur Wirtschaftslenkung in der SBZ bis zur Bildung der Deutschen Wirtschaftskommission im Juni 1947, in: Aus Politik und Zeitgeschichte 49/50 (1993), S. 32–39.

Ders.: Wirtschaftliche Lenkungsverfahren in der Industrie der DDR Mitte der fünfziger Jahre. Resultate und Alternativen, in: Buchheim, Folgelasten des Krieges in der SBZ/DDR, S. 271–293.

Ders.: Die DDR-Wirtschaftsreform der sechziger Jahre. Konflikt zwischen Effizienz und Machtkalkül, Berlin 1999, S. 32.

Ders.: Die Deutsche Wirtschaftskommission – ein ordnungspolitisches Machtinstrument? In: Hoffmann, Dierk/Wentker, Hermann (Hrsg.): Das letzte Jahr der SBZ. Politische Weichenstellungen und Kontinuitäten im Prozeß der Gründung der DDR, München 2000, S. 85–105.

Ders.: Von Plan zu Plan. Eine Wirtschaftsgeschichte der DDR, München 2004.

Ders.: Die Wirtschaftsreform der sechziger Jahre in der DDR: Vom Plan zum Markt?, in: Bender, Gerd/Kiesow, Rainer Maria/Simon, Dieter (Hrsg.): Die andere Seite des Wirtschaftsrechts. Steuerung in den Diktaturen des 20. Jahrhunderts, Frankfurt am Main 2006, S. 109–129.

Strötgen, Robert: Arbeit und Arbeitsbeziehungen in Leipziger Textilfabriken zwischen 1925 und 1945, Magisterarbeit, Hamburg 1995.

Suckut, Siegfried: Die Betriebsrätebewegung in der Sowjetischen Besatzungszone Deutschlands (1945–1948). Zur Entwicklung und Bedeutung von Arbeiterinitiative, betrieblicher Mitbestimmung bis zur Revision des programmatischen Konzeptes der KPD/SED vom „besonderen deutschen Weg zum Sozialismus“, Frankfurt/Main 1982.

Thüsing, Andreas (Hrsg.): Das Präsidium der Landesverwaltung Sachsen. Die Protokolle der Sitzungen vom 9. Juli 1945 bis 10. Dezember 1946, Göttingen 2010.

Unger, Stefan: Eisen und Stahl für den Sozialismus. Modernisierungs- und Innovationsstrategien der Schwarzmetallurgie in der DDR von 1949 bis 1971, Berlin 2000.

Wagner-Kyora, Georg: Sozialer Auf- und Abstieg in der Chemieindustrie. Arbeiter, Angestellte und Akademiker in Leuna 1930–1960, in: Hübner, Peter/Tenfelde, Klaus (Hrsg.): Arbeiter in der SBZ-DDR, Essen 1999, S. 607–640.

Ders.: Vom „nationalen“ zum „sozialistischen“ Selbst. Zur Erfahrungsgeschichte deutscher Chemiker und Ingenieure im 20. Jahrhundert, Stuttgart 2009.

Wagner, Matthias: Das Kadernomenklatursystem – Ausdruck der führenden Rolle der SED, in: Herbst, Andreas u.a. (Hrsg.): Die SED. Geschichte – Organisation – Politik. Ein Handbuch, Berlin 1997, S. 148–157.

Weber, Petra: Justiz und Diktatur. Justizverwaltung und politische Strafjustiz in Thüringen 1945–1961, München 2000.

Weiskopf, Franz Carl: Stahl, in: Neue Deutsche Literatur 5 (1957), S. 115.
Wengst, Udo (Hrsg.): Geschichte der Sozialpolitik in Deutschland seit 1945, Bd. 2,1: 1945–1949. Die Zeit der Besatzungszonen. Sozialpolitik zwischen Kriegsende und der Gründung zweier deutscher Staaten, Baden-Baden 2001.
Werner, Oliver: Ein Betrieb in zwei Diktaturen. Von der Bleichert Transportanlagen GmbH zum VEB VTA Leipzig 1932 bis 1963, Stuttgart 2004.
Werum, Stefan: Gewerkschaftlicher Niedergang im sozialistischen Aufbau. Der Freie Deutsche Gewerkschaftsbund 1945 bis 1953, Göttingen 2005.
Widera, Thomas: Dresden 1945–1948. Politik und Gesellschaft unter sowjetischer Besatzungsherrschaft. Göttingen 2004.
Wienert, Helmut: Die Stahlindustrie in der DDR, Berlin 1992.
Wilczek, Annette: Einkommen, Karriere, Versorgung. Das DDR-Kombinat und die Lebenslage seiner Beschäftigten, Berlin 2004.
Williamson, Oliver E.: The Economics of Governance, in: American Economic Review 95 (2005), S. 1–18.
Wixforth, Harald: Die Dresdner Bank im Dritten Reich, Bd. 3: Expansion der Dresdner Bank in Europa, München 2006.
Zank, Wolfgang: Wirtschaftsplanung und Bewirtschaftung in der Sowjetischen Besatzungszone – Besonderheiten und Parallelen im Vergleich zum westlichen Besatzungsgebiet, 1945–1949, in: Vierteljahrschrift für Sozial- und Wirtschaftsgeschichte 71 (1984), S. 485–504.
Ders.: Wirtschaft und Arbeit in Ostdeutschland. Probleme des Wiederaufbaus in der Sowjetischen Besatzungszone Deutschlands, München 1987.
Ders.: Wirtschaftliche Zentralverwaltungen und Deutsche Wirtschaftskommission (DWK), in: Broszat/Weber, SBZ-Handbuch, S. 253–290.

www.ingramcontent.com/pod-product-compliance
Lightning Source LLC
LaVergne TN
LVHW080808011026
849160LV00015B/1569